"十三五"普通高等教育本科部委级规划教材

服装纸样放码原理与应用

李秀英　严燕连 | 编著

中国纺织出版社

内 容 提 要

本书为“十三五”普通高等教育本科部委级规划教材。

服装纸样放码是服装工业生产过程中的关键性技术环节，是一项技术性、实践性很强的工作。本书介绍了与纸样放码密切相关的服装号型规格，依据我国服装号型标准女子与男子规格5·4A系列分档数值，结合市场各类服装成品销售号型规格尺寸与放码档差值，针对人的体型特点和服装款式特征，详尽、透彻地对服装纸样放码技术原理与操作技术进行理论分析，并系统地阐述了服装基本纸样、服装部件纸样和各类型男、女服装款式纸样的放码实践操作技巧。书中列举大量的服装款式变化放码图例，且配有网络教学资源，以便读者进行放码实践练习。

本书图文并茂，简单易学，实用性强，符合现代服装工业生产的发展，既可作为高等服装院校、职业技术教育及成人教育服装专业师生的教材，也可供服装生产企业纸样放码技术人员培训使用。

图书在版编目（CIP）数据

服装纸样放码原理与应用 / 李秀英，严燕连编著．-- 北京：中国纺织出版社，2018.1（2023.1重印）
“十三五”普通高等教育本科部委级规划教材

ISBN 978-7-5180-4089-6

Ⅰ.①服… Ⅱ.①李… ②严… Ⅲ.①服装设计—高等学校—教材 Ⅳ.①TS941.2

中国版本图书馆CIP数据核字（2017）第231756号

策划编辑：魏 萌　　责任编辑：杨 勇
责任校对：楼旭红　　责任印制：王艳丽

中国纺织出版社出版发行
地址：北京市朝阳区百子湾东里A407号楼　邮政编码：100124
销售电话：010—67004422　传真：010—87155801
http://www.c-textilep.com
E-mail：faxing@c-textilep.com
中国纺织出版社天猫旗舰店
官方微博 http://weibo.com/2119887771
三河市宏盛印务有限公司印刷　各地新华书店经销
2018年1月第1版　2023年1月第3次印刷
开本：787×1092　1/16　印张：22
字数：336千字　定价：46.80元（附赠网络教学资源）

前 言

在“互联网 +”时代，我国纺织服装工业面临着严峻的挑战，服装产业结构升级急需一批高级专业技术人才来提升产品的质量和性能，而服装纸样放码是服装工业生产中的一个重要技术环节，决定着成衣的品质。目前，我国服装生产企业普遍欠缺具有纸样和放码原理知识并能熟练操作的技术人员，为满足服装工业生产发展的人才要求，服装纸样放码教材的内容需要进一步完善。

本书是在《服装纸样放码》（第 2 版）的基础上，总结教学及实践操作经验，针对服装放码的板型效果一致性要求，分析实验结果，协调放码理论数据，补充服装流行款式的实际放码操作应用，从而推进服装纸样放码理论原理的科学性和技术操作的可应用性。

本书理论联系实际，所述的放码原理简单易懂，技术操作易学，图文并茂，覆盖服装款式多，知识面广，实用性强。相信本书的出版能为服装专业人员、学生、爱好者提供一定的帮助和启迪。

本书由惠州学院旭日广东服装学院李秀英老师主编，其中李秀英老师编写了本书的第一章至第七章，以及第十章，严燕连老师编写了第八章、第九章、第十一章。全书由李秀英老师统稿。在编写过程中，得到品牌“富怡”与“布易”服装 CAD 软件公司、惠州学院旭日广东服装学院师生的支持与帮助，谨此表示感谢。

由于编写时间的局限，难免有疏漏之处，恳请专家、学者批评指正并提出宝贵建议，我们将不胜感激。

编著者

2017 年 6 月

教学内容及课时安排

<table>
<tr><th>章 / 课时</th><th>课程性质 / 课时</th><th>节</th><th>课程内容</th></tr>
<tr><td rowspan="6">第一章
（1 课时）</td><td rowspan="11">基本理论
（2 课时）</td><td>•</td><td>绪论</td></tr>
<tr><td>一</td><td>服装纸样放码概述</td></tr>
<tr><td>二</td><td>母板的核查</td></tr>
<tr><td>三</td><td>放码基本方法</td></tr>
<tr><td>四</td><td>放码工具与设备</td></tr>
<tr><td>五</td><td>服装号型系列</td></tr>
<tr><td rowspan="5">第二章
（1 课时）</td><td>•</td><td>放码原理</td></tr>
<tr><td>一</td><td>放码档差值的确定</td></tr>
<tr><td>二</td><td>放码范围的选择</td></tr>
<tr><td>三</td><td>放码基准点的选位与推移方向</td></tr>
<tr><td>四</td><td>放缩量的分配</td></tr>
<tr><td rowspan="5">第三章
（2 课时）</td><td rowspan="10">基础训练
（4 课时）</td><td>•</td><td>放码操作技术</td></tr>
<tr><td>一</td><td>轨道式放码技术</td></tr>
<tr><td>二</td><td>推剪式放码技术</td></tr>
<tr><td>三</td><td>点数层叠式放码技术</td></tr>
<tr><td>四</td><td>切割线网状式放码技术</td></tr>
<tr><td rowspan="5">第四章
（2 课时）</td><td>•</td><td>女装原型纸样放码</td></tr>
<tr><td>一</td><td>衣片原型纸样放码</td></tr>
<tr><td>二</td><td>袖子原型纸样放码</td></tr>
<tr><td>三</td><td>裙子原型纸样放码</td></tr>
<tr><td>四</td><td>裤子原型纸样放码</td></tr>
<tr><td rowspan="6">第五章
（2 课时）</td><td rowspan="6">服装零部件
放码实践
（2 课时）</td><td>•</td><td>服装部件纸样放码</td></tr>
<tr><td>一</td><td>省道、褶裥和分割线款式纸样的放码</td></tr>
<tr><td>二</td><td>装袖、连衣袖和袖头的放码</td></tr>
<tr><td>三</td><td>衣领、帽子和贴边的放码</td></tr>
<tr><td>四</td><td>衣袋的放码</td></tr>
<tr><td>五</td><td>腰头的放码</td></tr>
<tr><td rowspan="6">第六章
（6 课时）</td><td rowspan="6">服装整体放码
应用与实践
（14 课时）</td><td>•</td><td>女式服装款式放码</td></tr>
<tr><td>一</td><td>半身裙款式放码</td></tr>
<tr><td>二</td><td>裤子款式放码</td></tr>
<tr><td>三</td><td>女式衬衫款式放码</td></tr>
<tr><td>四</td><td>连衣裙和旗袍款式放码</td></tr>
<tr><td>五</td><td>女式西服和大衣款式放码</td></tr>
</table>

续表

章 / 课时	课程性质 / 课时	节	课程内容
第七章 （4 课时）	服装整体放码 应用与实践 （14 课时）	•	**男式服装放码**
		一	男式上装放码
		二	男式下装放码
第八章 （2 课时		•	**针织服装放码**
		一	T 恤基本纸样放码原理
		二	T 恤款式放码
		三	内衣裤款式放码
第九章 （2 课时）		•	**童装纸样放码**
		一	童装号型系列
		二	童装原型纸样放码
		三	童装款式整体纸样制板与放码
第十章 （6 课时）	服装 CAD 系统操作 与应用 （12 课时）	•	**服装 CAD 放码与排料技术应用**
		一	服装 CAD 放码系统概述
		二	服装 CAD 样板设计与放码系统操作应用实例
		三	服装 CAD 排料系统
第十一章 （6 课时）		•	**服装 CAD 放码系统操作实例**
		一	女装衬衫款式 CAD 放码操作
		二	品牌连衣裙款式 CAD 放码操作
		三	下装款式 CAD 放码操作
		四	调整型文胸款式 CAD 放码操作

注 各院校可根据自身的教学特色和教学计划对课程时数进行调整。

目　录

基本理论

绪论

课程内容：服装纸样放码概述

母板的核查

放码基本方法

放码工具与设备

服装号型系列

教学时间：1 课时

教学目的：通过本章的学习，使学生了解服装纸样放码的定义和作用，掌握服装工业生产母板的检查要点，理解服装纸样放码方法和工具的应用，熟悉服装号型系列的规律及我国号型系列中的控制部位数值。

教学要求：1. 明确服装纸样放码的定义和重要性。

2. 掌握服装工业生产母板的检查内容与要点。

3. 理解服装纸样放码的基本方法。

4. 了解手工放码和计算机放码的工具与设备。

5. 熟悉服装号型系列的确定规律及控制部位数值。

课前准备：一套成衣生产纸样样板、放码尺、笔等工具。

第一章 绪论

第一节 服装纸样放码概述

一、服装纸样放码概念

服装纸样放码（Pattern Grading），又称服装推板、推档、扩号、放号等，指在服装工业批量生产过程中，按照同款服装不同号型的生产要求，依据人体体型，以中间号型的生产纸样为基础，以各号型之间的尺寸档差值为依据，运用一定的放缩方法规则而制作出其他号型的生产纸样，此过程称服装纸样放码。

在日常生活中，人有高矮胖瘦，在购买衣服时，都会选择适合自己号型的服装。为满足市场上不同体型消费者对服装穿着号型的要求，服装企业会向市场推出同款多号型的服装产品，因此，服装生产企业需要生产同款不同号型的成衣。例如，某一款式的服装，需要制作特小号（XS）、小号（S）、中号（M）、大号（L）、特大号（XL）、特加大号（XXL）等号型，在生产制造单上会设定XS、S、M、L、XL与XXL号型的各部位不同尺寸规格，通常在生产过程中，服装纸样技术人员（俗称纸样师傅）首先会选择中号（M）尺寸规格进行纸样制作、样板试制和纸样修正，得到最终满意的一套M码生产纸样后，再依据生产制造单上各号型部位尺寸之间的差值，将此M号纸样缩小而得到S、XS号纸样，将此M号纸样放大而得到L、XL与XXL号纸样，这就是纸样放码。

二、服装纸样放码作用与意义

根据服装款式的要求，一般成衣生产号型少有三四个，多有十几个，而且每一个号型都要有配套的纸样来进行裁剪缝制。在得到每一个号型纸样上，若每个纸样都用平面裁剪或立体裁剪方法来绘制，服装纸样技术人员需要付出大量的时间和精力，而且容易出错，不适用于现代工业化的服装生产，所以，在同一款式的服装需要生产多个号型时，得到全号型纸样最简单、最快捷的操作方法就是放码，即取一个准确的中号生产纸样进行放大或缩小，从中制作出同款多号型的配套纸样。故服装纸样放码是服装结构设计的延伸，能有效提高工作效率，减少纸样操作过程中的尺寸误差，保证服装款式造型不发生变化，普遍应用于服装工业生产中。放码是服装工业生产中一项技术性、实践性很强的工作，是生产过程中的关键性技术环节，决定着服装的产品质量和性能。

在 20 世纪 70 年代之前，传统的服装纸样放码普遍采用手工操作，随着服装计算机辅助放码操作软件系统的发展，目前我国服装生产企业已基本采用计算机辅助纸样放码。但是，无论是手工放码还是计算机辅助纸样放码，仅仅是在操作上使用的放码工具不同，却都要求服装纸样放码技术人员具备纸样设计技能的基础，并能熟练掌握放码原理及技巧，否则无法操作。

第二节　母板的核查

母板，又称头样、母样，指按照某一人体测量数据或成衣号型规格进行纸样制作、样板试制和纸样修正，从而得到最终满意的一套服装标准纸样。母板可以是净样，也可以是毛样；可以是中间号型，也可以是其他号型。一般情况下，服装生产企业为减少累计放缩时的尺寸误差，都会尽量选择中间体或中间号型制作母板。在生产过程中，母板是服装生产的基准板。

现代服装生产企业，无论是客户来料加工，还是自产自销的品牌服装，都基本上以批量生产为主，并且以多个号型规格配套。在成衣大批量生产中，若放码环节出现错误，势必导致大批量服装的错误，给企业造成巨大的经济损失。因此，放码工作要求准确细致，在放码之前，纸样放码技术人员必须熟读生产制造单提供的生产技术资料内容，发现问题或资料不足应及时反映情况，或者提出一些相应的解决措施和方法，经客户同意后才能进行母板的制作和放码。为了避免失误，需认真仔细地做好母板的检查工作，若母板不准确，放码后的全号型生产纸样也同样不准确，所以在放码前需核对母板。检查母板的要点如下：

（1）检查纸样与服装款式实样板是否相符合：作为放码基础的母板，是经过反复的服装试样以及通过各项技术鉴定和质量鉴定，修改不足之处后，正式批准成为生产用的纸样，所以母板必须与生产制造单的服装款式效果图和服装实样板相符合，若服装实样板要求更改，必须要有详细说明，并且纸样必须与服装款式相对应。

（2）检查整套纸样是否完整：母板的全套纸样包含面料纸样、里料纸样、衬料纸样和局部定位纸样，依次检查每类纸样有无欠缺，并且及时补足。

（3）检查全套纸样上的尺寸数据是否准确：纸样上的尺寸包括围度尺寸和长度尺寸，

其以生产制造单中的服装成品尺寸为依据，附加面辅料的缩水率和热缩率，必须认真仔细测量纸样上的各部位尺寸，保证成衣尺寸准确无误。

（4）检查各纸样的相连部位是否吻合：例如，领窝线与领下口线，前、后肩斜线，育克线，底边线，侧缝线，下裆线等各部位的线条是否相吻合，各个接缝处是否圆顺，有无凹凸。如图 1-1 所示，为西裤和西服纸样接缝线的圆顺与核对。

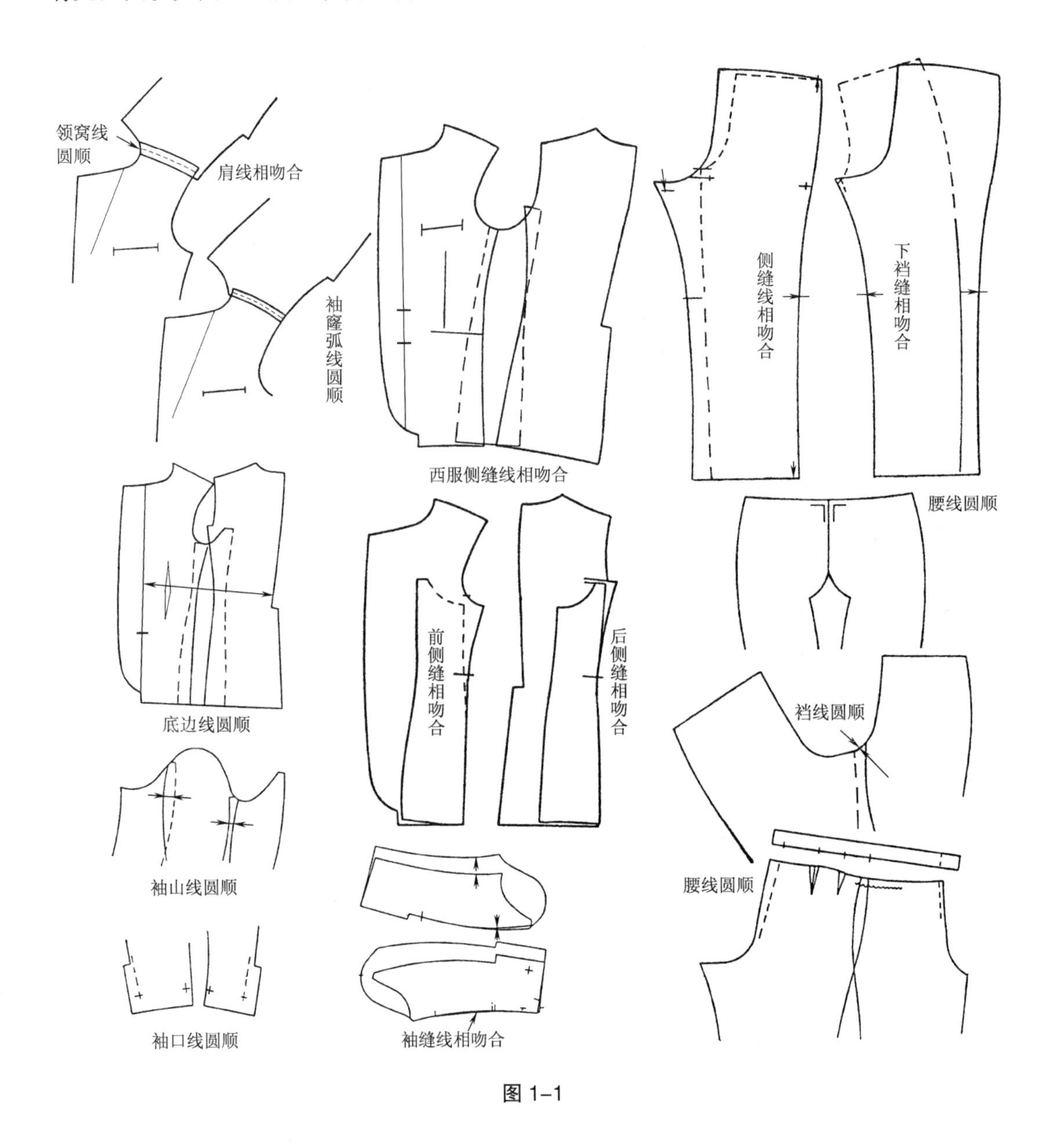

图 1-1

（5）检查纸样上的缝份是否准确，有无错漏：依据服装款式结构，在制作生产纸样时，需在各切割线处加上缝份，才能缝制。一般情况下，缝份取 1cm，而折边的缝份大小要视服装款式的要求而定，可在 1.5 ~ 7cm 范围内加缝份，在直线条部位加缝份很容易操作，但在弯度较大的分割部位加缝份则要根据缝纫工艺的不同要求来确定。如图 1-2 所示，当裁片缝合后，劈开缝份时，会发现缝份有缺少部分；如图 1–3 所示，当裁片缝合后，劈开缝份时，不会出现缝份缺少现象，能保证缝纫质量。折边是指上衣底边、袖口、裙底边、裤口等处向上翻折的部分，如图 1–4 所示，必须注意折边翻折后，折边的缝份边线 a 要与针迹线 b 的尺寸相等，这样衣底边、裤脚口翻折缝制后才能平服，且不会缩皱。

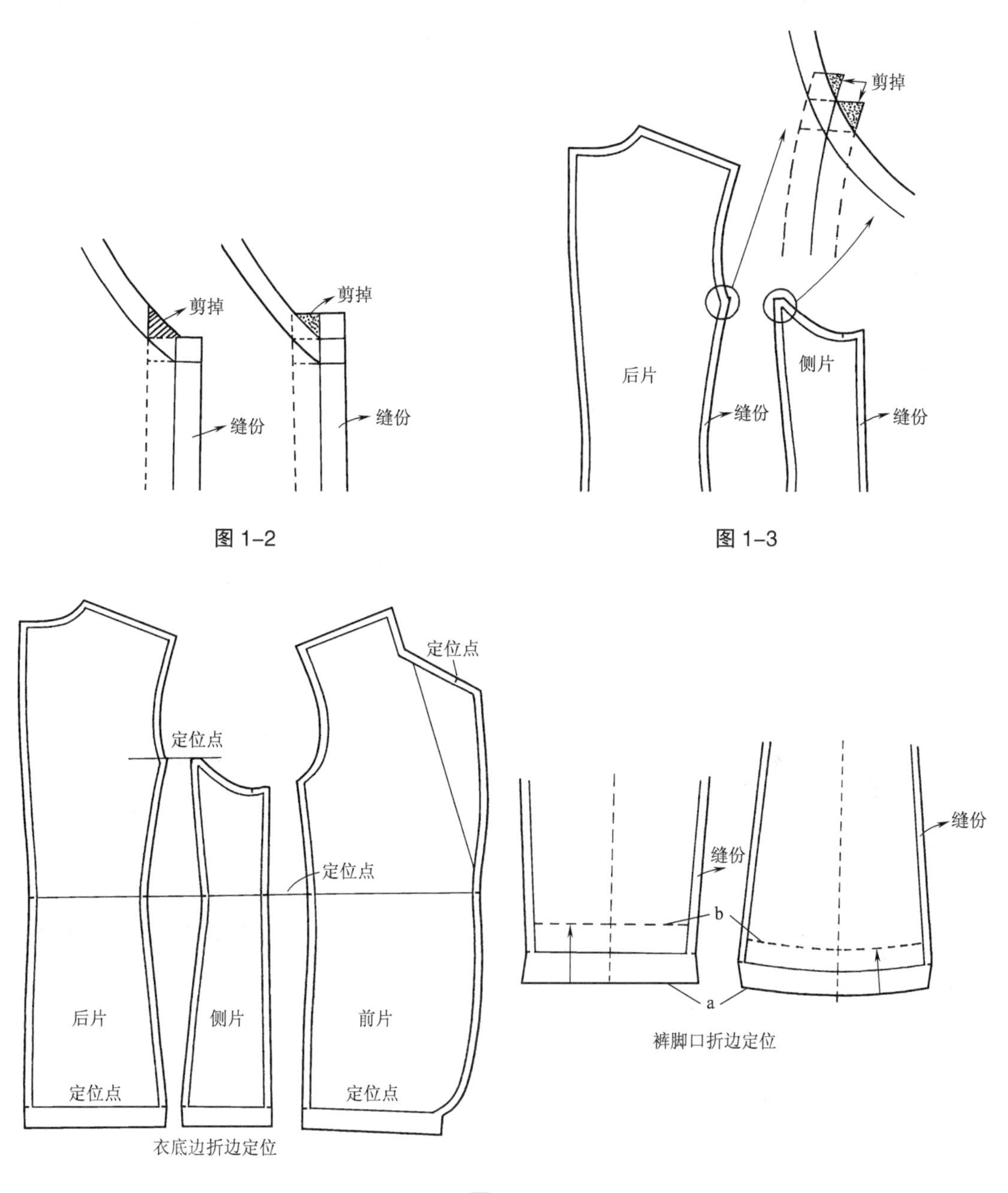

图 1–2

图 1–3

图 1–4

（6）检查纸样上的基本结构线条是否准确，有无错漏：如纸样上标明的布纹线（纱向线）、前中线、后中线、胸围线、腰围线、臀围线、衣底边线、膝围线、裤脚口线等是否清楚，有无错漏。

（7）检查纸样上的定位点是否准确，有无错漏：如图 1–5 所示，领下口线的定位点分别与前、后片的颈侧点和后颈中点对合，袖山定位点分别与前、后片袖窿定位点对合。定位点必须准确，其对缝纫质量的控制影响很大，不可错漏。

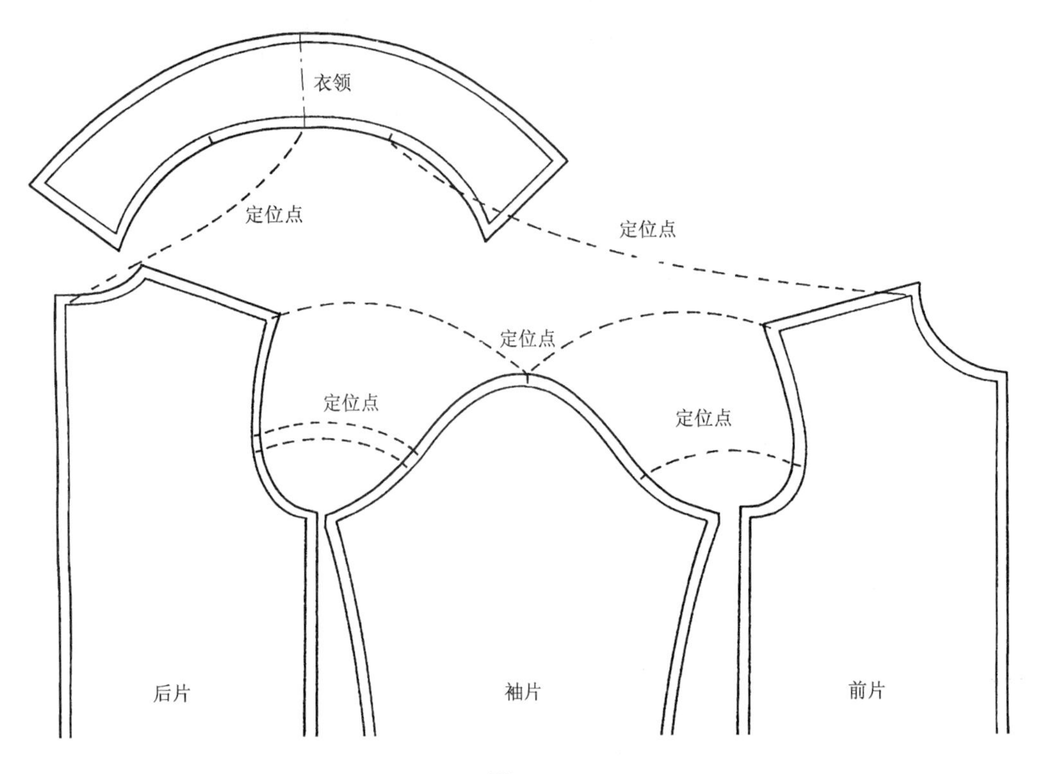

图 1–5

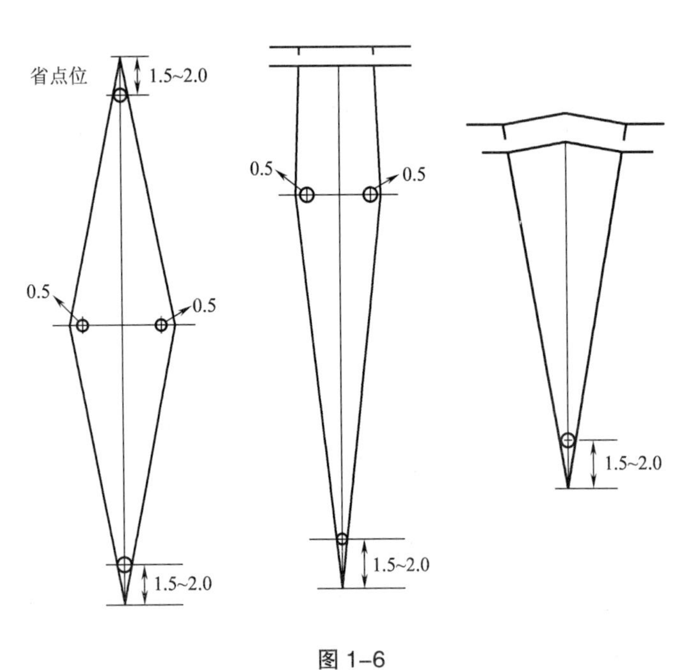

图 1–6

（8）检查纸样上的细节部位是否准确：包括省位、褶裥位、袋口位等。省位、褶位、袋位是服装生产中要明确标示的位置，由于批量裁布时，通常使用钻孔点位方法容易损坏布料，所以在纸样绘制时，既要考虑到批量裁布时点位的准确性，又要考虑到指导生产时不影响缝制质量，纸样要在省位、袋位的角尖点上回缩一定的距离，才能确定省位、袋位的钻孔定位点。图 1–6 所示为省位定位点，图 1–7 所示为贴袋定位点（单位：cm）。

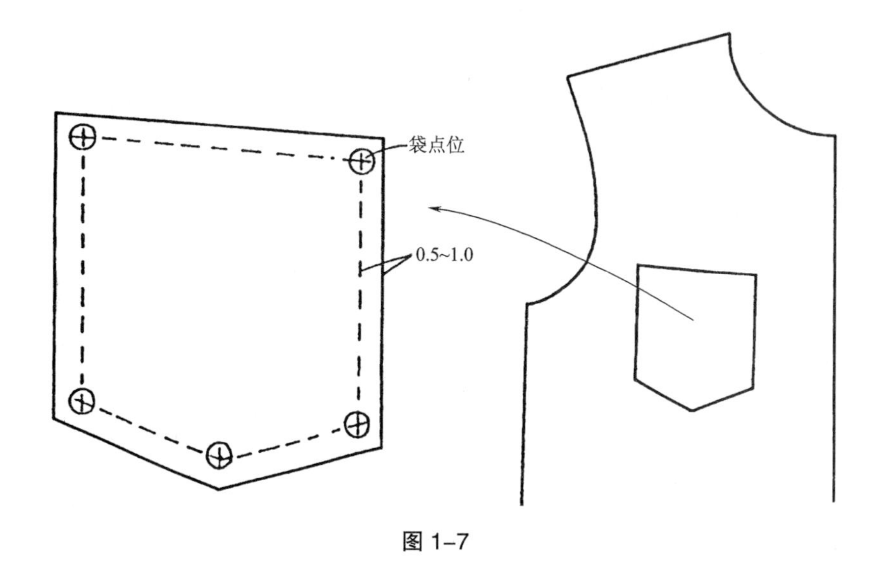

图 1-7

（9）检查纸样上的资料说明是否明确，有无错漏：因为不同的服装生产企业所生产的服装可能有不同的要求、不同的面料、不同的款式，其纸样也不同，故需检查纸样上的款式编号、名称、纸样名称、号型、裁剪数量等资料说明，以及如拉链长度或橡筋长度等附加说明，面料对花、对格和对条说明等是否清楚。

经过上述纸样的检查工作，在保证母板准确无误的条件下，才能进行全号型纸样的放码工作。

第三节　放码基本方法

在理论上，放码大致可以分为平面放码和立体放码两种方法。

一、平面放码

平面放码是在保持原有母板形状不变的情况下，对纸样的围度尺寸和长度尺寸进行均衡放大或缩小的一种方法。它是比较简单且容易操作的比例式放码方法。在进行平面放码时，只注重考虑服装尺寸的变化，而忽略了人体结构的要求，但是由于人体的复杂性和体型的差异性，使用等比例数据进行纸样的放大或缩小所绘制的特大号或特小号纸样缝制的服装，其合体性较差，因为人体并不是所有的部位都会均衡地变大或变小相同的数值，所以用同一尺寸值进行纸样围度部位或长度部位的放缩，是不能达到完美的合体效果的。因此，如以每一个号型的围度扩大 4cm 计算，采用平面放码最多只能放大或缩小 2 个号；若每个号型的围度相差 5cm，则只能放大或缩小 1 个号，如果所需放码的号型数目较多，则特大号型或特小号型的服装会因改变其原有的图形尺寸比例而变形，影响服装造型设计的美观效果。平面放码只适用于宽松或号型数目较少的休闲装生产中。

二、立体放码

立体放码是指在放码时，除了考虑服装号型尺寸规格外，还需考虑人体体型结构的复杂性和生长比例，并且在纸样上做适当部位尺寸调整变化的一种放码方法。人们在成长过程中，因地域差异、气候、习俗、生活环境、遗传、性别、健康状况等的不同，人体的生长发育情况也不同，影响人体的高度和围度也不一样。一般情况下，在人体长高的同时，其围度也逐渐变大，但到了成年阶段，身体长到了极限高度不再变化的时候，其围度也可能变大，即同长不同围。立体放码就是针对人体的复杂性而做适当部位尺寸的调整。例如，就肥胖体型而言，由于骨骼、关节、肌肉、脂肪等构成了人体体型的基本要素，皮下脂肪增多就会成为肥胖体型，皮下脂肪的沉积并不是均衡地分布于整个身体，而是在容易增长脂肪的部位，尤其是在腹部、臀部、手臂、大腿等部位，并且这些部位也不是按照相同的尺寸值变胖；瘦体型的人，骨骼与普通人体没有多大的差异，肩宽也不会变得太窄，所以仅用等比例数据进行放码则不能达到“合体”的效果，还需要做适当尺寸的调整。这就要求放码技术人员对人体体型特征、生长规律进行详细的研究，掌握大量的人体体型数据资料，推算出不同体型的数据来适合各种号型的人体，并以此为依据进行合体服装纸样放码工作。立体放码不受服装号型数目的限制，适用范围广泛，但是需要较高的服装纸样放码技巧。

第四节　放码工具与设备

在放码过程中，除需要有一个好的工作环境和工作台外，工具的配合也很重要。传统手工放码和现代电脑放码所使用的工具设备不同。

一、手工放码工具

手工放码，指放码技术人员在手工操作下完成的纸样放大和缩小，通常技术人员将母板摆在一张牛皮纸上进行尺寸放大或缩小的移动，并剪出放大号型或缩小号型的纸样。手工放码花费时间长，尺寸准确性及品质欠佳，工作效率较低，且需要有较高技术和经验丰富的放码师傅进行操作，但其灵活性大和工具设备投资费用少。手工放码常用的工具有放码尺（格尺）、软卷尺、复制轮（点线器、擂盘、复描器）、剪刀、锥子、对位器（剪口钳、打扼机）、铅笔、橡皮擦、订书机、黏胶纸（胶带）、打板纸（白纸、马克纸、唛架纸）和牛皮纸（黄纸）等，要求打板纸和牛皮纸平整、光滑和不易伸缩。图 1–8 所示为放码尺，是手工放码的主要工具。

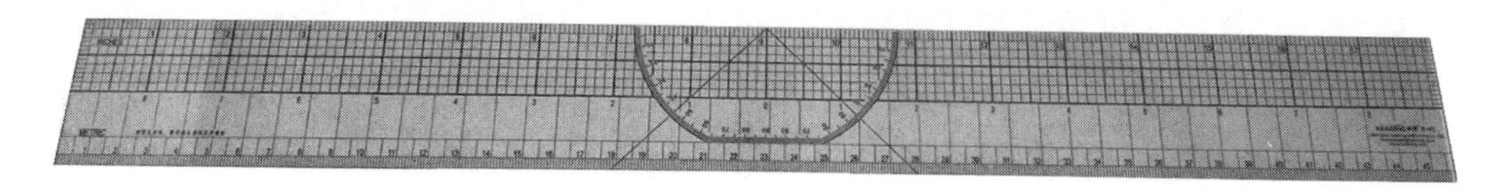

图 1–8

二、电脑放码设备

电脑放码，又称计算机辅助放码，是指使用电脑在服装 CAD 放码系统下完成纸样放大和缩小的操作过程，同时还可以进行后续排料程序，实现计算机操作集能化、自动化。如图 1–9 所示，电脑放码系统由软件和硬件构成，硬件配置有电脑、键盘、鼠标或光笔、数字化仪、平板式或滚筒式输图仪和唛架纸等；而前述手工放码使用的

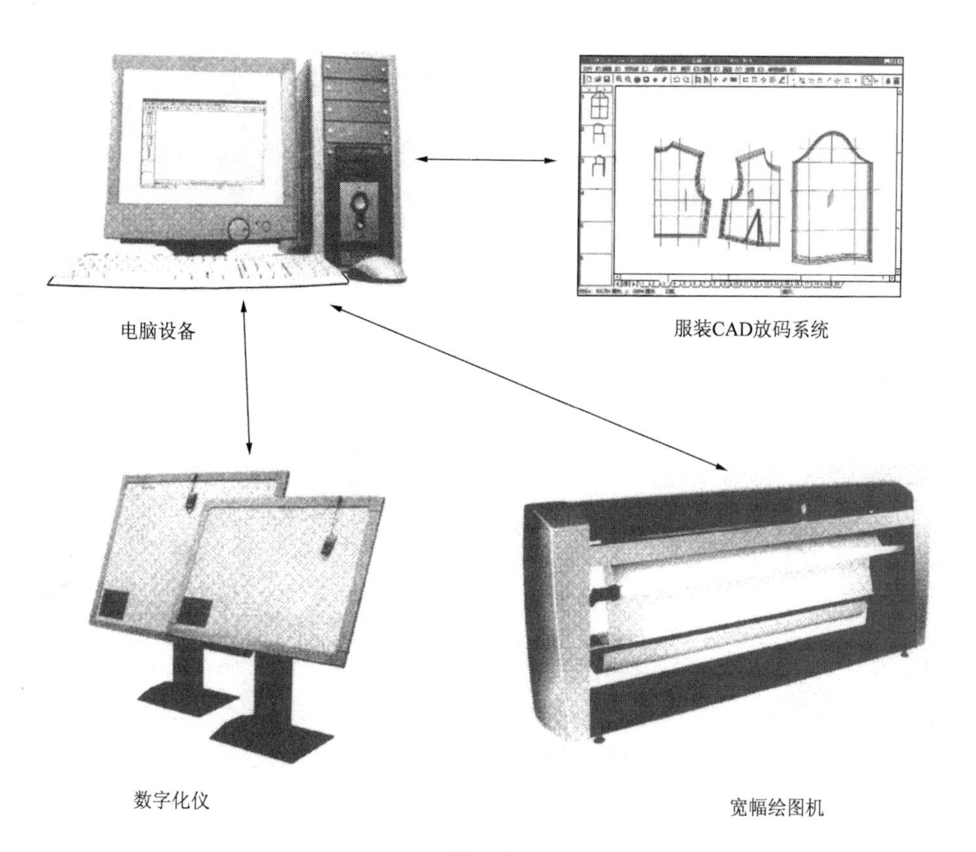

图 1–9

工具已存在于服装CAD放码系统的软件内。电脑放码快捷、尺寸准确、纸样图品质保证、纸样资料储存方便、工作效率高。尤其是后续排料可以自动计算用料率，而且如果进行自动化生产，服装CAD可以与CAM联合，直接由裁床画样排料进行生产。但电脑放码需要有较大的设备投资经费和维修、管理经费，还要有适当温度和湿度的工作环境，而且在号型数目较多的情况下，服装CAD系统会导致纸样一定程度上的变形（特别是曲线），还不能解决所有的放码问题，并且软件兼容性及升级等因素会影响工作，要求既具有计算机基础知识，又具有服装纸样设计及放码知识的技术人员操作。

第五节　服装号型系列

服装纸样放码是根据服装号型系列控制部位数值来确定放缩量的，所以在放码前必须了解服装号型系列（俗称尺寸表）。目前，我国的“服装号型国家标准”可以参阅由国家质量监督检验检疫总局、国家标准化管理委员会批准发布的GB/T 1335.1—2008《服装号型 男子》、GB/T 1335.2—2008《服装号型 女子》和GB/T 1335.3—2009《服装号型 儿童》。服装号型国家标准以厘米（cm）为单位，给出了十个控制部位尺寸，并依据成人体型分为Y、A、B、C四类，再根据身高每档增减5cm、胸围每档增减4cm列出5·4系列，腰围每档增减2cm列出5·2系列等号型表，表1-1 ~表1-8为我国成年

表1-1　男子$\frac{5\cdot4}{5\cdot2}$Y号型系列控制部位数值

单位:cm

Y														
部　位	数　值													
身　高	155		160		165		170		175		180		185	
颈椎点高	133.0		137.0		141.0		145.0		149.0		153.0		157.0	
坐姿颈椎点高	60.5		62.5		64.5		66.5		68.5		70.5		72.5	
全臂长	51.0		52.5		54.0		55.5		57.0		58.5		60.0	
腰围高	94.0		97.0		100.0		103.0		106.0		109.0		112.0	
胸　围	76		80		84		88		92		96		100	
颈　围	33.4		34.4		35.4		36.4		37.4		38.4		39.4	
总肩宽	40.4		41.6		42.8		44.0		45.2		46.4		47.6	
腰　围	56	58	60	62	64	66	68	70	72	74	76	78	80	82
臀　围	78.8	80.4	82.0	83.6	85.2	86.8	88.4	90.0	91.6	93.2	94.8	96.4	98.0	99.6

男、女四种体型控制部位数值。对于出口销售的服装，则可参考所销售国家和地区的号型规格表，如英国、日本等服装号型规格表，见表 1-9 ~ 表 1-11；在服装生产企业，放码的依据是生产制造单上的服装成品规格尺寸表（尺码表），如表 1-12 为男西服成品规格尺寸表，对于外企或合资服装厂，号型规格表中多采用英制的英寸（in）为单位，见表 1-13。

表 1-2　男子 $\frac{5\cdot4}{5\cdot2}$ A 号型系列控制部位数值

单位：cm

A							
部　位	数　值						
身　高	155	160	165	170	175	180	185
颈椎点高	133.0	137.0	141.0	145.0	149.0	153.0	157.0
坐姿颈椎点高	60.5	62.5	64.5	66.5	68.5	70.5	72.5
全臂长	51.0	52.5	54.0	55.5	57.0	58.5	60.0
腰围高	93.5	96.5	99.5	102.5	105.5	108.5	111.5

部　位	数　值							
胸　围	72	76	80	84	88	92	96	100
颈　围	32.8	33.8	34.8	35.8	36.8	37.8	38.8	39.8
总肩宽	38.8	40.0	41.2	42.4	43.6	44.8	46.0	47.2

部　位	数　值																							
腰　围	56	58	60	60	62	64	64	66	68	68	70	72	72	74	76	76	78	80	80	82	84	84	86	88
臀　围	75.6	77.2	78.8	78.8	80.4	82.0	82.0	83.6	85.2	85.2	86.8	88.4	88.4	90.0	91.6	91.6	93.2	94.8	94.8	96.4	98.0	98.0	99.6	101.2

表 1-3　男子 $\frac{5\cdot4}{5\cdot2}$ B 号型系列控制部位数值

单位：cm

B							
部　位	数　值						
身　高	155	160	165	170	175	180	185
颈椎点高	133.5	137.5	141.5	145.5	149.5	153.5	157.5
坐姿颈椎点高	61.0	63.0	65.0	67.0	69.0	71.0	73.0
全臂长	51.0	52.5	54.0	55.5	57.0	58.5	60.0
腰围高	93.0	96.0	99.0	102.0	105.0	108.0	111.0

部　位	数　值									
胸　围	72	76	80	84	88	92	96	100	104	108
颈　围	33.2	34.2	35.2	36.2	37.2	38.2	39.2	40.2	41.2	42.2
总肩宽	38.4	39.6	40.8	42.0	43.2	44.4	45.6	46.8	48.0	49.2

部　位	数　值																			
腰　围	62	64	66	68	70	72	74	76	78	80	82	84	86	88	90	92	94	96	98	100
臀　围	79.6	81.0	82.4	83.8	85.2	86.6	88.0	89.4	90.8	92.2	93.6	95.0	96.4	97.8	99.2	100.6	102.0	103.4	104.8	106.2

表1-4 男子5·4/5·2 C号型系列控制部位数值

单位:cm

C							
部位	数值						
身高	155	160	165	170	175	180	185
颈椎点高	134.0	138.0	142.0	146.0	150.0	154.0	158.0
坐姿颈椎点高	61.5	63.5	65.5	67.5	69.5	71.5	73.5
全臂长	51.0	52.5	54.0	55.5	57.0	58.5	60.0
腰围高	93.0	96.0	99.0	102.0	105.0	108.0	111.0

部位	数值									
胸围	76	80	84	88	92	96	100	104	108	112
颈围	34.6	35.6	36.6	37.6	38.6	39.6	40.6	41.6	42.6	43.6
总肩宽	39.2	40.4	41.6	42.8	44.0	45.2	46.4	47.6	48.8	50.0

部位	数值																			
腰围	70	72	74	76	78	80	82	84	86	88	90	92	94	96	98	100	102	104	106	108
臀围	81.6	83.0	84.4	85.8	87.2	88.6	90.0	91.4	92.8	94.2	95.6	97.0	98.4	99.8	101.2	102.6	104.0	105.4	106.8	108.2

表1-5 女子5·4/5·2 Y号型系列控制部位数值

单位:cm

Y														
部位	数值													
身高	145		150		155		160		165		170		175	
颈椎点高	124.0		128.0		132.0		136.0		140.0		144.0		148.0	
坐姿颈椎点高	56.5		58.5		60.5		62.5		64.5		66.5		68.5	
全臂长	46.0		47.5		49.0		50.5		52.0		53.5		55.0	
腰围高	89.0		92.0		95.0		98.0		101.0		104.0		107.0	
胸围	72		76		80		84		88		92		96	
颈围	31.0		31.8		32.6		33.4		34.2		35.0		35.8	
总肩宽	37.0		38.0		39.0		40.0		41.0		42.0		43.0	
腰围	50	52	54	56	58	60	62	64	66	68	70	72	74	76
臀围	77.4	79.2	81.0	82.8	84.6	86.4	88.2	90.0	91.8	93.6	95.4	97.2	99.0	100.8

表 1－6　女子$\frac{5\cdot4}{5\cdot2}$A 号型系列控制部位数值

单位:cm

A																					
部　位	数　值																				
身　高	145			150			155			160			165			170			175		
颈椎点高	124.0			128.0			132.0			136.0			140.0			144.0			148.0		
坐姿颈椎点高	56.5			58.5			60.5			62.5			64.5			66.5			68.5		
全臂长	46.0			47.5			49.0			50.5			52.0			53.5			55.0		
腰围高	89.0			92.0			95.0			98.0			101.0			104.0			107.0		
胸　围	72			76			80			84			88			92			96		
颈　围	31.2			32.0			32.8			33.6			34.4			35.2			36.0		
总肩宽	36.4			37.4			38.4			39.4			40.4			41.4			42.4		
腰　围	54	56	58	58	60	62	62	64	66	66	68	70	70	72	74	74	76	78	78	80	82
臀　围	77.4	79.2	81.0	81.0	82.8	84.6	84.6	86.4	88.2	88.2	90.0	91.8	91.8	93.6	95.4	95.4	97.2	99.0	99.0	100.8	102.6

表 1－7　女子$\frac{5\cdot4}{5\cdot2}$B 号型系列控制部位数值

单位:cm

B																				
部　位	数　值																			
身　高	145			150			155			160			165			170			175	
颈椎点高	124.5			128.5			132.5			136.5			140.5			144.5			148.5	
坐姿颈椎点高	57.0			59.0			61.0			63.0			65.0			67.0			69.0	
全臂长	46.0			47.5			49.0			50.5			52.0			53.5			55.0	
腰围高	89.0			92.0			95.0			98.0			101.0			104.0			107.0	
胸　围	68		72		76		80		84		88		92		96		100		104	
颈　围	30.6		31.4		32.2		33.0		33.8		34.6		35.4		36.2		37.0		37.8	
总肩宽	34.8		35.8		36.8		37.8		38.8		39.8		40.8		41.8		42.8		43.8	
腰　围	56	58	60	62	64	66	68	70	72	74	76	78	80	82	84	86	88	90	92	94
臀　围	78.4	80.0	81.6	83.2	84.8	86.4	88.0	89.6	91.2	92.8	94.4	96.0	97.6	99.2	100.8	102.4	104.0	105.6	107.2	108.8

表1－8　女子 $\frac{5\cdot4}{5\cdot2}$ C号型系列控制部位数值

单位：cm

C							
部位	数值						
身高	145	150	155	160	165	170	175
颈椎点高	124.5	128.5	132.5	136.5	140.5	144.5	148.5
坐姿颈椎点高	56.5	58.5	60.5	62.5	64.5	66.5	68.5
全臂长	46.0	47.5	49.0	50.5	52.0	53.5	55.0
腰围高	89.0	92.0	95.0	98.0	101.0	104.0	107.0

部位											
胸围	68	72	76	80	84	88	92	96	100	104	108
颈围	30.8	31.6	32.4	33.2	34.0	34.8	35.6	36.4	37.2	38.0	38.8
总肩宽	34.2	35.2	36.2	37.2	38.2	39.2	40.2	41.2	42.2	43.2	44.2

部位																						
腰围	60	62	64	66	68	70	72	74	76	78	80	82	84	86	88	90	92	94	96	98	100	102
臀围	78.4	80.0	81.6	83.2	84.8	86.4	88.0	89.6	91.2	92.8	94.4	96.0	97.6	99.2	100.8	102.4	104.0	105.6	107.2	108.8	110.4	112.0

表1－9　日本女装尺寸规格

单位：cm

规格 部位	文化式					登丽美式		
	S	M	ML	L	LL	小	中	大
胸围	78	82	88	94	100	80	82	86
腰围	62～64	66～68	70～72	76～78	80～82	58	60	64
臀围	88	90	94	98	102	88	90	94
中腰围	84	86	90	96	100			
颈根围						35	36.5	38
头围	54	56	57	58	58			
上臂围						26	28	30
手腕围	15	16	17	18	18	15	16	17
手掌围						19	20	21
腰节长	37	38	39	40	41	36	37	38
腰长	18	20	21	21	21		20	
袖长	48	52	53	54	55	51	53	56
背宽						33	34	35
胸宽						32	33	34
立裆	25	26	27	28	29	24	27	29
裤长	85	91	95	96	99			
身高	148	154	158	160	162			

注　本表选自日本工业规格(JIS)，表中S、M、ML、L、LL分别表示小、中、中大、大、加大号的号型系列。

表 1－10 英国女装尺寸规格

单位：cm

尺 码	8		10		12		14		16		18		差值
身 高	158.0		160.0		162.0		164.0		166.0		168.0		2.0
腰节长	39.0		39.5		40.0		40.5		41.0		41.5		0.5
膝 长	94.0		95.5		97.0		98.5		100.0		101.5		1.5
上胸围	73.0	75.0	77.0	79.0	81.0	83.0	85.0	87.0	89.0	91.0	93.0	95.0	4.0
胸 围	78.0	80.0	82.0	84.0	86.0	88.0	90.0	92.0	94.0	96.0	98.0	100.0	4.0
腰 围	54.0	56.0	58.0	60.0	62.0	64.0	66.0	68.0	70.0	72.0	74.0	76.0	4.0
臀 围	84.0	86.0	88.0	90.0	92.0	94.0	96.0	98.0	100.0	102.0	104.0	106.0	4.0
半背宽	15.5	15.8	16.0	16.3	16.5	16.8	17.0	17.3	17.5	17.8	18.0	18.3	0.5
小肩宽	11.5	11.6	11.7	11.8	11.9	12.0	12.1	12.2	12.3	12.4	12.5	12.6	0.2
外袖长	70.7	71.0	71.7	72.0	72.7	73.0	73.7	74.0	74.7	75.0	75.7	76.0	1.0
内袖长	41.4	41.6	41.6	41.8	41.8	42.0	42.0	42.2	42.2	42.4	42.4	42.6	0.2
手臂围	23.2	24.0	24.6	25.4	26.0	26.8	27.4	28.2	28.8	29.6	30.2	31.0	1.4
手腕围	13.8	14.2	14.4	14.8	15.0	15.4	15.6	16.0	16.2	16.6	16.8	17.2	0.6
上裆（立裆）	25.8	26.0	26.3	26.5	26.8	27.0	27.3	27.5	27.8	28.0	28.3	28.5	0.5
裤 长	99.4		100.7		102		103.3		104.6		105.9		1.3
大腿围	51.0	52.0	53.0	54.0	55.0	56.0	57.0	58.0	59.0	60.0	61.0	62.0	2.0
膝 围	32.5	33.0	33.5	34.0	34.5	35.0	35.5	36.0	36.5	37.0	37.5	38.0	1.0
踝 围	29.5	30.0	30.5	31.0	31.5	32.0	32.5	33.0	33.5	34.0	34.5	35.0	1.0

注 本表选自英国服装标准研究所（BSI），表中仅列出 8～18 码的尺寸，每码中的大小两个数值分别用于绘制紧身和合体服装。

表 1－11 英国男装尺寸规格

单位：cm

外 衣									
身 高	170	171	172	173	174	175	176	177	178
胸 围	88	92	96	100	104	108	112	116	120
臀 围	92	96	100	104	108	112	116	120	124
腰 围	74	78	82	86	90	94	98	102	106
低腰围	77	81	85	89	93	97	101	105	109
半背宽	18.5	19	19.5	20	20.5	21	21.5	22	22.5
腰节长	43.4	43.8	44.2	44.6	45	45.4	45.8	46.2	46.6
袖窿深	22	22.8	23.6	24.4	25.2	26	26.4	26.8	27.2

续表

外　衣									
领　围	37	38	39	40	41	42	43	44	45
一片袖长	63.6	64.2	64.8	65.4	66	66.6	67.2	67.8	68.4
两片袖长	79	80	81	82	83	83.5	84	84.5	85
袖内侧缝	78	79	80	81	82	83	84	85	86
上裆(立裆)	26.8	27.2	27.6	28	28.4	28.8	29.2	29.6	30
手腕围	16.4	16.8	17.2	17.6	18	18.4	18.8	19.2	19.6
衣　长	根据款式和潮流需要确定								
两片袖口	27	28	29	30	31	31.6	32.2	32.8	33.4
裤脚口	23.5	24	24.5	25	25.5	26	26	26	26
牛仔裤脚口	20.5	21	21.5	22	22.5	23	23	23	23
衬　衫									
领　围	37	38	39	40	41	42	43	44	45
胸　围	88	92	96	100	104	108	112	116	120
袖窿深	22	22.8	23.6	24.4	25.2	26	26.4	26.8	27.2
腰节长	43.4	43.8	44.2	44.6	45	45	45.4	45.4	45.8
半背宽	18.5	19	19.5	20	20.5	21	21.5	22	22.5
袖　长	86	87	88	89	89	89	90	90	90
衣　长	76	78	80	81	81	81	82	82	82
袖　口	22	22.5	22.5	23	23	23.5	23.5	24	24

表 1-12　男西服成品规格

单位：cm

号型	155/76	160/80	165/84	170/88	175/92	180/96	185/100
市场尺码	42	44	46	48	50	52	54
胸围	92	96	100	104	108	112	116
腰围	82	86	90	94	98	102	106
下摆	97	101	105	109	113	117	121
前衣长	68	70	72	74	76	77.5	79
后衣长	66	68	70	72	74	75.5	77
肩宽	42.6	43.8	45	46.2	47.4	48.6	49.8
袖长	58.5	60	61.5	63	64.5	65.5	67
袖口宽	12.6	12.9	13.2	13.5	13.8	14.1	14.4

表 1-13 某合资制衣厂生产制造单尺码表

单位:in

客户订单编号	合同编号	服装款式名称	数量	落货日期	制单编号
M525—5	098—EUR	男装五袋款长裤	500DOZ	16/03/2017	P9898

<table>
<tr><td>尺码</td><td>30</td><td>31</td><td>32</td><td>33</td><td>34</td><td>35</td><td>36</td><td>38</td><td>40</td><td>42</td></tr>
<tr><td>腰围</td><td>$31\frac{1}{2}$</td><td>$32\frac{1}{2}$</td><td>$33\frac{1}{2}$</td><td>$34\frac{1}{2}$</td><td>$35\frac{1}{2}$</td><td>$36\frac{1}{2}$</td><td>$37\frac{1}{2}$</td><td>$39\frac{1}{2}$</td><td>$41\frac{1}{2}$</td><td>$43\frac{1}{2}$</td></tr>
<tr><td>裤头高</td><td colspan="10">$1\frac{1}{2}$</td></tr>
<tr><td>臀围(坐围)(横裆线上 3in 处测量)</td><td>$41\frac{1}{2}$</td><td>$42\frac{1}{2}$</td><td>$43\frac{1}{2}$</td><td>$44\frac{1}{2}$</td><td>$45\frac{1}{2}$</td><td>$46\frac{1}{2}$</td><td>$47\frac{1}{2}$</td><td>$49\frac{1}{2}$</td><td>$51\frac{1}{2}$</td><td>$53\frac{1}{2}$</td></tr>
<tr><td>前裆(前浪)(不连腰头)</td><td>$10\frac{1}{4}$</td><td>$10\frac{3}{8}$</td><td>$10\frac{1}{2}$</td><td>$10\frac{5}{8}$</td><td>$10\frac{3}{4}$</td><td>$10\frac{7}{8}$</td><td>11</td><td>$11\frac{1}{4}$</td><td>$11\frac{1}{2}$</td><td>$11\frac{3}{4}$</td></tr>
<tr><td>后裆(后浪)(不连腰头)</td><td>$13\frac{3}{4}$</td><td>$13\frac{7}{8}$</td><td>14</td><td>$14\frac{1}{8}$</td><td>$14\frac{1}{4}$</td><td>$14\frac{3}{8}$</td><td>$14\frac{1}{2}$</td><td>$14\frac{3}{4}$</td><td>15</td><td>$15\frac{1}{4}$</td></tr>
<tr><td>腿根围(髀围)(横裆线下 1in 处测量)</td><td>$24\frac{1}{2}$</td><td>25</td><td>$25\frac{1}{2}$</td><td>26</td><td>$26\frac{1}{2}$</td><td>27</td><td>$27\frac{1}{2}$</td><td>$28\frac{1}{2}$</td><td>$29\frac{1}{2}$</td><td>$30\frac{1}{2}$</td></tr>
<tr><td>膝围(横裆线下 14in 处测量)</td><td>$18\frac{1}{4}$</td><td>$18\frac{5}{8}$</td><td>19</td><td>$19\frac{3}{8}$</td><td>$19\frac{3}{4}$</td><td>$20\frac{1}{8}$</td><td>$20\frac{1}{2}$</td><td>$21\frac{1}{4}$</td><td>22</td><td>$22\frac{3}{4}$</td></tr>
<tr><td>裤脚口围</td><td>$16\frac{1}{2}$</td><td>$16\frac{3}{4}$</td><td>17</td><td>$17\frac{1}{4}$</td><td>$17\frac{1}{2}$</td><td>$17\frac{3}{4}$</td><td>18</td><td>$18\frac{1}{2}$</td><td>19</td><td>$19\frac{1}{2}$</td></tr>
<tr><td>下裆长(内长)</td><td colspan="10">32/34</td></tr>
<tr><td>拉链长</td><td colspan="4">$6\frac{1}{2}$</td><td colspan="4">7</td><td colspan="2">$7\frac{1}{2}$</td></tr>
<tr><td>门襟(纽牌)(长×宽)(不连腰头)</td><td colspan="4">$7\frac{1}{4}\times1\frac{3}{4}$</td><td colspan="4">$7\frac{3}{4}\times1\frac{3}{4}$</td><td colspan="2">$8\frac{1}{4}\times1\frac{3}{4}$</td></tr>
<tr><td>前袋(宽×高)</td><td colspan="4">$4\frac{1}{4}\times3\frac{1}{4}$</td><td colspan="4">$4\frac{1}{2}\times3\frac{1}{2}$</td><td colspan="2">$4\frac{3}{4}\times3\frac{3}{4}$</td></tr>
<tr><td>前袋布深</td><td colspan="10">11</td></tr>
<tr><td>后袋(中高×侧高)</td><td colspan="5">$6\times5\frac{1}{4}$</td><td colspan="5">$6\frac{1}{4}\times5\frac{1}{2}$</td></tr>
<tr><td>后袋(顶宽×底宽)</td><td colspan="5">$6\times5\frac{1}{4}$</td><td colspan="5">$6\frac{1}{4}\times5\frac{1}{2}$</td></tr>
<tr><td>后袋位置(后育克下测量)</td><td colspan="10">$1\frac{1}{2}$</td></tr>
<tr><td>后育克(机头)(中高×侧高)</td><td colspan="10">$2\frac{3}{4}\times1$</td></tr>
<tr><td>串带(耳仔)(长×宽)</td><td colspan="10">$2\frac{1}{4}\times\frac{1}{2}$</td></tr>
<tr><td>前中两串带距</td><td>$4\frac{1}{4}$</td><td>$4\frac{1}{2}$</td><td>$4\frac{3}{4}$</td><td>5</td><td>$5\frac{1}{4}$</td><td>$5\frac{1}{2}$</td><td>$5\frac{3}{4}$</td><td>$6\frac{1}{4}$</td><td>$6\frac{3}{4}$</td><td>$7\frac{1}{4}$</td></tr>
</table>

续表

男装五袋款长裤款式图：

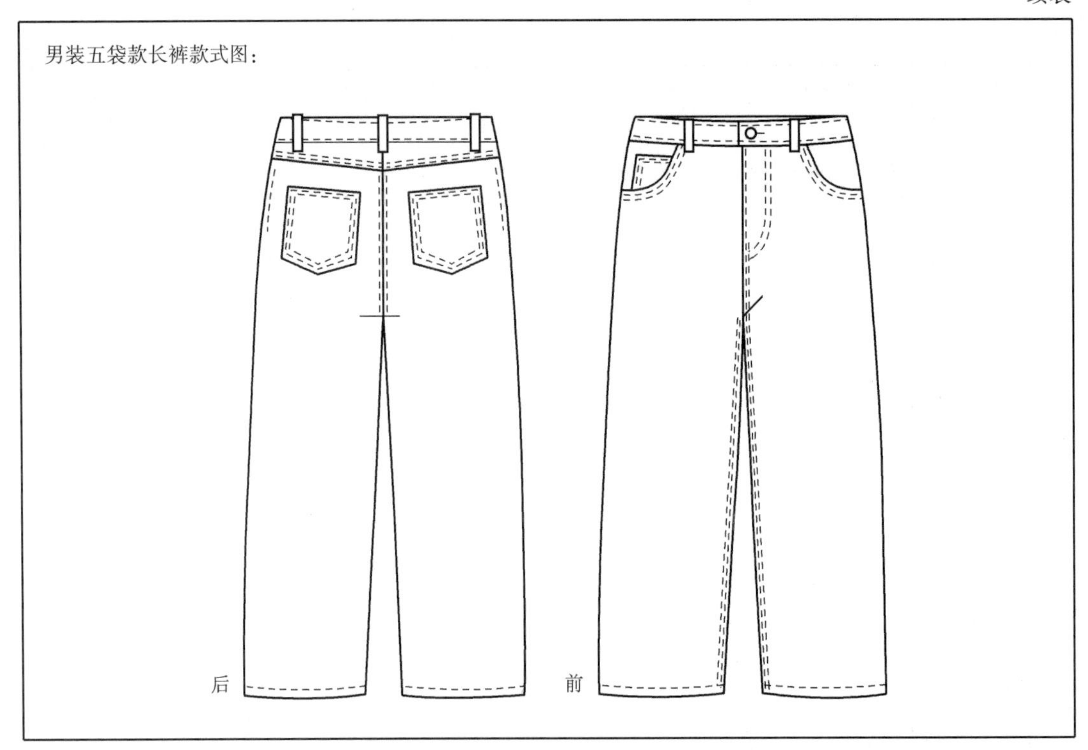

注 1in≈2.54cm。

本章总结

本章介绍了服装纸样放码的概念和重要性，以及母板的定义；阐述了核查母板的内容与要点；介绍了服装纸样放码的基本方法和工具设备；说明了平面放码与立体放码的优缺点；介绍了服装纸样放码的依据和服装号型系列规格确定的规则。

思考题

1. 服装纸样放码的概念，有什么作用？
2. 母板的定义，如何核查母板？
3. 理论上放码分为哪两种方法？各有什么优点？
4. 放码需要哪些工具及设备？
5. 服装纸样放码的依据是什么？
6. 我国服装号型系列是如何确定的？

基本理论

放码原理

教学内容： 放码档差值的确定
放码范围的选择
放码基准点的选位与推移方向
放缩量的分配

教学时间： 1 课时

教学目的： 通过本章的学习，使学生理解服装纸样放码的基本原理，掌握服装纸样放码档差值的确定和放码范围的选择要点，熟悉放码基准点的选位要素与推移方向，掌握放缩量分配规则。

教学要求：
1. 明确放码档差值的定义。
2. 掌握放码档差值的确定。
3. 了解服装号型各系列分档数值。
4. 理解高度和围度的纸样放码数值分配的依据。
5. 掌握高度或长度放大与缩小、围度或宽度放大与缩小、高度和围度放大与缩小等三种范围的放码要点。
6. 理解放码基准点选位的要素。
7. 熟悉单向放缩、双向放缩和弧线放缩的放码基准点选位。
8. 掌握放缩点放量的分配规则。

课前准备： 女装上衣原型纸样样板、放码尺、笔、剪刀、白纸等工具。

第二章 放码原理

放码基本原理包括确定服装号型尺寸档差值、选择放码范围、设定放码点及推移方向、分配放缩量等内容。

第一节 放码档差值的确定

放码档差值，俗称档差，指服装号型规格跳档的尺寸差值，是纸样放缩过程中最重要的尺寸依据。在我国实施的国家服装号型新标准中，已有服装号型各系列分档数值表，如表 2-1 ~ 表 2-4 所示。表中有人体十个控制部位尺寸，以女子 160/84Y、A 体型、160/88B、C 体型，以及男子 170/88Y、A 体型、170/92B 体型、170/96C 体型为中间体；5·4 系列以身高 5cm、胸围或腰围 4cm 跳档，5·2 系列以身高 5cm、腰围 2cm 跳档；并附有各部位放码档差采用数值，标有身高、胸围、腰围每增减 1cm 时相应部位的变化尺寸，可以作为各部位放码档差值的参考。在服装生产过程中，放码档差值是依据成衣规格尺寸表中相邻两个号型之间的尺寸之差来确定的，任何服装号型系列表都可以计算出各部位尺寸的档差值，即在同一部位的相邻两个号型尺寸之间，用后一个号的尺寸值减去前一个号的尺寸值就得出该部位尺寸的放码档差值，如表 2-5 所示。

掌握人体体型数据是确定放码档差值的重要依据。我国实施的服装号型国家标准中给出的人体十个控制部位尺寸和档差还不能满足放码技术操作的要求，还需增加一些其他人体部位的尺寸和档差，才能较好地把握人体的结构形态和变化规律，保证纸样放码的准确性。例如，中国女子 5·4 系列 A 体型的各部位参考尺寸及档差值，如表 2-6 所示。

表 2－1　女子服装号型各系列分档数值表（Y、A 体型）

单位：cm

体型	Y								A							
部位	中间体		5·4 系列		5·2 系列		身高[1]、胸围[2]、腰围[3]每增减 1cm		中间体		5·4 系列		5·2 系列		身高、胸围、腰围每增减 1cm	
	计算数	采用数	计算数	采用数	计算数	采用数	计算数	采用数	计算数	采用数	计算数	采用数	计算数	采用数	计算数	采用数
身高	160	160	5	5	5	5	1	1	160	160	5	5	5	5	1	1
颈椎点高	136.2	136.0	4.46	4.00			0.89	0.80	136.0	136.0	4.53	4.00			0.91	0.80
坐姿颈椎点高	62.6	62.5	1.66	2.00			0.33	0.40	62.6	62.5	1.66	2.00			0.33	0.40
全臂长	50.4	50.5	1.66	1.50			0.33	0.30	50.4	50.5	1.65	1.50			0.34	0.30
腰围高	98.2	98.0	3.34	3.00	3.34	3.00	0.67	0.60	98.1	98.0	3.37	3.00	3.37	3.00	0.68	0.60
胸围	84	84	4	4			1	1	84	84	4	4			1	1
颈围	33.4	33.4	0.73	0.80			0.18	0.20	33.7	33.6	0.78	0.80			0.20	0.20
总肩宽	39.9	40.0	0.70	1.00			0.18	0.25	39.9	39.4	0.64	1.00			0.16	0.25
腰围	63.6	64.0	4	4	2	2	1	1	68.2	68	4	4	2	2	1	1
臀围	89.2	90.0	3.12	3.60	1.56	1.80	0.78	0.90	90.9	90.0	3.18	3.60	1.60	1.80	0.80	0.90

①身高所对应的高度部位是颈椎点高、坐姿颈椎点高、全臂长、腰围高。

②胸围所对应的围度部位是颈围、总肩宽。

③腰围所对应的围度部位是臀围。

表 2－2　女子服装号型各系列分档数值表（B、C 体型）

单位：cm

体型	B								C							
部位	中间体		5·4 系列		5·2 系列		身高、胸围、腰围每增减 1cm		中间体		5·4 系列		5·2 系列		身高、胸围、腰围每增减 1cm	
	计算数	采用数	计算数	采用数	计算数	采用数	计算数	采用数	计算数	采用数	计算数	采用数	计算数	采用数	计算数	采用数
身高	160	160	5	5	5	5	1	1	160	160	5	5	5	5	1	1
颈椎点高	136.3	136.5	4.57	4.00			0.92	0.80	136.5	136.5	4.48	4.00			0.90	0.80
坐姿颈椎点高	63.2	63.0	1.81	2.00			0.36	0.40	62.7	62.5	1.80	2.00			0.35	0.40
全臂长	50.5	50.5	1.68	1.50			0.34	0.30	50.5	50.5	1.60	1.50			0.32	0.30
腰围高	98.0	98.0	3.34	3.00	3.30	3.00	0.67	0.60	98.2	98.0	3.27	3.00	3.27	3.00	0.65	0.60
胸围	88	88	4	4			1	1	88	88	4	4			1	1
颈围	33.7	34.6	0.81	0.80			0.20	0.20	34.9	34.8	0.75	0.80			0.19	0.20
总肩宽	40.3	39.8	0.69	1.00			0.17	0.25	40.5	39.2	0.69	1.00			0.17	0.25
腰围	76.6	78.0	4	4	2	2	1	1	81.9	82	4	4	2	2	1	1
臀围	94.3	96.0	3.27	3.20	1.64	1.60	0.82	0.80	96.0	96.0	3.33	3.20	1.66	1.60	0.83	0.80

表 2-3　男子服装号型各系列分档数值表（Y、A 体型）

单位：cm

体　型	Y								A							
部　位	中间体		5·4 系列		5·2 系列		身高、胸围、腰围每增减 1cm		中间体		5·4 系列		5·2 系列		身高、胸围、腰围每增减 1cm	
	计算数	采用数	计算数	采用数	计算数	采用数	计算数	采用数	计算数	采用数	计算数	采用数	计算数	采用数	计算数	采用数
身　高	170	170	5	5	5	5	1	1	170	170	5	5	5	5	1	1
颈椎点高	144.8	145.0	4.51	4.00			0.90	0.80	145.1	145.0	4.50	4.00			0.90	0.80
坐姿颈椎点高	66.2	66.5	1.64	2.00			0.33	0.40	66.3	66.5	1.86	2.00			0.37	0.40
全臂长	55.4	55.5	1.82	1.50			0.36	0.30	55.3	55.5	1.71	1.50			0.34	0.30
腰围高	102.6	103.0	3.35	3.00			0.67	0.60	102.3	102.5	3.11	3.00	3.11	3.00	0.62	0.60
胸　围	88	88	4	4			1	1	88	88	4	4			1	1
颈　围	36.3	36.4	0.89	1.00			0.22	0.25	37.0	36.8	0.98	1.00			0.25	0.25
总肩宽	43.6	44.0	1.97	1.20			0.27	0.30	43.7	43.6	1.11	1.20			0.29	0.30
腰　围	69.1	70.0	4	4	2	2	1	1	74.1	74.0	4	4	2	2	1	1
臀　围	87.9	90.0	2.99	3.20	1.50	1.60	0.75	0.80	90.1	90.0	2.91	3.20	1.50	1.00	0.73	0.80

表 2-4　男子服装号型各系列分档数值表（B、C 体型）

单位：cm

体　型	B								C							
部　位	中间体		5·4 系列		5·2 系列		身高、胸围、腰围每增减 1cm		中间体		5·4 系列		5·2 系列		身高、胸围、腰围每增减 1cm	
	计算数	采用数	计算数	采用数	计算数	采用数	计算数	采用数	计算数	采用数	计算数	采用数	计算数	采用数	计算数	采用数
身　高	170	170	5	5	5	5	1	1	170	170	5	5	5	5	1	1
颈椎点高	145.4	145.5	4.54	4.00			0.90	0.80	146.1	146.0	4.57	4.00			0.91	0.80
坐姿颈椎点高	66.9	67.0	2.01	2.00			0.40	0.40	67.3	67.5	1.98	2.00			0.40	0.40
全臂长	55.3	55.5	1.72	1.50			0.34	0.30	55.4	55.5	1.84	1.50			0.37	0.30
腰围高	101.9	102.0	2.98	3.00	2.98	3.00	0.60	0.60	101.6	102.0	3.00	3.00	3.00	3.00	0.60	0.60
胸　围	92	92	4	4			1	1	96	96	4	4			1	1
颈　围	38.2	38.2	1.13	1.00			0.28	0.25	39.5	39.6	1.18	1.00			0.30	0.25
总肩宽	44.5	44.4	1.13	1.20			0.28	0.30	45.3	45.2	1.18	1.20			0.30	0.30
腰　围	82.8	84.0	4	4	2	2	1	1	92.6	92.0	4	4	2	2	1	1
臀　围	94.1	95.0	3.04	2.80	1.52	1.40	0.76	0.70	98.1	97.0	2.91	2.80	1.46	1.40	0.73	0.70

表2－5　女装上衣成品规格及档差值

单位：cm

尺　码	XS	S	M	L	XL	档差值
号　型	150/76A	155/80A	160/84A	165/88A	170/92A	5·4A
胸　围	92	96	100	104	108	4
总肩宽	39	40	41	42	43	1
腰节长	36	37	38	39	40	1
衣　长	66	68	70	72	74	2
袖　长	52	53.5	55	56.5	58	1.5
袖口围	25	26	27	28	29	1

表2－6　中国女子5·4系列A体型的各部位参考尺寸及档差值

单位：cm

号型	150/76A	155/80A	160/84A	165/88A	170/92A	档差值
身高	150	155	160	165	170	5
颈椎点高	128	132	136	140	144	4
前腰节长	38	39	40	41	42	1
后背长	36	37	38	39	40	1
肩至肘长	28	28.5	29	29.5	30	0.5
手臂全长	47.5	49	50.5	52	53.5	1.5
腰至臀长	16.8	17.4	18	18.6	19.2	0.6
股上长	25	26	27	28	29	1
腰至膝长	55.2	57	58.8	60.6	62.4	1.8
腰围高（腰至地面）	92	95	98	101	104	3
头围	54	55	56	57	58	1
颈围	32/35	32.8/36	33.6/37	34.4/38	35.2/39	0.8/1
胸围	76	80	84	88	92	4
腰围	60	64	68	72	76	4
臀围	82.8	86.4	90	93.6	97.2	3.6
手臂围	25	27	29	31	33	2
手臂腋根围	36	37	38	39	40	1
手肘围	27	28	29	30	31	1
手腕围	15	15.5	16	16.5	17	0.5
手掌围	19	19.5	20	20.5	21	0.5
胸宽	31.6	32.8	34	35.2	36.4	1.2
乳间距	17	17.8	18.6	19.4	20.2	0.8
肩宽	37.4	38.4	39.4	40.4	41.4	1
背宽	32.6	33.6	34.6	35.6	36.6	1～1.2

上述表中所列出的各部位档差值基本上是按等比例规律变化的，但是在实际服装生产过程中，成衣规格表内会出现某些服装部位尺寸的档差值不按等比例规律变化，尤其是多号型服装，其衣长、袖长、袖口、裤脚口及零部件纸样，则需将全号型再归类分档处理，以求得各类放码档差值，如表 1–13 所示，前袋、后袋、门襟（纽牌）、拉链等部位尺寸是将 10 个码（30~40 码）归类分成 2 个或 3 个规格尺寸，再依据 2 个或 3 个规格尺寸求出该部位放码档差值。通常在外商提供的成衣尺码表中，成品规格尺寸之间不一定是等差值规律变化，如表 2–7 所示，女衬衫 S、M、L、XL 号的衣长和袖长的档差值是不规则的，表中 S 号衣长 64.8cm 比 M 号衣长 66cm 短 1.2cm、L 号衣长 68.5cm 比 M 号衣长 66cm 长 2.5cm、L 号与 XL 号的衣长尺寸相同；S 号、M 号与 L 号的袖长档差值为 1.3cm，而 L 号与 XL 号的袖长尺寸相同，档差值为 0。当服装号型系列的档差值不按规律设定时，需根据实际情况分别计算各号型之间的尺寸档差值，在放码时需分别对该部位单个进行放大或缩小操作，不能按全号型等档差量放码。另外，当成衣规格表中部位尺寸不全时，如无前领深、后领宽、袖窿深、袖山高等尺寸，则可运用纸样制图的公式规律与方法，以及人体比例分配关系求取这些部位的放码档差值，并要确保放码后的全号型纸样与母板外形一致。

表 2 –7　女装衬衫成衣规格

单位：cm

尺　码	S	档差值	M	档差值	L	档差值	XL
衣　长	64.8	1.2	66	2.5	68.5	0	68.5
胸　围	89	5.1	94.1	5.1	99.2	5.1	104.3
腰　围	81.2	5.1	86.3	5.1	91.4	5.1	96.5
上领围	33	1.3	34.3	1.3	35.6	1.3	36.9
总肩宽	36.8	1.3	38.1	1.3	39.4	1.3	40.7
袖　长	50.8	1.3	52.1	1.3	53.4	0	53.4
袖口围	22.8	1.3	24.1	1.3	25.4	1.3	26.7

第二节　放码范围的选择

服装纸样放码要考虑人体结构形态和服装造型效果，人体各部位测量数据、体型比例与对应的纸样部位均存在着互相关系。依据服装款式生产的实际要求，选择纸样放码范围基本上有以下三种：

（1）仅对纸样进行高度或长度的放大与缩小。

（2）仅对纸样进行围度或宽度的放大与缩小。

（3）同时对纸样进行高度和围度的放大与缩小。

现以女装合体衣片原型纸样为例，采用切割线平面放码方式，分别对三种纸样放码范围的选择规则进行叙述。

一、高度或长度的放大与缩小

高度或长度的放大与缩小是指在人体围度尺寸不变的基础上，以人的身高比例为依据，仅在服装纸样的长度方向上进行档差值的放大或缩小，即将纸样加长或缩短。其多用于宽松款式的衬衫、睡袍、T恤、运动服等服装的放码上。高度系列控制部位尺寸随身高的变化而变化，例如，我国成年女子体型一般是7头身比例，按照服装号型5·4系列分档数值，身高尺寸档差值为5.0cm。如图2–1所示，以人体7头身比例的体型分配计算，可将档差值5.0cm分成7份，得出每份0.714cm，再将0.714cm分配于人体的头、颈、胸、腰、臀、膝及小腿等各部位长度，服装长度各部位放码档差就可以参考对应的身高比例数据进行计算，如计算长裤款式的裤长档差为：62.5%×5.0cm=3.125cm。依据表2–1女子服装号型各系列分档数值表和服装款式长度设计要求，通常取服装长度各部位尺寸放码档差值为：袖窿深档差为0.5cm、腰节长（背长）档差为1.0cm、衣长（取到臀围处）档差为2.0cm、袖长（取到手腕处）档差为1.5cm、裙长（取到膝围处）档差为2.0cm、裤长（取到脚底处）档差为3cm、连衣裙长（取到地面处）档差为4.0cm。当然衣服的长度还需根据服装造型效果的要求而对应调整。再将服装长度各部位的档差值分别置于相应部位的纸样上，从而完成纸样图的放缩。如图2–2所示，在女装上衣前片和后片原型纸样上，将腰节长的档差值1.0cm平均分配于袖窿深线之上和之下的两条横向水平切割线处，即每条切割线分配1/2腰节长档差值0.5cm。再将横向水平切割线打开后平行加长或缩短0.5cm，完成放大或缩小一个号的上衣原型纸样高度或长度的放码。

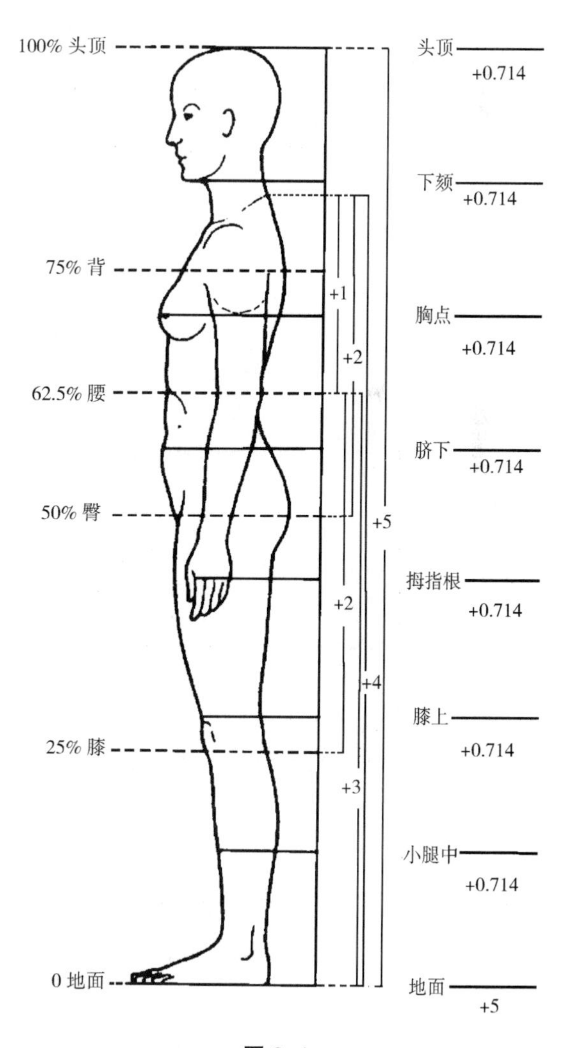

图2–1

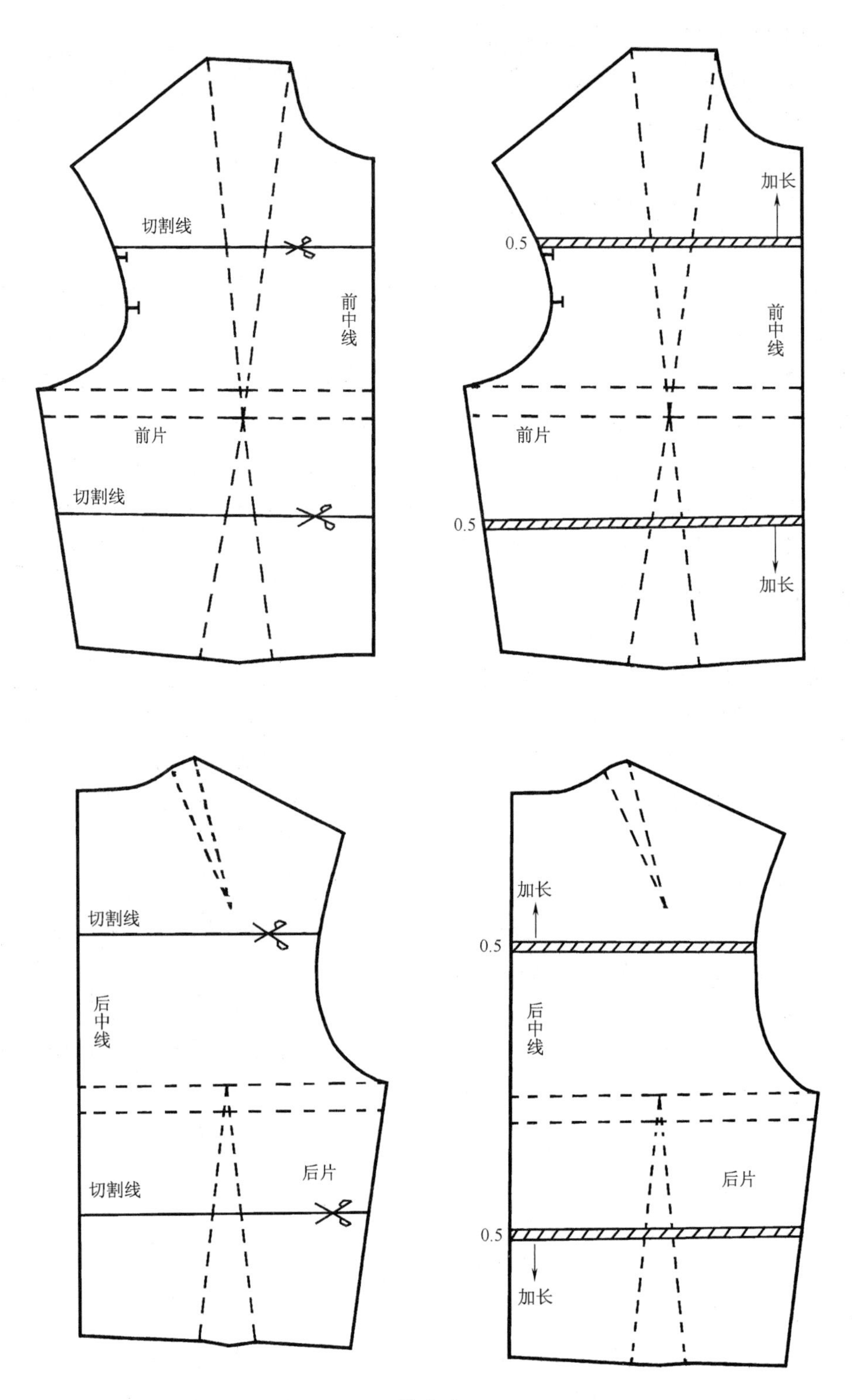

图 2–2

因为不同地域的人体体型身高比例不同，如欧洲年轻女子的体型多为 8 头身比例，而亚洲年轻女子的体型多为 7 头身比例，儿童体型为 4 ～ 6.9 头身比例，中老年人体型为 6 ～ 6.9 头身比例，这就要根据服装产品目标销售地区的人体身高比例和服装设计效果要求而灵活掌握。

二、围度或宽度的放大与缩小

围度或宽度的放大与缩小，指在人体高度尺寸不变的基础上，仅在服装的围度方向上进行放大或缩小。其主要用于成年肥、瘦人体的服装放码上，如肥胖人体的衬衫、针织衫或睡袍等成衣款式。围度系列控制部位尺寸随胸围或腰围的变化而变化，服装围度或宽度的放缩与人体胖瘦形态有关。由于人体各部位的胖瘦程度不是等值扩大或缩小的，如图 2–3 所示，在成年女体胖瘦体型中，胸围、腰围、臀围、大腿围等部位扩展较大，颈围、膝围、小腿围、肩宽和胸宽等部位扩展较小，从人体各部位横截面图中可知人体前、后体型的扩展也不一样。所以服装围度或宽度的放缩要配合人体各部位横截面形态而相应调整放码档差值尺寸。

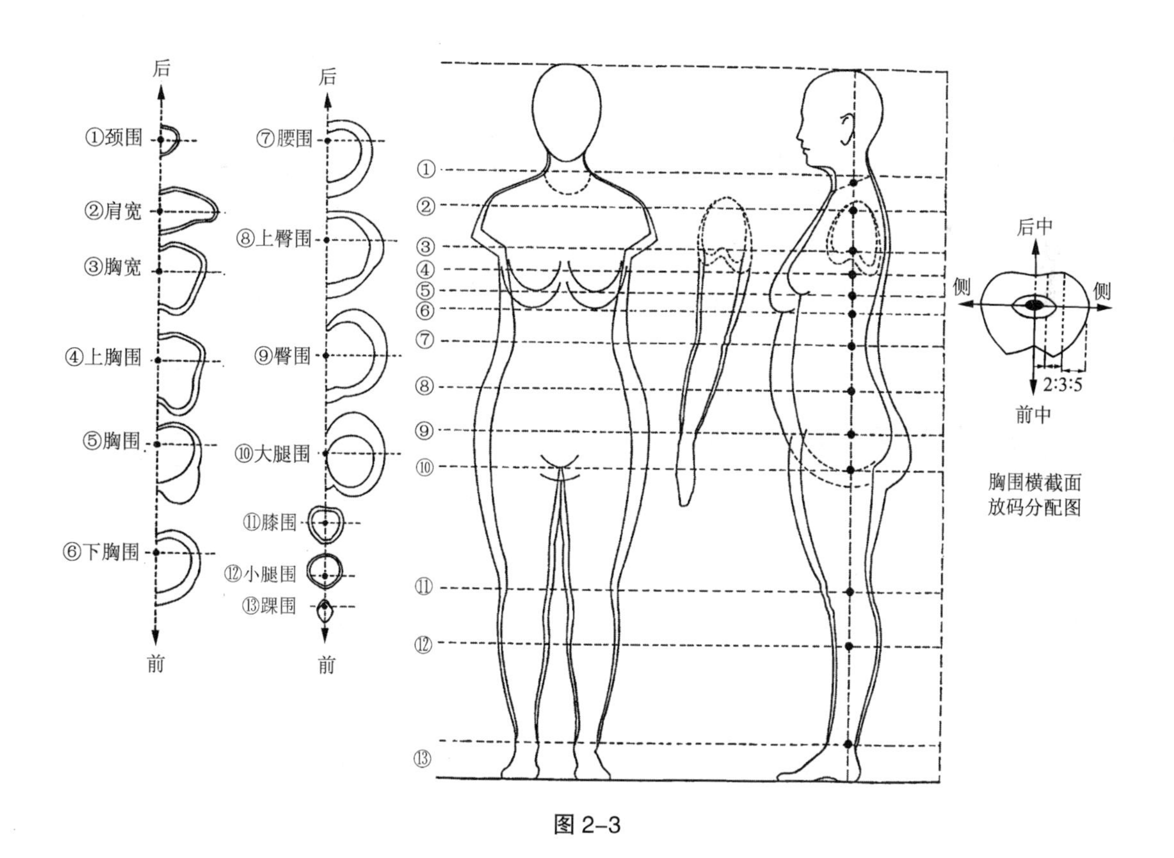

图 2–3

围度的放缩以服装规格号型中的围度尺寸档差值为依据，将整圈围度尺寸档差值平均分配在前片和后片两部分。由于人体的前身或后身基本上是以前中心线或后中心线为轴线分成左右对称的结构，在绘制服装纸样时，通常会取以前中心线或后中心线为界线的前片 /2 和后片 /2，因此，又可以将围度档差值分为四份，并且分配在前片和后片纸样上，即前片或后片纸样宽度的放大或缩小数值等于围度档差值 /4。如图 2–3 所示，在女体上身体型结构中，围度增加的幅度应是胸围比上胸围大、上胸围比颈围大、胸宽和背宽比肩宽大，而且人体胸围增大，手臂也增粗，需要将服装袖窿尺寸增大，才能给人手臂足够的活动空间。故在女体上身胸部结构的横断面图中，将前片或后片纸样宽度的放大或缩小数值分配于颈部下端、肩部下端和袖窿下端，分别为 20%、30%、50%，即以 2 ∶ 3 ∶ 5 分配。例如，假设胸围档差值为 4.0cm，则前片或后片纸样的胸围宽度需放宽或缩窄胸围档差值 /4，即将 1.0cm 按 2 ∶ 3 ∶ 5 的比例分配，此 1.0cm 分配于颈部下端 0.2cm、肩部下端 0.3cm、袖窿下端 0.5cm。

如图 2–4 所示，在女装上衣前片或后片原型纸样上，分别在领窝、肩部和袖窿处向下画纵向垂直切割线，将前片或后片纸样宽度的放大或缩小数值按 2 ∶ 3 ∶ 5 分配于此三条纵向垂直切割线上，若胸围档差值为 4.0cm，则分配在前片或后片纸样宽度值为胸围档差值 /4，即 1.0cm，再分配于领窝处的纵向垂直切割线尺寸值为 0.2cm，肩部的纵向垂直切割线尺寸值为 0.3cm，袖窿处的纵向垂直切割线尺寸值为 0.5cm。将此三条纵向垂直切割线分别打开后平行加宽或缩窄所分配的尺寸数值，即完成放大或缩小一个号的衣片原型围度或宽度的放码。

宽度的放缩依据服装规格中的宽度尺寸档差值，通常肩宽、胸宽和背宽等宽度部位尺寸的档差值相等或近似相等，而且此尺寸档差值的 1/2 等于衣片纸样分配于颈部下端与肩部下端放量的总和，即胸宽档差值 /2 为：0.2cm+0.3cm=0.5cm。

上述 2 ∶ 3 ∶ 5 的上身围度尺寸分配比例法适用于普通标准成年人体型，不适用于特殊体型（如孕妇体型等）的围度放码。

三、长度和围度的放大与缩小

长度和围度的放大与缩小广泛应用于服装工业生产上，通常用于裙子、裤子、夹克、马甲、连衣裙、西装和大衣等各类服装的放码，在放码过程中上述两种方法要综合应用，在放码时既要考虑长度尺寸的放大与缩小，又要考虑围度尺寸的放大与缩小。如图 2–5 所示，在女装上衣前片和后片原型纸样上，分别在袖窿深线之上和之下画横向水平切割线，同时分别在领窝、肩部和袖窿处画纵向垂直切割线，与上述原理相同，取身高档差值 5.0cm、胸围档差值 4.0cm 和腰节长档差值 1.0cm，将长度和围度的档差值分配在横向水平切割线和纵向垂直切割线上，打开切割线后平行放大或缩小所给定的尺寸数值，完成放大或缩小一个号的衣片原型长度和围度的放码。

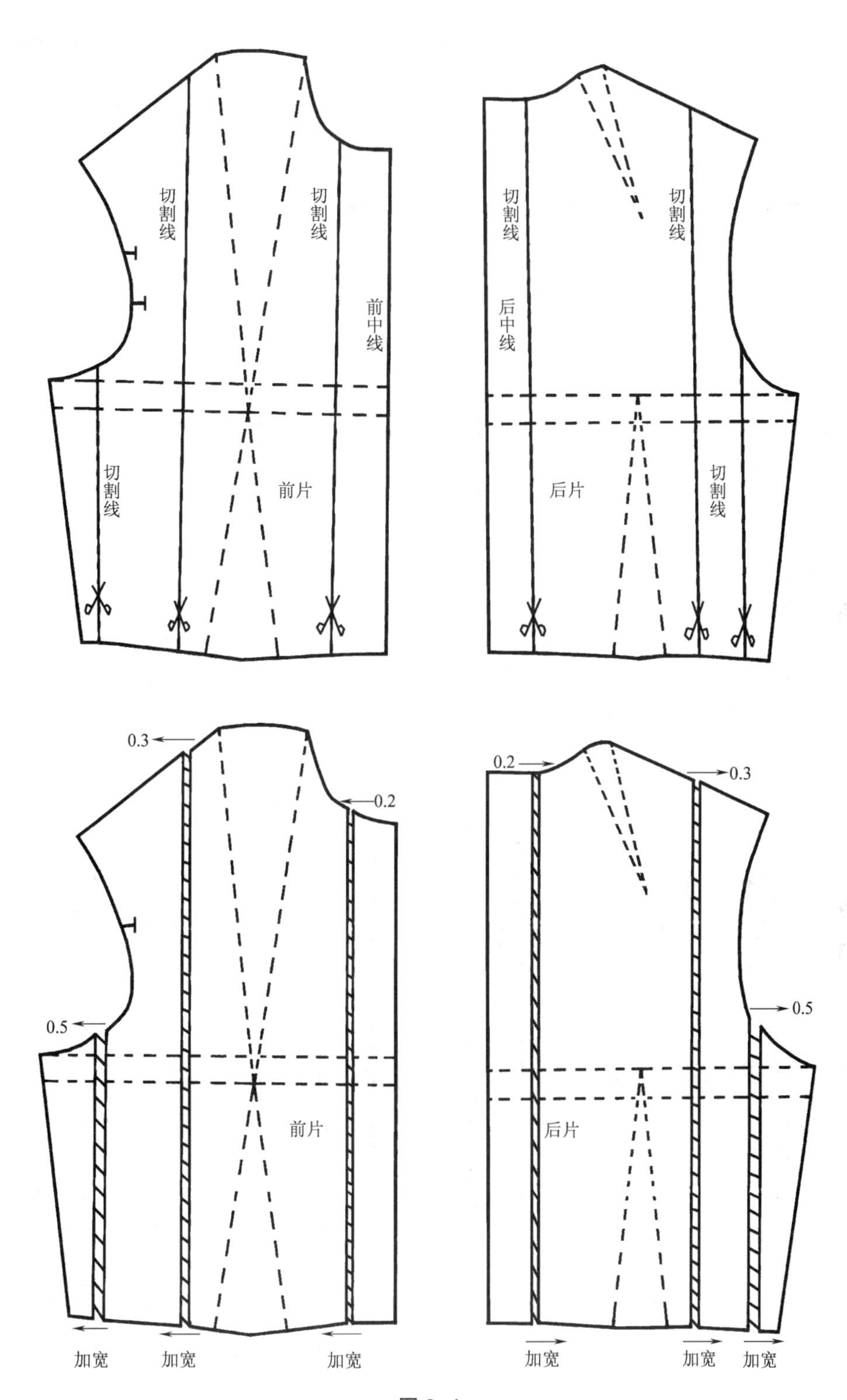
切割线
切割线
前中线
切割线
前片
切割线
后中线
切割线
后片
切割线
0.3
0.2
0.5
前片
加宽
加宽
加宽
0.2
0.3
0.5
后片
加宽
加宽
加宽

图 2-4

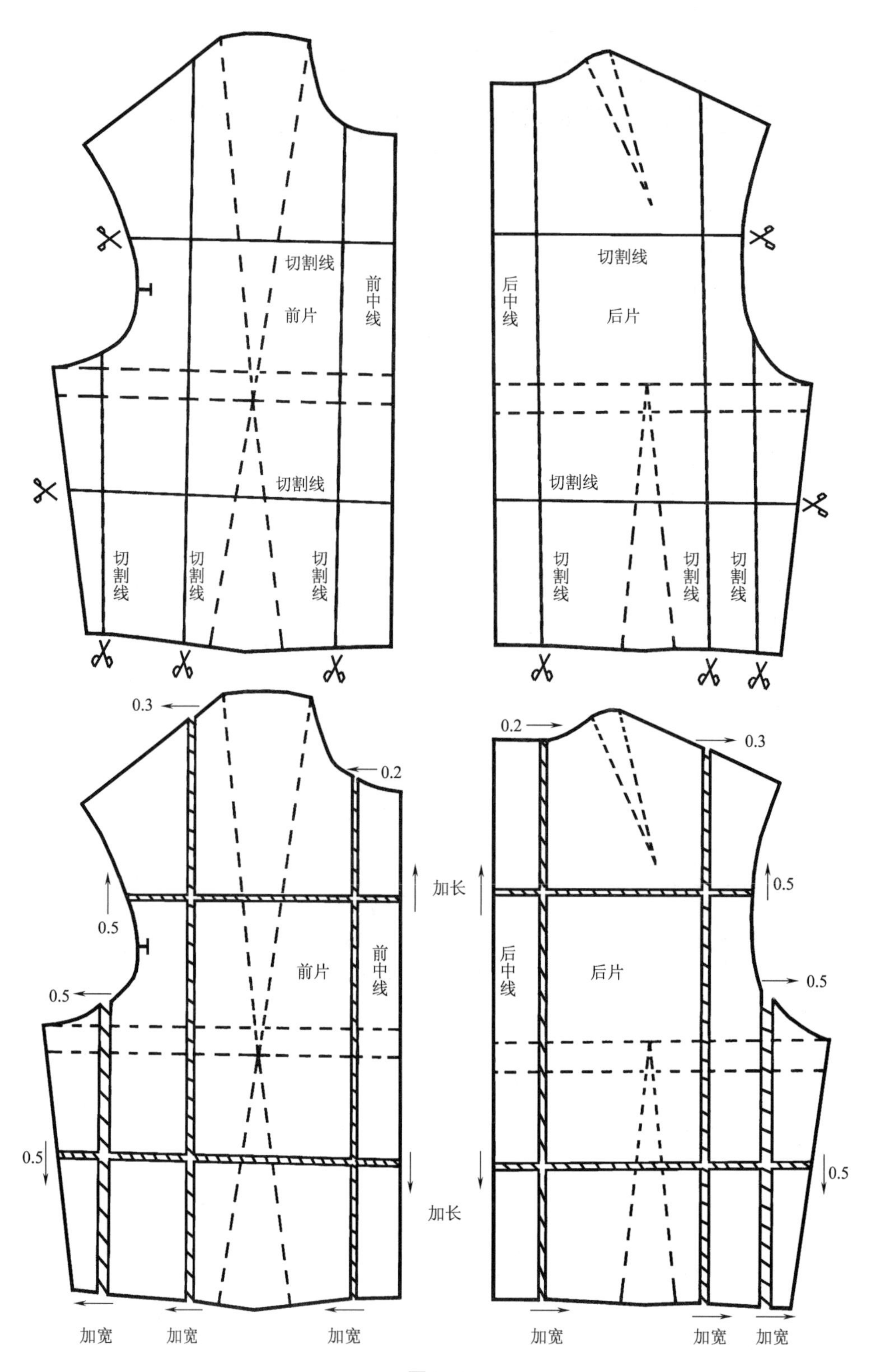
切割线
前片
前中线
切割线
切割线
切割线
切割线
切割线
后中线
后片
切割线
切割线
切割线
切割线
0.3
0.2
加长
0.5
0.5
前片
前中线
0.5
加长
加宽
加宽
加宽
0.2
0.3
0.5
后中线
后片
0.5
0.5
加宽
加宽
加宽

图 2–5

第三节　放码基准点的选位与推移方向

纸样的外形轮廓是由点和线构成的，纸样外形的大小和形状随着点的位置变化而变化。在服装纸样放码过程中，无论是采用切割线打开移动纸样，还是直接将纸样推移放缩，纸样上总有一个固定不动的坐标定位点，此点称为放码的基准点，简称“基点”；经过放码基准点的垂直线和水平线，称为放码的基准线。假设以袖窿深线与前中心线的交点为基准点，则袖窿深线为水平基准线，前中心线为垂直基准线，在放码时，限制纸样以前中心线为界，只能向上、向下、向左方向移动，如图 2–6 所示。

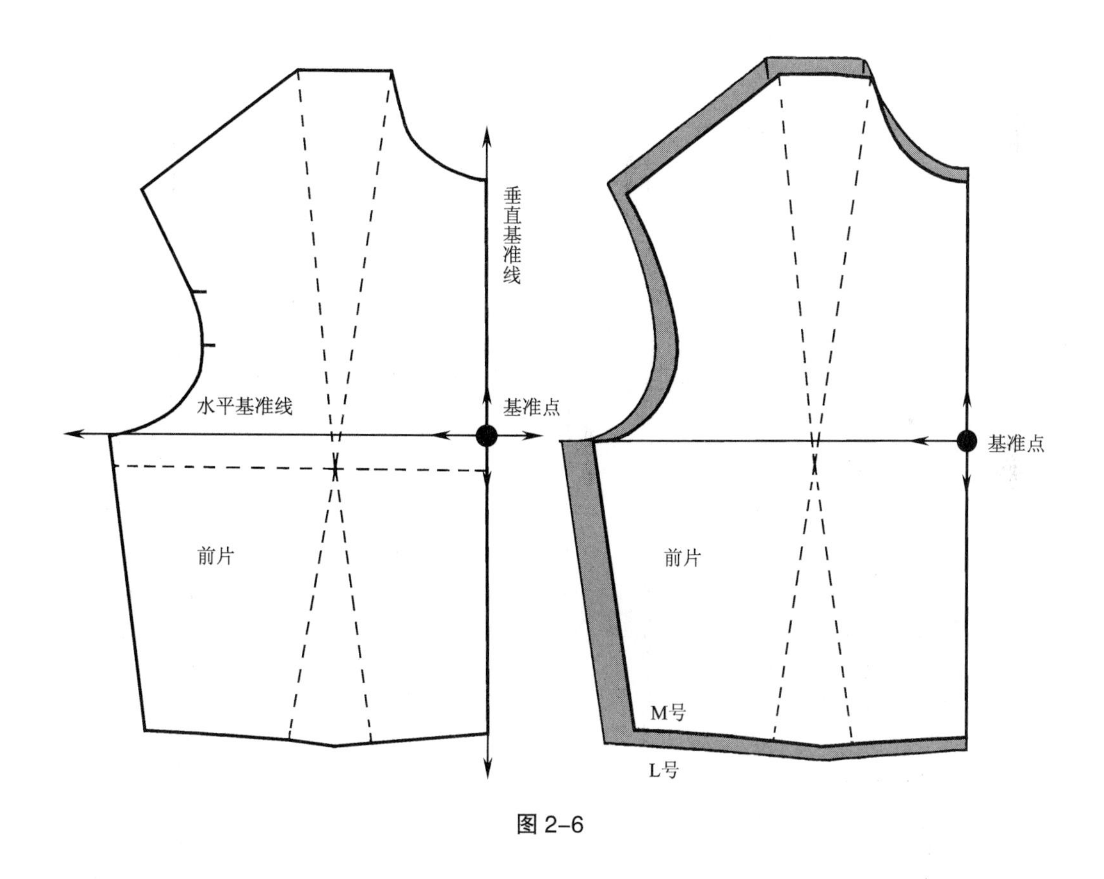

图 2–6

基准点是长度放缩和围度放缩的共同基准，垂直基准线作为围度放缩的基准，水平基准线作为长度放缩的基准。基准点可以是纸样中的任意结构点，基准线则随着基准点而定。但选择不同的放码基准点，纸样放码的移动方向有所不同，并不会影响放码后的纸样形状。如图 2–7 所示，前片纸样选择不同的基准点，放码的移动方向不同，而放码后的纸样图形是一致的。

图 2–7（1）以腰中点为放码基准点，纸样以前中心线和腰线为基准线，向上和向左方向推移放缩；

图 2–7（2）以侧腰点为放码基准点，纸样以侧缝线和腰线为基准线，向上和向右方向推移放缩；

图 2–7（3）以胸点为放码基准点，纸样向四周方向推移放缩；

图 2–7（4）以腋下点为放码基准点，纸样向上、向下和向右方向推移放缩；

图 2–7（5）以肩端点为放码基准点，纸样向下和向右方向推移放缩；

图 2–7（6）以前领窝中点为放码基准点，纸样向下和向左方向推移放缩。

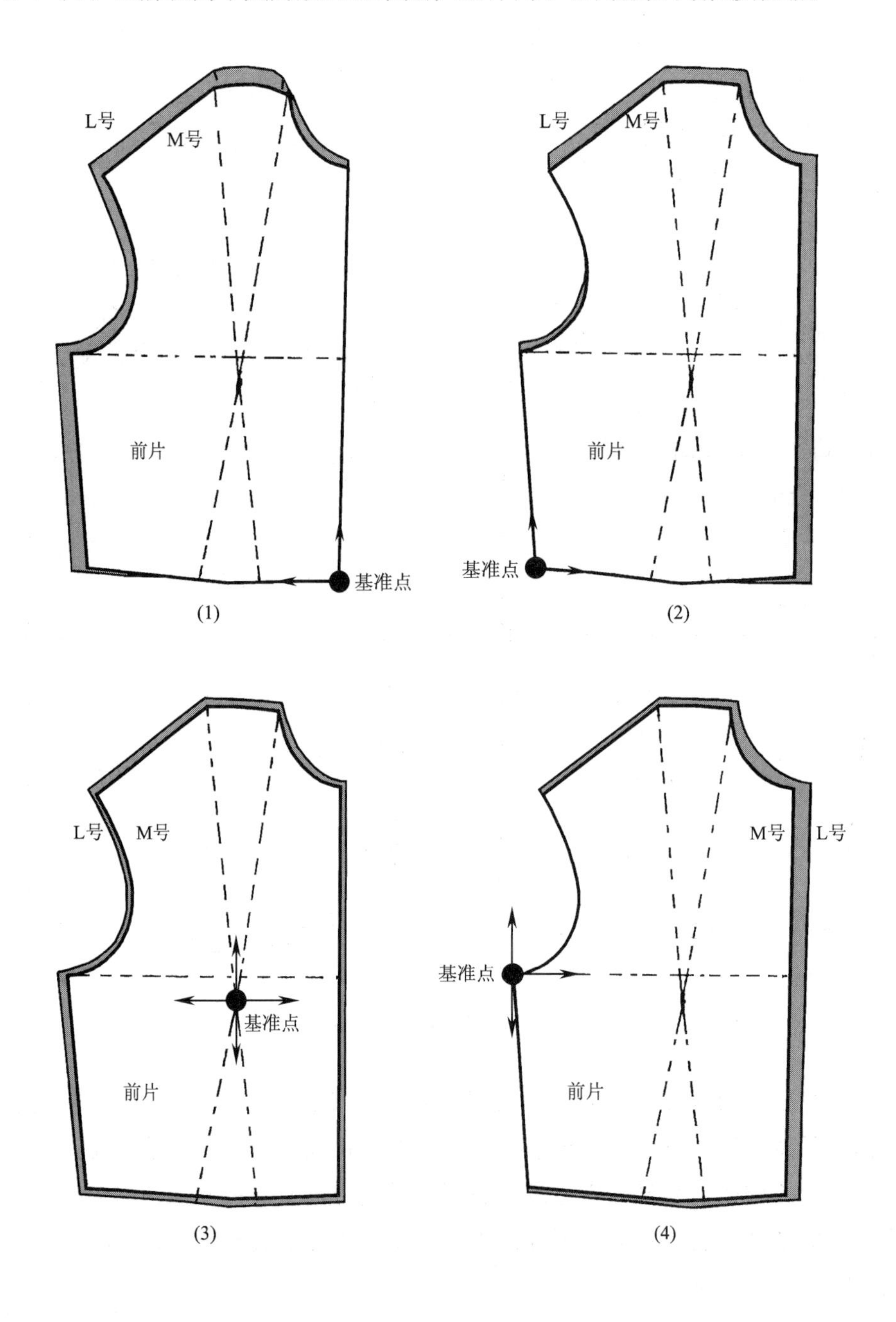

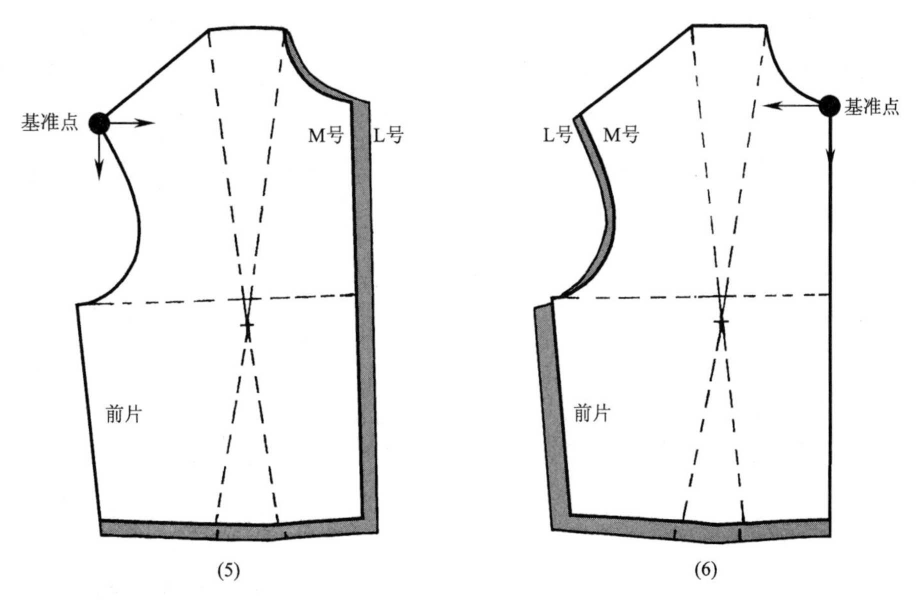

图 2–7

由此可见，放码基准点的定位决定了纸样的放缩移动方向，但放码基准点的选择应从符合人体体型特点、确保服装设计效果和结构形式不变，以及便于放码的操作和纸样图示可一目了然等方面进行权衡选优。纸样放码时，可从下列三个要素入手，选择恰当的放码基准点。

一、单向放缩

简单结构的纸样，如无省的衣片、挂面、袖头、腰头、袋盖等纸样，可选定一条边线为基准线，而向另一边放缩档差值尺寸，该方法为单方向放码，简称单向放缩。如图 2–7（1）所示，前片长度的放缩以底边线（即腰围线）为水平基准线，其领窝深、肩斜和袖窿深、胸点都按各自的档差值尺寸向上推移放缩；而宽度的放缩以前中心线为垂直基准线，其领窝宽、肩宽、胸宽、省尖位也都按各自的档差值尺寸向左方推移放缩，故单向放缩选择纸样的边缘端点为放码基准点。

二、双向放缩

若纸样长度的上、下部位和宽度的左、右部位都有一定形状时，可从中选定适合的分界线为基准线，并合理分配档差值尺寸，将纸样向上、下或向左、右两边推移放缩，此为双方向放码，简称双向放缩。如图 2–6 所示，前片长度的放缩以袖窿深线为水平基准线，将前片长度档差值分为上、下两部分，推移领窝深和肩线等向上放缩长度档差

值 /2，推移腰线向下放缩长度档差值 /2；而前片宽度的放缩以前中心线为垂直基准线，推移领窝宽、肩宽和胸宽等向左方放缩宽度档差值尺寸。又如图 2–7（3）所示，选择纸样的中间点（即胸点）为放码基准点，前片向上和向下推移放缩长度档差值 /2；领窝宽和胸宽等向右方推移放缩领窝宽档差值，肩宽和胸点至腋点宽等向左方推移放缩肩宽档差值。

三、弧线放缩

对于纸样的一端有曲线时，为便于保持弯曲弧线部位的一致性，会选择曲线部位为放码基准线。如图 2–7（4）（5）所示，由 M 号到 L 号纸样的袖窿弧线部位是一致的。若完全采用单向放缩或双向放缩，则推移袖窿部位较困难，袖窿弧线有可能变形，而导致纸样准确性欠佳。

放码基准点无论选择在何位置，都应达到各部位号型档差值的放缩准确无误、纸样形状保持一致。

第四节　放缩量的分配

放缩量，又称放量、放缩值，是指纸样部位或放码点的移动量。放量不等于档差，档差是服装规格号型控制部位放大与缩小的量，放量是将档差分配到纸样相应部位或放码点上的移动量。放缩量的分配是纸样放码准确性与否的关键。将服装号型档差值分配在纸样相应部位时，除要考虑人体体型与生理活动功能外，还要考虑服装款式造型效果、穿着舒适性与母板纸样部位制图公式等因素，通过计算与实践经验相结合才能获取最佳的放缩量。

在纸样放码中，确定了基准点和基准线之后，将纸样上的各边缘端点称为放码点（又称放缩点）。根据号型各部位档差分配到纸样相应部位上的放缩量，若放码基准点的选位不同，则各放码点的放缩值分配也不同，但服装号型各部位档差值和纸样相应部位的放缩量不变。如图 2–8 所示，若两个号型规格之间尺寸档差值为：胸围 ±4.0cm、腰围 ±4.0cm 和腰节长 ±1.0cm，将各部位号型档差值分配在前片纸样上，分别取不同的放码基准点位置，纸样上各放码点的放码分配数值会不同，图 2–8 所示的中间图样为切割线打开的放样图，此图示数据为纸样固定部位的放缩量；其余图样为不同的放码基准点配备不同的放码点分配数值。

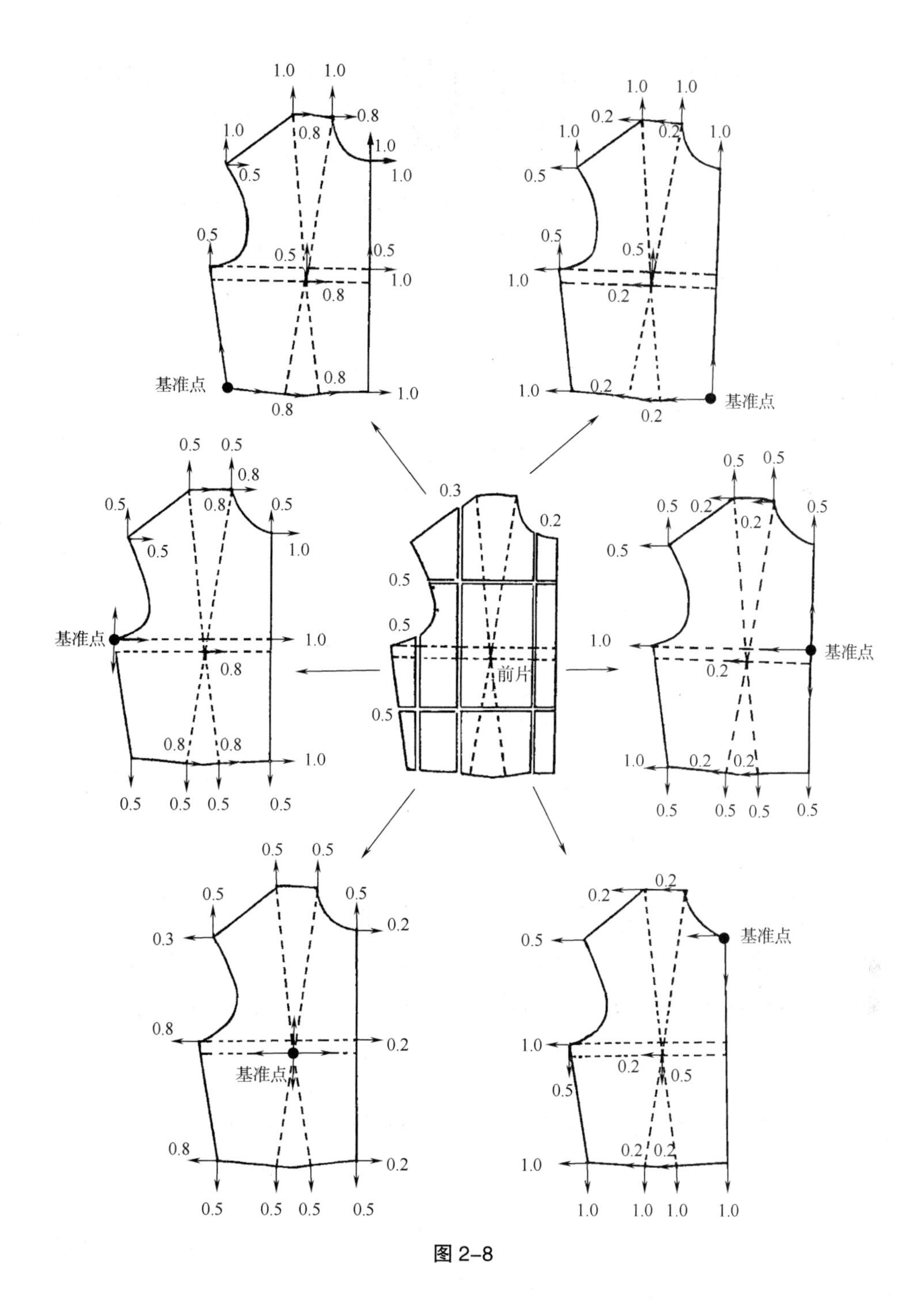

图 2–8

放码点的放缩量分配是放码技术操作的基础，放缩量数值设定要合理准确。要做到与平面放码不同的立体放码，在保证服装规格号型各部位档差值不变的基础上，需要根据人体体型特征及自然生长规律，进行纸样个别部位及放码点的放缩量调整。如图 2–9 所示，在女体的躯干部位，其颈侧点到胸点有一倾斜度，当胸围增大时，颈侧点到胸点距离的加长尺寸与袖窿深的加长尺寸是不一样的，图中可见 *AB* 比 *AC* 短，而且大、小号人体的胸部倾斜度也不一样，图中可见 *AC* 比 *AB* 倾斜，在放码时需要调整胸高和胸省宽

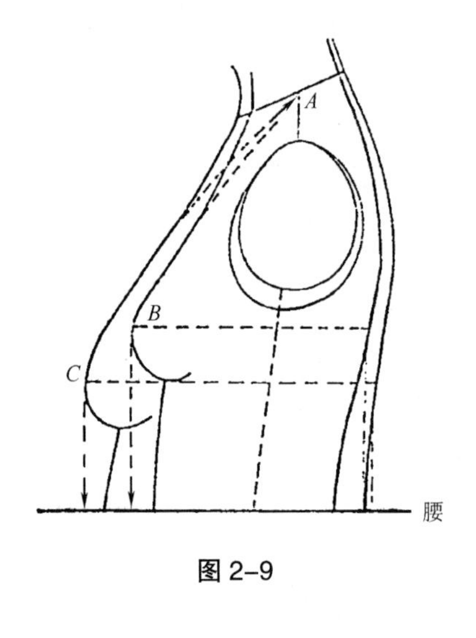

图 2–9

的放缩量尺寸。通过对女体体型和女装的研究分析，在胸围档差值为 4.0cm 范围，每放大一个号，衣片必须加大胸省宽和肩省宽尺寸 0.1cm，加长胸省高度 0.2cm，加长肩省高度 0.1cm，才能使肩、领窝和胸部合体，故衣片纸样上颈侧点的放缩量尺寸需做调整。如图 2–10 所示，每放大一个号型，分别要在前片与后片的肩至领窝部位斜向打开切割线 0.2cm 及 0.1cm。如图 2–11 所示，每放大一个号型，纸样需在前颈侧点向左横向减 0.1cm，即前颈侧点实际加宽 0.1cm；向上竖向加 0.2cm，即前颈侧点竖向总加长 0.7cm；在后颈侧点向右横向减 0.1cm，即后颈侧点实际加宽 0.1cm；向上竖向加 0.1cm，即后颈侧点竖向总加长 0.6cm。

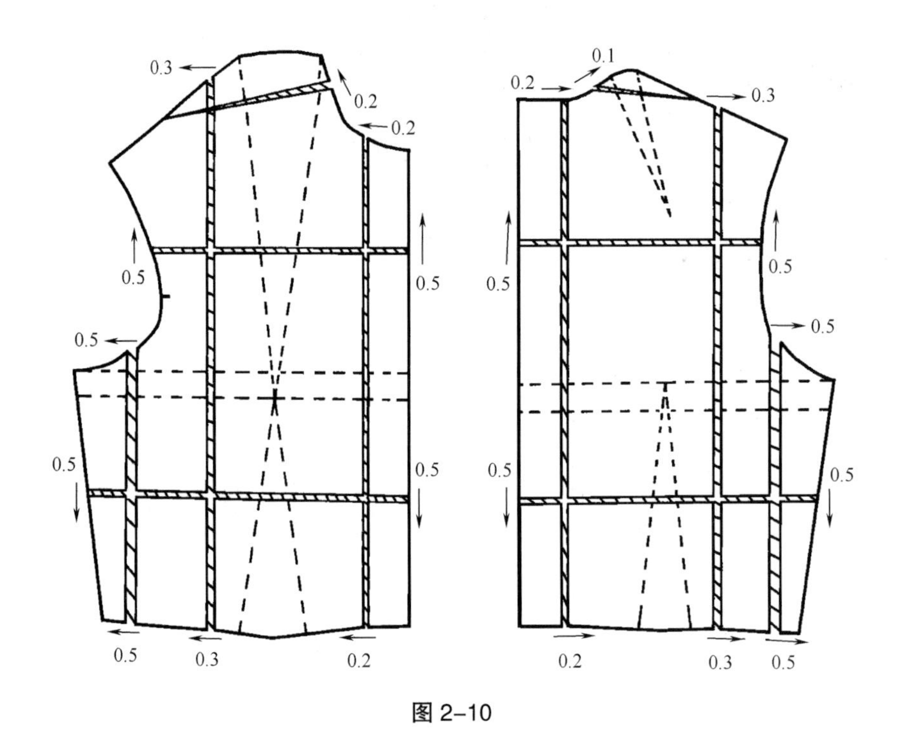

图 2–10

为了确保与母板轮廓的一致性，放缩量的分配还需参考母板纸样各部位制图公式进行计算，之后按照公式比例进行适当的调整。如图 2–12 所示，在女装日本文化式衣片原型纸样制图中，后片和前片的袖窿深、半背宽和半胸宽等制图采用的公式是 *B*/6 加一个固定数，当胸围尺寸变化 4cm（即胸围档差）时，袖窿深、半背宽和半胸宽等变化量应为 4cm 的 1/6，约 0.667cm，参照此计算出来的数据，再依据人体体型比例，通常取袖窿深、半背宽和半胸宽等部位放缩量为 0.6cm。如此，需调整衣片原型纸样的各部位放缩量：长度在袖窿深线之上分配 0.6cm、在袖窿深线之下分配 0.4cm（即腰节长档差尺寸减 0.6cm）；

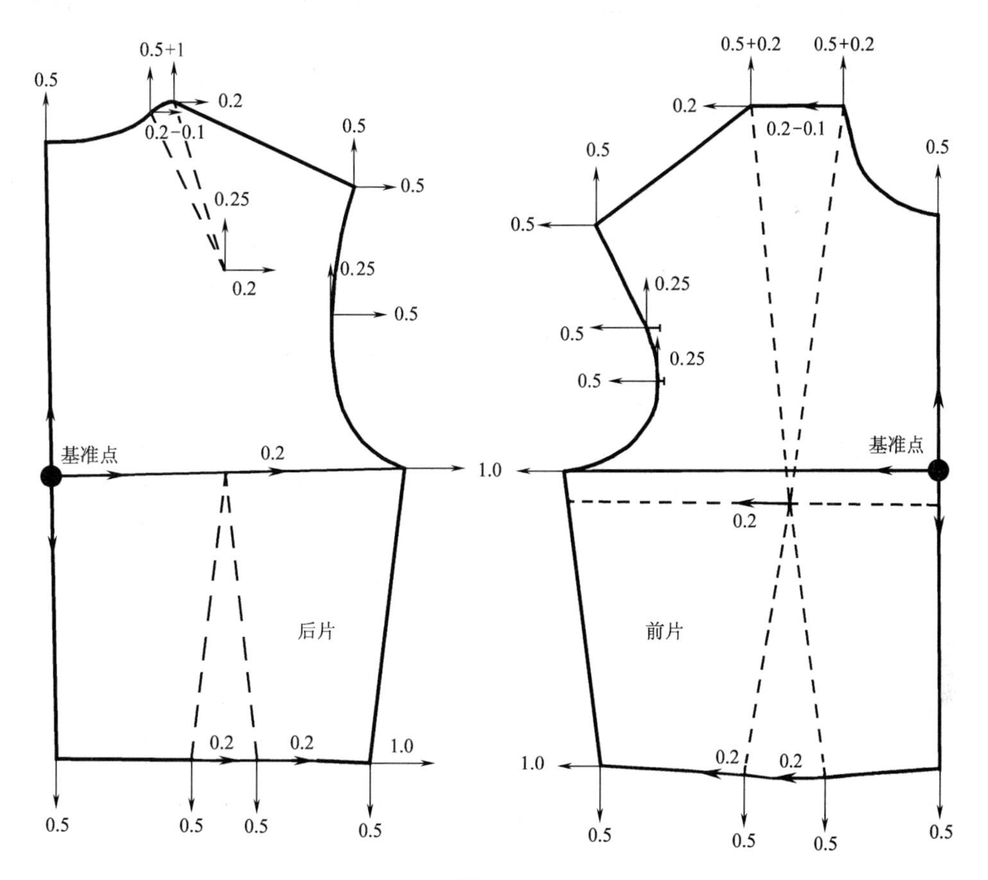
0.5+1
0.5
0.2
0.2−0.1
0.5
0.5
0.25
0.25
0.2
0.5
基准点
0.2
1.0
后片
0.2
0.2
1.0
0.5
0.5
0.5
0.5
0.5+0.2
0.5+0.2
0.2
0.2−0.1
0.5
0.5
0.5
0.25
0.5
0.25
0.5
基准点
1.0
0.2
前片
1.0
0.2
0.2
0.5
0.5
0.5
0.5

图 2-11

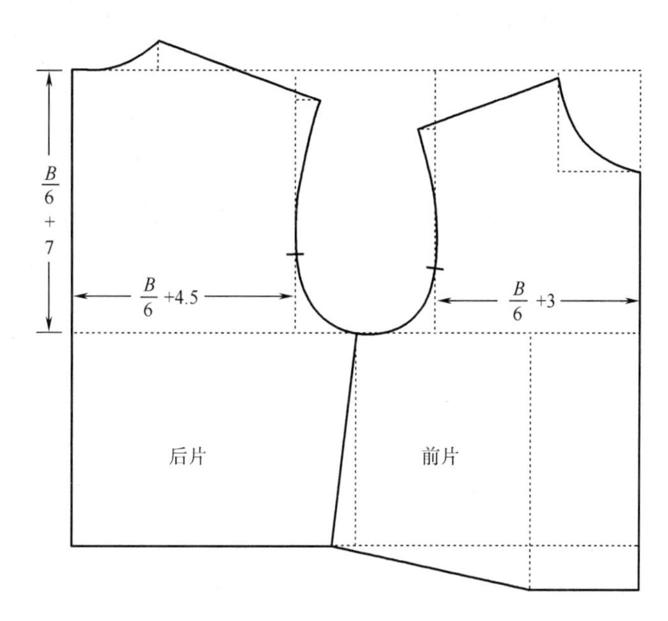
B/6 +7
B/6 +4.5
B/6 +3
后片
前片

图 2-12

半背宽和半胸宽分配 0.6cm。女装日本文化式原型的后片和前片的各部位放码点放缩量分配值如图 2–13 所示。

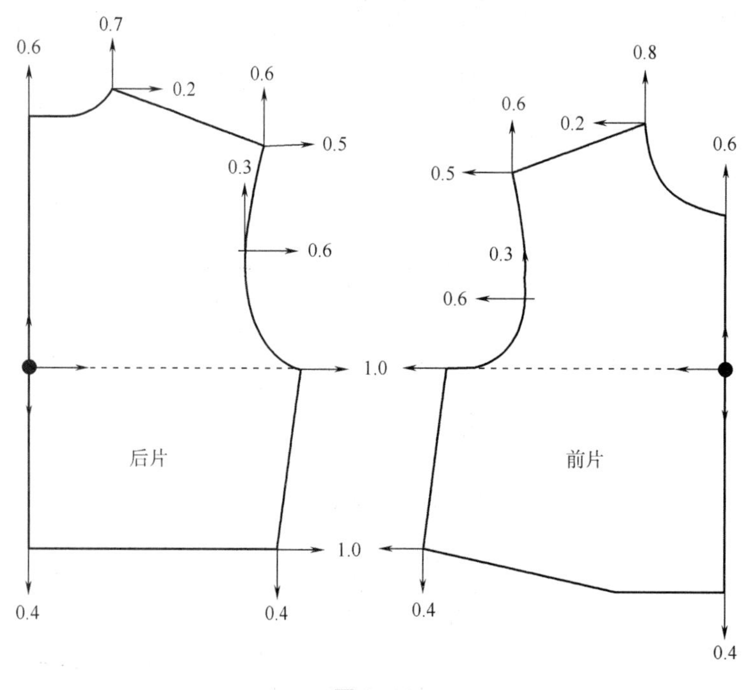

图 2–13

本章总结

本章介绍了服装纸样放码档差值的定义；阐述了如何求取放码档差值；介绍了服装号型各系列分档数值；重点是通过长度和围度的纸样放码数值分配原理，说明了长度或高度的放大与缩小、围度或宽度的放大与缩小、长度和围度的放大与缩小等三种范围的放码要点。另外，介绍了放码基准点选位的要素，阐述了单向放缩、双向放缩和弧线放缩的放码基准点选位方法和推移方向，以及放缩量的分配原理与方法。

思考题

1. 如何确定放码档差值？

2. 确定服装放码档差值需要考虑什么因素？

3. 按人体身高 7 头比例分配，身高档差值为 5.0cm，如何确定服装长度尺寸的放码档差值？

4. 按人体胸围比例分配，如何确定上装围度尺寸的放码档差值？

5. 假设女装身高档差值为 5.0cm，胸围档差值为 4.0cm，如何在女装合体衣片原型纸样上确定切割线和放码分配数值？

6. 放码基准点的选择要符合什么规则？选择放码基准点要考虑什么要素？
7. 放量与档差有什么区别？放缩量的分配要考虑什么因素？
8. 以女装衣片原型纸样为例，说明放缩量的分配原理与方法。

练习题

1. 假设女装身高档差值为 5.0cm，胸围档差值为 4.0cm，腰围档差值为 4.0cm 和腰节长档差值为 1.0cm，在女装合体衣片原型纸样上进行放大和缩小一个号的切割线放码操作。

2. 假设女装胸围档差值为 4.0cm，腰围档差值为 4.0cm 和腰节长档差值为 1.0cm，在女装合体前、后衣片原型纸样上分别选择不同的放码基准点，进行各放码点的放缩值分配操作。

基础训练

放码操作技术

教学内容： 轨道式放码技术

推剪式放码技术

点数层叠式放码技术

切割线网状式放码技术

教学时间： 2课时

教学目的： 通过本章的学习，使学生了解放码操作的基本方法，理解轨道式放码和推剪式放码的手工操作技巧，掌握点数层叠式放码和切割线网状式放码的操作技巧。

教学要求： 1. 明确轨道式放码、推剪式放码、点数层叠式放码和切割线网状式放码的定义。

2. 了解轨道式放码、推剪式放码、点数层叠式放码和切割线网状式放码的优缺点。

3. 理解轨道式放码、推剪式放码、点数层叠式放码和切割线网状式放码的操作技术原理。

4. 熟悉轨道式放码和推剪式放码的手工操作技术要点。

5. 掌握点数层叠式放码和切割线网状式放码的操作技巧及应用。

课前准备： 女装上衣原型纸样样板、放码尺、笔、剪刀、牛皮纸（黄纸）、白纸等工具。

第三章 放码操作技术

在放码操作技术上，可分为轨道式、推剪式、点数层叠式和切割线网状式四种放码技术方法。传统手工放码是逐个号型操作，通常采用轨道式和推剪式放码技术；计算机辅助放码是同时全号型操作，一般采用点数层叠式和切割线网状式放码技术。本章采用等比例规律变化的服装号型部位之间尺寸档差值：胸围 ± 4.0cm、腰围 ± 4.0cm 和腰节长 ± 1.0cm，以女装合体衣片原型纸样为例分别阐述这四种放码技术的操作方法和步骤。

第一节　轨道式放码技术

轨道式放码，又称推画法放码。首先在打板纸上描出母板，然后在母板上依据服装各部位尺寸档差值来分配纸样各部位的放缩量，确定放码基准点，并将经过放码基准点的垂直线和水平线称为垂直轨道线和水平轨道线，再将母板沿着垂直轨道线或水平轨道线移动给定的放缩量，而且逐部位的一边推移，一边画出推移后的纸样新轮廓线，直至最后完成放大或缩小一个号的纸样轮廓。这是一种按 x 轴、y 轴移动的平面放码技术操作技术方法。

如图 3-1 所示，女装上衣原型前片轨道式放码步骤如下：

（1）描绘原型纸样，分配档差值：在打板纸上描出女装上衣前片原型纸样（M 号），将腰节长档差值分配在袖窿深线之上和之下，各为 0.5cm，胸围档差值分配在颈宽部位 0.2cm、肩宽部位 0.3cm 和袖窿部位 0.5cm。

（2）确定放码基准点和轨道线：如图 3-1（1）所示，取袖窿深线和前中心线的交点为放码基准点，则袖窿深线为水平移动轨道线、前中心线为垂直移动轨道线。

（3）沿垂直轨道线进行纸样长度的推移放缩：如图 3-1（2）所示，取袖窿深线和前中心线的交点为点 O，在垂直轨道线上，分别距离基准点之上、之下 0.5cm 处定点 A 和点 B，并分别经过点 A 和点 B 画水平线，再将原前片纸样沿垂直轨道线平行上升到点 A，原样的水平轨道线对齐点 A 的水平线，画出移动后上端加长的纸样轮廓边线，如图 3–1（3）所示；将原前片纸样沿垂直轨道线平行下降到点 B，原样的水平轨道线对齐点 B 的水平线，画出移动后下端加长的纸样轮廓线，如图 3–1（4）所示，完成放大一个号的纸样长度尺寸的推放。

同理，若缩小一个号的纸样长度，则将原样的水平轨道线对齐点 B 的水平线，画出移动后上端缩短长度的纸样轮廓边线；再将原样的水平轨道线对齐点 A 的水平线，画出下端缩短长度的纸样轮廓线。

（4）沿水平轨道线进行纸样宽度的推移放缩：在上述已完成长度推移放缩的纸样基础上，在水平轨道线上，由基准点向左分别取 C 点、D 点和 E 点，使 OC=0.2cm、CD=0.3cm、DE=0.5cm，并且分别经过点 C、点 D 和点 E 画垂直线，如图 3–1（5）所示；再将纸样沿水平轨道线向左平行移动到点 C，使原样的垂直轨道线重叠于点 C 所在的垂直线上，画出移动后的纸样上端新领窝轮廓线、约肩线 /2 和纸样下端约腰节线 /3，如图 3–1（6）所示；将纸样继续沿水平轨道线平行移动到点 D，使原样的垂直轨道线重叠于点 D 所在的垂直线上，画出移动后的纸样下端约腰节线 /3、纸样上端袖窿的 2/3 曲线和连接完成的新肩斜线，如图 3–1（7）所示；将纸样继续平行移动到点 E，使原样的垂直轨道线重叠于点 E 所在的垂直线上，画出纸样左端新侧缝线和完成新袖窿曲线及腰节线，如图 3–1（8）所示。

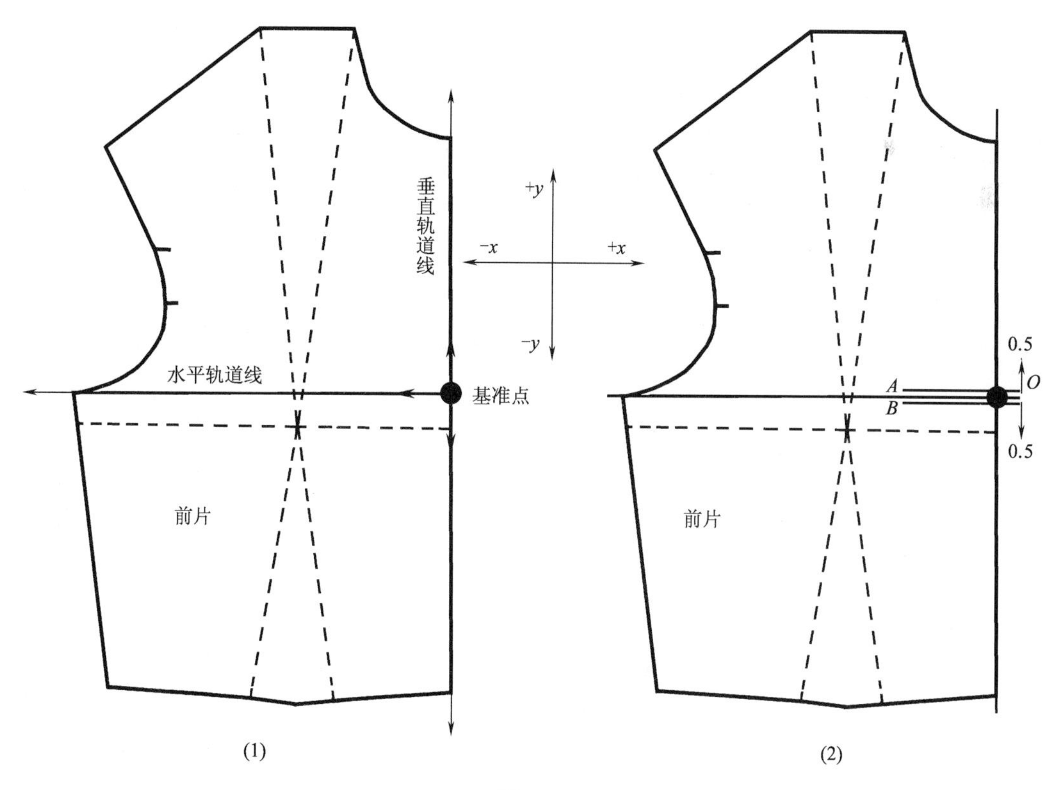

图 3–1

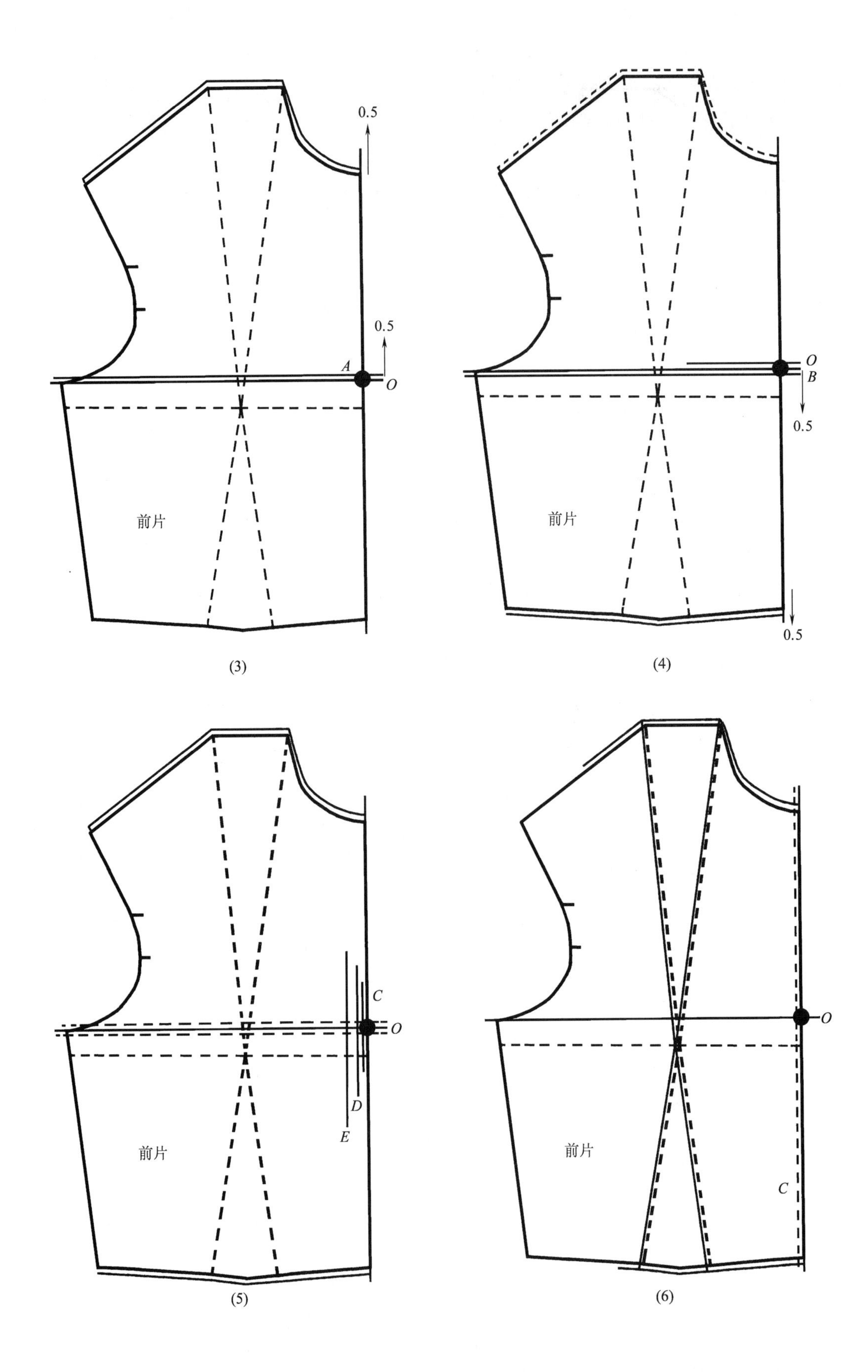
0.5
0.5
A
O
前片
(3)
O
B
0.5
前片
0.5
(4)
C
O
D
E
前片
(5)
O
前片
C
(6)

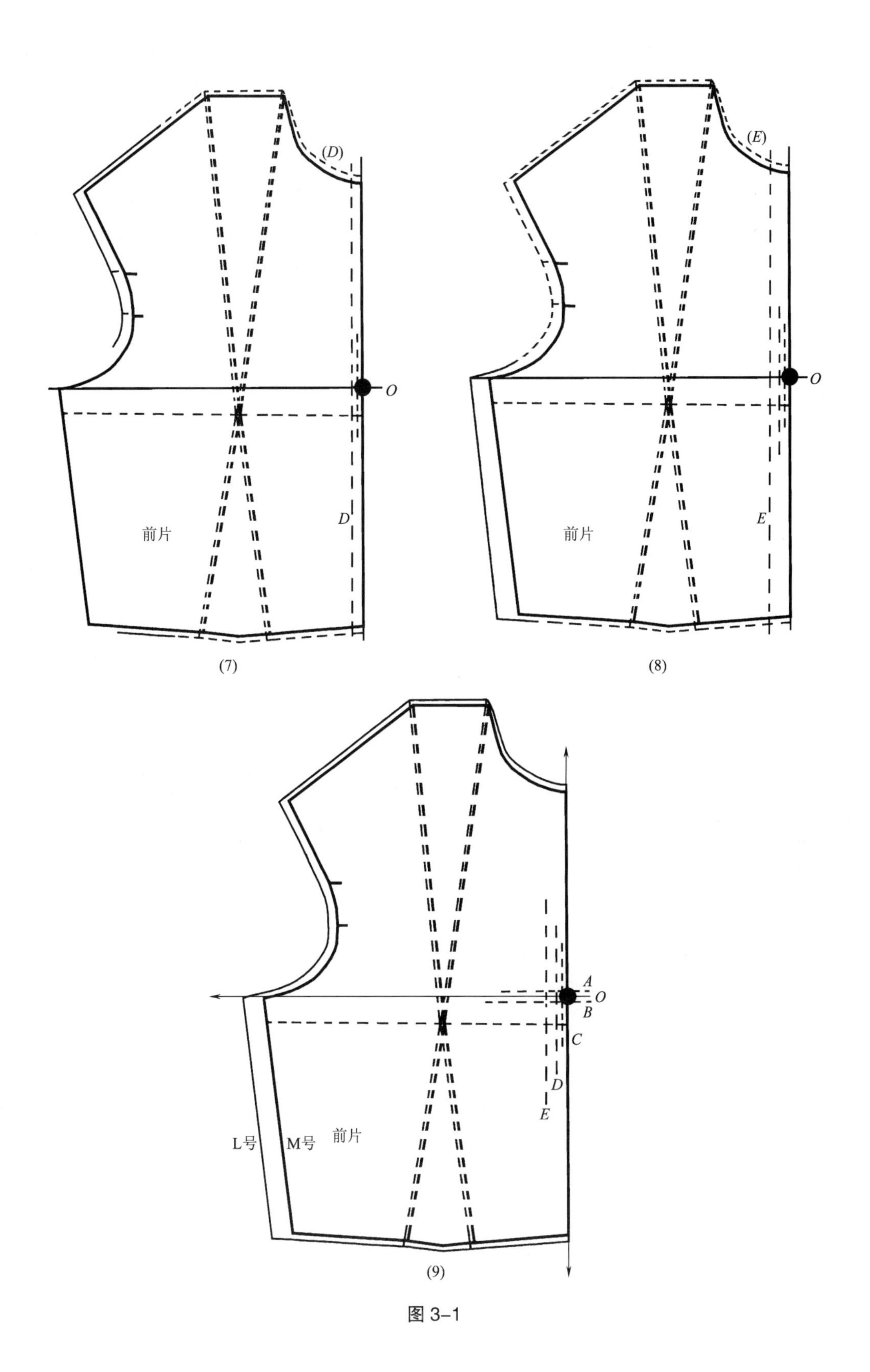

图 3–1

最后将上述新画的线条圆顺，如圆顺领窝线、肩斜线、袖窿弧线和腰节线等，完成放大一个号的前片纸样，如图 3–1（9）所示。

同理，若缩小一个号的纸样宽度，则在基准点的右方确定点 *C*、点 *D* 和点 *E*，并且分别画垂直线，同样沿水平轨道线，分别将前片纸样向右平行移至点 *C*、点 *D* 和点 *E*，分别使原样的垂直轨道线重叠于点 *C*、点 *D* 和点 *E* 的垂直线上，分别画出移动后的纸样新轮廓线，完成缩小一个号的前片纸样。

上述放码操作方法是先进行纸样长度推移放缩后再进行宽度推移放缩，轨道式放码也可以同时进行长度和宽度的推移放缩，如图 3–2 所示，放大一个号的女装前片原型纸样长度和宽度同步推移放缩操作步骤为：

（1）描绘原型纸样，确定放码基准点和轨道线：在打板纸上描出女装前片原型纸样，取袖窿深线和前中心线的交点为放码基准点，则袖窿深线为水平轨道线、前中心线为垂直轨道线，如图 3–2（1）所示。

（2）分配档差值：分别在垂直轨道线和水平轨道线上标明长度和宽度的各部位档差分配值。长度档差值分别分配在基准点的上、下，各为 0.5cm，并分别画出水平线；胸围档差值仍按 0.2cm、0.3cm 和 0.5cm 分配，并分别向基准点左方移 0.2cm、0.5cm（即 0.2cm+0.3cm）和 1.0cm（即 0.2cm+0.3cm+0.5cm）画垂直线，如图 3–2（2）所示。

（3）绘制新前领窝线：将原样对齐垂直轨道线，而水平轨道线向上平行移动 0.5cm，画出纸样上端新前领窝中心部位线条，再将垂直轨道线向左平行移动 0.2cm，画出移动后的纸样上端新前领窝线、胸省线和约肩线 /2，如图 3–2（3）所示。

（4）绘制新前中部位腰节线和腰省线：将原样对齐垂直轨道线，而水平轨道线向下平行移动 0.5cm，画出前腰中点线条，再将垂直轨道线向左平行移动 0.2cm，画出移动后的纸样下端新前中部位腰节线和腰省线，如图 3–2（4）所示。

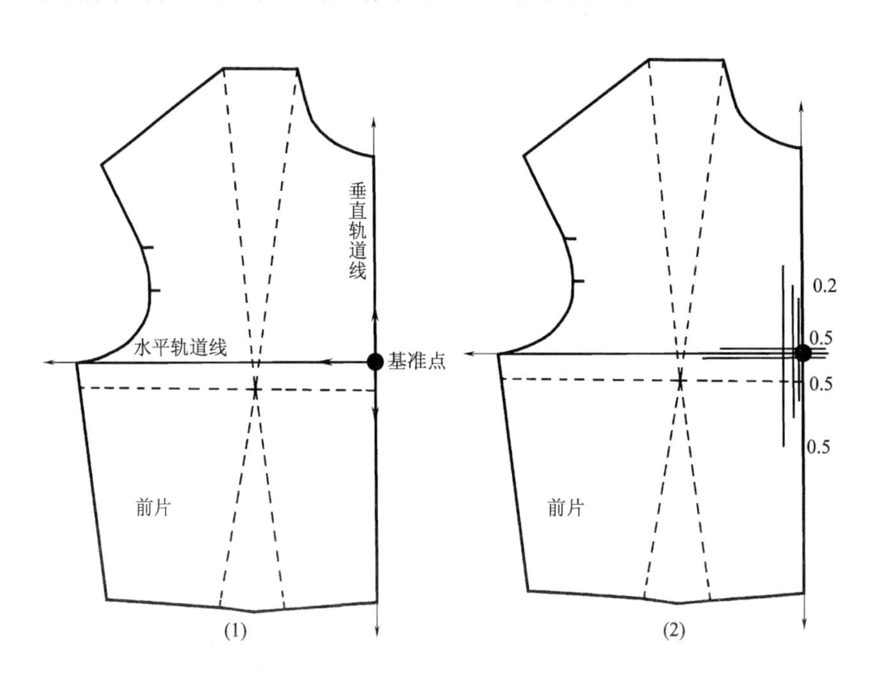

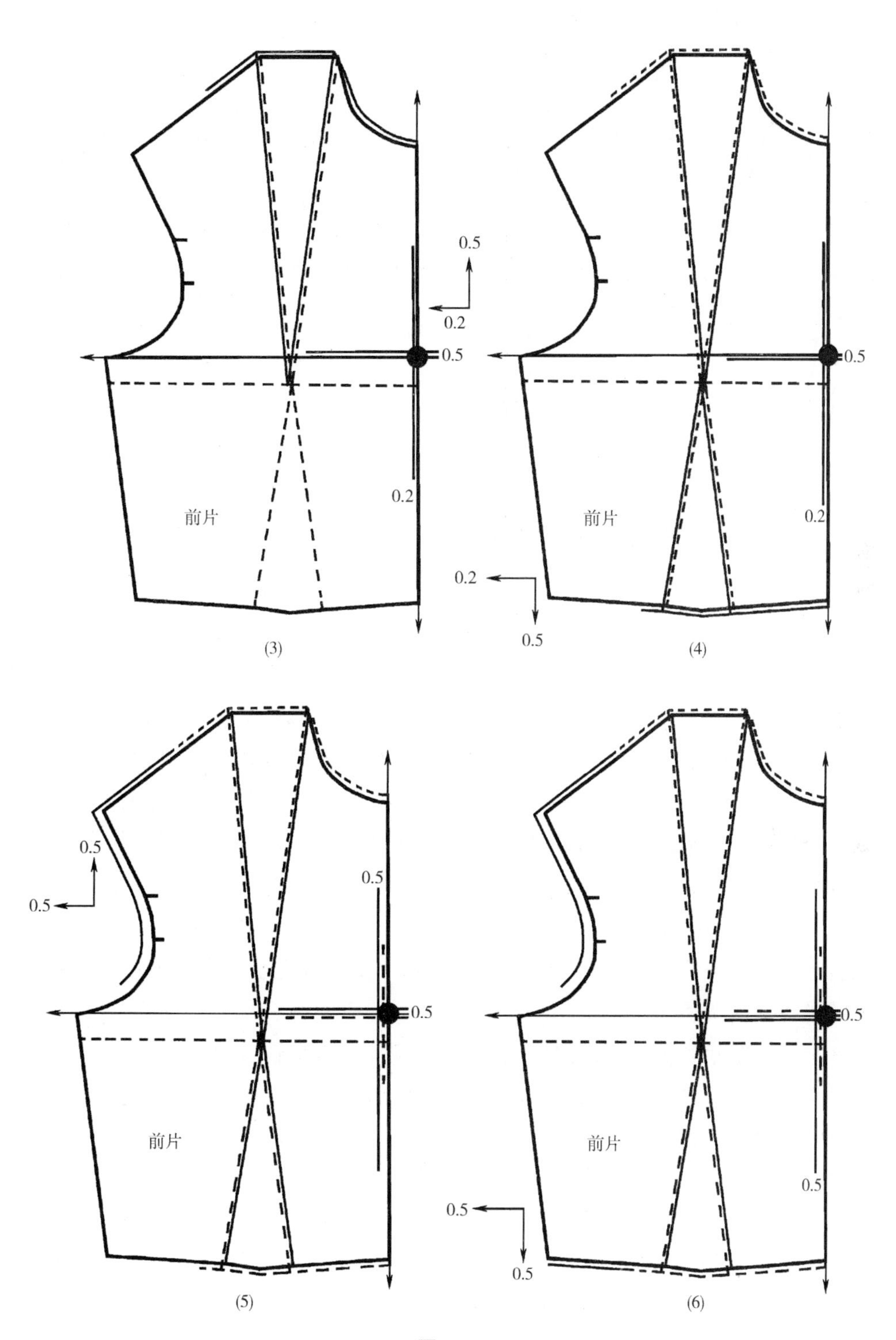

图 3–2

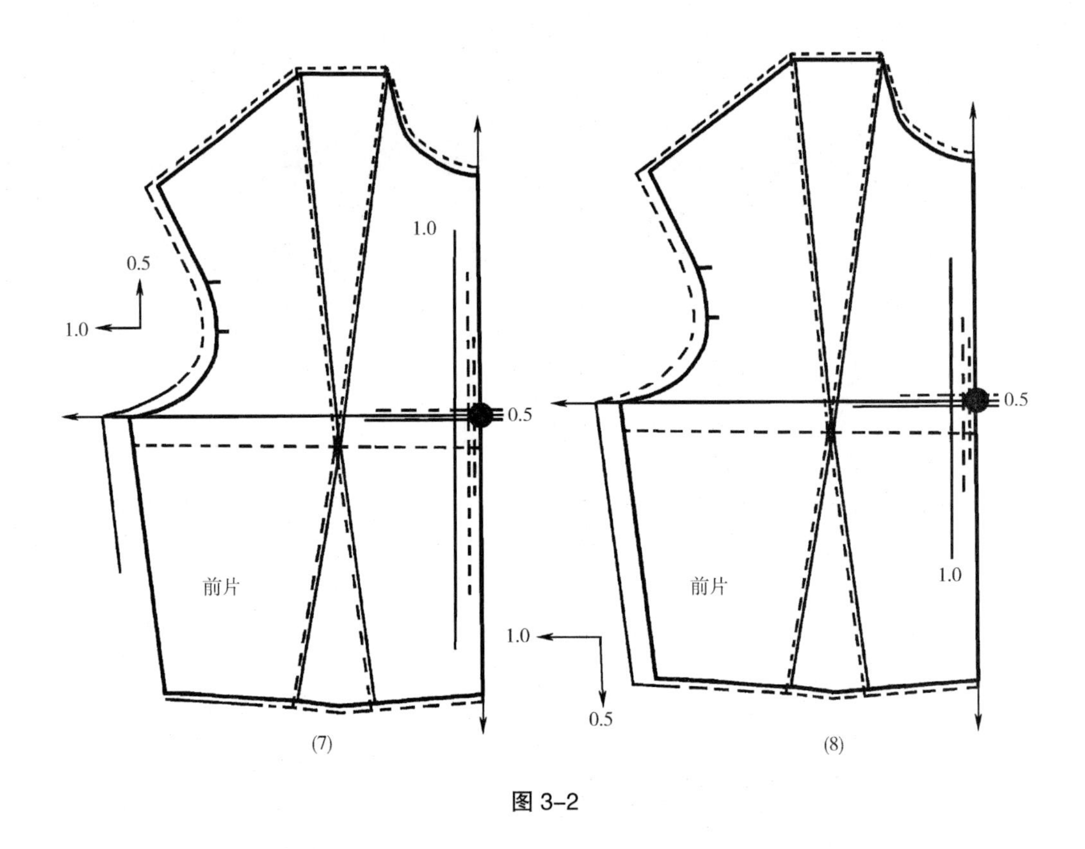

图 3-2

（5）绘制新肩线和袖窿弧线上端：将原样的水平轨道线向上平行移动 0.5cm，并且垂直轨道线向左平行移动 0.5cm，画出移动后的纸样左上端新肩线 /2 和袖窿弧线的 2/3，如图 3-2（5）所示。

（6）绘制左端新腰节线：将原样的水平轨道线向下平行移动 0.5cm，并且垂直轨道线向左平行移动 0.5cm，画出移动后的纸样左端新腰节线，如图 3-2（6）所示。

（7）绘制完成袖窿弧线：将原样的水平轨道线向上平行移动 0.5cm，并且垂直轨道线向左平行移动 1.0cm，画出移动后的纸样左端新袖窿底部形状线条，连接及圆顺袖窿弧线，如图 3-2（7）所示。

（8）绘制新侧缝线，圆顺腰线：将原前片纸样的水平轨道线向下平行移动 0.5cm，并且垂直轨道线向左平行移动 1.0cm，画出移动后的纸样左端新侧缝线，连接及圆顺新腰节线，如图 3-2（8）所示。

同理，女装后片原型纸样的轨道式放码步骤如图 3-3 所示。

完成放大一个号的前片、后片原型纸样，如图 3-4 所示。

综上所述，轨道式放码的要点是将母板沿着水平或垂直轨道线进行各部位档差值分配尺寸的推移放缩，为确保放缩后的纸样与原样的一致性，不可倾斜向母板的斜边或曲边放缩。另外，由于轨道式放码是比例式的平面放码，在操作上不能准确针对人体体型凹凸部位进行纸样个别部位放缩量调整变化的推移，所以轨道式放码适用于宽松服装，不适用于紧身服装。

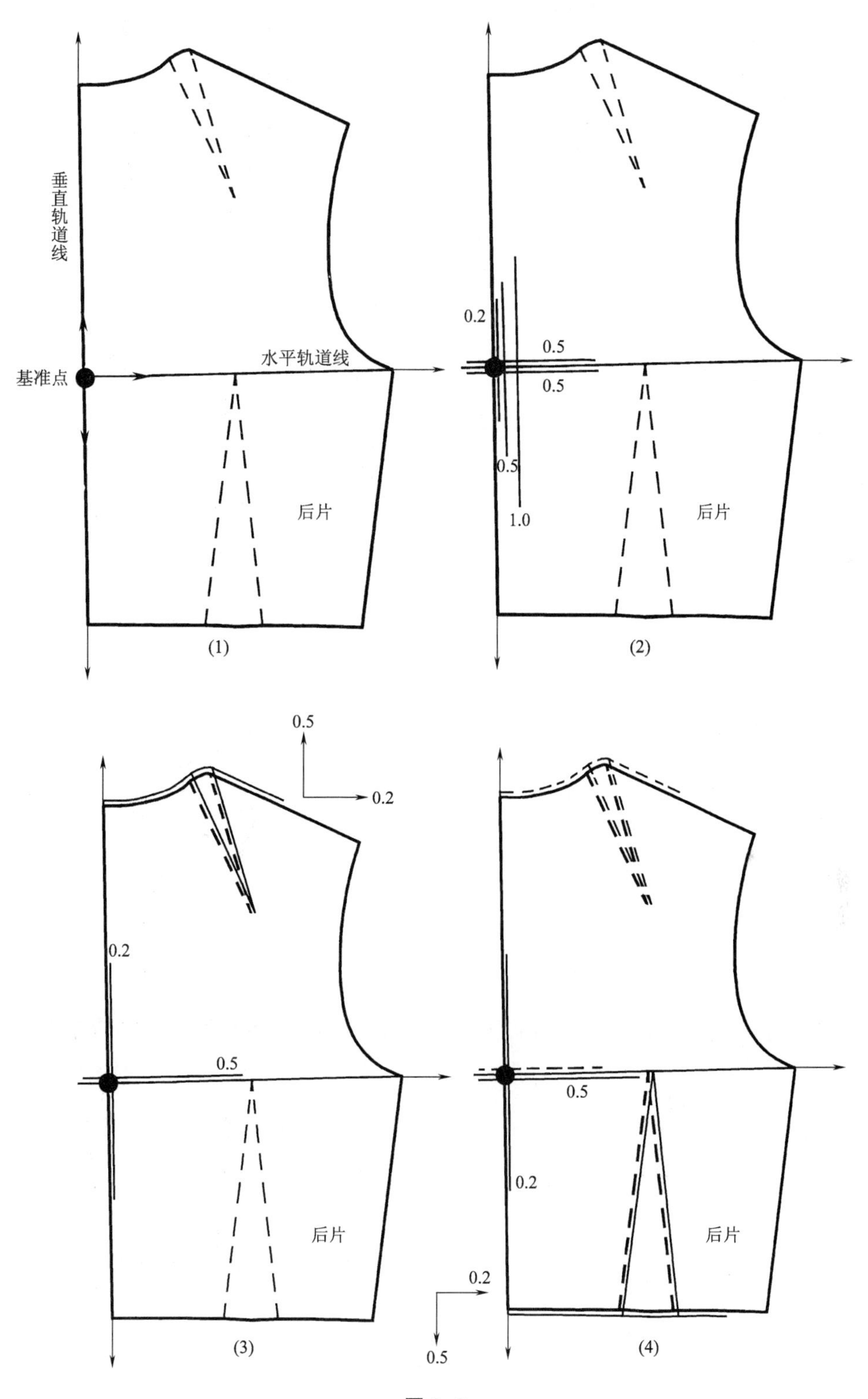
垂直轨道线
水平轨道线
基准点
后片
(1)
0.2
0.5
0.5
0.5
1.0
后片
(2)
0.5
0.2
0.2
0.5
后片
(3)
0.5
0.2
0.2
0.5
后片
(4)

图 3–3

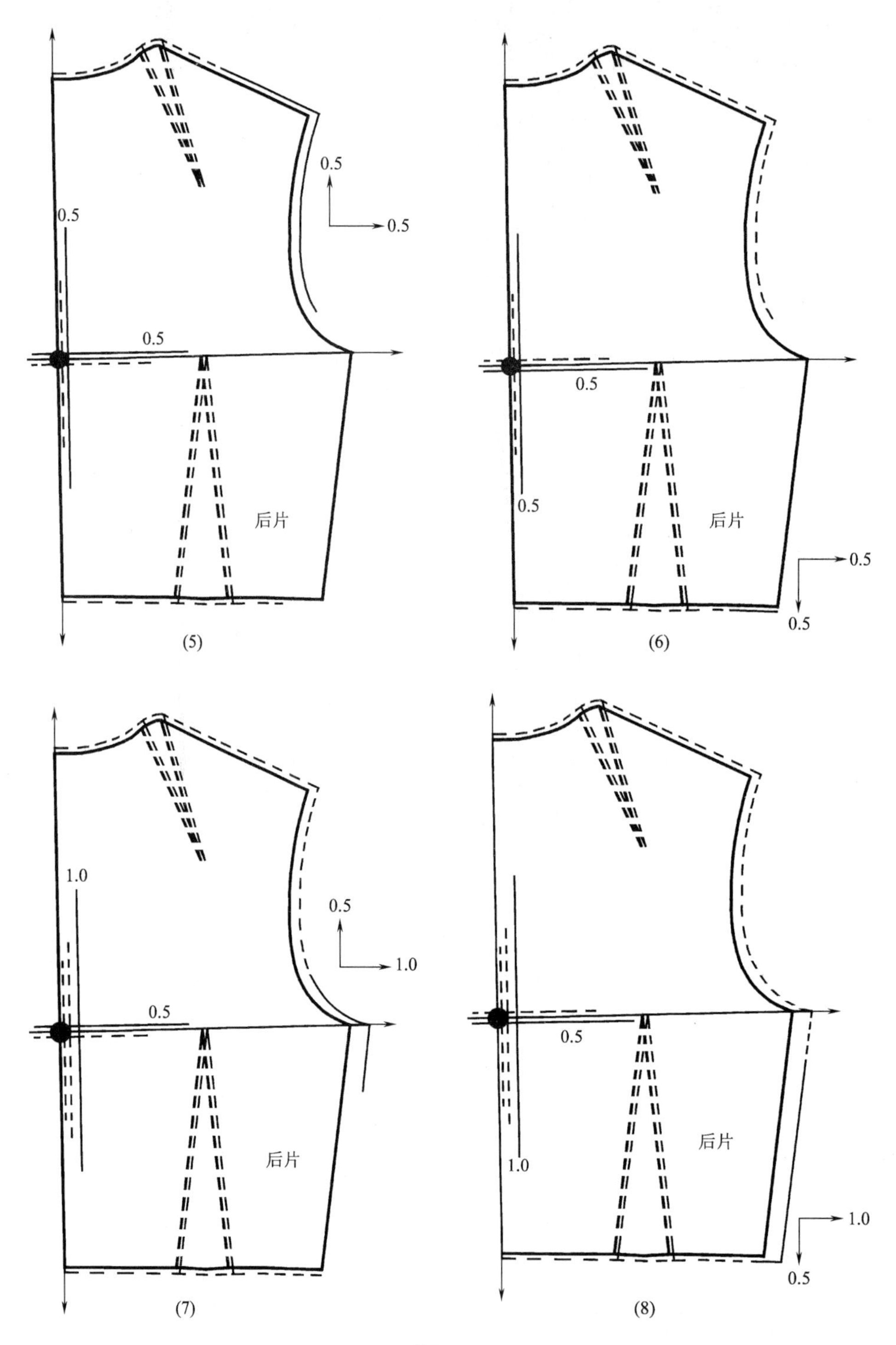

图 3–3

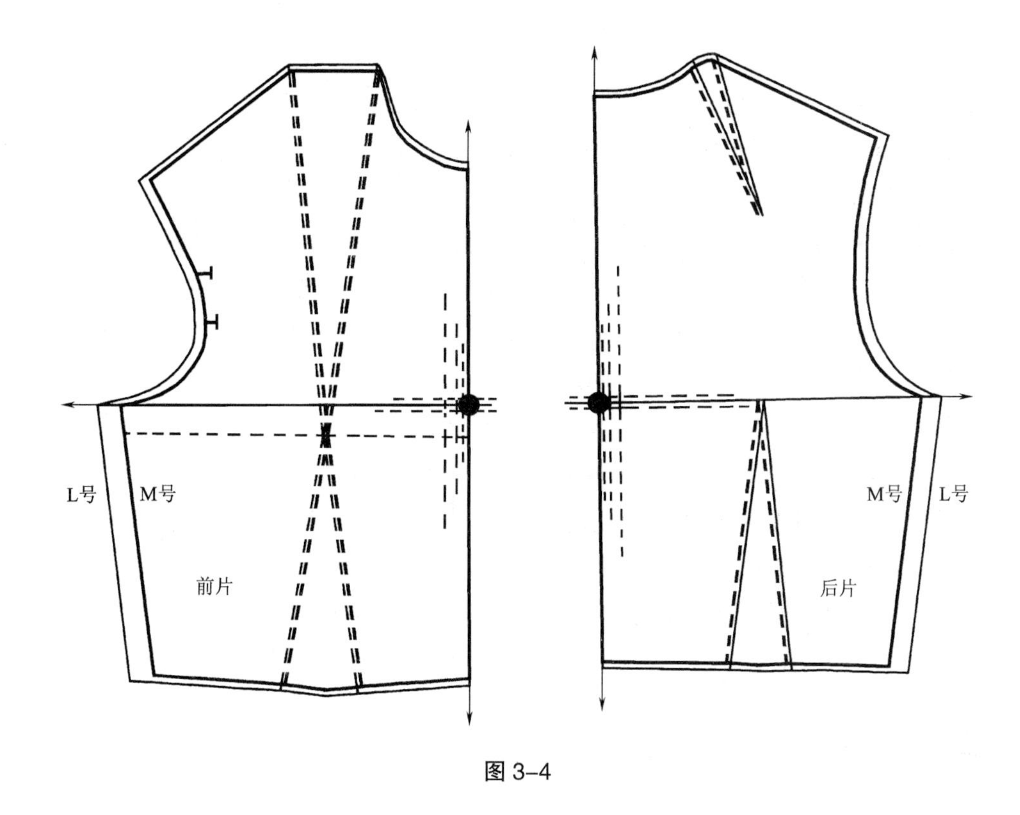

图 3–4

第二节　推剪式放码技术

推剪式放码，是一种较快速的手工平面放码方法。在放码时，首先将母板置于打板纸上面，然后按照放缩量，一边准确地移动母板轮廓，一边直接剪出移动后的各段纸样轮廓线条，直至完成放大或缩小一个号型的纸样为止，最后对纸样内的基础线条及定位线条进行标画。由于推剪式放码是将母板逐边逐段地边推移边剪，当推剪完毕时，放大或缩小一个号的纸样也就同时剪制出来了，故此方法适用于具备较高技术和熟练技巧的放码技术人员操作。

如图 3–5 所示，女装上衣原型前片推剪式放码技术操作步骤如下：

（1）准确计算分配在前片纸样各部位的放码数值，其中腰节长 ± 1.0cm、前胸宽 ± 1.0cm、半肩宽 ± 0.5cm、前领窝宽 ± 0.2cm、省尖点 ± 0.5cm。

（2）准备一块面积大于母板（M 号）的长方形打板纸。

（3）将母板置于打板纸上，使母板向侧缝线方向推移一个前领窝宽放码值尺寸，即 0.2cm；使前中心线平行距离打板纸边缘 0.2cm，沿母板腰节线的前中心段边缘裁剪，剪至腰节线上的腰省端点线段处，即剪去图中的阴影部位，剪出腰省端点刀口，如图 3–5（1）

所示。

（4）将母板继续向侧缝线方向平行移动，使前中心线距离打板纸边缘一个前胸宽放码值尺寸，即 1.0cm; 沿母板腰节线左侧和侧缝线下段边缘裁剪，剪至侧缝线约 1/2 线段处，如图 3–5（2）所示。

（5）将母板向上平行移动 0.5cm，并且使前中心线距离打板纸边缘 1.0cm，沿母板的侧缝线上段和袖窿线下段边缘裁剪，剪至袖窿弧线约 1/4 线段处，如图 3–5（3）所示。

（6）将母板继续向上平行移动一个腰节长放码值尺寸，即 1.0cm；并且向前中方向移动一个半肩宽放码值尺寸，即 0.5cm；使前中心线距离打板纸边缘 0.5cm，沿母板袖窿曲线上段和肩斜线左段边缘裁剪，剪至肩斜线约 1/3 线段处，如图 3–5（4）所示。

（7）将母板继续向前中方向移动 0.3cm，使前中心线距离打板纸边缘一个前领窝宽放码值尺寸，即 0.2cm；沿母板肩斜线右段、胸省端线和前领窝线段边缘裁剪，剪至前领窝线中点，完成放大一个号的前片纸样，如图 3–5（5）所示。

（8）将剪出的放大一个号的前片纸样和母板对齐前中心线和腰节线进行检查，并且距离胸点 0.2cm 用锥子钻孔点省位，画出放大一个号的胸省线和腰省线，如图 3–5（6）所示。

同理，女装后片原型纸样的推剪式放码如图 3–6 所示。

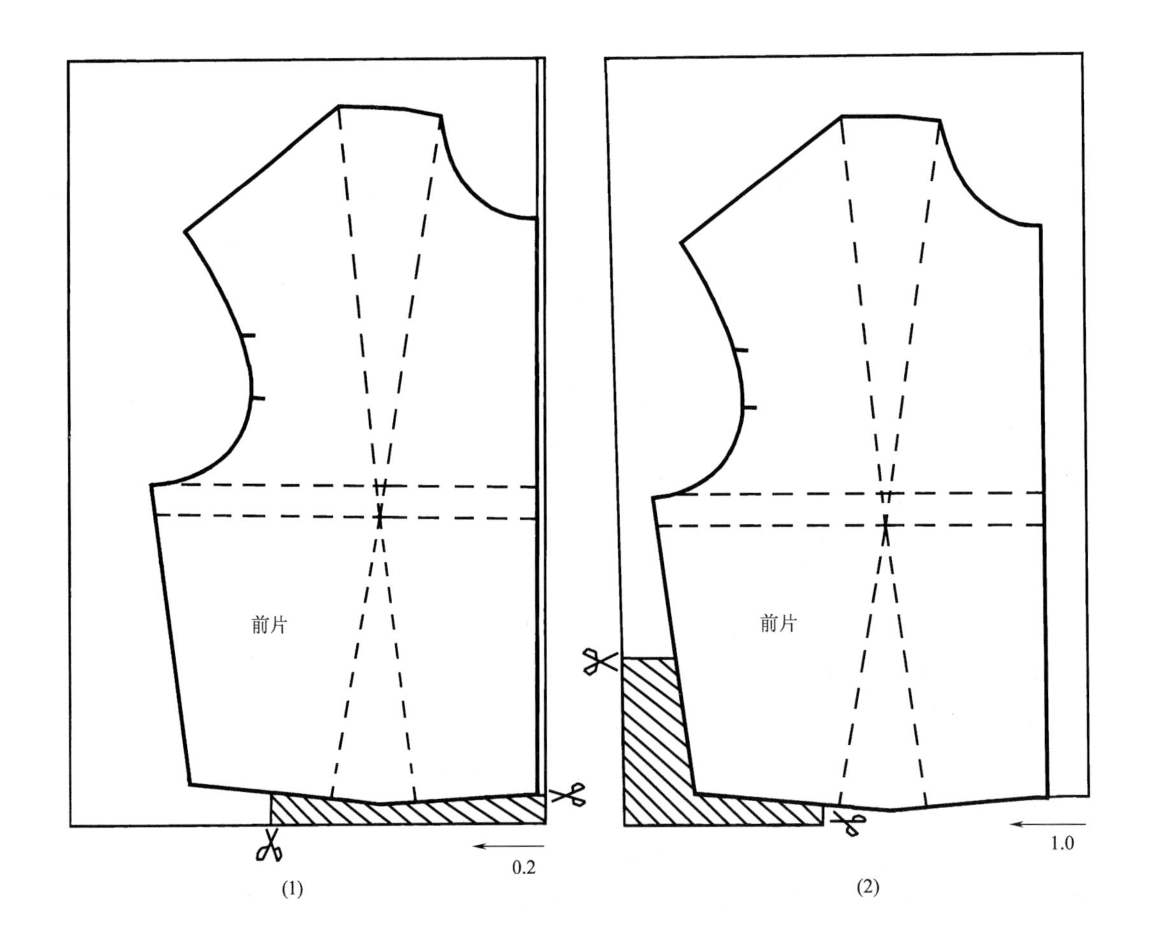

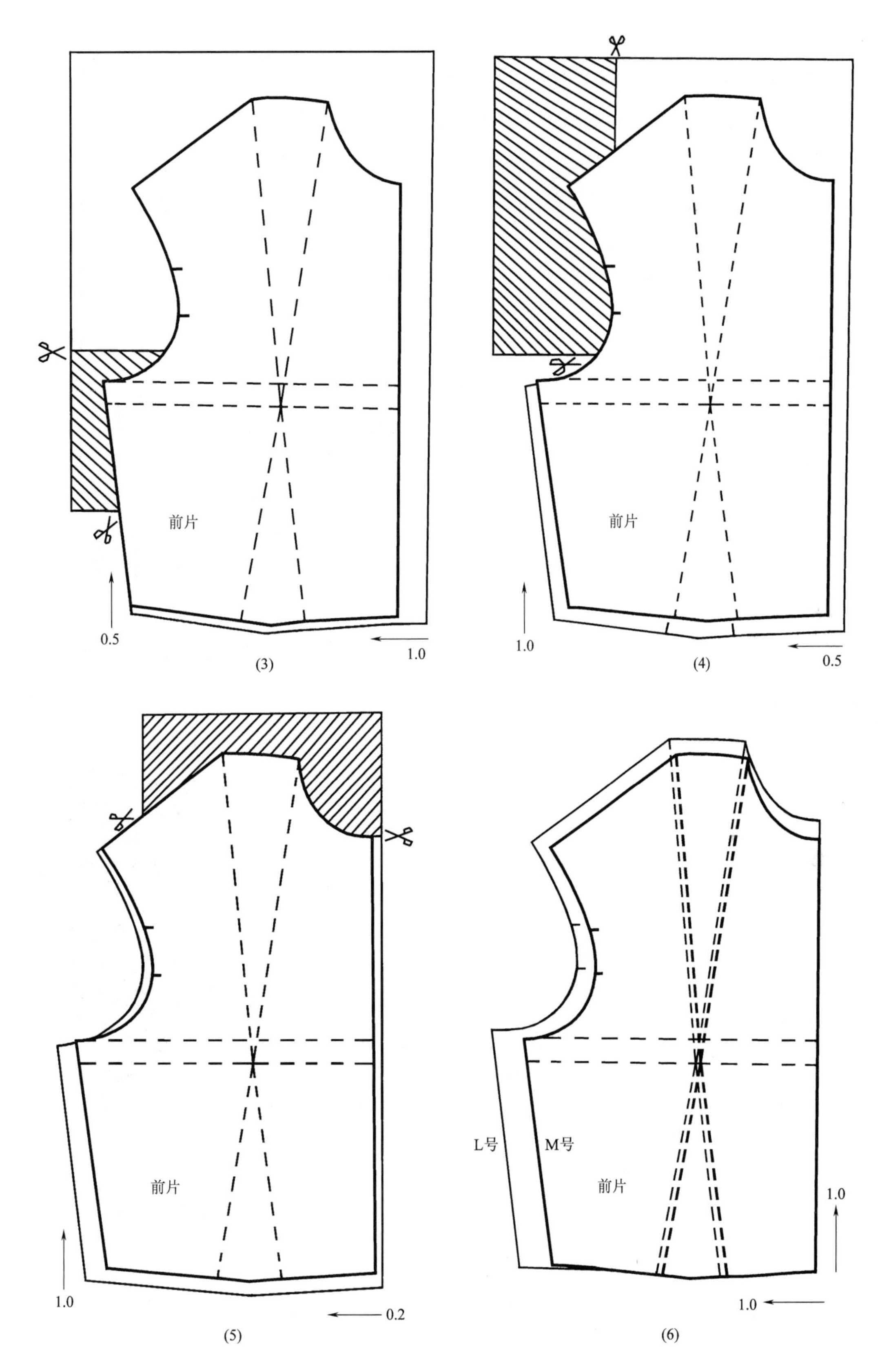

图 3-5

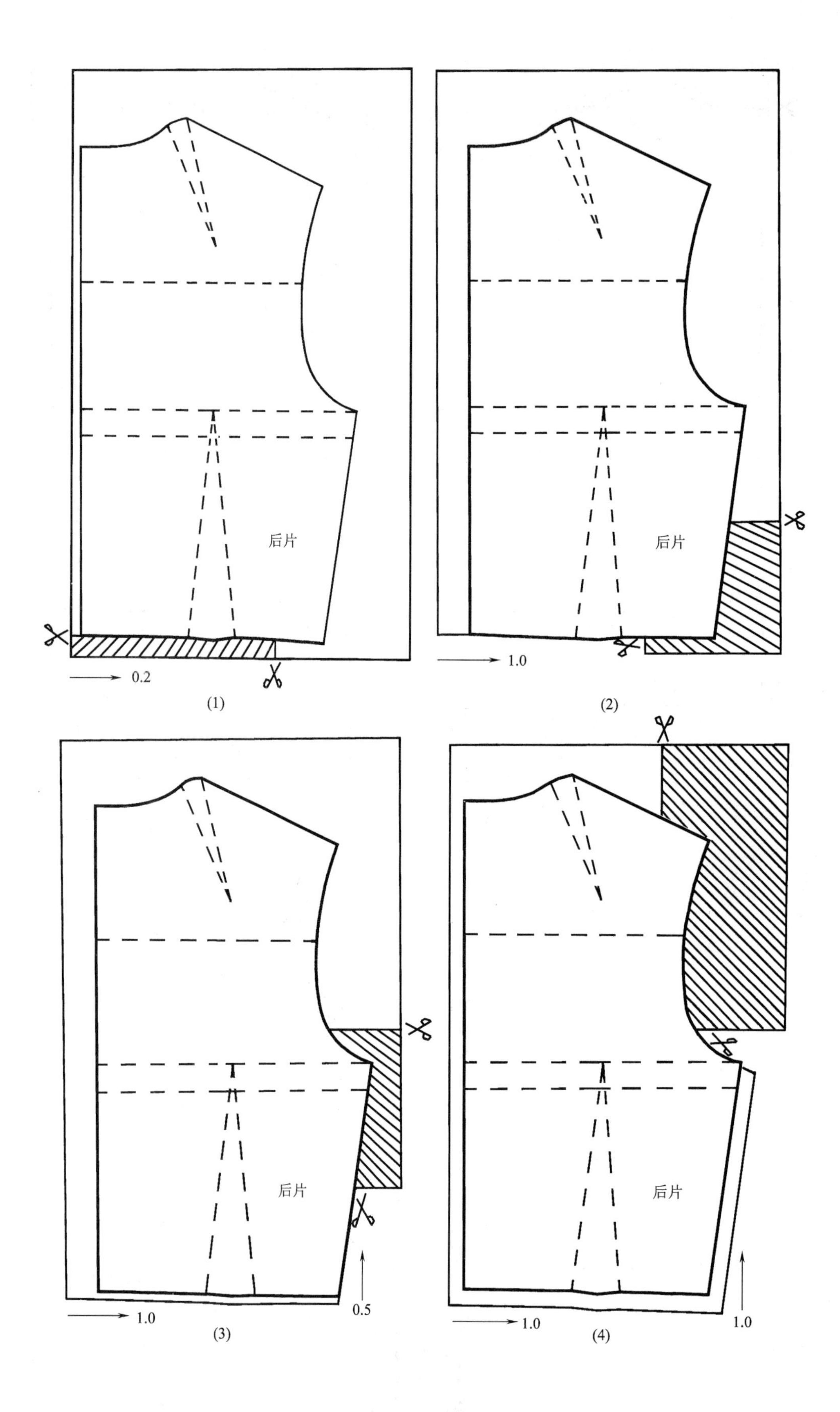
后片
0.2
(1)
后片
1.0
(2)
后片
1.0
0.5
(3)
后片
1.0
1.0
(4)

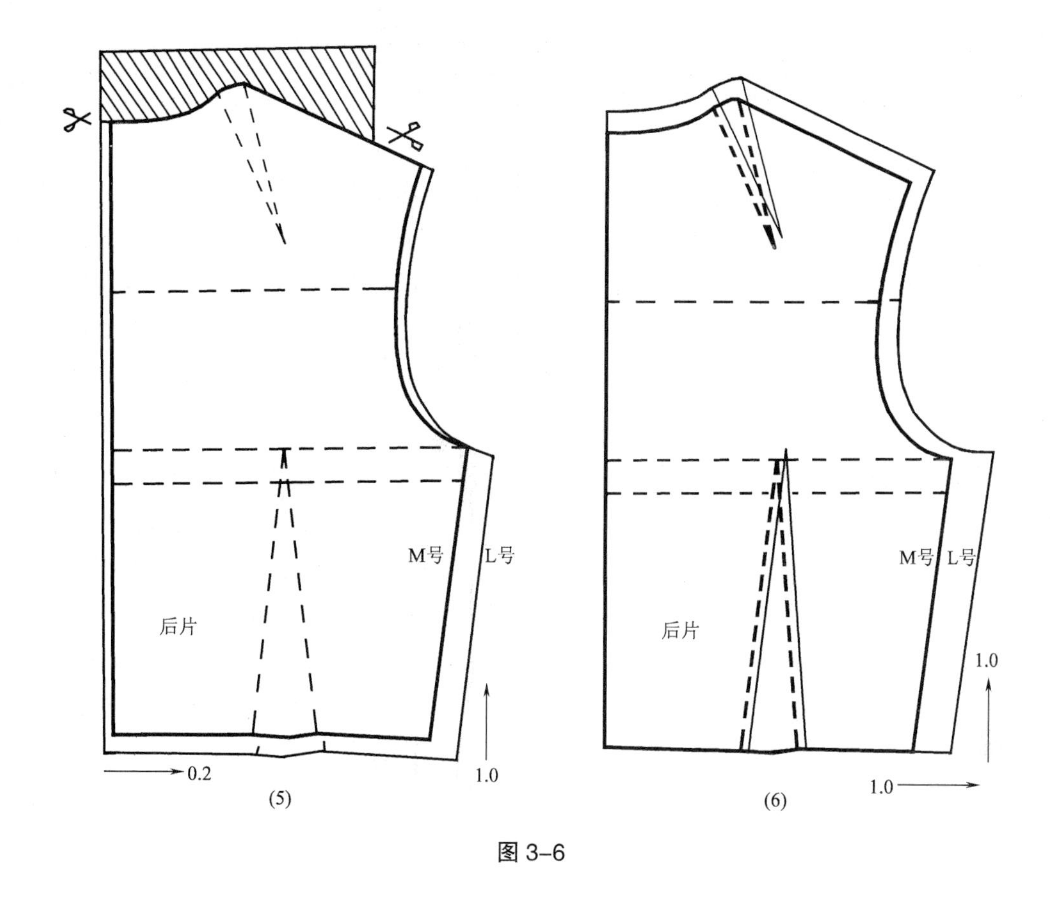

图 3–6

同理，将前片或后片纸样沿上述各步骤的相反方向推移裁剪，就可裁剪出缩小一个号的前片或后片纸样。

综上所述，推剪式放码操作也需先对母板选定放码基准点，其基准点的选择以直线边缘交点为佳，再以基准点分配各部位的放码数值，然后逐段推移、逐段裁剪，但对于弧形曲线和折角部位，如袖窿则需分段推移，做多次裁剪，使上、下或左、右线段圆顺连接，保持母板的弧线曲边和折角形状一致。另外，在推移母板时，必须做垂直或水平方向的平行移动，并且注意将母板摆正，确保各部位放码数值准确无误。

第三节　点数层叠式放码技术

点数层叠式放码，指采用纸样轮廓点同时进行全号型放缩，并且在同一张图上层叠显示全号型纸样的放码方法。在放码时，首先在打板纸上描出母板，依据服装规格号型各部位尺寸档差值，在纸样轮廓各放码点上分配合理的放缩量，在一张图上采用坐标平移放大或缩小而完成全号型纸样。此放码图显示为“一图全号层叠”的图面，便于保存。

此方法在服装 CAD 放码系统中称为“点放码”，在放码操作上非常快捷，放码后可以直接提取各号型纸样进行排料生产。但若是手工操作，则需逐号型描出纸样，然后才能进行排料生产。

在点数层叠式放码操作前，需先确定放码基准点，再在纸样各部位的放码点（纸样上的各个转折点都为放码点）上分配需放大或缩小一个号的放码数值。假设服装规格号型部位尺寸档差值为胸围 ± 4.0cm、腰围 ± 4.0cm 和腰节长 ± 1.0cm，以前中心线（后中心线）与袖窿深线的交点为放码基准点，依据放缩量分配原理与方法，则女装衣片原型纸样各放码点在长度方向上分配数值为：领窝中点、肩端点、腰侧点、腰省端点和腰中点分配腰节长档差值 /2，即 0.5cm；后颈侧点分配腰节长档差值 /2+0.1cm，即 0.6cm；前颈侧点分配腰节长档差值 /2+0.2cm，即 0.7cm；袖窿弧线定位点和肩省尖点分配腰节长档差值 /4，即 0.25cm。在围度方向上分配数值为：颈侧点、腰省尖点和腰省端点分配胸围档差值 /4 的 20%，即 0.2cm；肩端点分配胸围档差值 /4 的 50%，即 0.5cm；腋下点和腰侧点分配胸围档差值 /4，即 1.0cm；为符合人体体型形态，省端线在颈侧点处调整为 0.1cm。如图 3–7 所示。

在服装 CAD 系统放码操作上，逐个选择如图 3–7 所示的放码点，并且输入对应的 x 与 y 方向的放缩量，电脑即刻就自动完成全号型纸样的放码。此电脑操作步骤在最后一章有详细叙述。

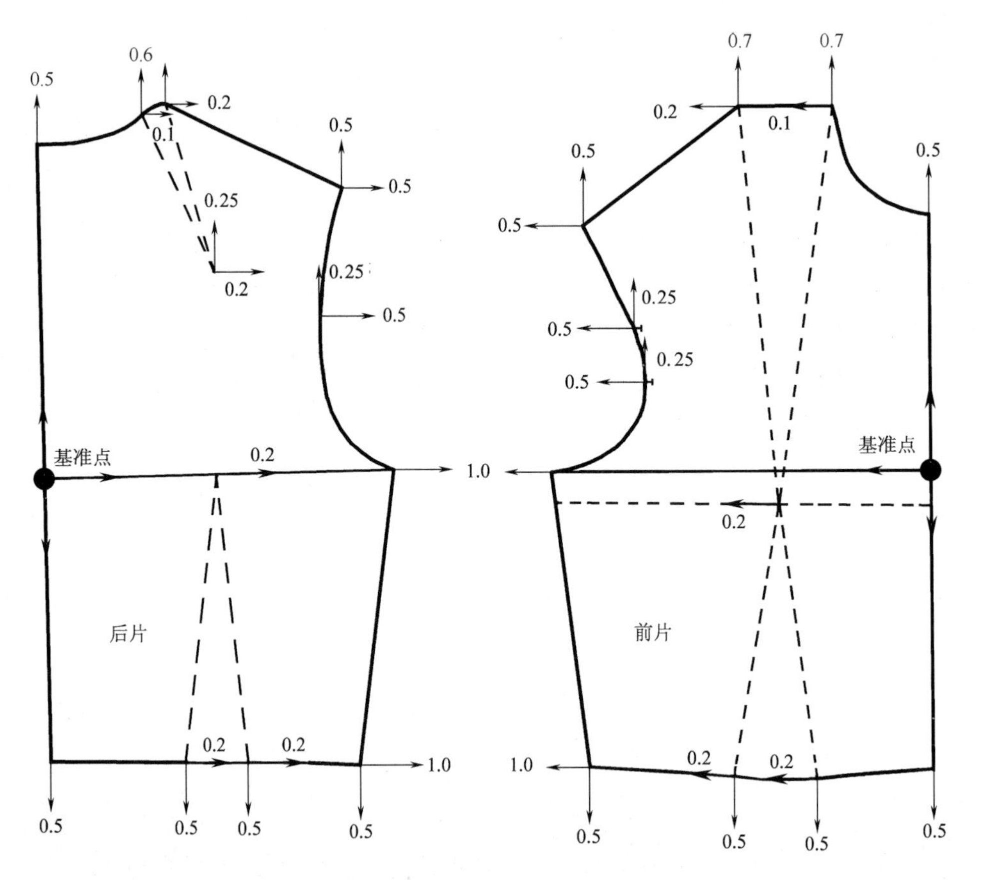

图 3–7

如图 3–8 所示，女装上衣合体原型前片点数层叠式放码技术手工操作步骤如下：

（1）放码基准点选位：在一张打板纸上描出女装前片原型纸样（M 号），取袖窿深线与前中心线的交点为放码基准点，如图 3–8（1）所示。

（2）在放码点上画坐标水平线和垂直线：分别在领窝中点、颈侧点、肩端点、袖窿定位点、腋下点、腰侧点、省尖点、腰省端点和腰中点上画坐标水平线和垂直线，如图 3–8（1）所示。

（3）在坐标水平线和垂直线上标明最大号和最小号的放缩量：在上述各放码点的坐标水平线上向左确定最大号的加宽尺寸值点，向右确定最小号的缩窄尺寸值点；在坐标垂直线上向上确定最大号的加长尺寸值点，向下确定最小号的缩短尺寸值点。例如，假设由 M 号放大 2 个号（即 L 号和 XL 号）和缩小 2 个号（即 S 号和 XS 号），首先在肩端点的坐标水平线上向左加宽 2 倍的肩宽档差值，即 1.0cm，确定一放大尺寸分配值点，再向右缩窄 2 倍的肩宽档差值 1.0cm，确定一缩小尺寸分配值点；然后在坐标垂直线上向上加长 2 倍的腰节长档差值 /2，即 1.0cm，确定一放大尺寸分配值点，向下缩短 2 倍的腰节长档差值 /2（1.0cm），确定一缩小尺寸分配值点。同理，依据图 3–8 所示的各放码点尺寸分配值 ×2，依次在各放码点的坐标水平线和垂直线上定最大号和最小号的尺寸分配值点，如图 3–8（2）所示。

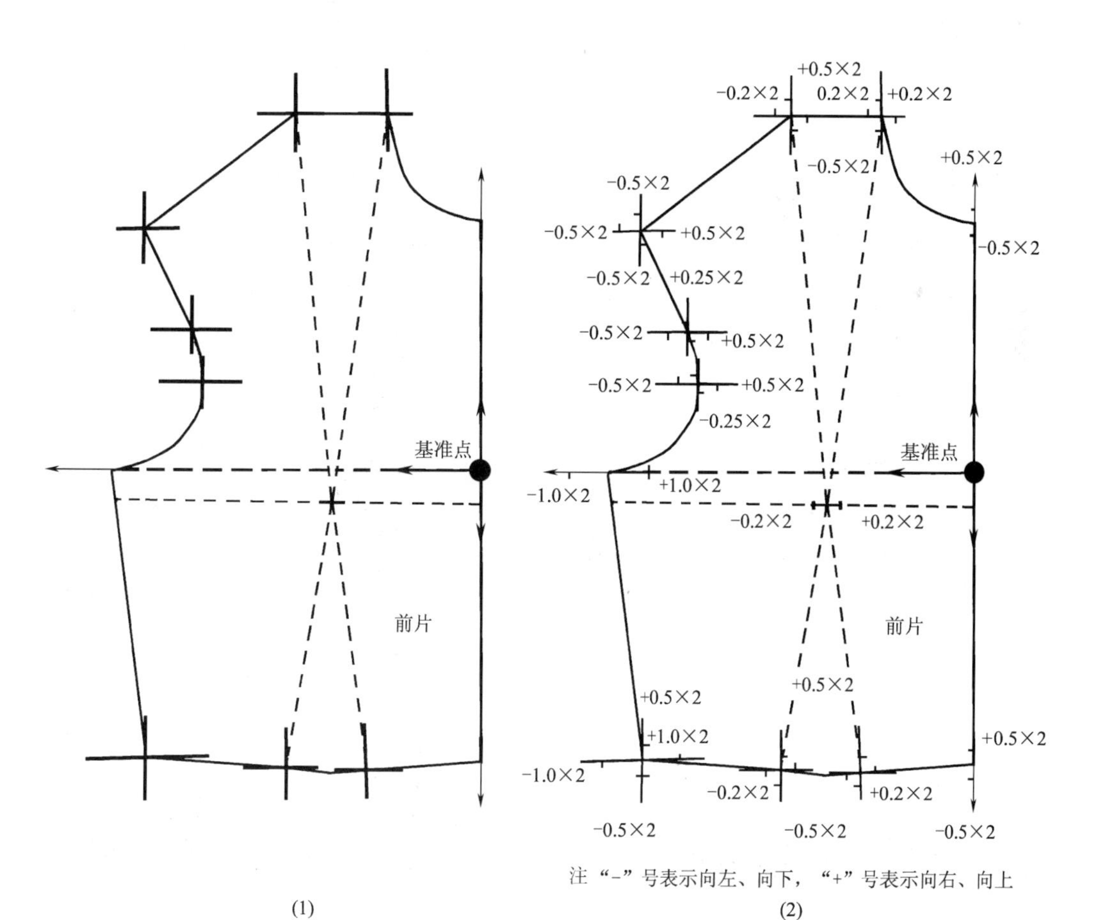

(1)　(2)

图 3–8

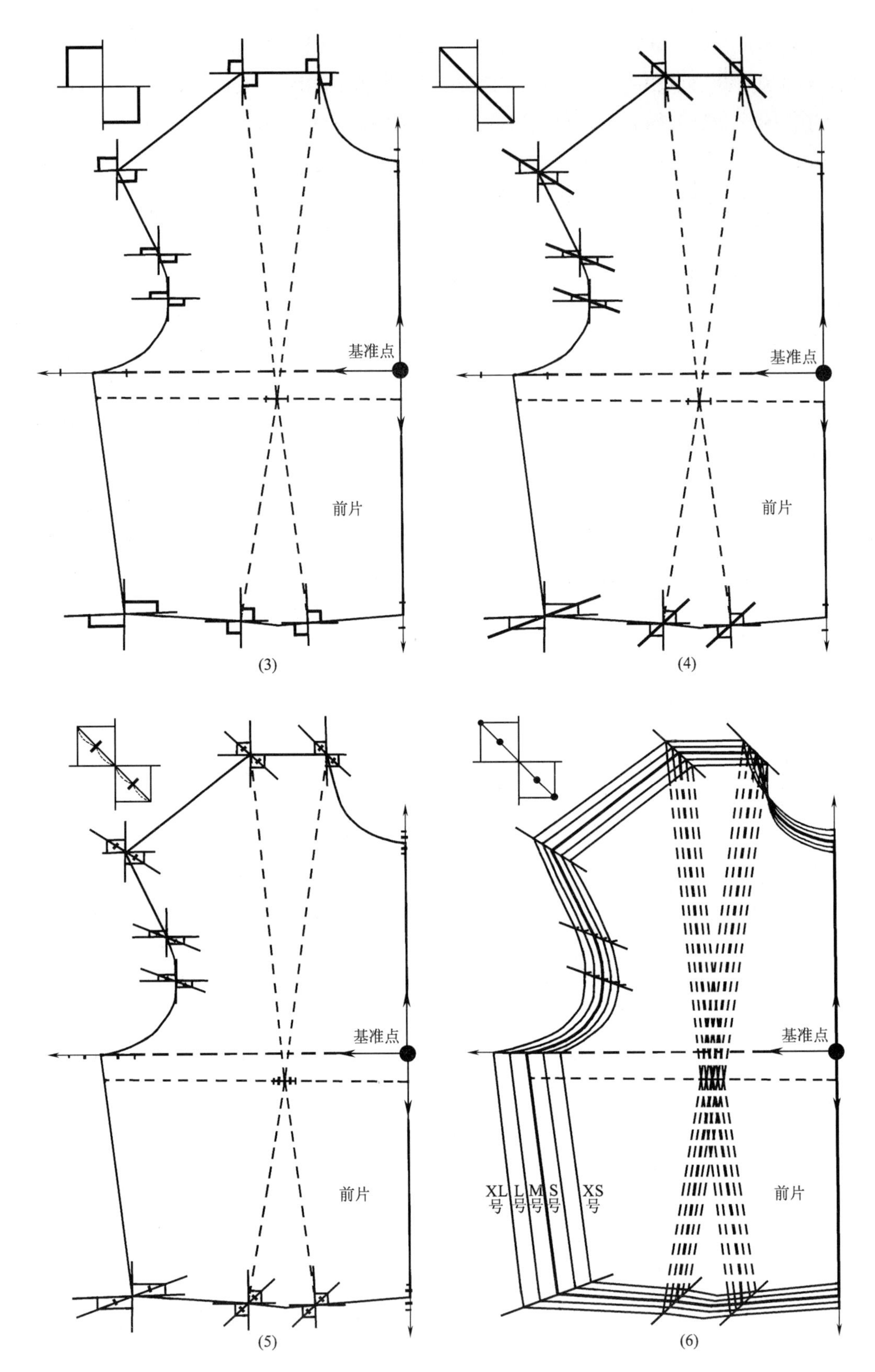

图 3-8

（4）确定最大号端点和最小号端点：分别经过坐标水平线和垂直线上的分配值点画垂直线和水平线，如图 3–8（3）所示，其中最大号分配值点是向上画垂直线和向左画水平线，确定此两线的交点为最大号端点；而最小号分配值点是向下画垂直线和向右画水平线，此两线的交点为最小号端点。

（5）连接最大号端点与最小号端点：分别用直线连接最大号端点与最小号端点，此直线一定经过母板的端点，否则是计算数据出差错，如图 3–8（4）所示。

（6）确定各号型端点：分别在最大号端点与最小号端点的连线上，量出最大号端点与母板端点的距离尺寸值，再将所需放大号数值平分，并且在连线上定出各个放大号型的端点。同理，量出最小号端点与母板端点的距离尺寸值，再将所需缩小号数平分，并且在连线上定出各个缩小号型的端点，如图 3–8（5）所示。

（7）描出各号纸样的轮廓线：在母板的辅助下，依次连接各个号的端点，描出各部位的纸样轮廓线条，若是袖窿弧线和领窝线等曲线部位，则需圆顺轮廓线条，保持与母板线条形状的一致性，如图 3–8（6）所示。

（8）画省位：逐次画出各个号的省位线，如图 3–8（6）所示。

（9）描绘各号生产纸样：根据生产号型需要，再分别描出各个号型纸样，如 XS 号、S 号、M 号、L 号和 XL 号纸样。

同理，与上述前片点数层叠式放码技术操作步骤相同，后片点数层叠式放码技术操作如图 3–9 所示，在此不再赘述。

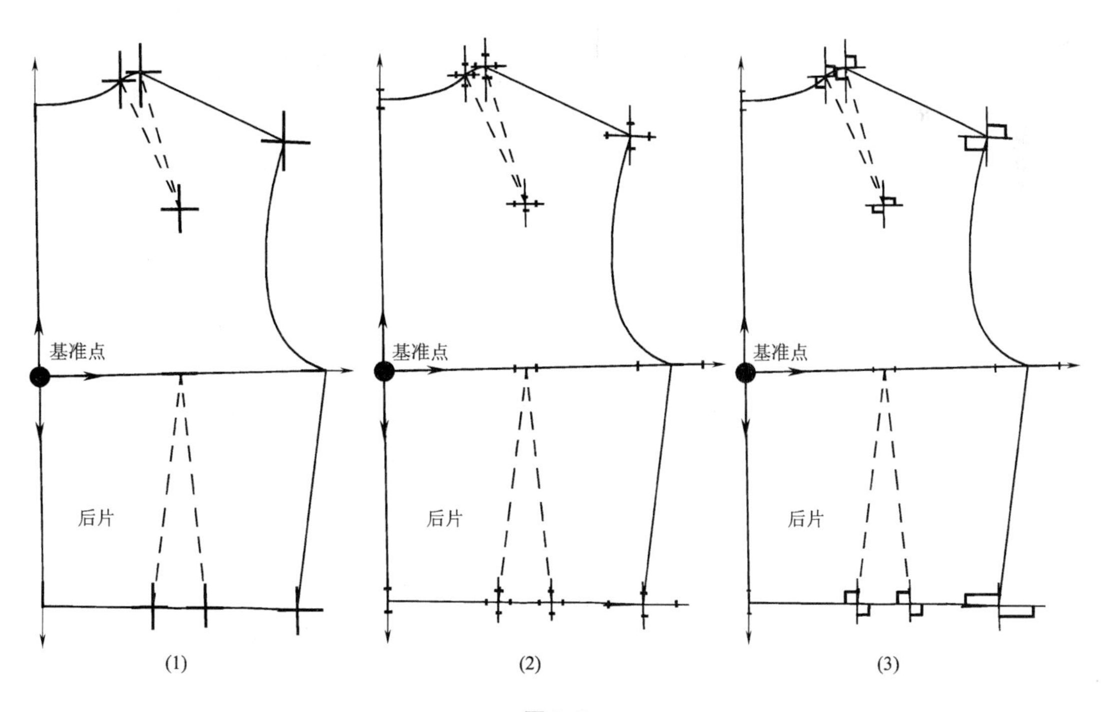

图 3–9

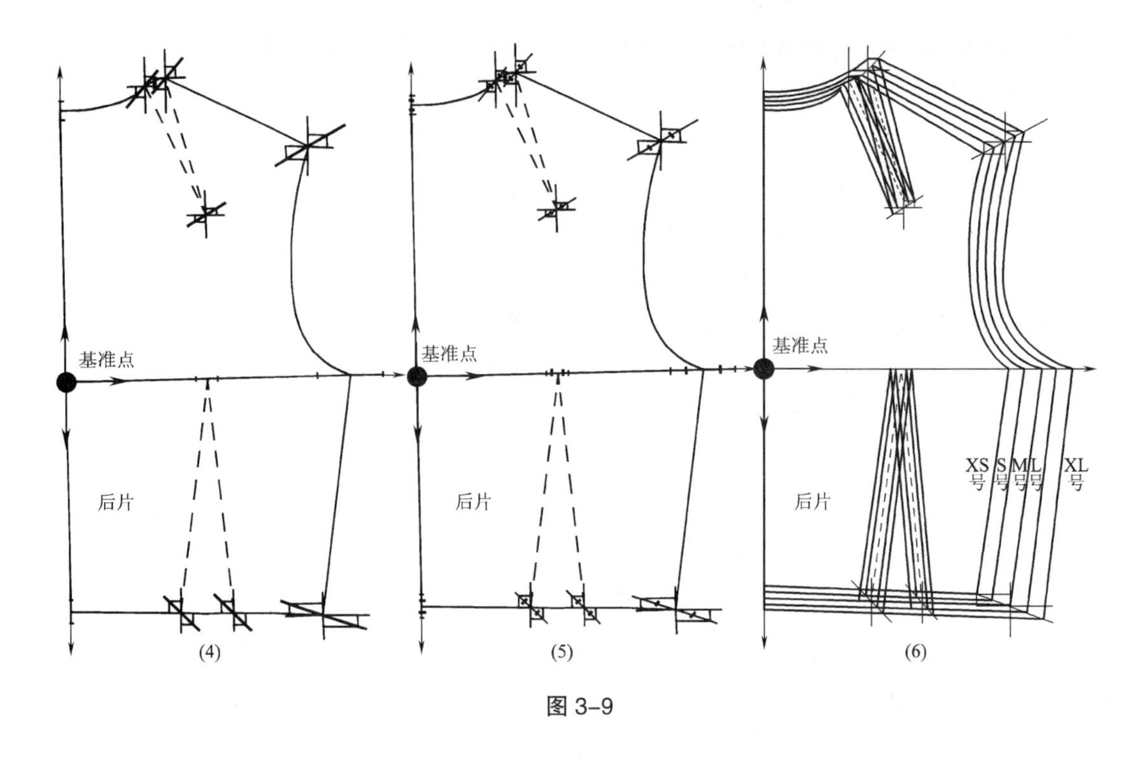

图 3–9

总之，点数层叠式放码比轨道式放码快捷，准确性较高，并且方便纸样资料的管理和储存，电脑放码操作通常会采用此方法。在放码过程中，点数层叠式放码可以考虑到人体体型的曲线差异问题，从而合理调整纸样个别放码点的放缩量，做到与平面放码不同的立体放码。

第四节　切割线网状式放码技术

切割线网状式放码主要在服装 CAD 放码系统上操作，简称“切割线放码”，是一种比较容易操作的放码方法。切割线网状式放码，指在母板上需要放码的部位上画横向或竖向切割线，最后分别在各条切割线上输入对应的放缩量，电脑即刻自动完成全号型纸样的放码。此放码图示为全号型纸样的网状图。

如图 3–10 所示，女装上衣合体原型纸样的切割线网状式放码技术操作步骤如下：

（1）确定放码切割线：在女装上衣原型前片和后片纸样上，分别在袖窿深线之上和之下画横向水平切割线，同时分别在领窝、肩部和袖窿处画纵向垂直切割线，在肩至领窝处画斜向切割线。

（2）分配切割线放缩量：假设服装规格号型部位尺寸档差值为胸围 ± 4.0cm、腰围

±4.0cm 和腰节长±1.0cm，分配横向水平切割线为 0.5cm，分配领窝、肩部和袖窿处垂直切割线为 0.2cm、0.3cm 和 0.5cm，分配后斜向切割线领窝端 0.1cm 和肩端 0cm，分配前斜向切割线领窝端 0.2cm 和肩端 0cm。

（3）输入切割线放缩量：在电脑操作上，如图 3–10 所示，只在每条切割线的两端分别输入对应的放缩量，电脑即刻完成全号型网状式纸样放码。

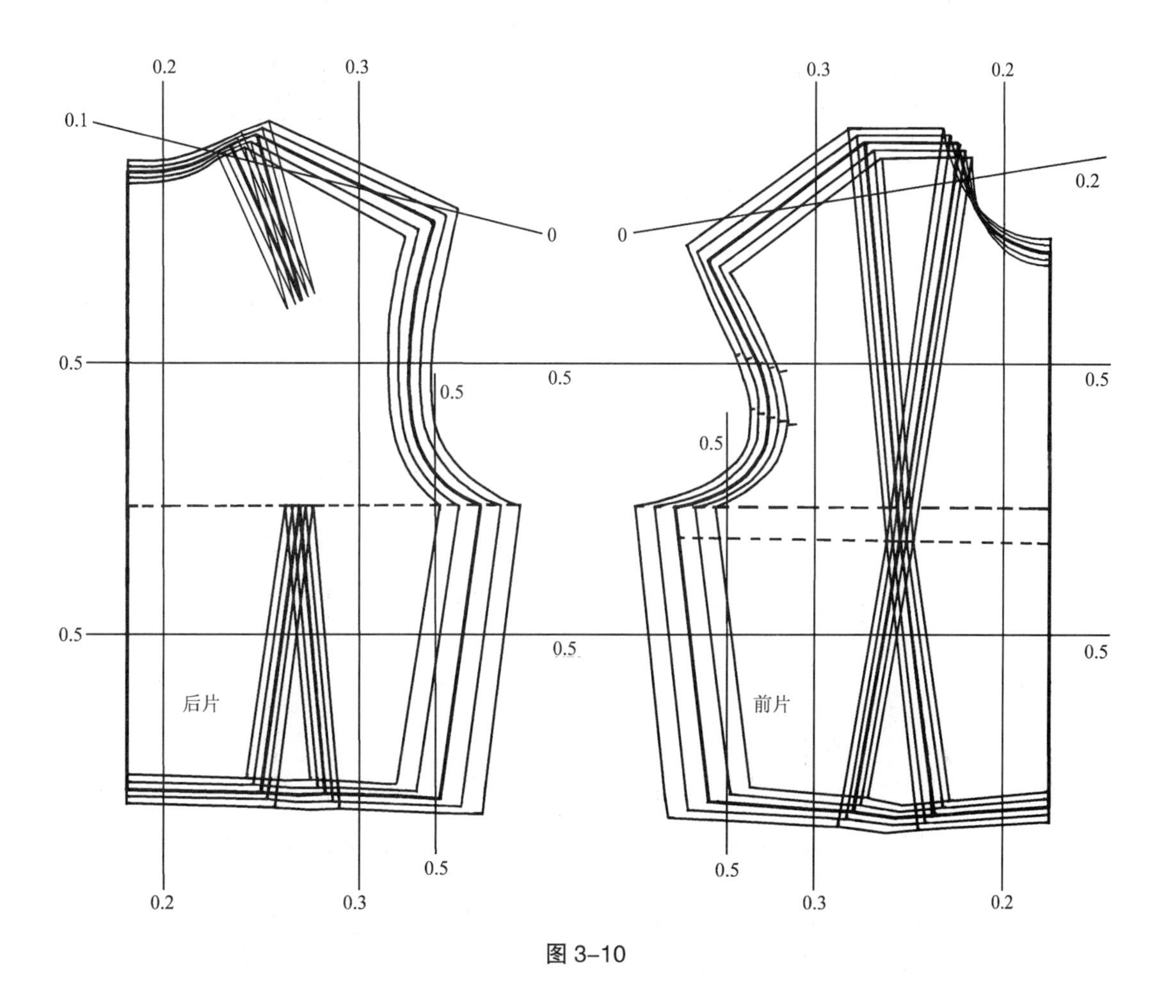

图 3–10

在手工操作上，如图 3–11 所示，逐条打开切割线并且放大对应的放缩量从而完成一个号的放码。手工操作要逐个号操作，此方法不适用于手工放码。

概括而言，轨道式放码和推剪式放码是逐号型纸样平面放码操作，通常用手工操作。而点数层叠式放码和切割线网状式放码是全号型纸样同时放缩操作，并且可以依据人体的立体结构和服装造型效果而合理调整放缩量，准确性较高，普遍用于现代服装工业生产的电脑操作。

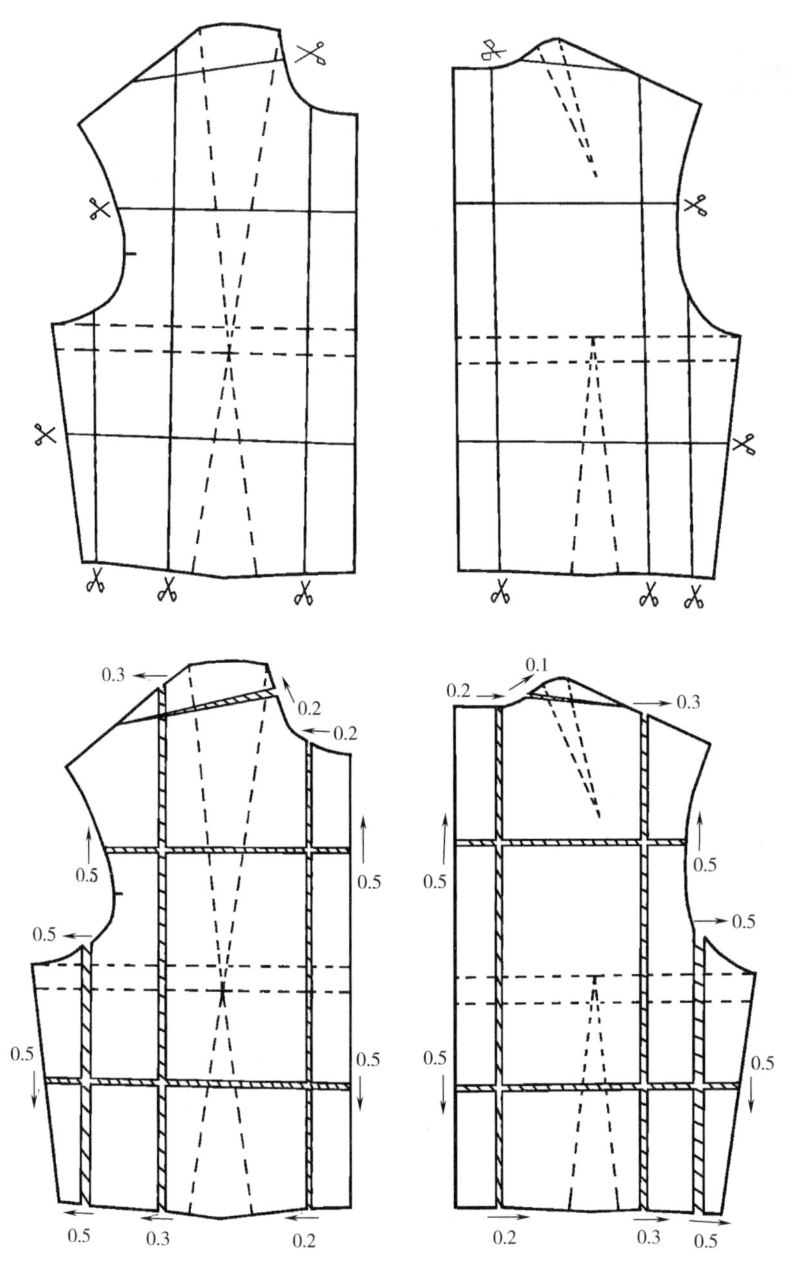

图 3–11

本章总结

本章介绍了轨道式放码、推剪式放码、点数层叠式放码和切割线网状式放码四种技术的操作方法；分别阐述了轨道式放码技术、推剪式放码技术、点数层叠式放码技术和切割线网状式放码技术的定义和具体操作步骤；并且通过阐述四种放码技术操作，说明了女装合体上衣原型纸样的放码方法。

☞ 思考题

1. 简述轨道式放码、推剪式放码、点数层叠式放码和切割线网状式放码的技术操作方法。

2. 比较轨道式放码、推剪式放码、点数层叠式放码和切割线网状式放码的优缺点。

3. 依据人体上身体型结构，为更好地达到服装的合体效果，如何在女装合体衣片原型纸样上调整颈侧点的放码分配数值？附图说明。

☞ 练习题

1. 假设放码档差值：胸围 ± 4.0cm、腰围 ± 4.0cm 和腰节长 ± 1.0cm，分别采用轨道式放码和推剪式放码方法，在女装合体衣片原型纸样上进行放大和缩小一个号的纸样操作。

2. 假设放码档差值：胸围 ± 4.0cm、腰围 ± 4.0cm、腰节长 ± 1.0cm、胸宽和背宽 ± 1.0cm、总肩宽 ± 1.2cm，分别采用点数层叠式放码和切割线网状式放码方式，进行放大和缩小两个号的女装合体衣片原型纸样的全号层叠网状图式放码操作。

基础训练

女装原型纸样放码

教学内容： 衣片原型纸样放码

袖子原型纸样放码

裙子原型纸样放码

裤子原型纸样放码

教学时间： 2 课时

教学目的： 通过本章的学习，使学生理解女装衣片、袖子、裙子和裤子原型纸样放码数值分配的依据，掌握女装衣片、袖子、裙子和裤子原型纸样放码操作技巧。

教学要求： 1. 理解衣片原型纸样的放码数值分配原理。

2. 熟悉选择不同放码基准点的衣片原型各放码点的数值分配。

3. 理解袖子原型的纸样放码数值分配与衣片原型纸样放码的联系。

4. 理解人的下体体型与裙子和裤子的相互关系，掌握裙子和裤子原型纸样的放缩量分配依据与原理。

5. 掌握女装衣片、袖子、裙子和裤子原型纸样放码的操作步骤与技巧。

6. 熟悉我国服装号型 5·4 系列规格的女装衣片、袖子、裙子和裤子原型纸样的各放码点放缩量分配数值。

课前准备： 女装衣片、袖子、裙子和裤子原型纸样样板、放码尺、剪刀、笔、白纸等工具。

第四章 女装原型纸样放码

由于女装原型纸样反映了女体着装部位的结构形态，明确了女体体型与服装纸样结构的相互关系，并与各种服装款式纸样之间存在着密切关系。所以，以女装原型纸样放码原理为基础，可延伸应用于千变万化的女装款式纸样放码中。依据女体体型和着装关系，通常女装原型纸样放码可分为衣片、袖子、裙子和裤子的原型纸样放码。本章按照我国服装规格号型女子 5·4A 系列分档数值进行放码。

第一节 衣片原型纸样放码

女装衣片原型纸样可分为宽松无省的衣片原型纸样和合体有省的衣片原型纸样，衣片原型纸样的放码通常会选择前中心线或后中心线以及袖窿深线为放码的基准线。以前中心线（后中心线）与袖窿深线的交点为放码基准点，并以胸围、腰围、臀围、腰节长等部位尺寸档差值作为各放码点放缩量的分配依据。我国女子服装号型之间胸围、腰围、臀围的尺寸档差值为 ± 4.0cm，腰节长尺寸档差值为 ± 1.0cm，根据上述放缩量分配原理和放码技术操作方法，为达到放码后的衣片原型符合人体体型要求，在衣片原型上各放码点放缩量的分配数据参照图 2-11 和图 2-13 进行放码。

一、宽松无省衣片原型纸样放码

宽松无省衣片原型结构比较简单，通常适用于针织面料上衣、睡衣、睡袍等款式宽松的服装上。采用点数层叠式放码技术的操作方法，选择后中心线或前中心线与袖窿深线的交点为放码基准点，在后片和前片的各部位放码点上分配放缩量如图 4-1 所示，完成后片和前片的全号型纸样放码如图 4-2 所示。

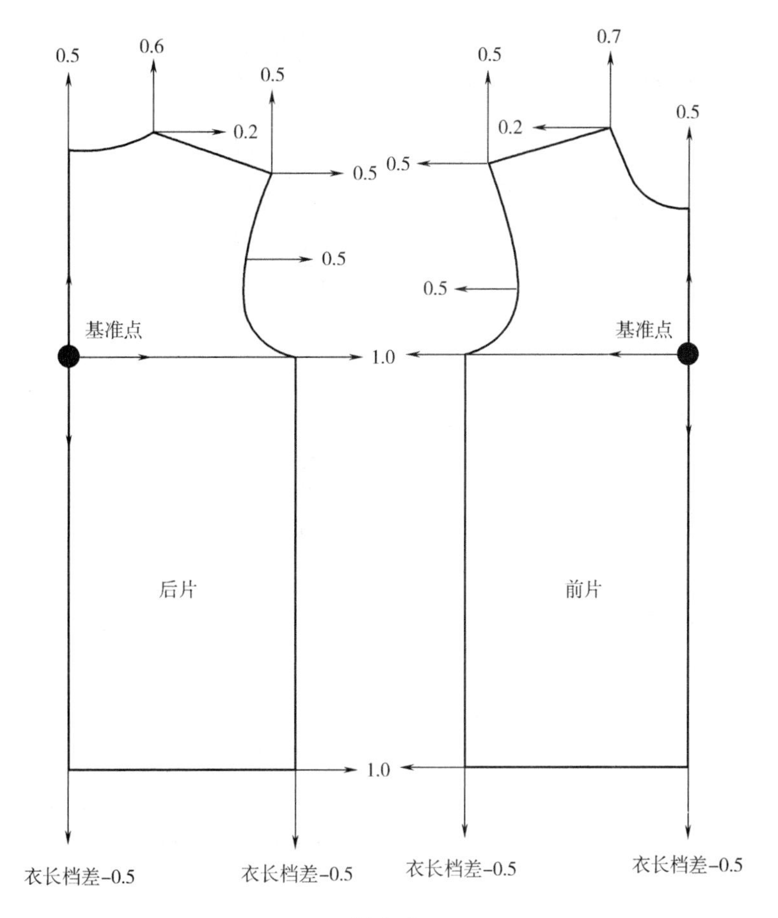
0.5
0.6
0.5
0.2
0.5
0.5
0.5
基准点
1.0
后片
1.0
衣长档差-0.5
衣长档差-0.5
0.7
0.5
0.2
0.5
0.5
0.5
基准点
前片
衣长档差-0.5
衣长档差-0.5

图 4-1

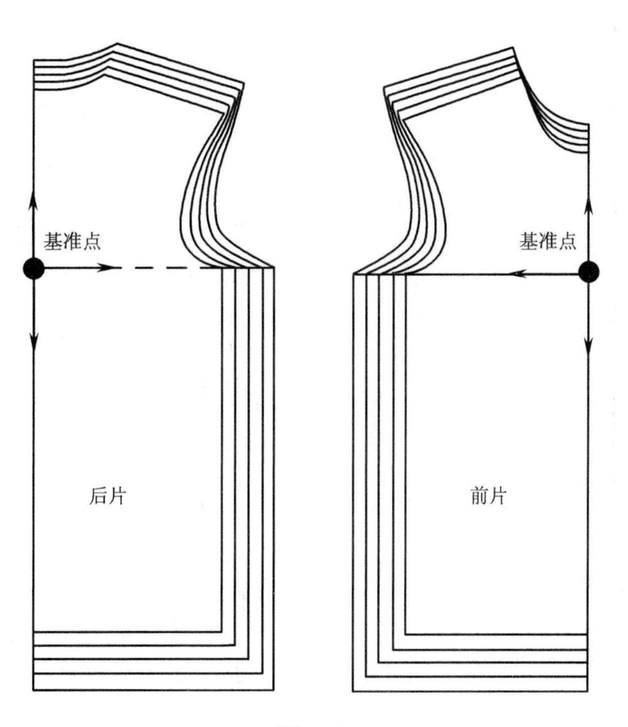
基准点
后片
基准点
前片

图 4-2

日本女装文化式衣片原型纸样介于有省和无省原型纸样之间，同理，后片和前片的各部位放码点放缩量分配值如图 4–3 所示；完成后片和前片的全号型纸样放码如图 4–4 所示。

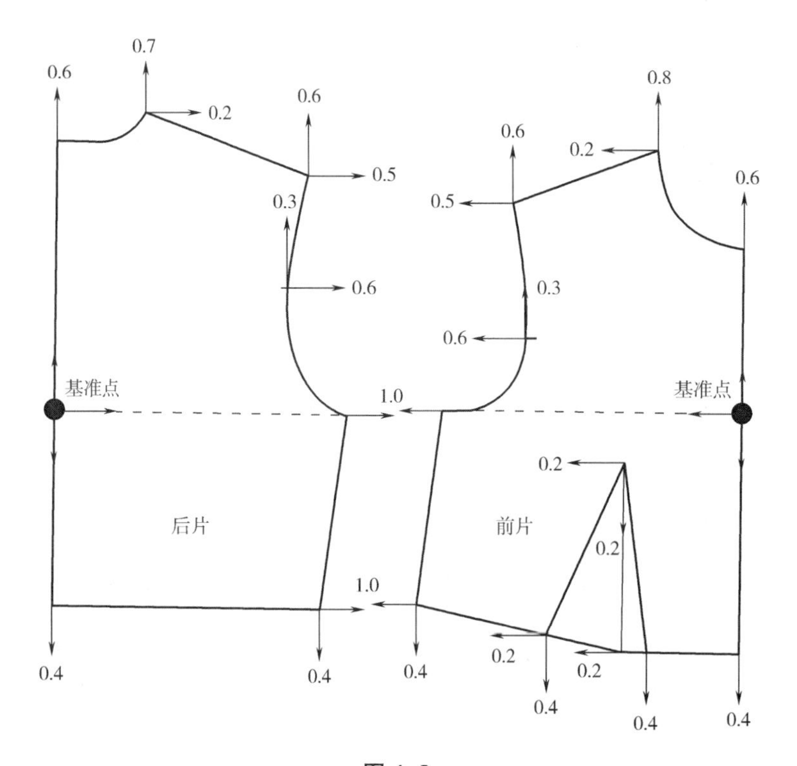

图 4–3

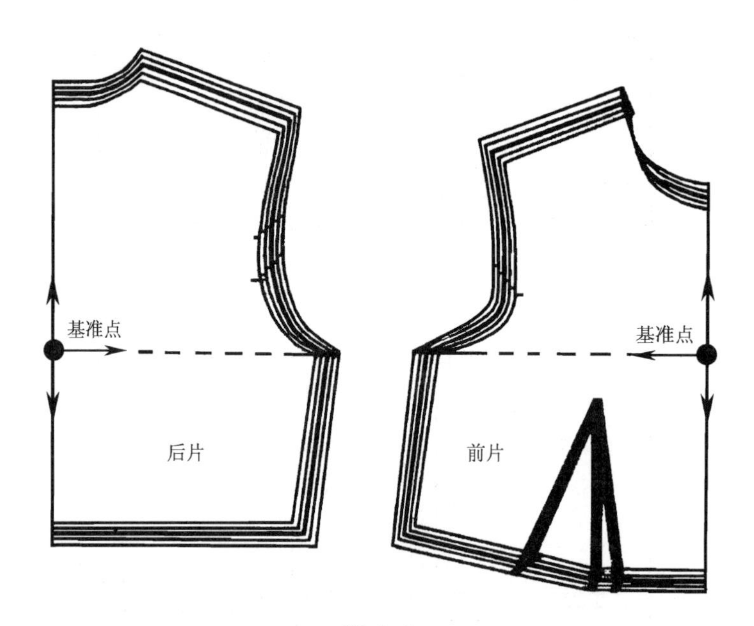

图 4–4

二、合体有省衣片原型纸样放码

合体有省衣片原型纸样放码已在第三章中阐述过。由于需考虑人体的合体准确性，通常会采用点数层叠式放码操作。若选择不同的放码基准点，各放码点放缩量分配值也不同，如图 4–5 所示。但放码原理和技术操作方法是相同的，而且放码完成后的全号型纸样形状不变。放码基准点位置的选择，可依据放码技术人员的操作习惯和速度而定。在放码操作上要注意袖窿弧线和领窝线的圆顺，尽量保持与母板轮廓角度不变。

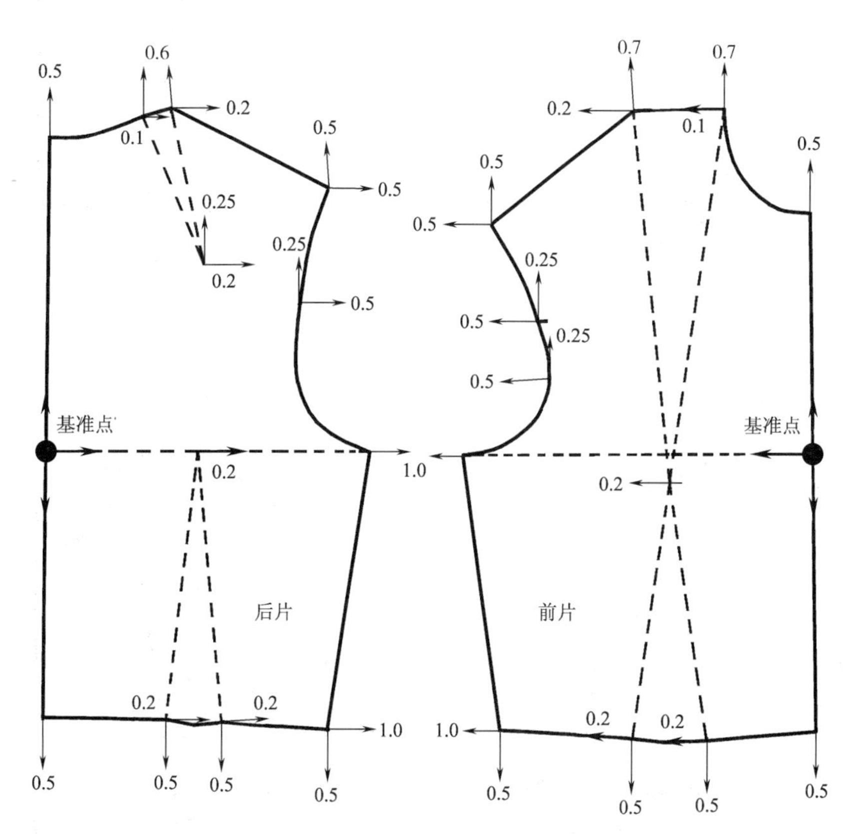

(1) 以前中心线(后中心线)与袖窿深线的交点为基准点，各放码点的分配值

图 4–5

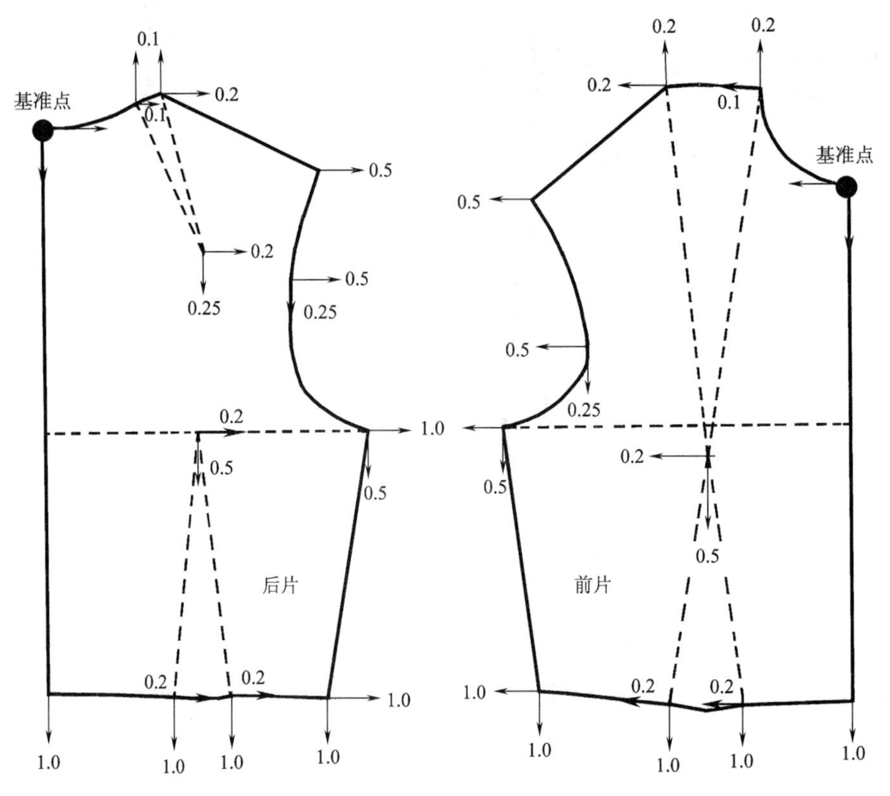

(2) 以领窝中点为基准点，各放码点的分配值

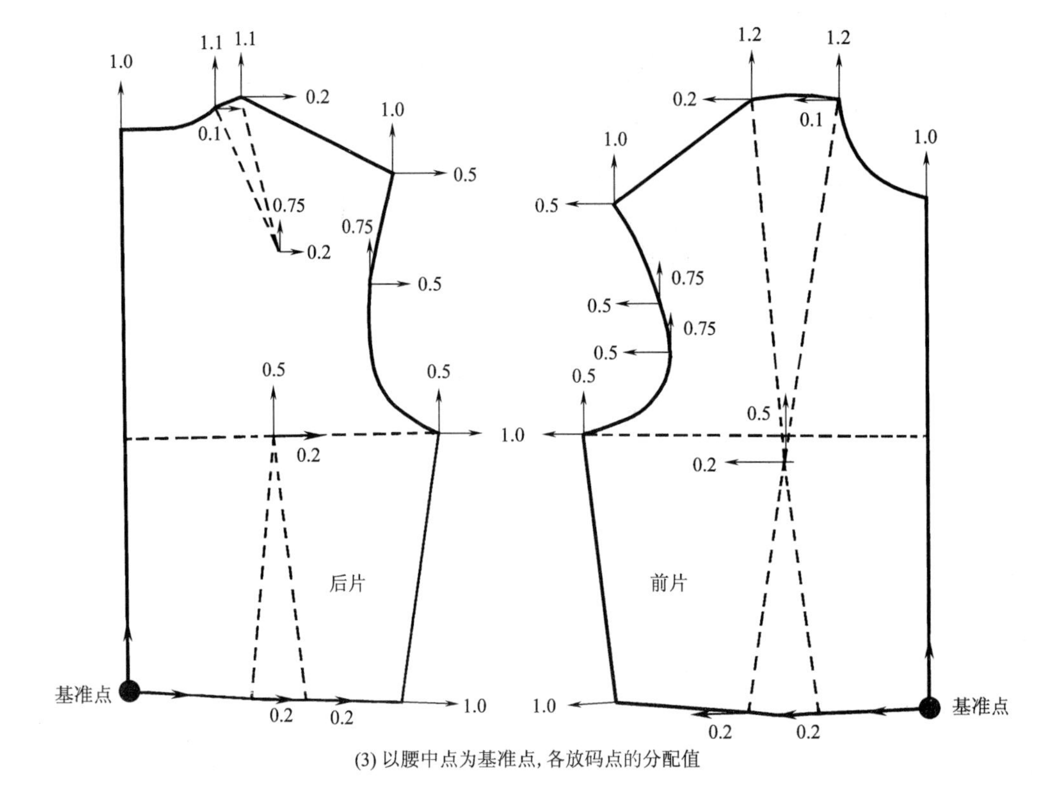

(3) 以腰中点为基准点，各放码点的分配值

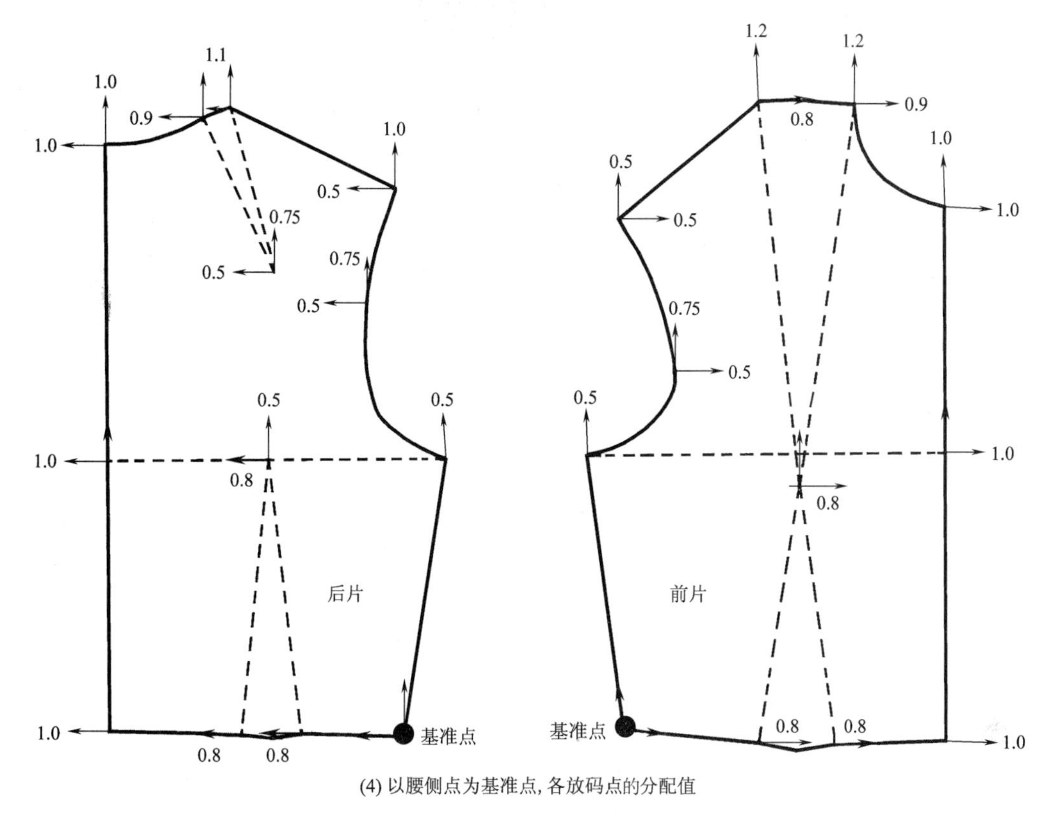

(4) 以腰侧点为基准点，各放码点的分配值

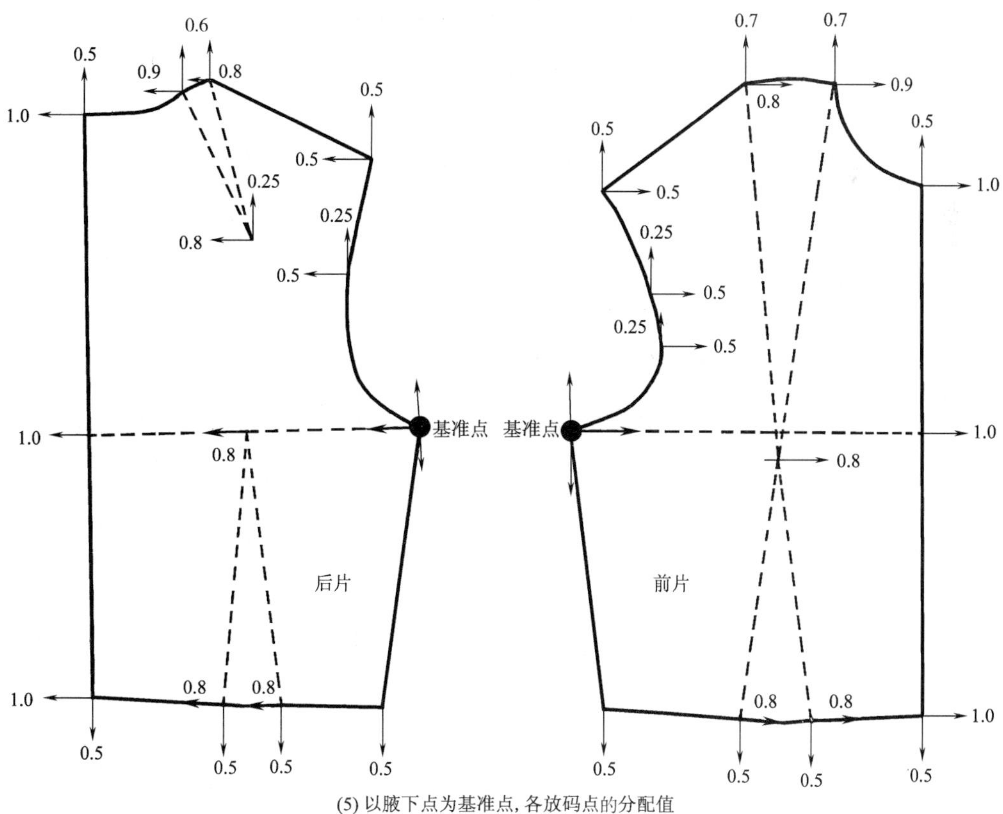

(5) 以腋下点为基准点，各放码点的分配值

图 4–5

第二节　袖子原型纸样放码

由于袖子是缝合于衣片袖窿上的裁片，所以袖山弧线的放缩尺寸必须与衣片袖窿弧线的放缩尺寸相配合。如图 4-6 所示，袖山高放缩尺寸要等于衣片袖窿深长度放缩尺寸，由于衣片纸样的袖窿深长度放缩量等于腰节长档差值 /2（0.5cm），故袖山高放缩量为腰节长档差值 /2；而前袖宽（前袖肥）或后袖宽（后袖肥）放缩尺寸要等于衣片前或后袖窿宽度放缩尺寸，在衣片纸样放码上，衣片前或后袖窿宽度放缩量等于胸围档差值 /8（0.5cm），则前袖宽或后袖宽放缩量为胸围档差值 /8。

在袖子放码上，除计算袖山的放缩量分配数值外，还需袖长和袖口围等部位的放码档差值，参照表 2-6 中我国服装规格号型女子 5・4 系列 A 体型全臂长和手腕围分档数值，求出袖长和袖口围尺寸放码档差值，如表 4-1 所示。根据袖长档差值与袖山高放缩量来分配内袖长放缩量，即内袖长放缩量 = 袖长档差值 - 袖山高放缩量；而袖口宽度放缩量依据袖口围档差值确定。

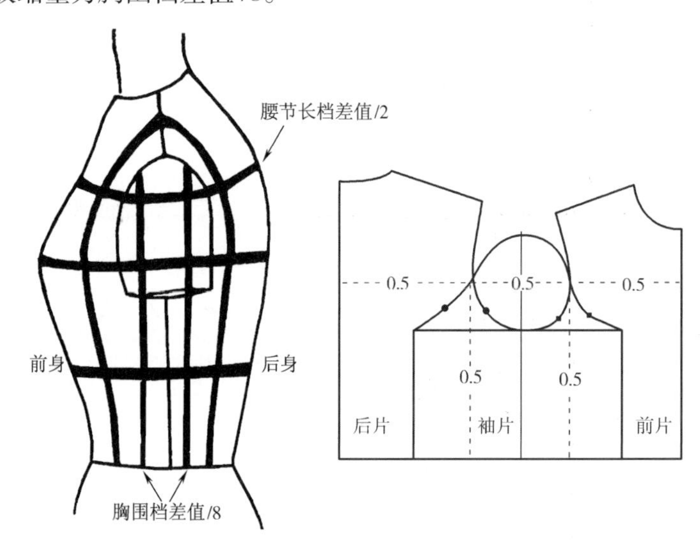

图 4-6

表 4-1　袖子号型规格及部位尺寸档差值

单位：cm

尺码	XS	S	M	L	XL	XXL	档差值
袖长	51	52.5	54	55.5	57	58.5	1.5
袖口围	25	25.5	26	26.5	27	27.5	0.5

根据放码原理，取等比例规律变化的放码档差值：胸围 ± 4.0cm、腰节长 ± 1.0cm、袖长 ± 1.5cm 和袖口围 ± 1.0cm，袖子放码与女装衣片原型纸样放码相配合来完成。

一、直袖原型纸样放码

配合女装宽松衣片原型纸样放码，在直袖原型纸样放码时，将衣片袖窿深长度放缩量

（0.5cm）分配在袖山高的横向水平切割线处，即袖山高加长或缩短 0.5cm；将袖长放缩量减袖山高放缩量的差分配在内袖长的横向水平切割线处，即 1.0cm；将衣片袖窿宽度放缩量（0.5cm）分别分配在前袖宽和后袖宽的纵向垂直切割线处，即前袖宽与后袖宽都扩宽或缩窄 0.5cm；将袖口围放缩量平均分配在前、后袖口宽的纵向垂直切割线处，即 0.5cm，如图 4–7（1）所示。若以袖中线和袖山深线的交点为放码基准点，则每放大或缩小一个号的袖子纸样，袖山高上升或下降 0.5cm，前、后袖肥都加宽或缩小 0.5cm，内袖长下降或上升 1.0cm，袖口线两侧各放宽或缩小 0.25cm。袖子纸样各部位尺寸放缩量分配，如图 4–7（2）所示。采用轨道式放码技术，放大或缩小一个号的直袖原型纸样的放码结果，如图 4–7（3）所示。

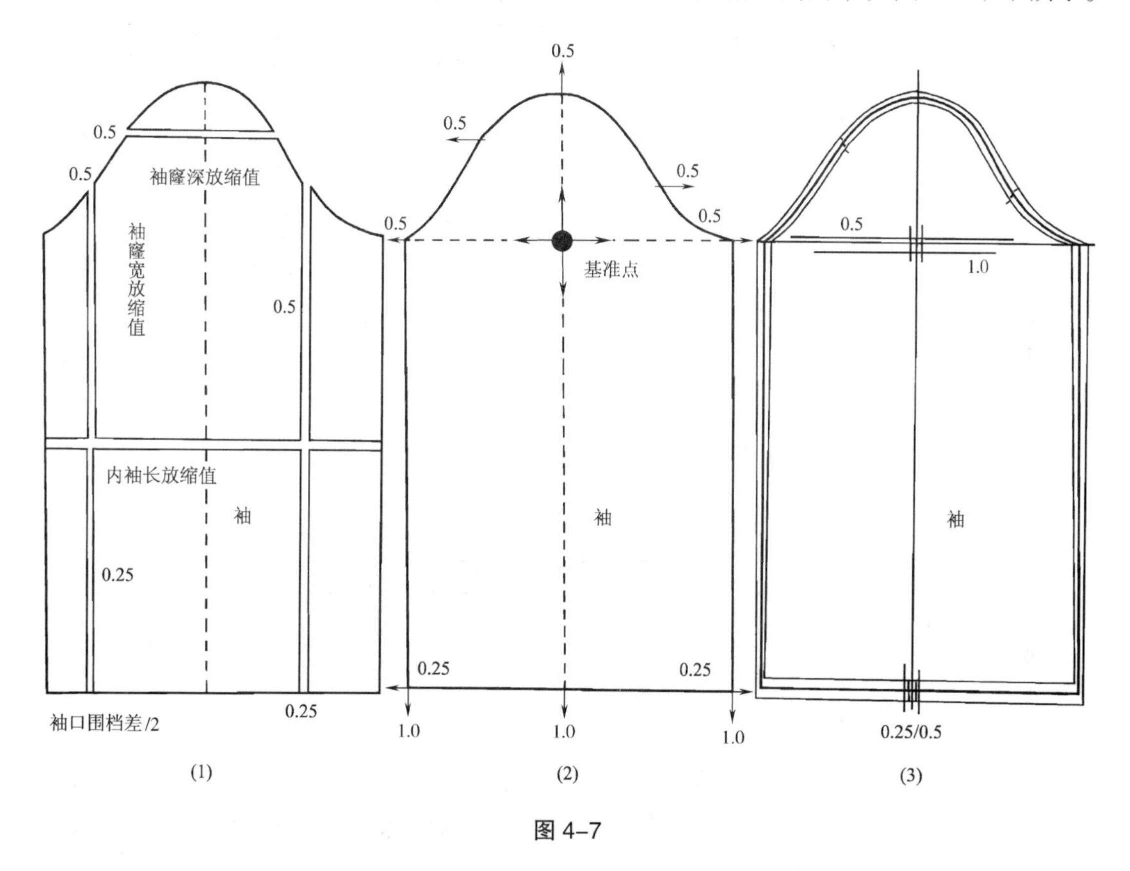

图 4–7

二、合体袖子原型纸样放码

配合女装合体衣片原型纸样放码，将放大或缩小一个号的袖子号型规格档差值分配在合体袖子原型纸样上，其放缩量的分配与上述直袖原型纸样放码相似。由于合体袖子原型纸样有袖肘省，则在内袖长处以袖肘线为界线上、下各取一条横向水平切割线，并且各分配内袖长放缩值 /2，即 0.5cm，如图 4–8（1）所示。同样，每放大或缩小一个号的合体袖子纸样，袖肘省尖点需下降或上升内袖长放缩值 /2，即 0.5cm，合体袖子原型纸样各部位放码点放缩量分配值如图 4–8（2）所示。采用点数层叠式放码技术操作，放大与缩小一个号的合体袖子原型纸样放码结果如图 4–8（3）所示。

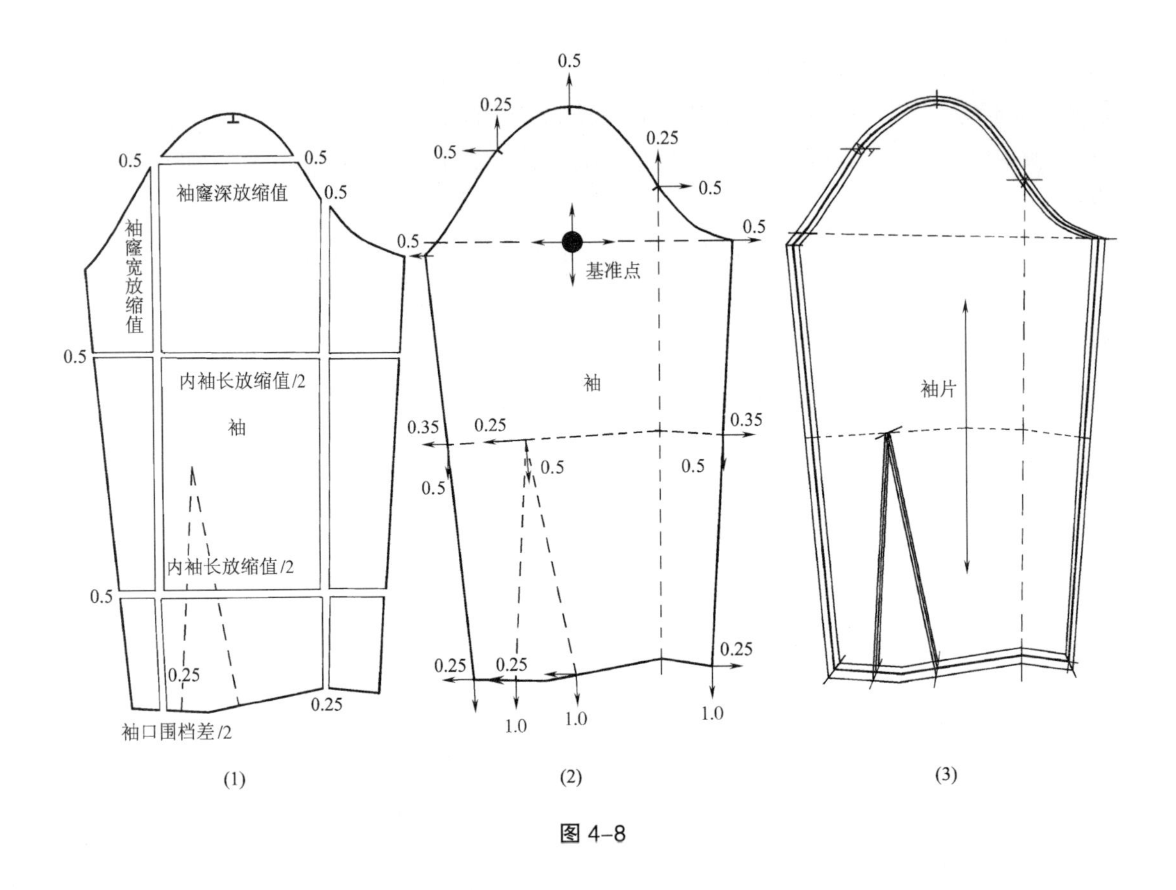

图 4-8

第三节　裙子原型纸样放码

根据女子体型结构生长规律，虽然人体臀围的实际尺寸比腰围大，但腰围尺寸随着号型增大的变化量比臀围多，故腰围档差值比臀围档差值大。参照表 2-6 中我国服装规格号型女子 5·4 系列 A 体型腰围、臀围和腰至膝长分档数值，裙子号型规格及部位尺寸放码档差值如表 4-2 所示。

表 4-2　裙子号型规格及部位尺寸档差值

单位：cm

尺码	XS	S	M	L	XL	XXL	档差值
腰围	60	64	68	72	76	80	4.0
臀围	86.8	90.4	94	97.6	101.2	104.8	3.6
裙长	56.4	58.2	60	61.8	63.6	65.4	1.8

注　裙子长度取至膝围线稍下。

依据人体体型比例分配，在裙子后片和前片原型纸样放码中，长度以臀围线为基准线，分别在臀围线之上画一条横向水平切割线、臀围线之下画两条横向水平切割线；宽度以腰省为基准线，分别在腰省左、右侧各画一条纵向垂直切割线。将表 4-2 中部位尺寸档差值分配在各切割线上的数值为：裙长档差值平分为 3 份分别分配在三条横向水平切割线处，即每条切割线处分配 0.6cm；腰围或臀围的档差值平均分配在后片和前片纸样的相应部位中，即在后片或前片纸样的腰围线宽度或臀围线宽度分配腰围或臀围档差值 /4，再将这腰围档差值 /4 平均分配在两条纵向垂直切割线的腰部位，即每条切割线的腰部位分配 0.5cm，臀围的档差值分配在靠近中心线的一条切割线处为 0.5cm、分配在靠近侧缝线的一条切割线处为 0.4cm。裙子前片与后片纸样各部位尺寸放缩量分配如图 4-9（1）和图 4-10（1）所示。若取臀围线与后中心线或前中心线的交点为放码基准点，则裙子后片和前片原型纸样各放码点的尺寸分配值如图 4-9（2）和图 4-10（2）所示。根据轨道式放码技术操作方法，裙子后片和前片原型纸样放大一个号的结果如图 4-9（3）和图 4-10（3）所示；而采用点数层叠式放码操作方法，裙子后片和前片原型纸样放大与缩小一个号的结果如图 4-9（4）和图 4-10（4）所示。

为了方便裙子原型纸样的放码操作，也可以选择腰省线中点为放码的基准点，则腰围线不动，将裙子后片和前片原型纸样向下、向左及向右方向放缩移动，完成放大或缩小一个号的裙子纸样，如图 4-11 所示。但为确保裙子合体，每放大或缩小一个号的裙子纸样，腰省尖点需下降或上升裙长档差值 /6，即 0.3cm。

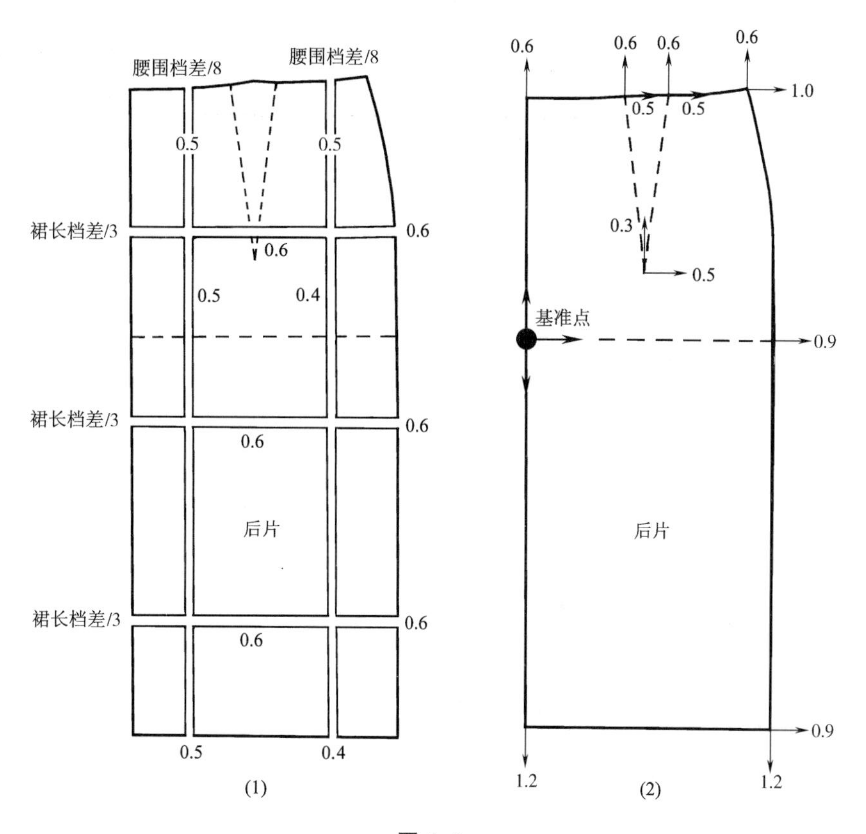

图 4-9

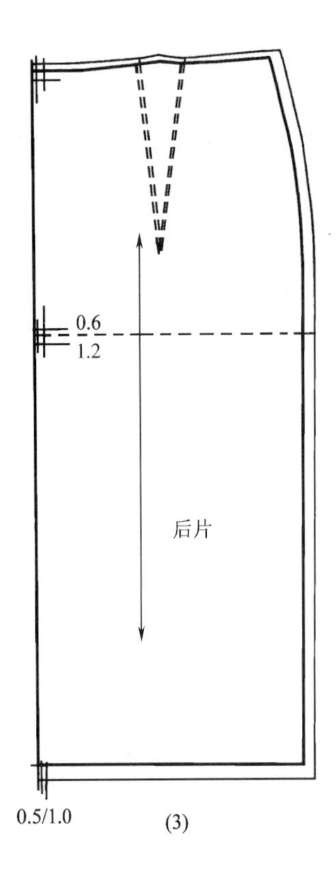

0.6
1.2
后片
0.5/1.0

(3)

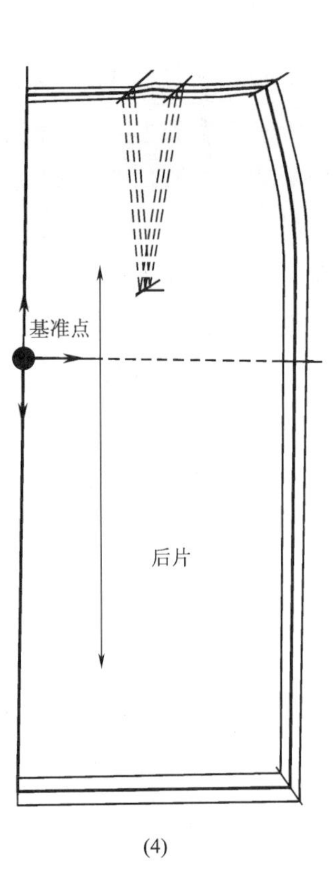

基准点
后片

(4)

图 4–9

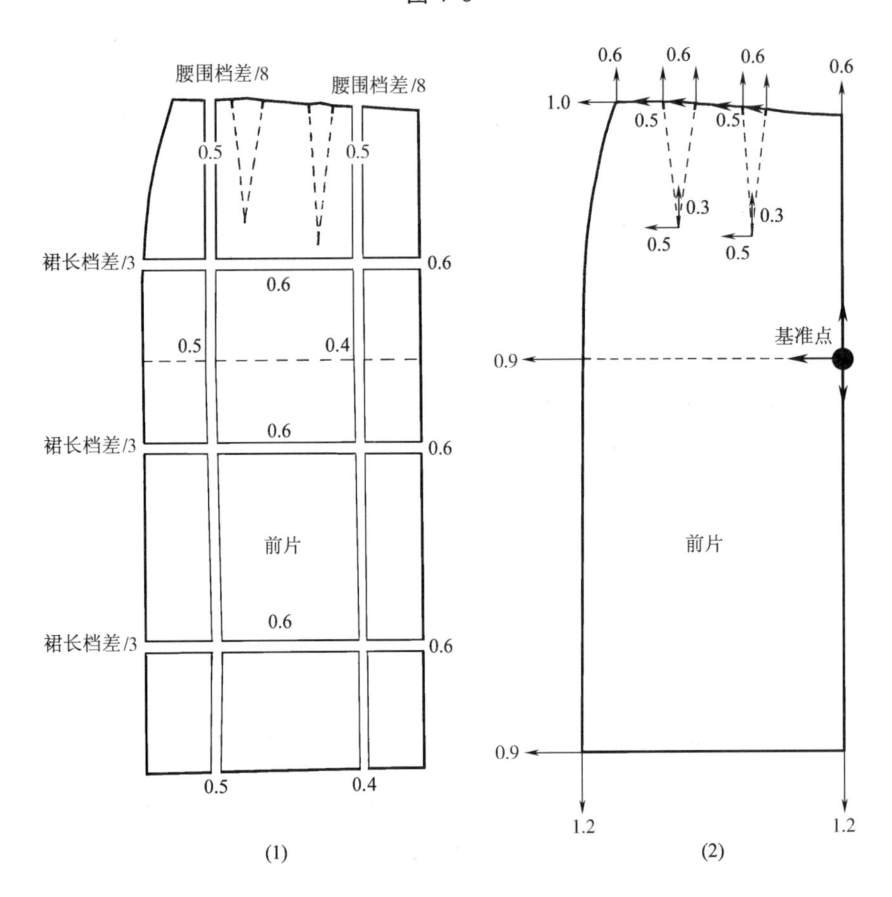

腰围档差/8
腰围档差/8
0.5
0.5
裙长档差/3
0.6
0.6
0.5
0.4
0.6
裙长档差/3
0.6
前片
0.6
裙长档差/3
0.6
0.5
0.4
0.6
0.6
0.6
0.6
1.0
0.5
0.5
0.3
0.3
0.5
0.5
基准点
0.9
前片
0.9
1.2
1.2

(1)　　(2)

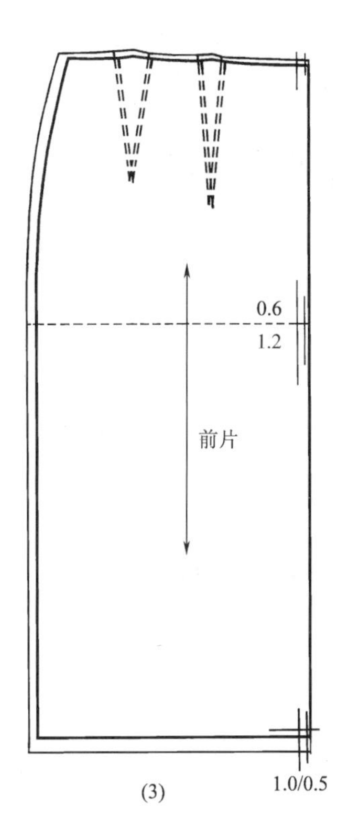
0.6
1.2
前片
1.0/0.5
(3)

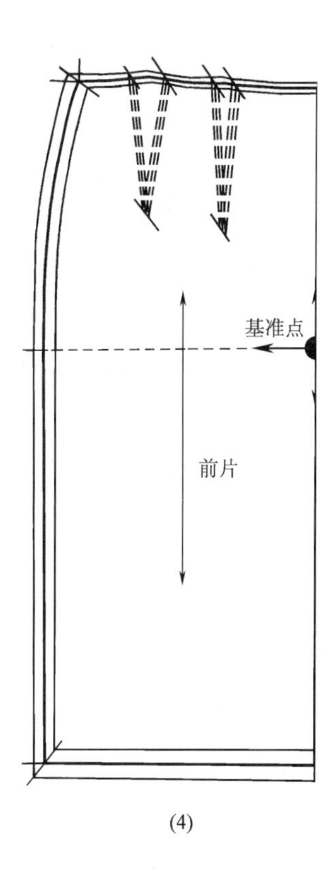
基准点
前片
(4)

图 4-10

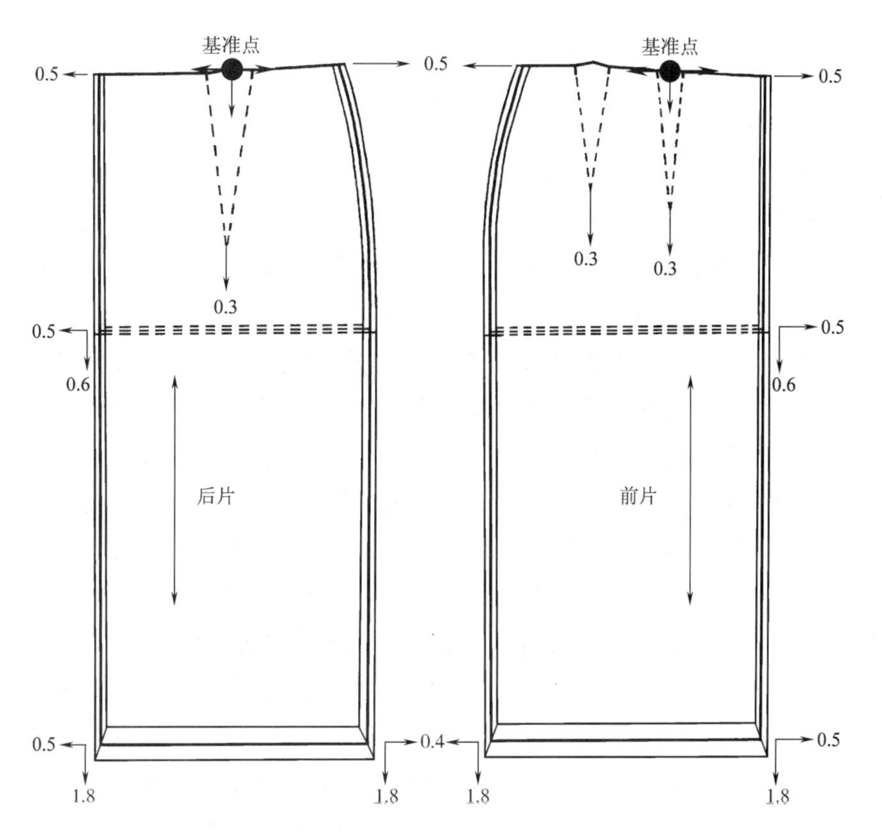
基准点
0.5
0.5
0.3
0.5
0.6
后片
0.5
1.8
1.8
0.4
基准点
0.5
0.3
0.3
0.5
0.6
前片
0.5
1.8
1.8

图 4-11

第四节　裤子原型纸样放码

与裙子原型纸样放码原理相似，在裤子原型纸样放码之前，先计算出裤子号型规格各个部位之间的尺寸档差值。参照表 2–6 中我国服装规格号型女子 5 · 4 系列 A 体型腰围、臀围和腰围高(腰至地面)、股上长分档数值，裤子号型规格及部位尺寸放码档差值如表 4–3 所示。

表 4–3　裤子号型规格及部位尺寸档差值

单位：cm

尺码	XS	S	M	L	XL	XXL	档差值
腰围	60	64	68	72	76	80	4.0
臀围	86.8	90.4	94	97.6	101.2	104.8	3.6
膝围	36	38	40	42	44	46	2.0
裤脚围	34	36	38	40	42	44	2.0
上裆（立裆）	25	26	27	28	29	30	1.0
裤长	92	95	98	101	104	107	3.0

注　裤子长度取至脚底，膝围与裤脚围尺寸依据裤型而定。

由于裤子是紧密贴合于人体臀部的下装，在穿着上比裙子显示人体的下肢体型，而人体的体型特征是在腰部之下由丰满的臀大肌向后隆起，在后方形成臀凸，在胯部下方形成臀股沟，并且腿部上粗下细，大腿肌肉丰满、粗壮，小腿后侧形成“腿肚”。裤子的贴体和美观与否，一般取决于臀围、前裆和后裆尺寸是否恰当，如果尺寸不合适，不仅会影响人的坐、蹲等基本生理活动功能，使人产生不舒服感，而且在裤子外观造型上也会产生拉扯褶皱等毛病，影响美观效果。在裤子放码之前，必须注意人体臀部的立体结构形态与裤身纸样的关系，如图 4–12 所示，横裆以上是裤身纸样的关键，前、后横小裆尺寸的大小确定臀部的合体性及舒适性。普通型裤子的总横小裆宽为 16% 臀围，其中分配于前横小裆宽为 5% 臀围、后横小裆宽为 11% 臀围；宽松型裤子的总横小裆宽尺寸增大，随着裤子宽松造型的变化，总横小裆宽尺寸可以在 16% 臀围至 21% 臀围间变化，分配于前横小裆宽为总横小裆宽 /4、后横小裆宽为 3/4 × 总横小裆宽。如图 4–13 所示，在大、小号型人体的下体形态中，一般大号型人体的下体围度和长度尺寸会比小号型人体的尺寸增大，将大号型人体与小号型人体的下体进行对比，大号型似乎在小号型下肢中间折线切割张开，则小号型腰围 *B* 点、*C* 点变化为大号型腰围 *A* 点、*D* 点，但下体各部位围度并不是均衡张开同样的尺寸，而且从大、小号型腰、臀、大腿的围度横断面比较图可以知道，腰围的前身比后身尺寸多、臀围的后身比前身尺寸多、大腿根围则比较均衡，所以在裤身纸样放码操作时不能采用同一数据分配于腰围、臀围、横裆围等围度上。另外，由于大号型人体的臀大肌和大腿肌肉更加发达，故产生前、后裆弯线 *EH* 比 *FG* 更长，

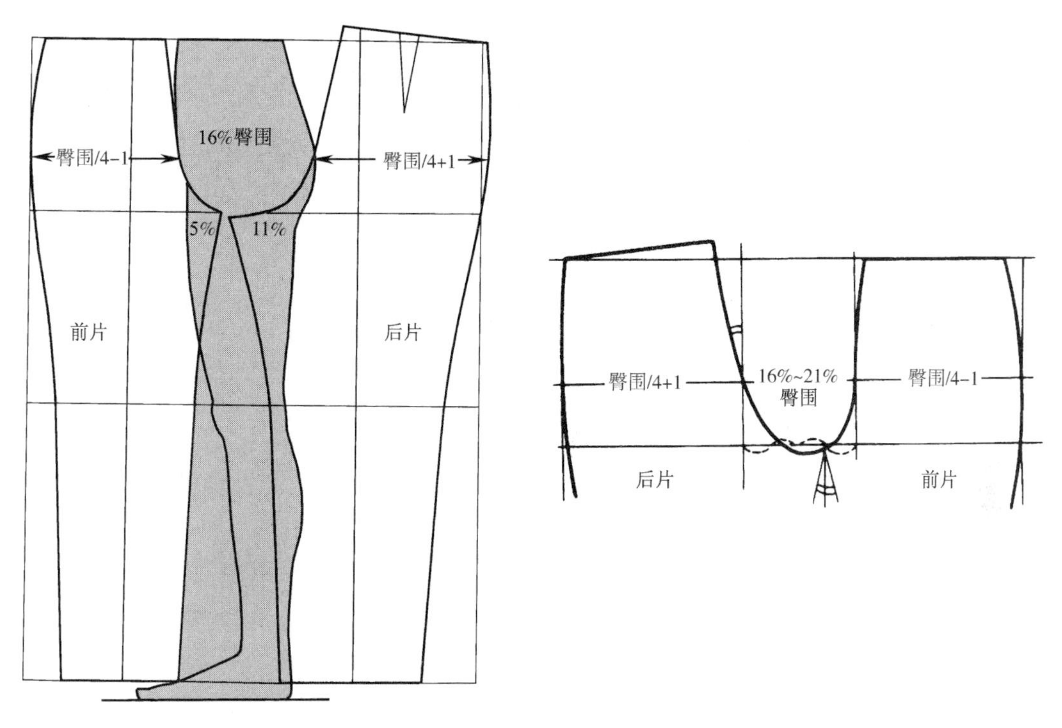

图 4–12

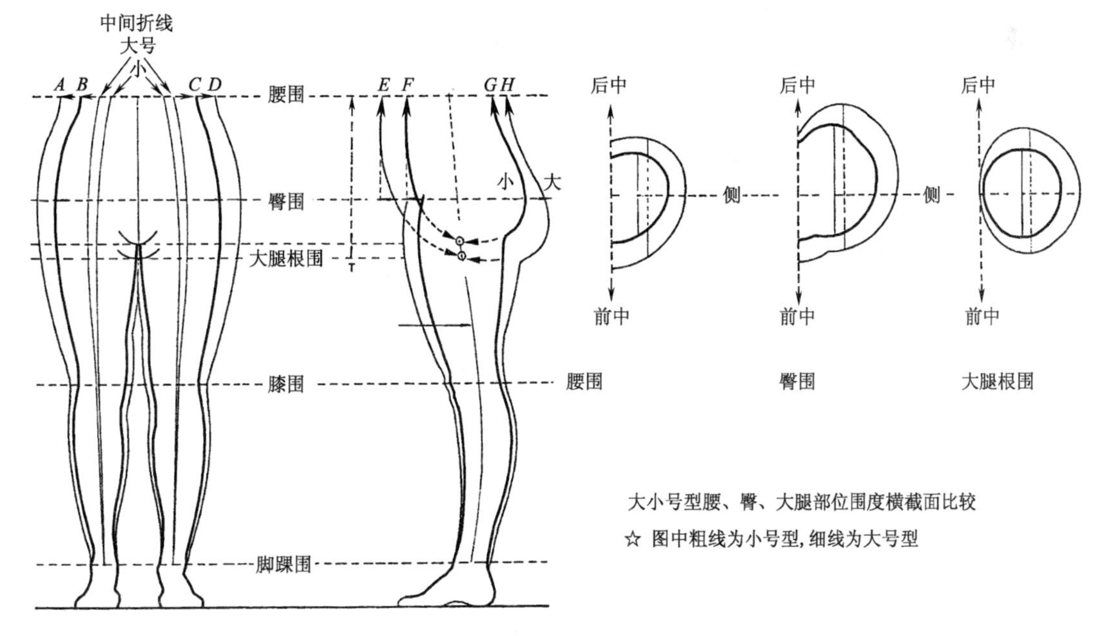

图 4–13

即要求裤身纸样的后裆弯线比前裆弯线增加尺寸多。在裤子放码时，需要在前裆、后裆和横裆围尺寸作适当的尺寸加大调整。根据人体结构与裤子部位的紧密关系，为达到裤子穿着的合体与舒适效果，一般每放大或缩小一个号的裤子纸样，需在前、后裆线部位加长或缩短 16%~21% 臀围档差值尺寸，至少 16% 臀围档差值尺寸，而且将 5% 臀围档差值尺寸分配在前小裆弯线处，将 11% 臀围档差值尺寸分配在后大裆弯线处。例如，取臀围档差值为 3.6cm，则每放大或缩小一个号的裤子纸样，至少要在前片纸样的小裆弯线处多加长或缩短 0.18cm（即 3.6cm × 5%），在后片纸样的大裆弯线处多加长或缩短 0.4cm（即 3.6cm × 11%）。但在裤子实践放码操作经验上，为裤子裆位穿着的舒适性，通常总裆弯线放缩量取 16%~21% 臀围档差值尺寸间的偏高值，即取约 20% 臀围档差值尺寸，约 0.7cm，按比例分配在前片纸样的小裆弯线处 0.2cm、后片纸样的大裆弯线处 0.5cm。

裤子前片与后片原型纸样的放码，如图 4–14 和图 4–15 所示，长度以臀围线和膝围线为界线，分别在臀围线之上画一条横向水平切割线、在膝围线之上与之下各画一条横向水平切割线；宽度以裤中线（裤烫迹线）为界线，分别在裤中线左、右侧各画一条纵向垂直切割线、在前小裆弯线和后大裆弯线部位各向下画一条纵向垂直切割线。再将表 4–3 中的各部位尺寸放码档差值分配于各条切割线上。

（1）上裆（股上长、直裆、立裆、直浪）档差值分配在臀围线之上的横向水平切割线处，即 1.0cm。

（2）裤长档差值减去上裆档差值等于下裆长（内长）档差值，即 2.0cm。将下裆长档差值平分为 2 份各分配在膝围线之上和之下的两条横向水平切割线处，即每条切割线处分配 1.0cm。

（3）取约 20% 臀围档差值尺寸为总裆弯线放缩量，即约 0.7cm。在前小裆弯处的纵向垂直切割线上分配 0.2cm，在后大裆弯处的纵向垂直切割线上分配 0.5cm。

（4）腰围或臀围的档差值平均分配在前片和后片纸样中，即前片或后片纸样的腰围线宽度或臀围线宽度分配腰围或臀围档差值 /4，再将腰围或臀围档差值 /4 分配在前片和后片纸样的裤中线左、右两侧纵向垂直切割线的相应部位：以裤中线为界线，将腰围档差值 /4（即 1cm）按 6 : 4 比例分配在前片纸样的腰围线左、右两侧，即靠近侧缝方向分配 0.6cm、靠近前中方向分配 0.4cm；将腰围档差值 /4 按 8 : 2 比例分配在后片纸样的腰围线左、右两侧，即靠近侧缝方向分配 0.8cm、靠近后中方向分配 0.2cm；同样，将臀围档差值 /4（即 0.9cm）按 5 : 4 比例分配在前片纸样的臀围线左、右两侧，即靠近侧缝方向分配 0.5cm、靠近前中方向分配 0.4cm；将臀围档差值 /4 按 7 : 2 比例分配在后片纸样的臀围线左、右两侧，即靠近侧缝方向分配 0.7cm、靠近后中方向分配 0.2cm。

（5）膝围或裤脚围的档差值平均分配在前片和后片纸样中，即前片或后片纸样的膝围线宽度或裤脚围宽度分配膝围或裤脚围档差值 /2，在膝围线下端的两条纵向垂直切割线各分配膝围或裤脚围档差值 /4，即每条切割线处分配 0.5cm，裤子前片与后片纸样各部位尺寸放缩量分配如图 4–14（1）和图 4–15（1）所示。

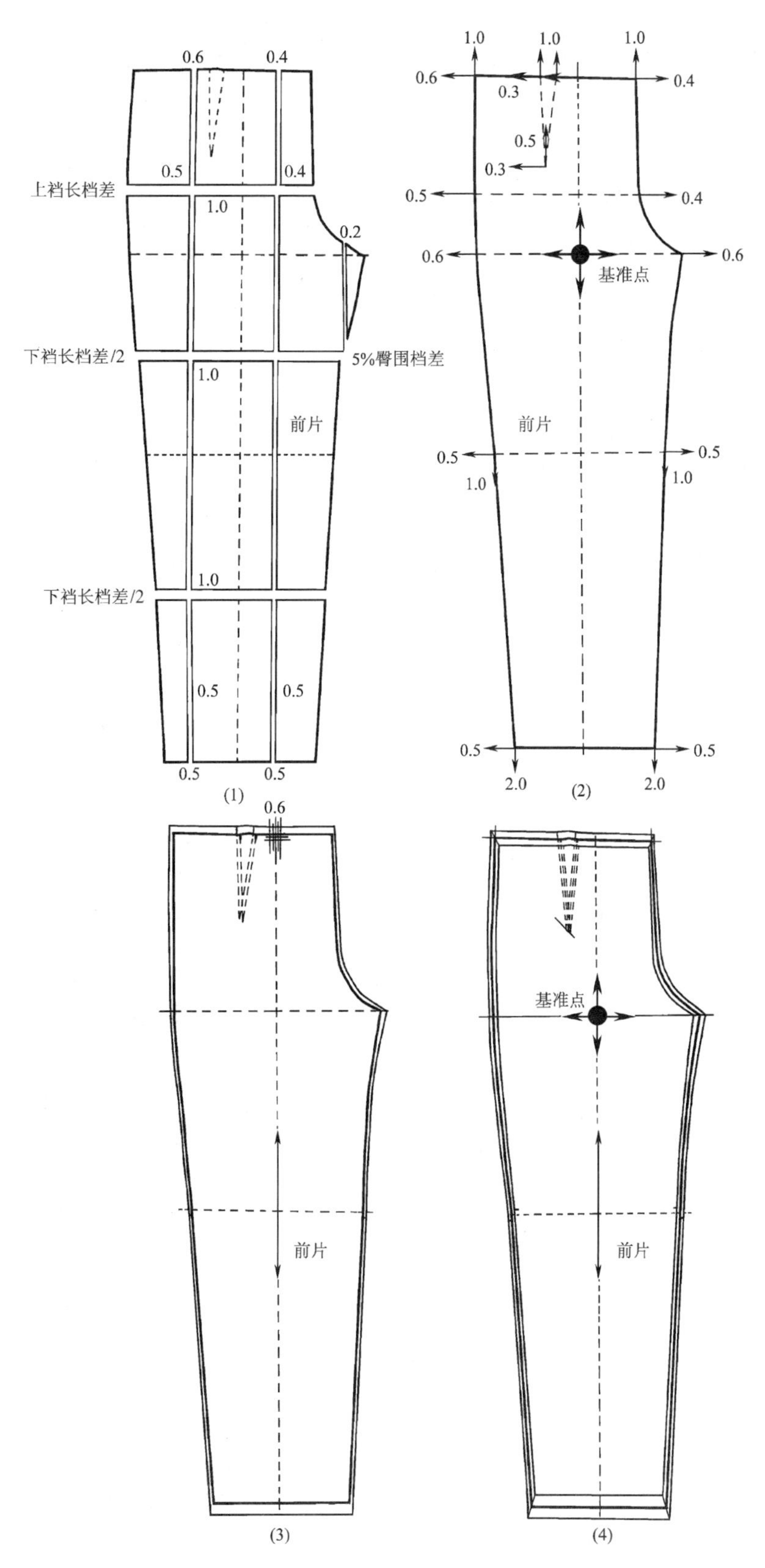
0.6
0.4
0.5
0.4
上裆长档差
1.0
0.2
下裆长档差/2
5%臀围档差
1.0
前片
1.0
下裆长档差/2
0.5
0.5
0.5
0.5
(1)
1.0
1.0
1.0
0.6
0.3
0.4
0.5
0.3
0.5
0.4
0.6
0.6
基准点
前片
0.5
0.5
1.0
1.0
0.5
0.5
2.0
2.0
(2)
0.6
前片
(3)
基准点
前片
(4)

图 4–14

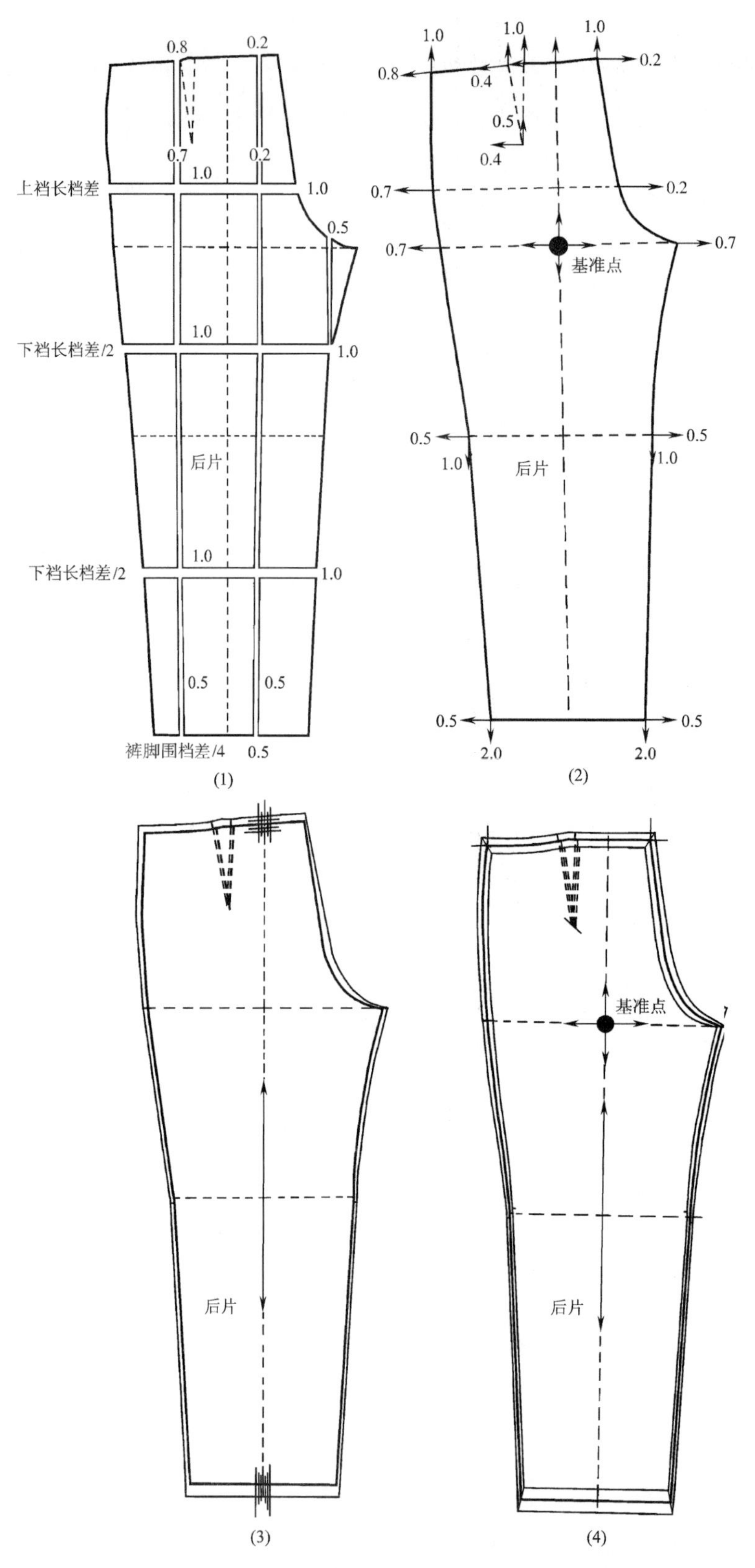
0.8
0.2
0.7
0.2
1.0
上裆长档差
1.0
0.5
1.0
下裆长档差/2
1.0
后片
1.0
下裆长档差/2
1.0
0.5
0.5
裤脚围档差/4
0.5
(1)
1.0
1.0
1.0
0.8
0.4
0.2
0.5
0.4
0.7
0.2
0.7
0.7
基准点
0.5
0.5
1.0
1.0
后片
0.5
0.5
2.0
2.0
(2)
后片
(3)
基准点
后片
(4)

图 4–15

若取横裆线与前中心线或后中心线的交点为放码基准点，则横裆线为水平放码基准线，前中心线或后中心线为垂直放码基准线，则放大一个号的各放码点的尺寸分配值如图 4–14（2）和图 4–15（2）所示；根据轨道式放码或推剪式放码技术操作方法，放大一个号的前片和后片裤子纸样结果如图 4–14（3）和图 4–15（3）所示；而以点数层叠式放码技术操作方法，放大或缩小一个号的前、后裤片纸样结果如图 4–14（4）和图 4–15（4）所示。放码完成后，要检查裤子前、后裆位线的圆顺。

同理，为方便裤子原型纸样的放码操作，也可以选择腰省点为放码基准点，则放大一个号的裤子前片和后片纸样的放码点尺寸分配值，与采用点数层叠式放码方法所得出的放大与缩小一个号的前、后裤片纸样结果如图 4–16 所示。

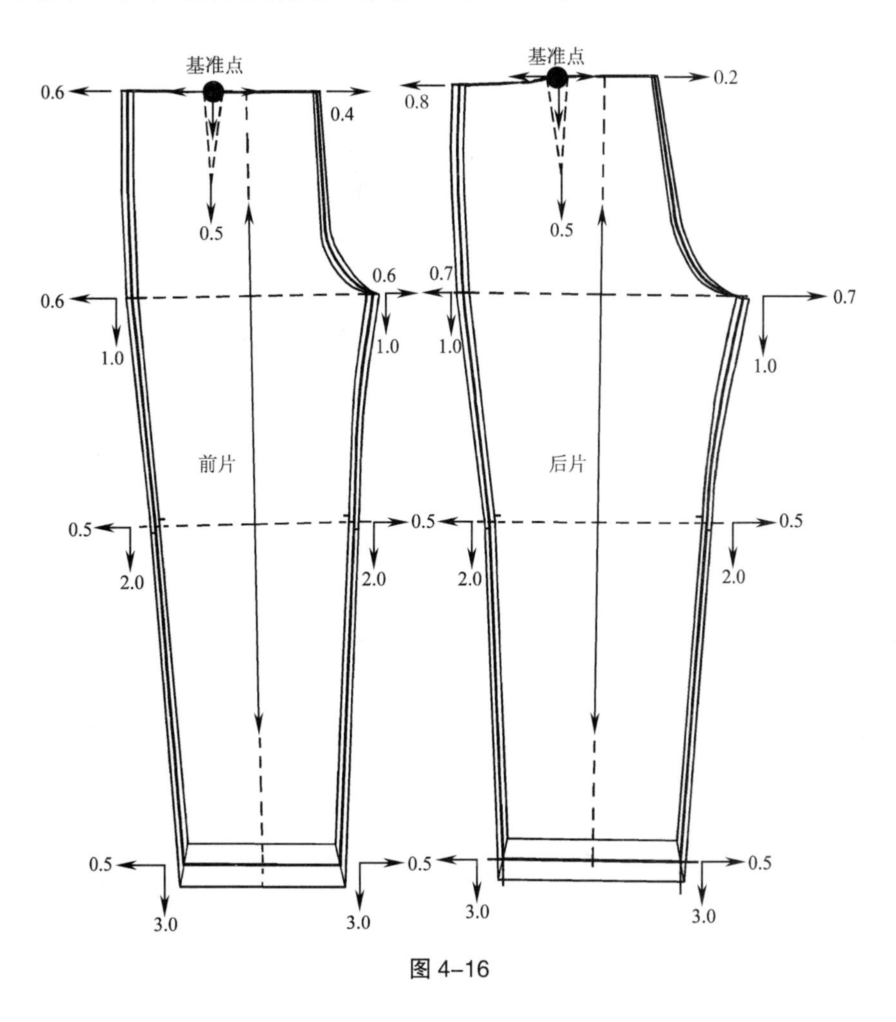

图 4–16

本章总结

本章依据我国服装规格号型女子 5 · 4 系列 A 体型各部位尺寸分档数值，介绍了宽松衣片原型与合体衣片原型的纸样放码数值分配原理和放码操作方法，以及选择不同放码基准点的衣片原型各放码点的放缩量分配；通过分析袖子原型纸样与衣片原型纸样的相应联系，说明了直袖原型和合体袖原型纸样的各部位放缩量分配和放码操作原理；通过分析人的下体结构与服装的关系，阐述了裙子和裤子原型纸样的各部位放缩量分配原理，并分别介绍了女装裙子和裤子原型纸样的放码操作技巧。

思考题

1. 简述宽松无省衣片原型与合体有省衣片原型在纸样放码操作上有什么不同？附图说明。

2. 分别简述在衣片、袖片、裙片和裤片原型纸样上各部位放缩量分配的依据是什么？

3. 在女装衣片、袖片、裙片和裤片原型纸样放码操作上各有什么要点？

4. 在裤片原型纸样放码操作上，应该在前小裆弯点和后大裆弯点分配多少数值？为什么？

练习题

1. 依据我国服装规格号型女子 5・4 系列 A 体型各部位尺寸分档数值，在女装衣片、袖片、裙片和裤片原型纸样上进行各放码点的放缩量分配操作。

2. 假设放码档差值为：胸围 ± 4.0cm、腰围 ± 4.0cm、臀围 ± 3.6cm、腰节长 ± 1.0cm、袖长 ± 1.5cm、袖口围 ± 1.0cm、裙长 ± 1.8cm、立裆 ± 1.0cm、裤长 ± 3.0cm 和裤脚围 ± 2.0cm，采用点数层叠式放码方法，分别在女装衣片、袖片、裙片和裤片原型纸样上进行放大和缩小各两个号的放码操作。

服装部件放码实践

服装部件纸样放码

教学内容： 省道、褶裥和分割线款式纸样的放码
装袖、连衣袖和袖头的放码
衣领、帽子和贴边的放码
衣袋的放码
腰头的放码

教学时间： 2 课时

教学目的： 通过本章的学习，使学生理解服装部件纸样放码的基本原理，掌握服装部件纸样放码的操作技巧，为服装整体纸样放码打下基础。

教学要求： 1. 了解服装部件纸样处于服装中的位置。
2. 理解省道、褶裥和分割线款式纸样的放缩量分配依据和放码操作要点。
3. 理解装袖、连衣袖和袖头纸样的放缩量分配依据和放码操作要点。
4. 理解衣领、帽子、贴边、衣袋和腰头等零部件纸样放缩量分配依据和放码操作要点。
5. 掌握不同类型的省道、褶裥、分割线款式纸样、装袖、连衣袖、袖头、衣领、帽子、贴边、衣袋和腰头等零部件纸样放码的操作技巧。

课前准备： 女装衣片、袖子、裙子和裤子原型纸样样板，放码尺、剪刀、笔、白纸等工具。

第五章 服装部件纸样放码

在服装结构形态上，服装部件与整体之间需相互协调，服装部件放缩量的设定要与整体统一，既要满足服装号型系列规格尺寸的要求，又要符合裁片之间的协调性，服装部件要随着号型规格档差值的变化而相应放缩。依据我国女子服装号型 5·4A 系列规格，本章采用表 5–1 所示的普通女子服装成品号型系列放码档差数值，介绍省道、褶裥、分割线、衣领、贴边、衣袖和袖头等的纸样放码。但在服装成品实际生产中，服装部件的放码档差数值会随订单而不同，不一定是全号型逐号按规则放缩，如跳 2 个或 3 个号档而取 1 个规格的不规则放缩形式，因此放码时需以成品生产制造单的部位号型系列尺寸为准。

表 5–1　普通女子服装成品号型系列放码档差数值

单位：cm

部位	领围	胸围	腰围	臀围	总肩宽	腰节长	衣长	长袖长	袖口围	裙长	帽高	袋宽
档差值	1.0	4.0	4.0	3.6	1.0	1.0	2.0	1.5	1.0	1.8	1.0	0.5

注　（1）在本章所示的服装款式中，衣长、袖长和裙长尺寸档差值依据服装长短款式而定，依据我国女子 5·4A 体型比例，一般衣长在臀围线处取衣长档差值为 2.0cm，在 2/3 腰围线至臀围线处取衣长档差值为 1.75cm，在 1/2 腰围线至臀围线处取衣长档差值为 1.5cm，在腰围线之下取衣长档差值为 1.2cm，在腰围线处取衣长档差值为 1.0cm。

（2）帽高取人体后颈中点至头顶的距离。

第一节　省道、褶裥和分割线款式纸样的放码

服装省道、褶裥和分割线款式纸样的放码，一般是遵循裁片规律的变化，在裁片上分配合理的比例尺寸。

一、服装省道纸样的放码

在女装原型纸样放码图中，可以从切割线打开放码方法上确定普通衣片、袖片、裙片和裤片原型纸样的省道放缩方向和放缩量分配数值。但服装省道的大小是由人体体型

凹凸程度而定的，而且服装省道款式变化会产生不同的纸样结构图形，依据服装省道纸样的变化原理，省道位置不同，它的长度、宽度和斜度也不同。在放码时，人体体型凹凸程度与省道的斜度大小影响着省道的放缩量分配数值和省道点的放缩方向，省道的放缩量分配数值要根据其所处的纸样位置比例进行适当调整。对于斜度变化小的衣片省道纸样放码，如图 5–1 所示，前衣片结构线与原型变化较小，可以取前中心线或后中心线

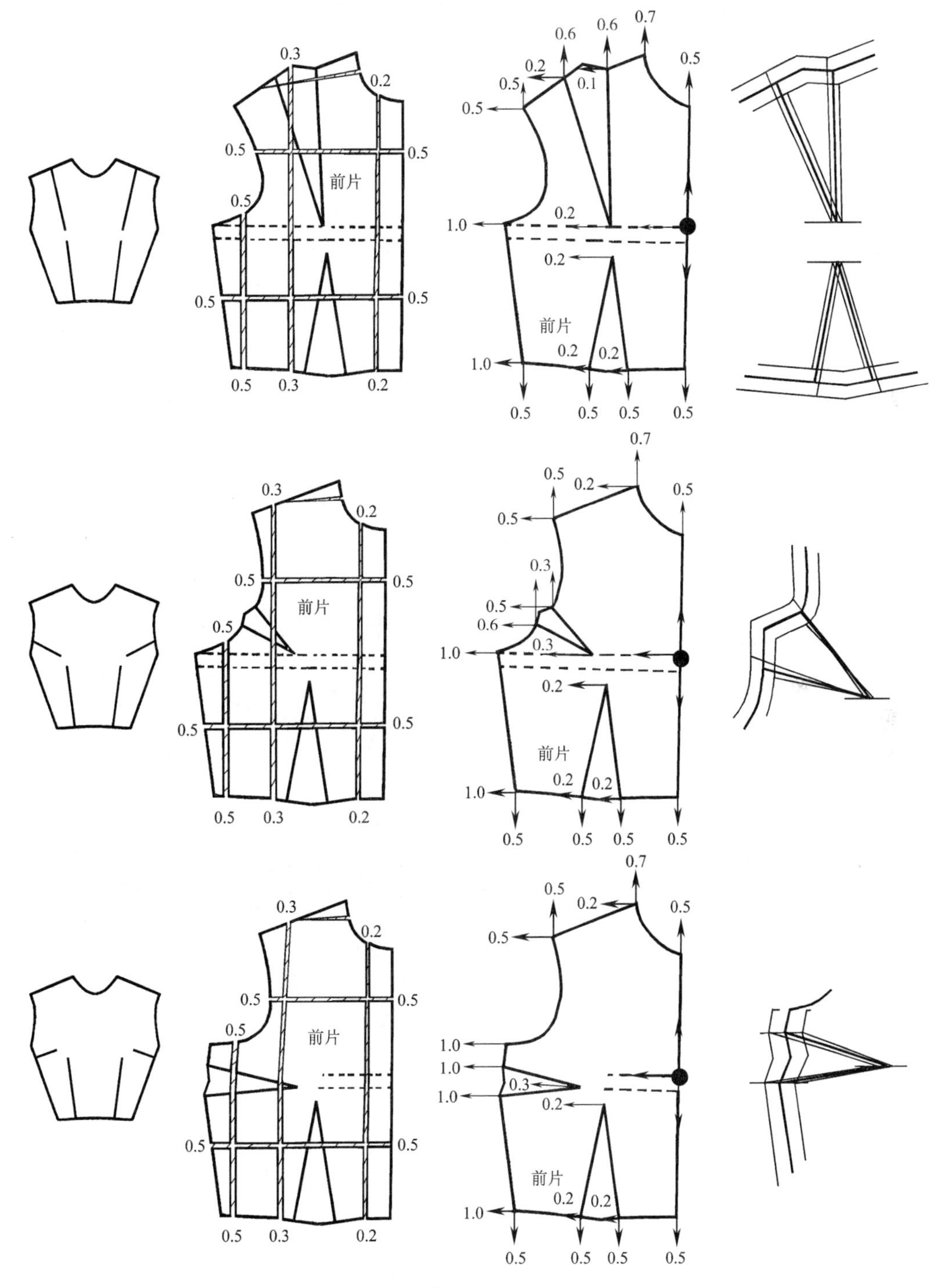

图 5–1

与袖窿深线的交点为放码基准点，配合衣片整体放码分配数值而合理分配省道放缩比例尺寸，各放码点按照水平和垂直方向进行放缩。对于斜度变化大的衣片省道纸样放码，如图 5-2 所示，前衣片的个别结构线由原型的直线变为弧线，纸样个别线条的变形较大，各放码点不能统一按照基准点的水平和垂直方向进行放缩，个别变形线条应以变形方向进行放缩，依据变化后的切割线放码图形的分配值再确定省道放缩方向和放码分配数值，否则放缩后的纸样误差大，影响服装款式设计效果。

同理，后片肩省道、袖肘省道和衣片橄榄省的放缩如图 5-3~ 图 5-5 所示。

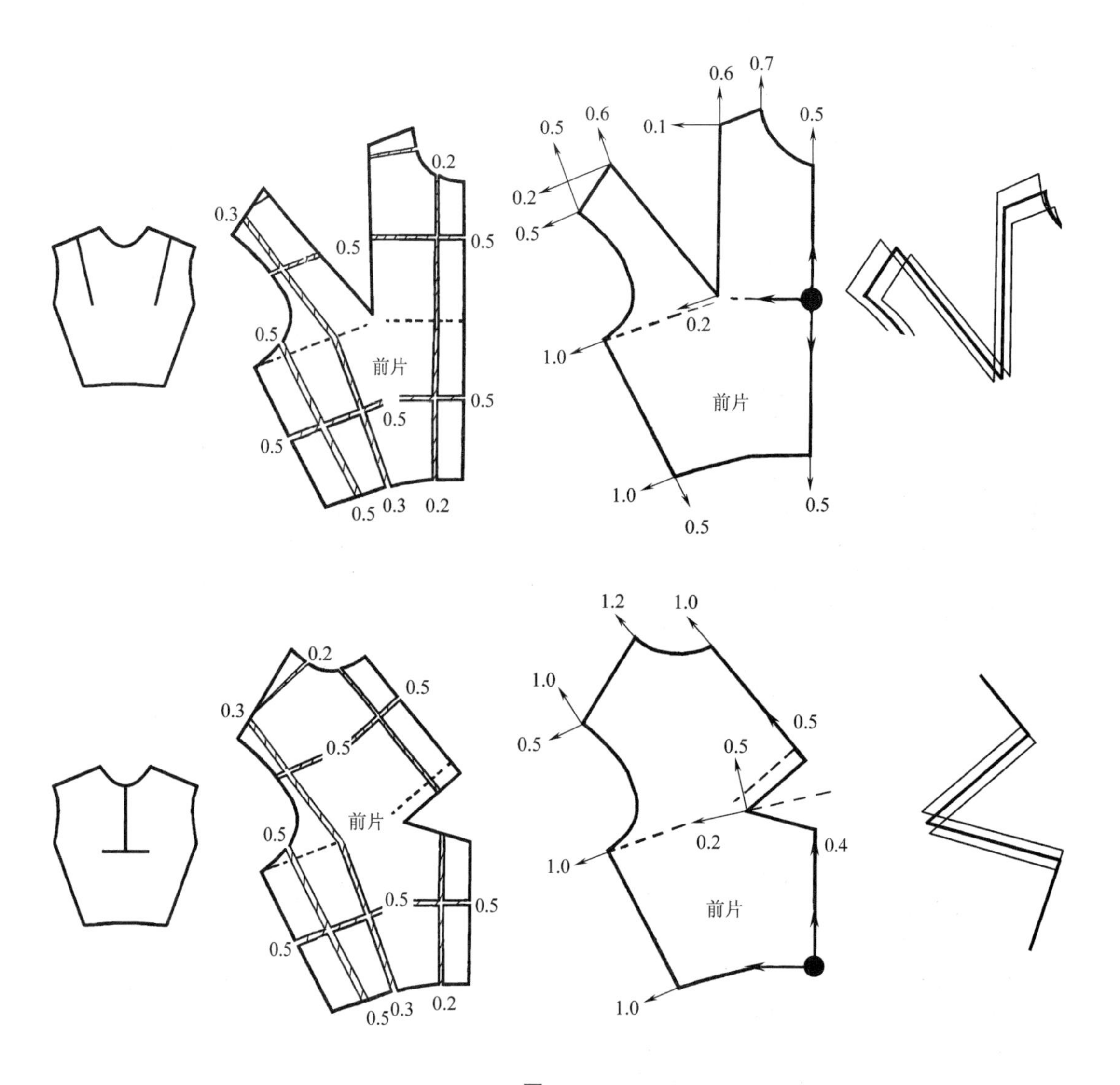

图 5-2

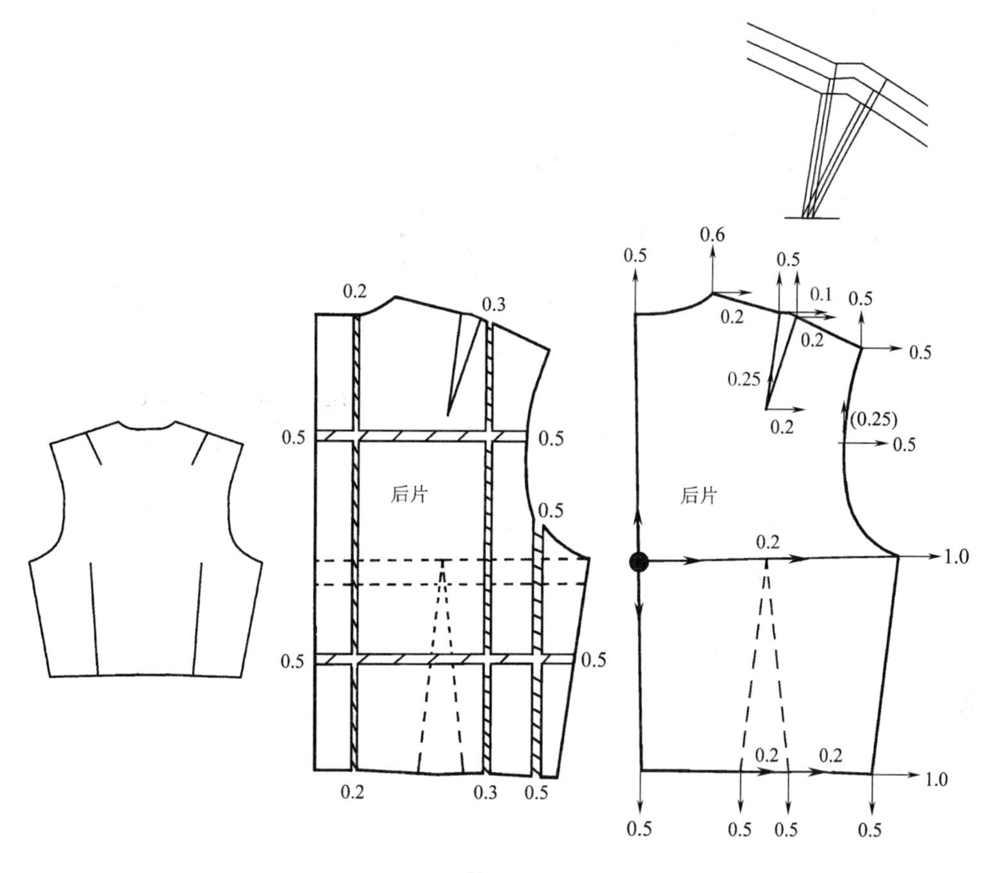
0.2
0.3
0.5
0.5
后片
0.5
0.5
0.5
0.2
0.3
0.5
0.6
0.5
0.5
0.1
0.5
0.2
0.2
0.5
0.25
0.2
(0.25)
0.5
后片
0.2
1.0
0.2
0.2
1.0
0.5
0.5
0.5
0.5

图 5–3

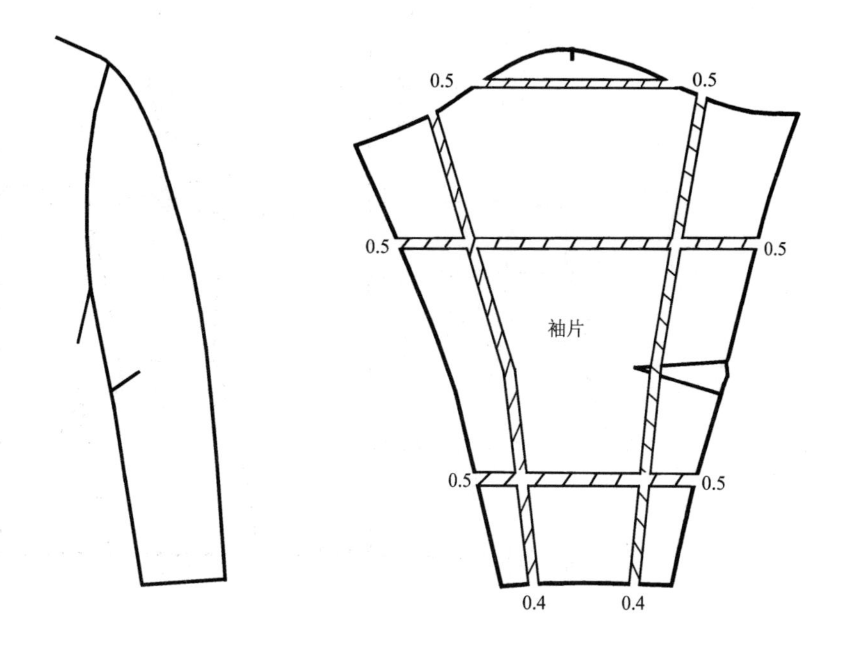
0.5
0.5
0.5
0.5
袖片
0.5
0.5
0.4
0.4

图 5–4

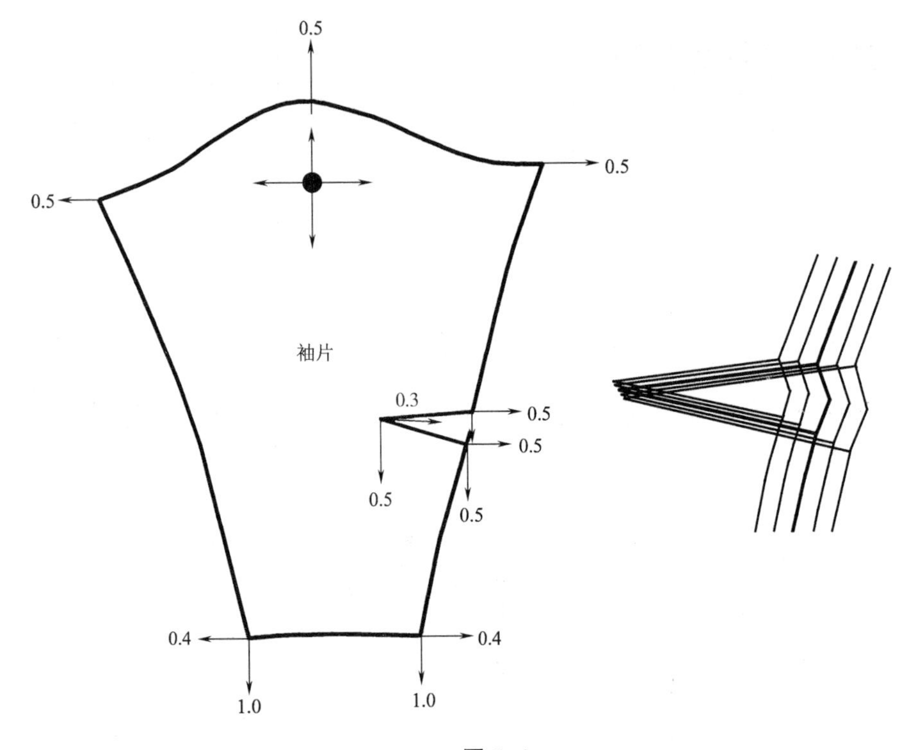

0.5
0.5
0.5
袖片
0.3
0.5
0.5
0.5
0.5
0.4
0.4
1.0
1.0

图 5-4

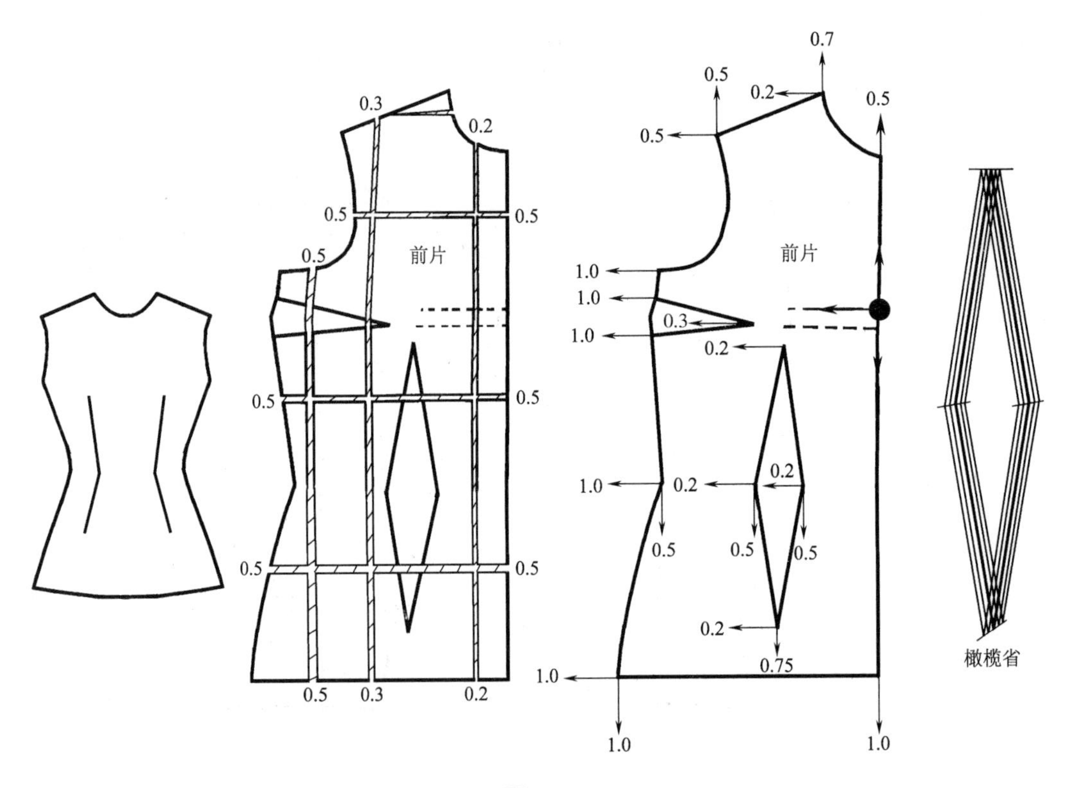

0.3
0.2
0.5
0.5
0.5
前片
0.5
0.5
0.5
0.5
0.5
0.3
0.2
0.7
0.5
0.2
0.5
0.5
前片
1.0
1.0
0.3
1.0
0.2
1.0
0.2
0.2
0.5
0.5
0.5
0.2
0.75
1.0
1.0
1.0
橄榄省

图 5-5

二、服装褶裥纸样的放码

在服装褶裥的放码上，需要依据褶裥在衣片的位置比例分析纸样图形，配合衣片整体放码分配数值而选择放码基准点和合理分配褶裥的放缩数值。如图 5-6 所示，前衣片款式在肩中部和腰线中部各有两个褶裥，因此可以取两个褶裥的中部竖线与袖窿深线的

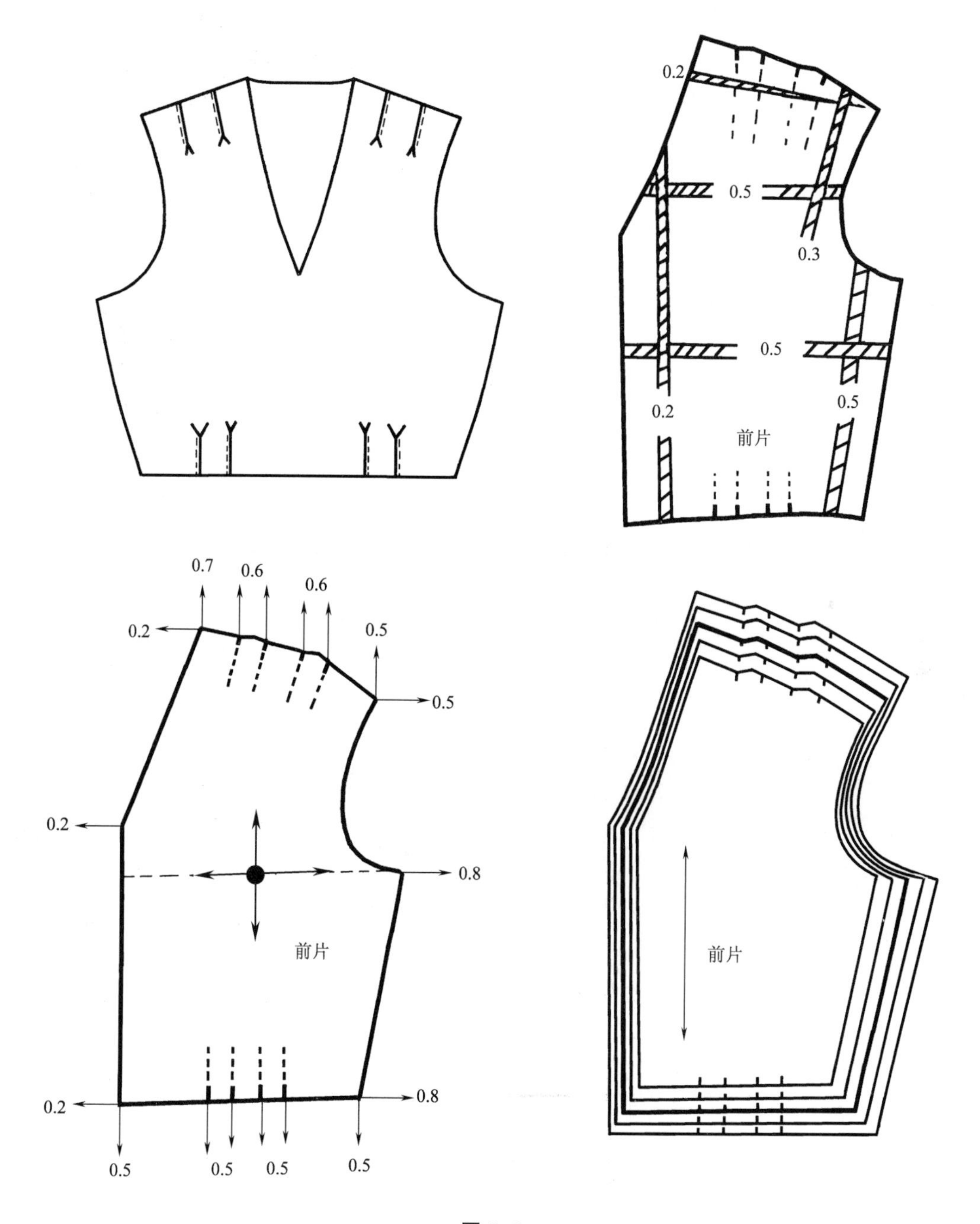

图 5-6

交点为放码基准点，再依据衣片切割线放码图形的分配值确定褶裥放缩方向和放码分配数值。对于斜度变化大的衣片褶裥纸样放码，如图 5-7 所示，前身有由左前肩向右前身的斜向褶裥，左、右前身款式不对称，前肩线等结构线由原型的直线变为弧线，线条变形较大。在放码时，要保持斜向褶裥线形状不变，需依据变化后的切割线放码图形的分配值再确定各放码点放缩方向和放码分配数值，可以在前片纸样上取左肩线的颈侧点为放码基准点进行放码。

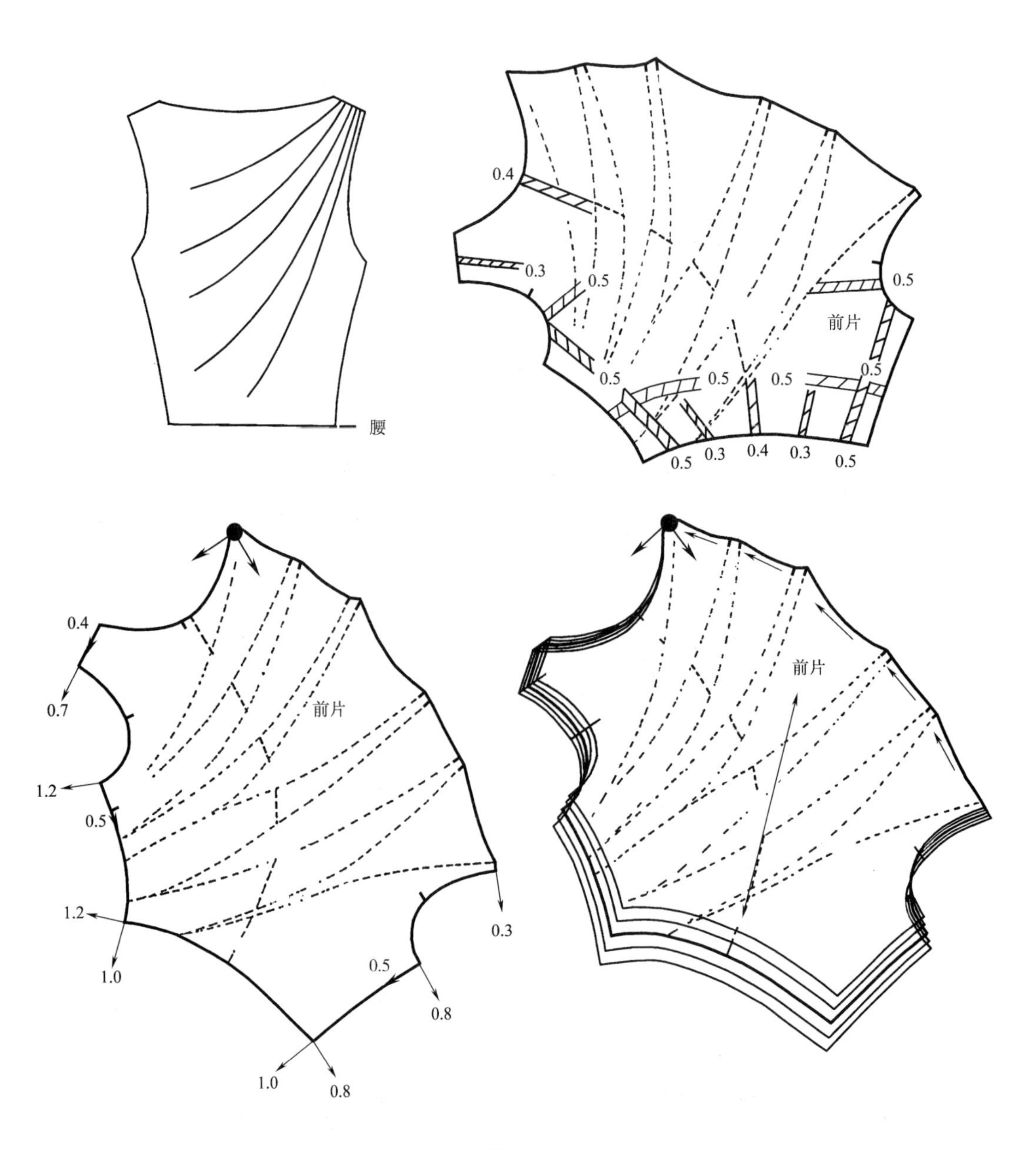

图 5-7

三、服装分割线款式纸样的放码

服装分割线款式变化较多，即有竖向和横向分割线款式，又有斜向和转角形分割线款式，在放码时，需要依据服装分割款式分析纸样图形，配合衣片整体而合理分配各分割纸样片之间的放码数值。

1. 竖向分割线款式纸样放码

如图 5–8 所示，衣片有竖向刀背缝（公主线）结构线，在放码时，要保持刀背缝线

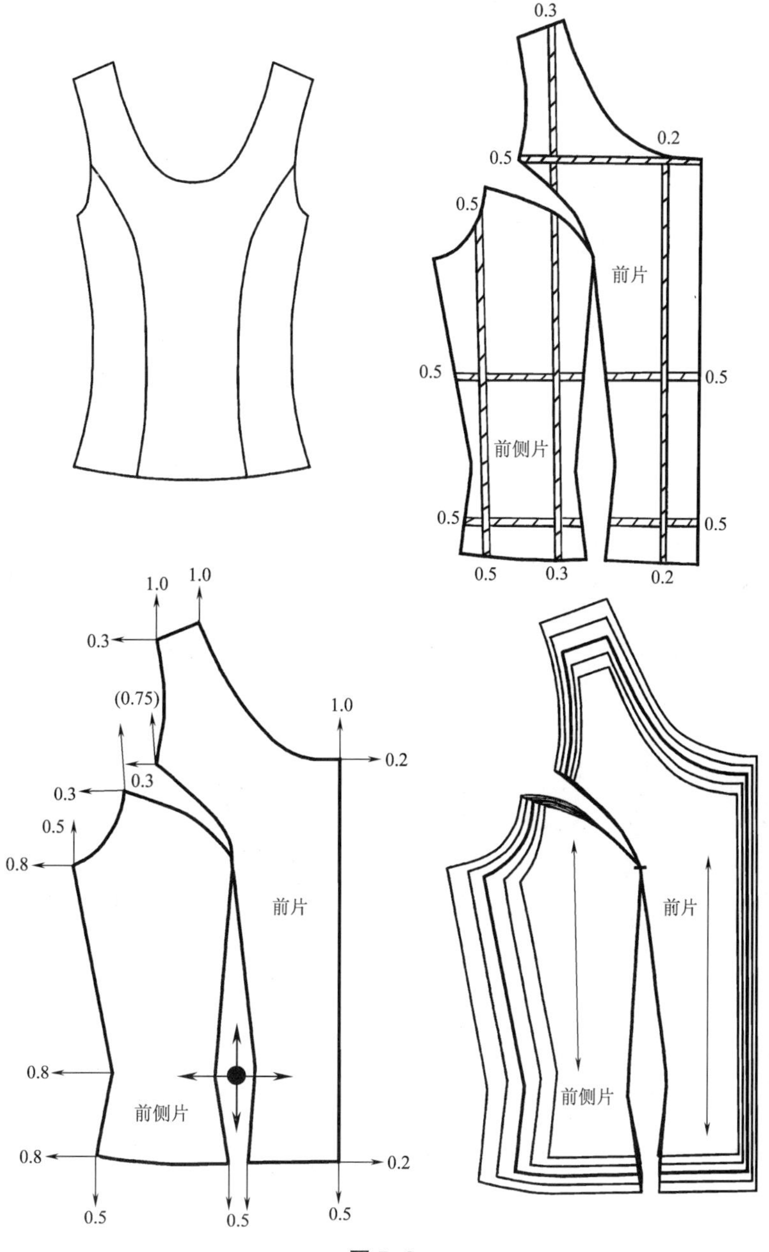

图 5–8

形状不变，可以取腰围线与刀背缝线的交点为放码基准点，再依据衣片刀背缝分割线放码图形的分配值确定裁片之间各放码点的放缩量而进行放码。

如图 5–9 所示，衣片有竖向通省结构线，在放码时，要保持通省线形状不变，可以取袖窿深线与通省线的交点为放码基准点，再依据衣片通省分割线放码图形的分配值确定裁片之间各放码点的放缩量而进行放码。

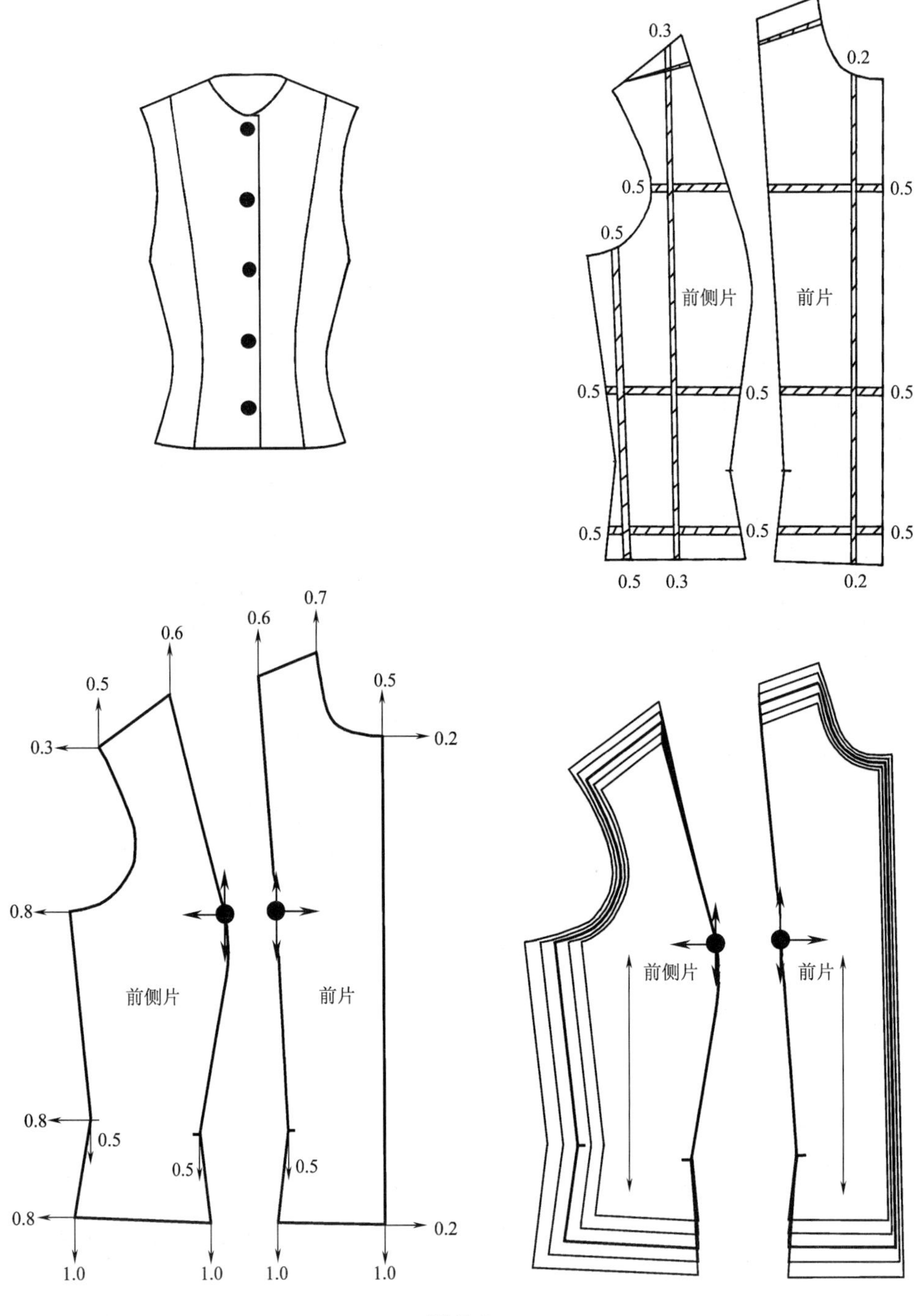

图 5–9

2. 横向分割线款式纸样放码

如图 5-10 所示，后衣片有横向育克结构线，当订单要求全号型的后育克高度尺寸相同时，在放码上要保持后育克线形状不变，后片可以取袖窿深线与后中心线的交点为放

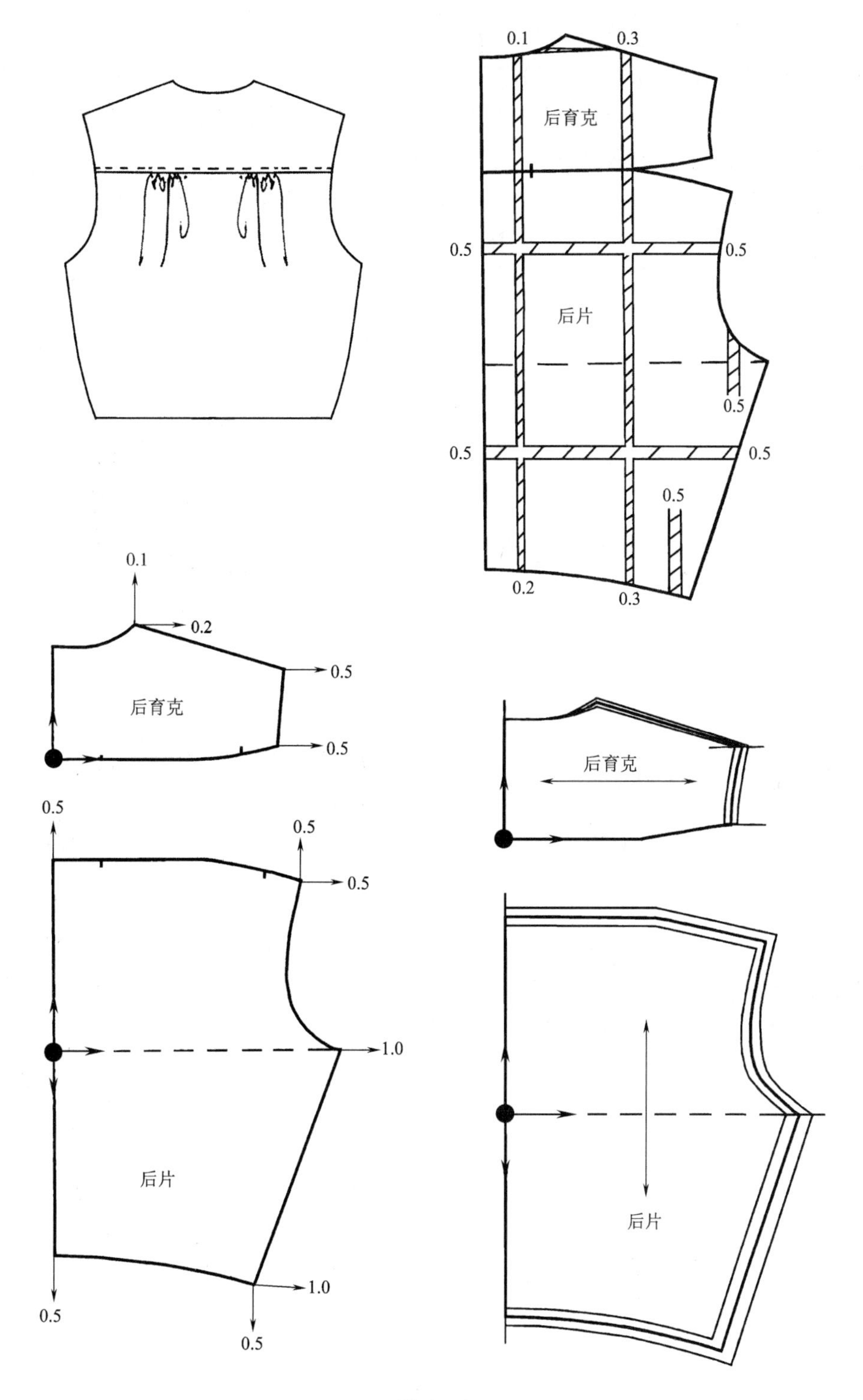

图 5-10

码基准点，后育克可以取育克线与后中心线的交点为放码基准点，再依据衣片分割线放码图形的分配值确定裁片之间各放码点的放缩量来进行放码。当后育克高度档差数值为0.5cm时，后片和后育克之间各放码点的放缩分配值如图5-11所示。

3. 斜向分割线款式纸样放码

如图5-12所示，前衣片有斜向转角形育克结构线，在放码时，要保持转角形育克线形状不变，可以取育克线的转角点为放码基准点，再依据整体衣片分割线放码图形的分配值确定前片和前育克之间各放码点的放缩量来进行放码。

同理，如图5-13所示，后衣片有斜向转角形育克结构线，取育克线的转角点为放码基准点来进行放码。

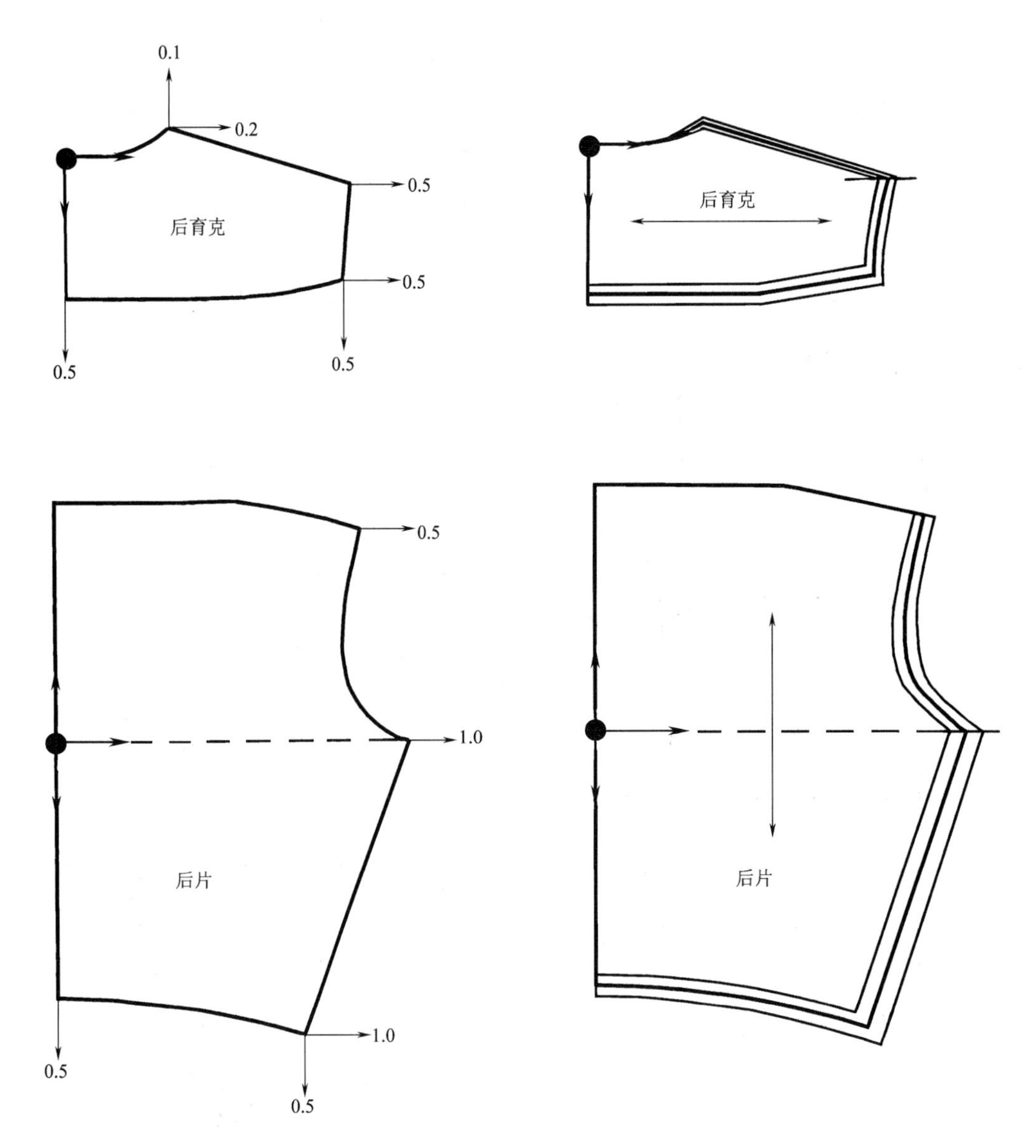

图5-11

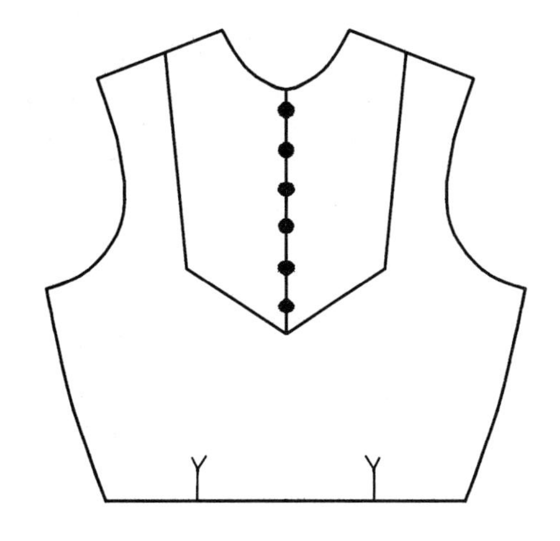

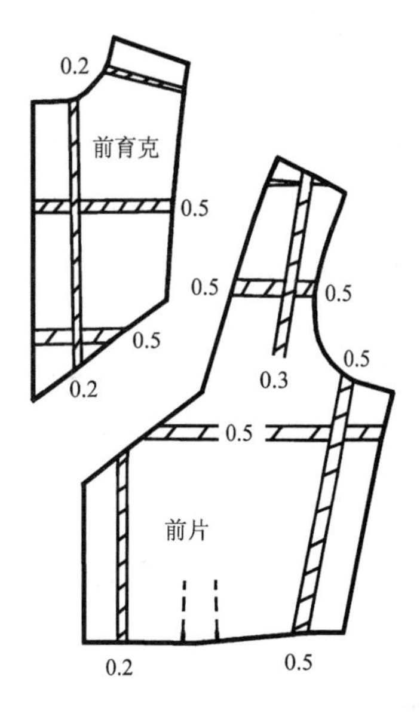
0.2
前育克
0.5
0.5
0.5
0.5
0.5
0.2
0.3
0.5
前片
0.2
0.5

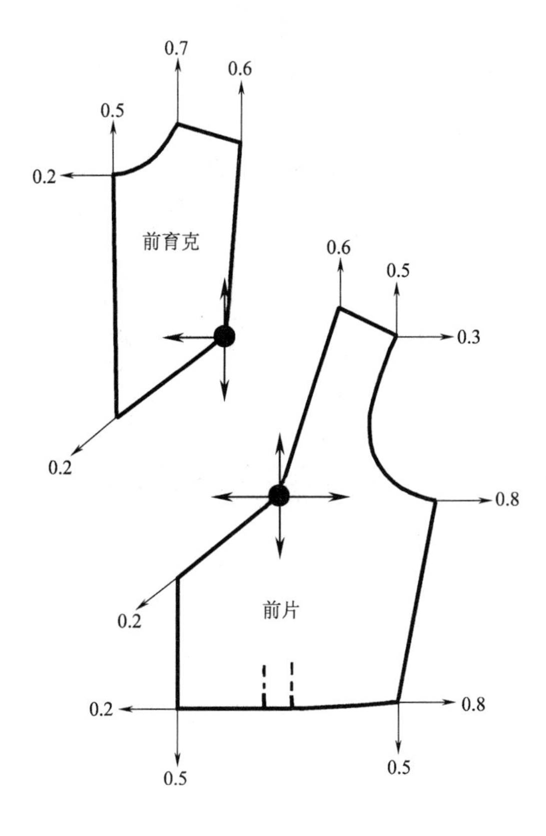
0.7
0.6
0.5
0.2
前育克
0.2
0.6
0.5
0.3
0.8
0.2
前片
0.2
0.8
0.5
0.5

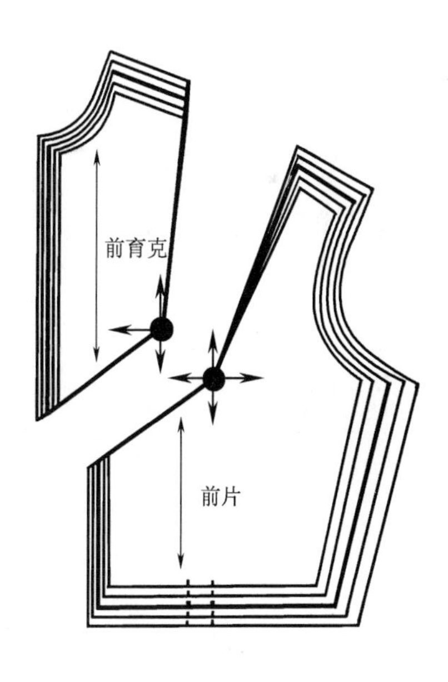
前育克
前片

图 5-12

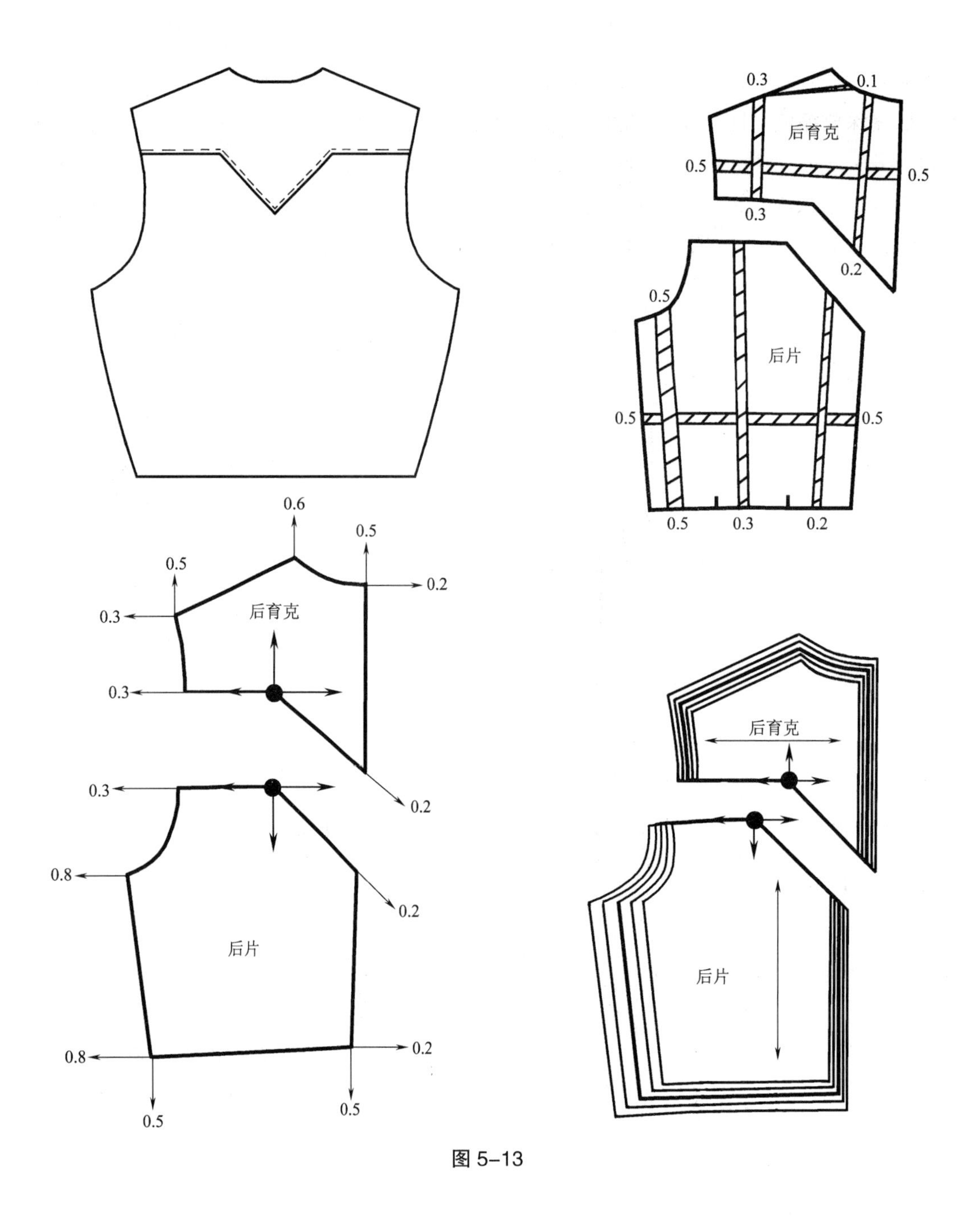

图 5-13

第二节 装袖、连衣袖和袖头的放码

一、宽松袖纸样的放码

宽松袖纸样与合体袖纸样的袖山高和袖肥取值不一样，由于袖子的袖山高小而袖肥尺寸大才能达到宽松效果。为确保宽松袖结构线，在放码时，袖子的袖山高放缩值取 2/3 衣片袖窿深放缩值，即 0.3cm；前、后袖肥放缩值取衣片袖窿宽放缩值加衣片袖窿深放缩值 /3，即 0.7cm；袖口围的放缩与合体袖纸样的放缩相同，取袖口围放缩值 /2，即 0.5cm。以袖中线与袖山深线的交点为放码基准点，依据放码切割数据分配各放码点的放缩量进行放码，如图 5-14 所示。

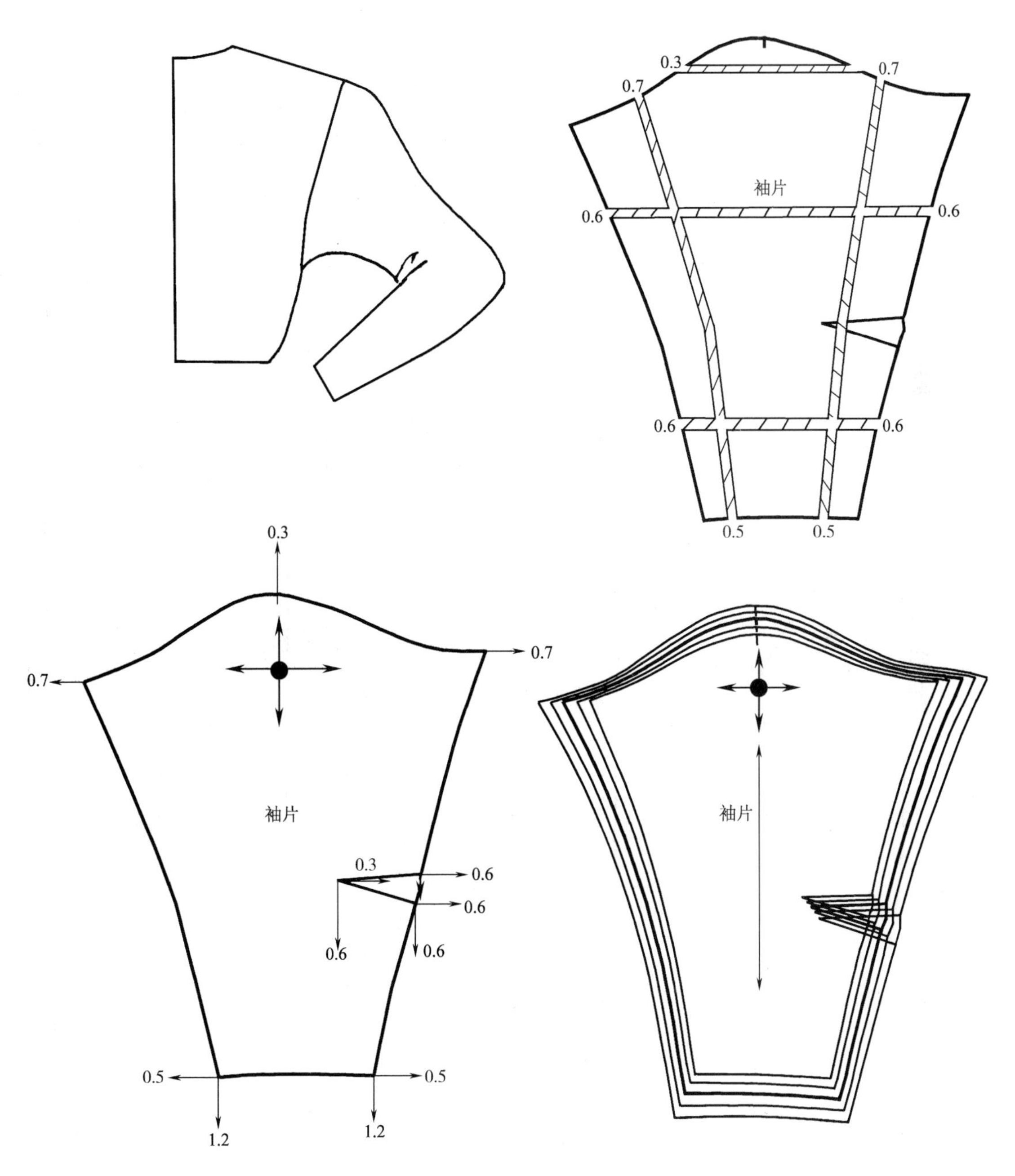

图 5-14

二、两片西服袖纸样的放码

西服袖包含有大袖和小袖两片，如图 5-15 所示，在放码时，袖肥的放缩值需与前片、后片的袖窿弧线的放缩值相匹配，因大袖比小袖宽，故将袖子宽度的放缩值 1.0cm 按 6∶4 比例分配在大袖和小袖纸样上，即大袖分配 0.6cm，小袖分配 0.4cm；再分别平均分配在

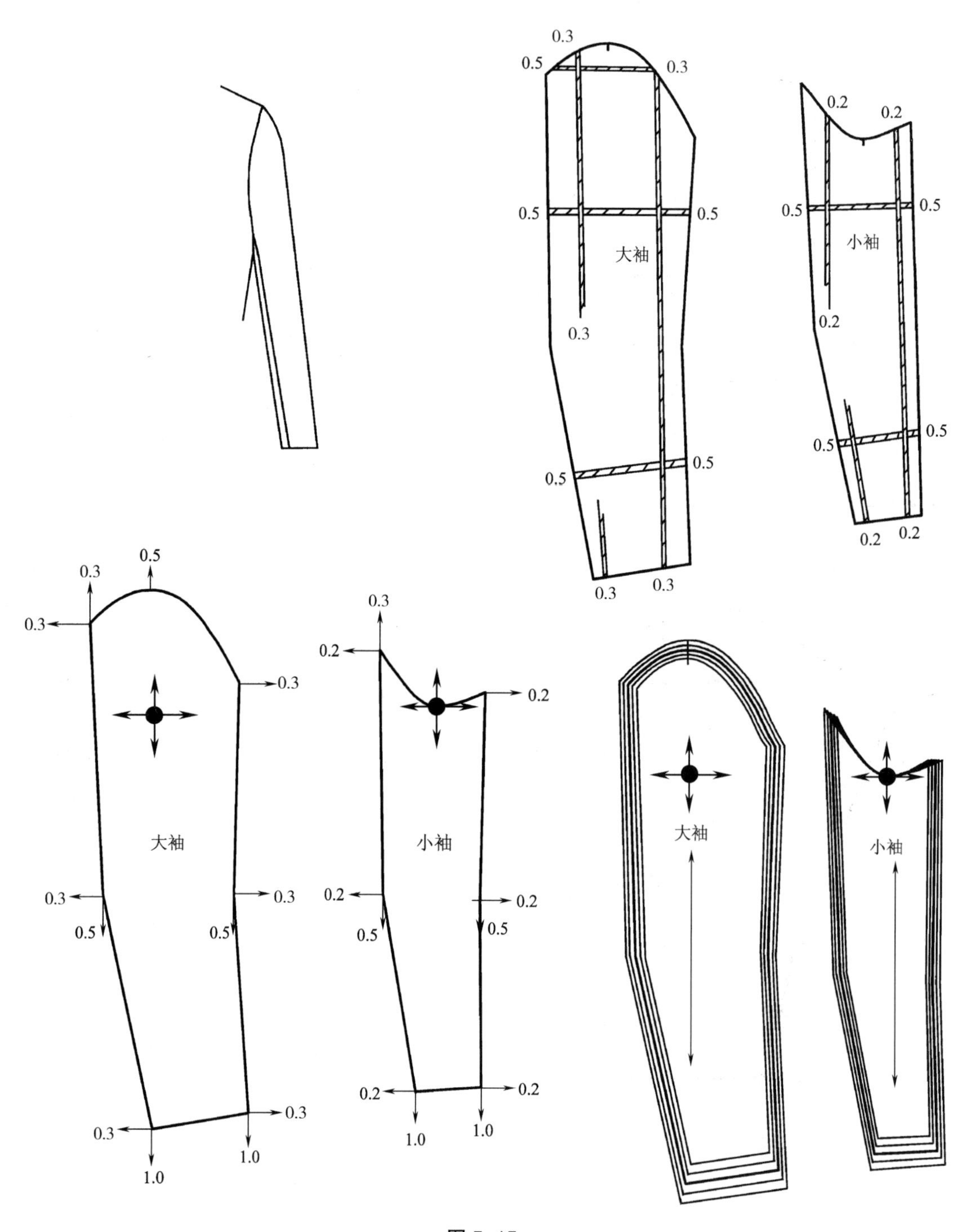

图 5-15

大袖和小袖纸样的竖切割线上，即 0.3cm 和 0.2cm。同样，袖口围放缩值分配在大袖 0.6cm 和小袖 0.4cm，再分别平均分配在大袖和小袖纸样的袖口竖切割线上，即 0.3cm 和 0.2cm。在大袖纸样上以袖中线与袖山深线的交点为放码基准点，在小袖纸样上以腋下点为放码基准点，依据大袖和小袖放码切割数据分配各放码点的放缩量进行放码。

三、插肩袖纸样的放码

插肩袖（牛角袖）是衣片肩部与袖山相连的袖型结构。在机织面料上，插肩袖通常分前袖和后袖两片，如图 5-16 所示。在放码时，插肩袖的袖型线放缩值需配合衣片放缩值，袖宽档差值 1.0cm 和袖口围档差值 1.0cm 平均分配在相应部位的前袖和后袖纸样上，即 0.5cm，一般以衣片与袖片的袖型线交点为放码基准点，依据衣片和袖片放码切割数据分配各放码点的放缩值，其中再将前、后袖片宽度放缩值 0.5cm 各平均分为两份，即 0.25cm，分别向内、外袖两方向进行放码。

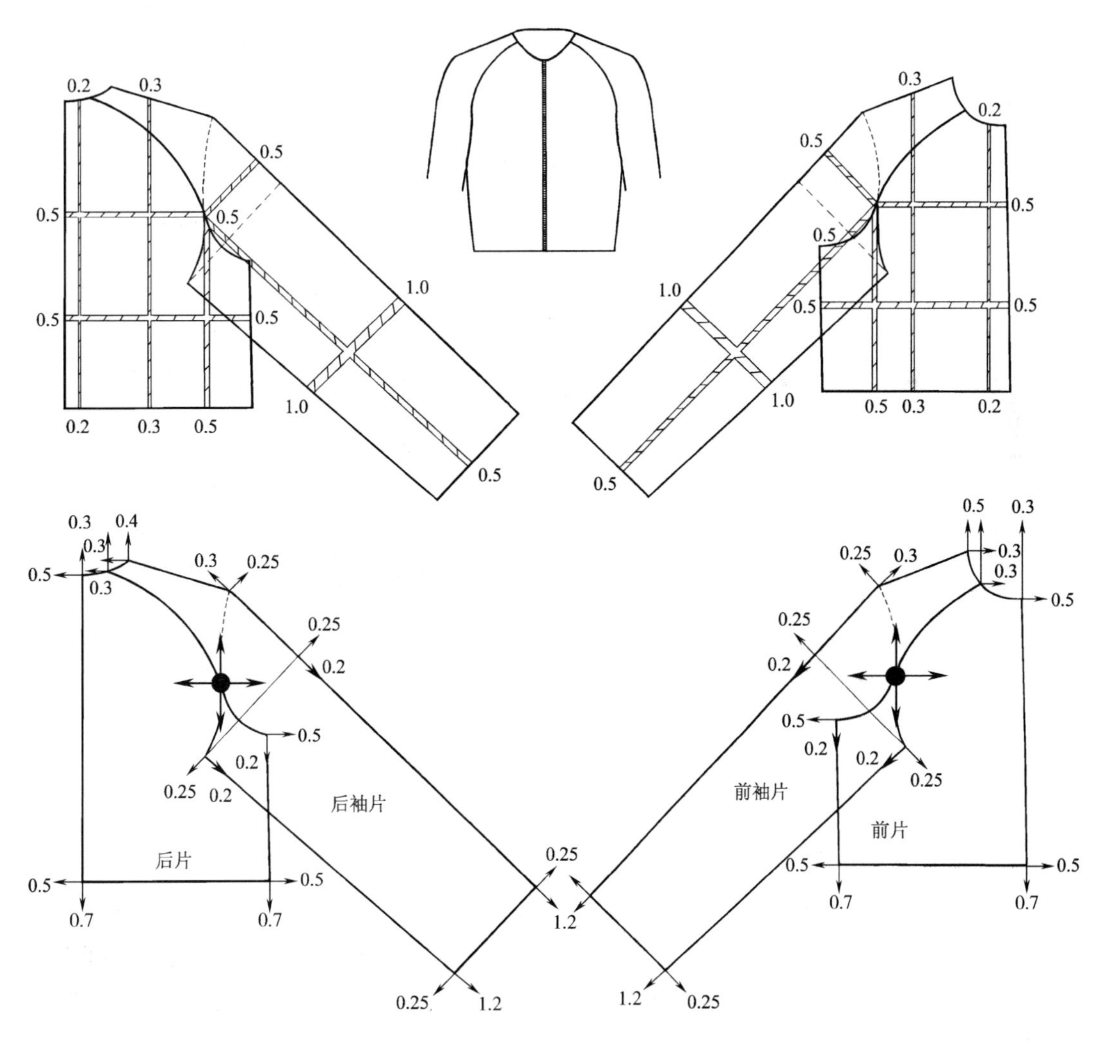

图 5-16

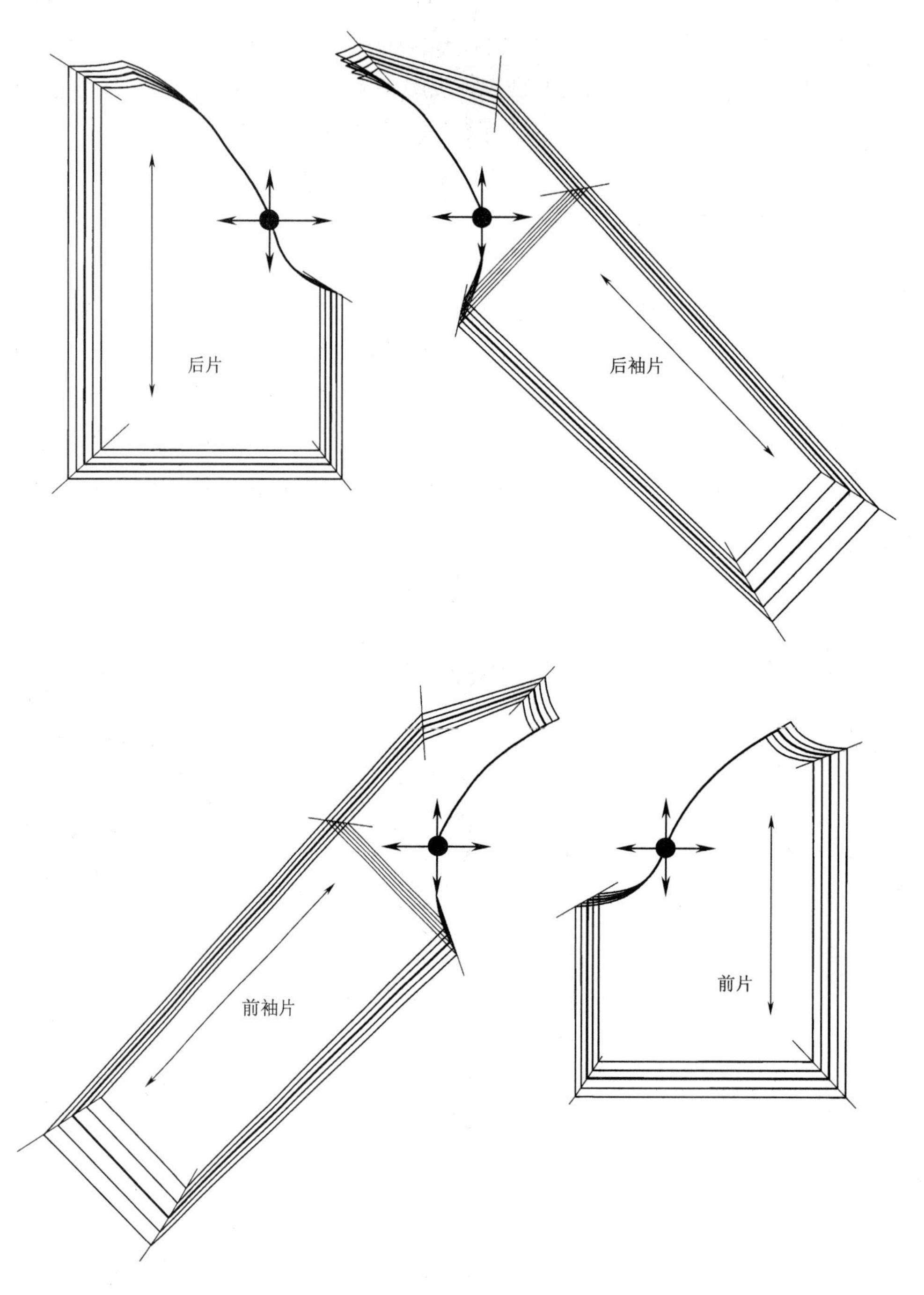

图 5-16

在针织面料上，插肩袖通常为一片袖，如图 5-17 所示。在放码时，袖片可以取袖口线的中点为放码基准点，衣片可以取颈侧点垂直线与胸围线的交点为放码基准点，依据衣片放码切割数据分配各放码点的放缩值，按照衣片和一片袖的放码原理进行放码。

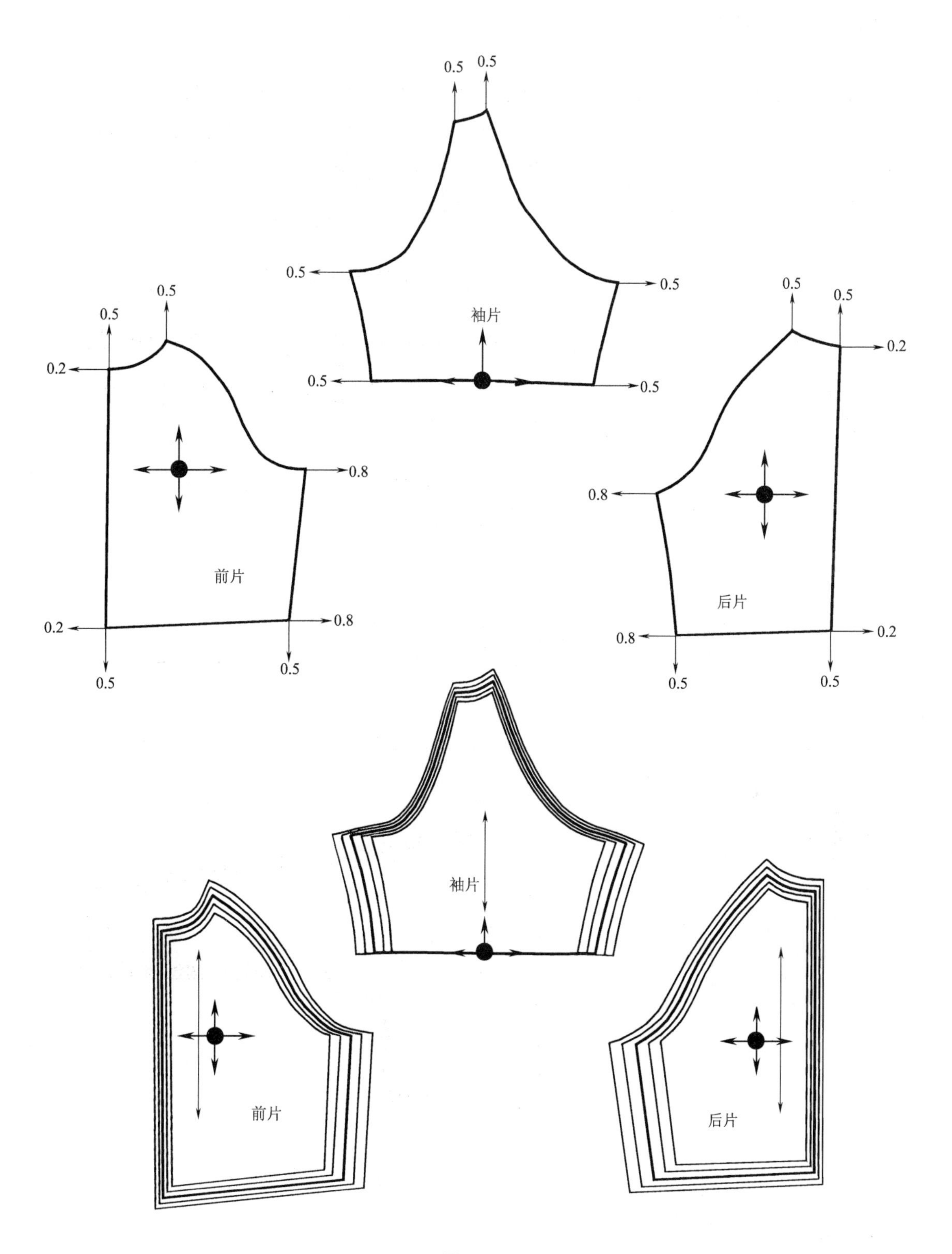
0.5
0.5
0.5
0.5
袖片
0.5
0.5
0.5
0.5
0.5
0.2
0.8
前片
0.2
0.8
0.5
0.5
0.5
0.5
0.2
0.8
后片
0.8
0.2
0.5
0.5
袖片
前片
后片

图 5-17

四、连衣袖纸样的放码

连衣袖是衣片与袖片相连的袖型结构，如图 5-18 所示。在放码时，将袖口围档差值 1.0cm 平分为两份分配在袖口线上，即 0.5cm，以颈侧点垂直线与胸围线的交点为放码基准点，依据衣片放码切割数据分配各放码点的放缩值，其中袖口线分别向内、外两方向放缩袖口围档差值 /4，即 0.25cm。

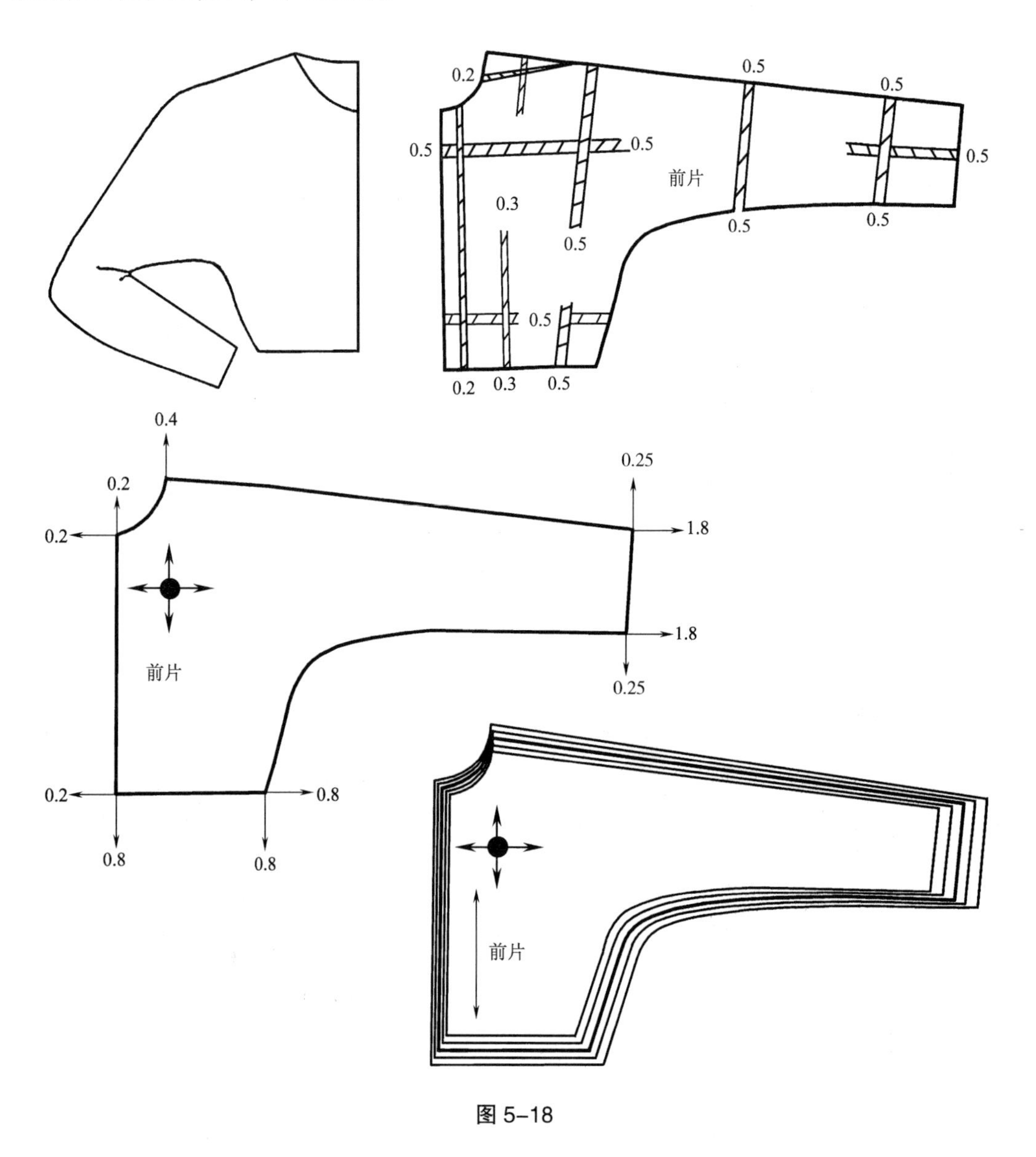

图 5-18

五、袖衩和袖头纸样的放码

通常袖衩的位置在后袖口宽的中间，袖衩长度依据款式和生产订单来确定，有全号型取相同袖衩长度规格的，也有两三个号型取一个袖衩长度规格的。同样，袖头（袖级、介英、袖克夫）高度也以生产订单来确定，袖头宽度需与袖口宽度的尺寸相匹配，如图 5-19 所示。在放码时，将袖口围档差值 1.0cm 平分为两份分配在袖口线和袖头宽线上，即 0.5cm，袖片取袖中线与袖山深线的交点为放码基准点，依据袖片放码切割数据分配各放码点的放缩值，其中袖衩线向内方向放缩袖口围档差值 /4，即 0.25cm。若全号型的袖头高度尺寸相同，则袖头取一侧端点为放码基准点，向另一侧方向放缩袖口围档差值，即 1.0cm。

同理，翻折袖头的放码如图 5-20 和图 5-21 所示。

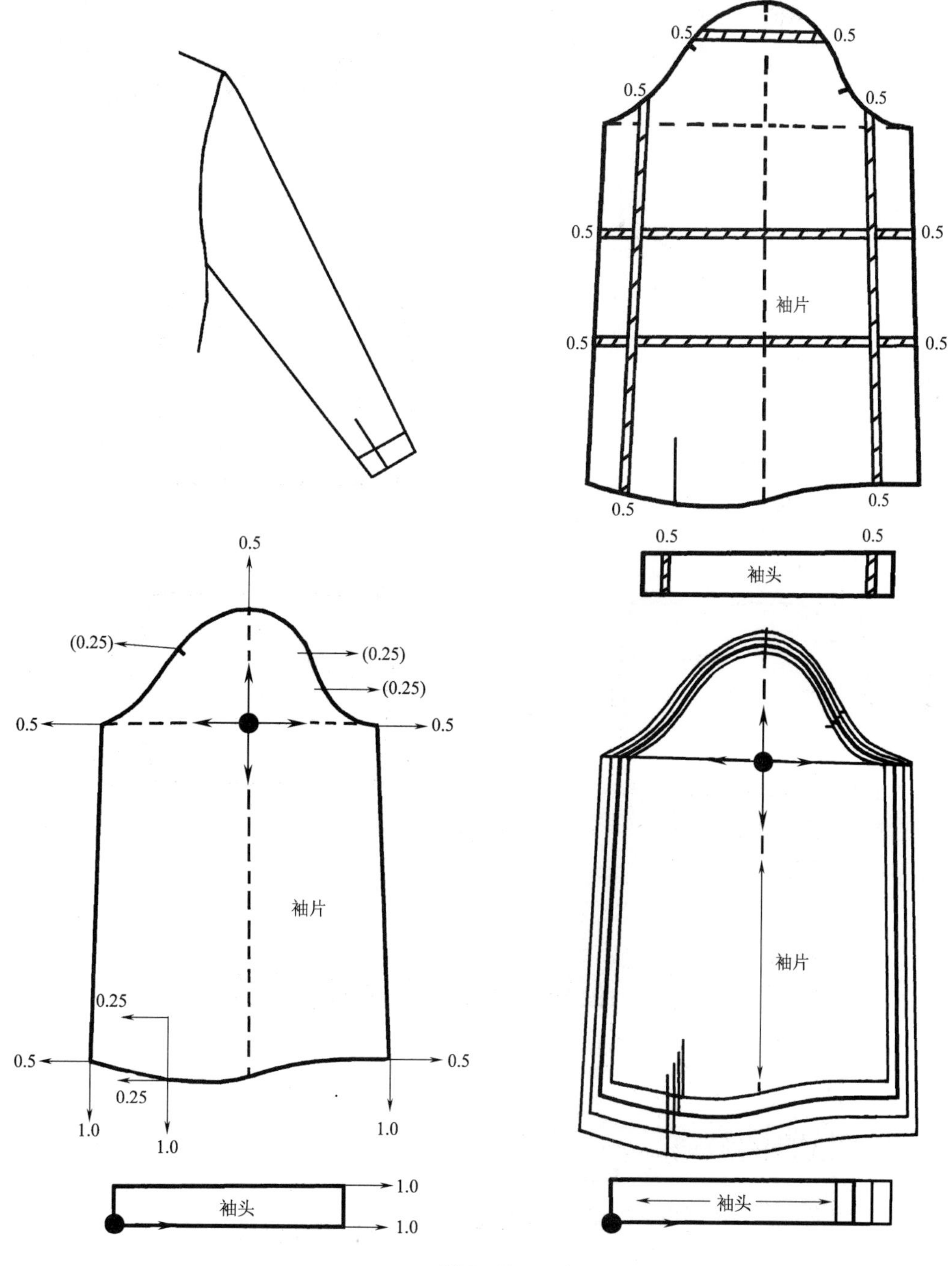

图 5-19

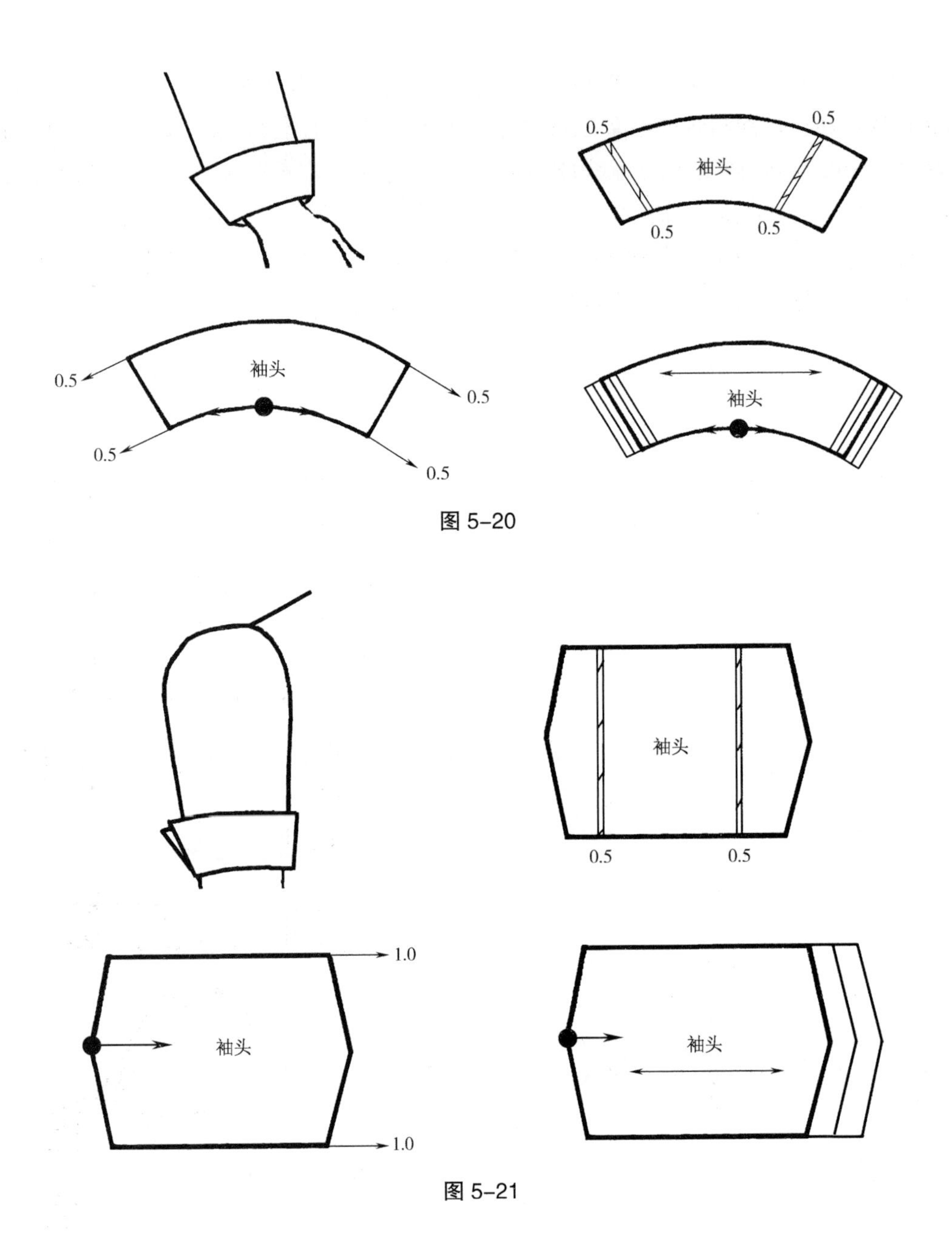

图 5-20

图 5-21

第三节　衣领、帽子和贴边的放码

一、衣领纸样的放码

衣领分平领、立领和翻驳领三类。由于领下口线与衣片领窝线相缝合，故在放码时，衣领下口线的放码数值不仅要满足领围档差值，还需要与前、后领窝线放缩值相匹配。

如上述衣片的放码，每放大或缩小一个号型，分别在前、后领窝上放缩 0.2cm，同时为达到合体，还需在前领侧点提高 0.2cm，在后领侧点提高 0.1cm，即前、后领窝放缩值分别为 0.4cm 和 0.3cm。当领围档差值为 1.0cm 时，一半衣领下口线放缩值分配领围档差值 /2，即 0.5cm。其中，分别分配于前、后领下口线放缩值为 0.3cm 和 0.2cm，因此，前、后领窝放缩值会比前、后领下口线放缩值大 0.1cm，此 0.1cm 可以在车缝工艺上作为吃势（容位）被衣领下口线吃进。衣领高度依据款式和生产订单来确定，有全号型取相同衣领高度规格的，也有两三个号型取一个衣领高度规格的。

如图 5–22 所示，在平领放码时，可以取颈侧点为放码基准点，在平领后中心线平行放缩 0.2cm，在平领前端款式边线平行放缩 0.3cm，若衣领高度档差值为 0.3cm，则在领子款式边线放缩 0.3cm。

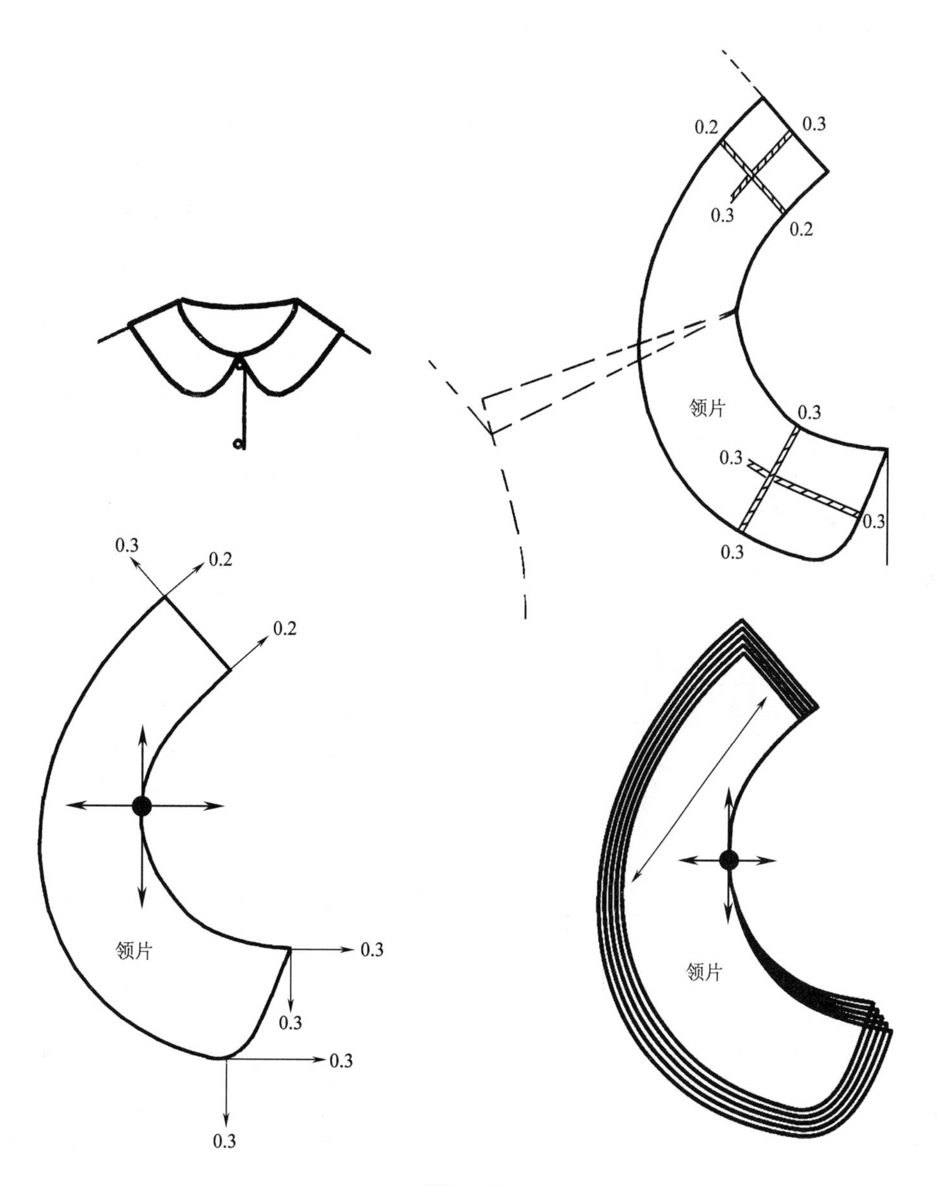

图 5–22

在立领放码时，可以取后领中点为放码基准点，在立领前端款式边线平行放缩 0.5cm，但立领颈侧定位点需向前端方向移动 0.2cm，全号型取相同衣领高度。图 5–23 所示为直立领放码，图 5–24 所示为两用领（夏威夷式领）放码，图 5–25 所示为衬衫领放码。

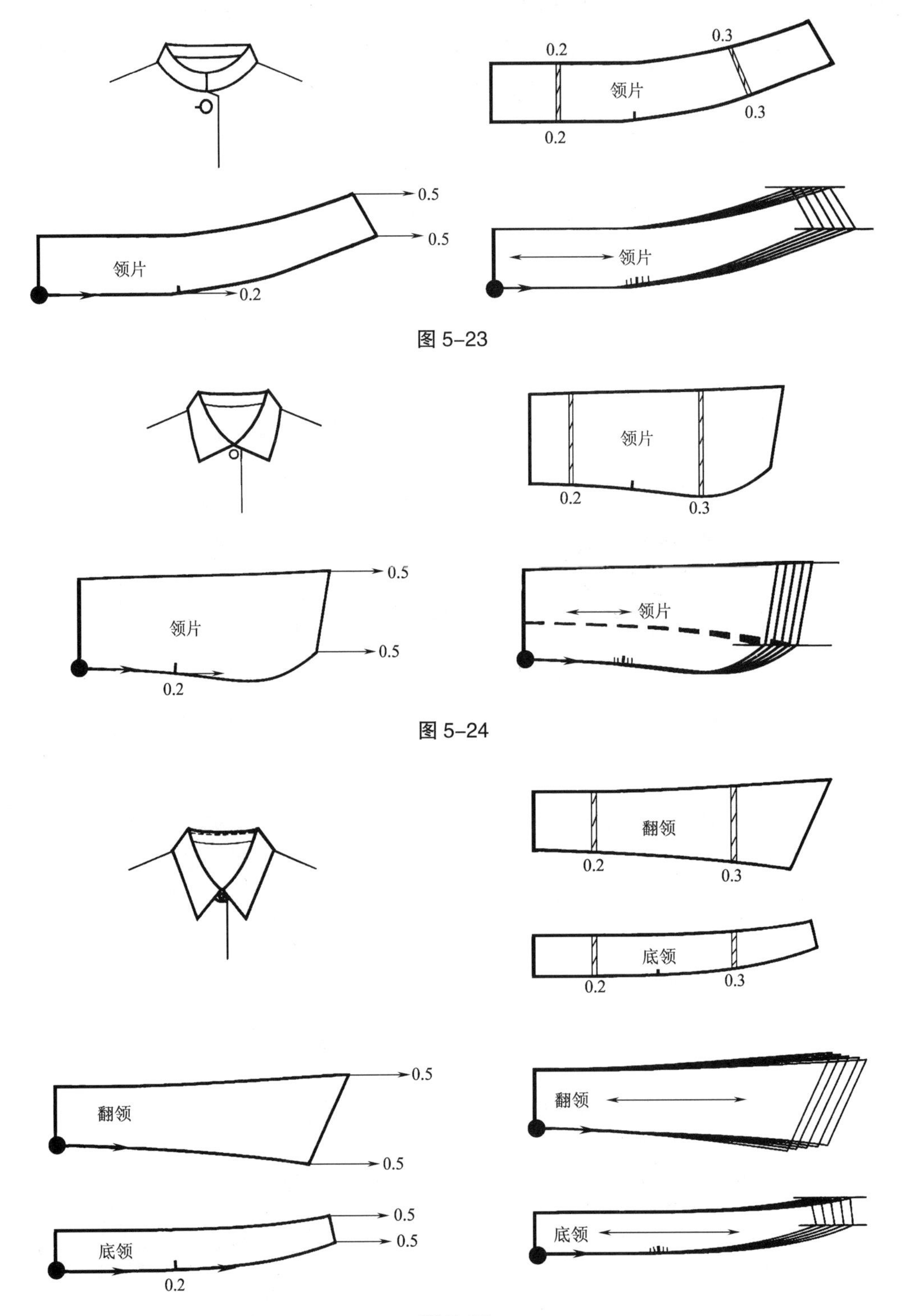

图 5–25

在翻驳领放码时，因前衣领与驳头相缝合，故前衣领下口线的放码数值要与驳头线放缩值相匹配，如图 5–26 所示为平驳头西服领（八字领）放码、图 5–27 所示为戗驳头

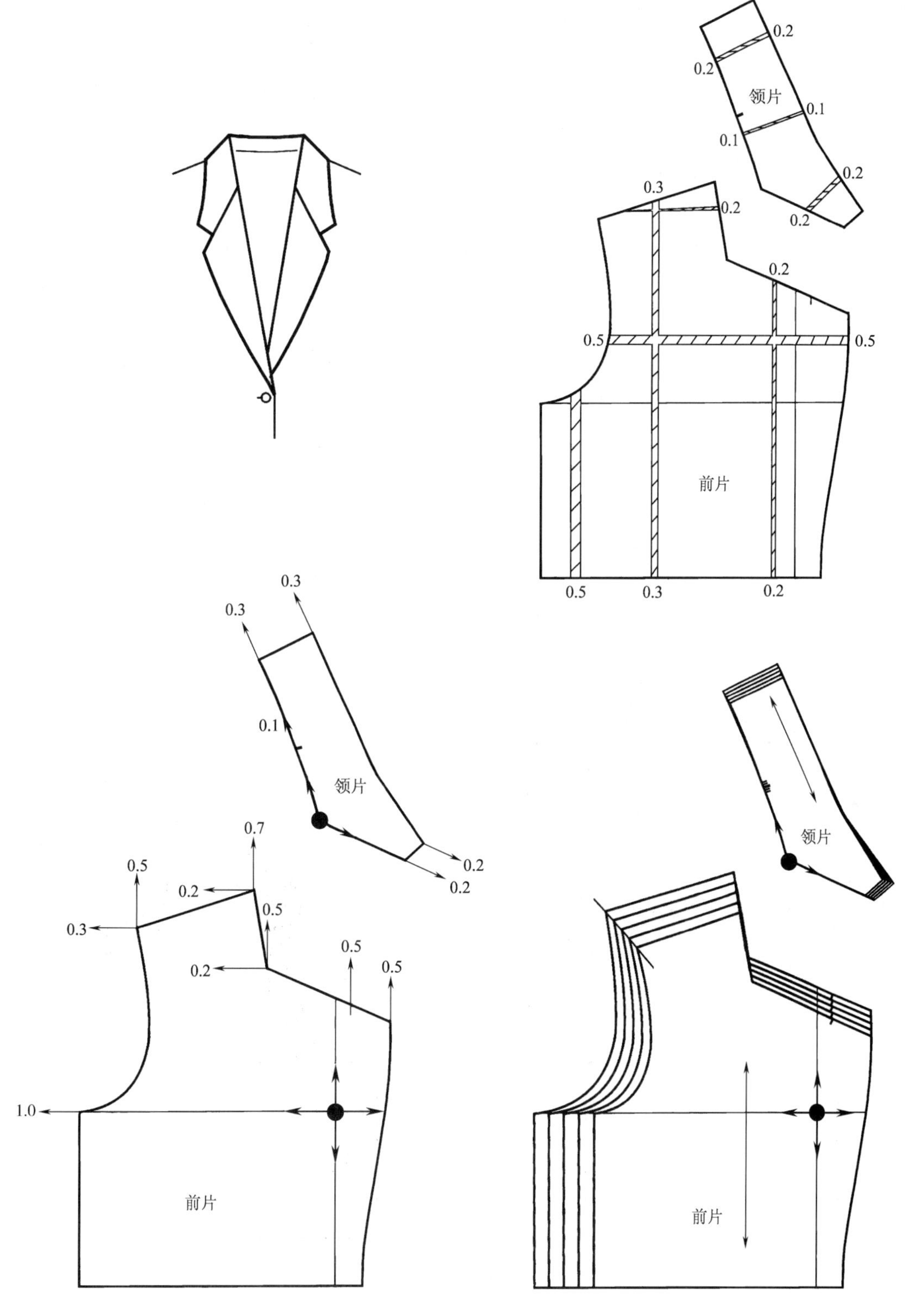

图 5–26

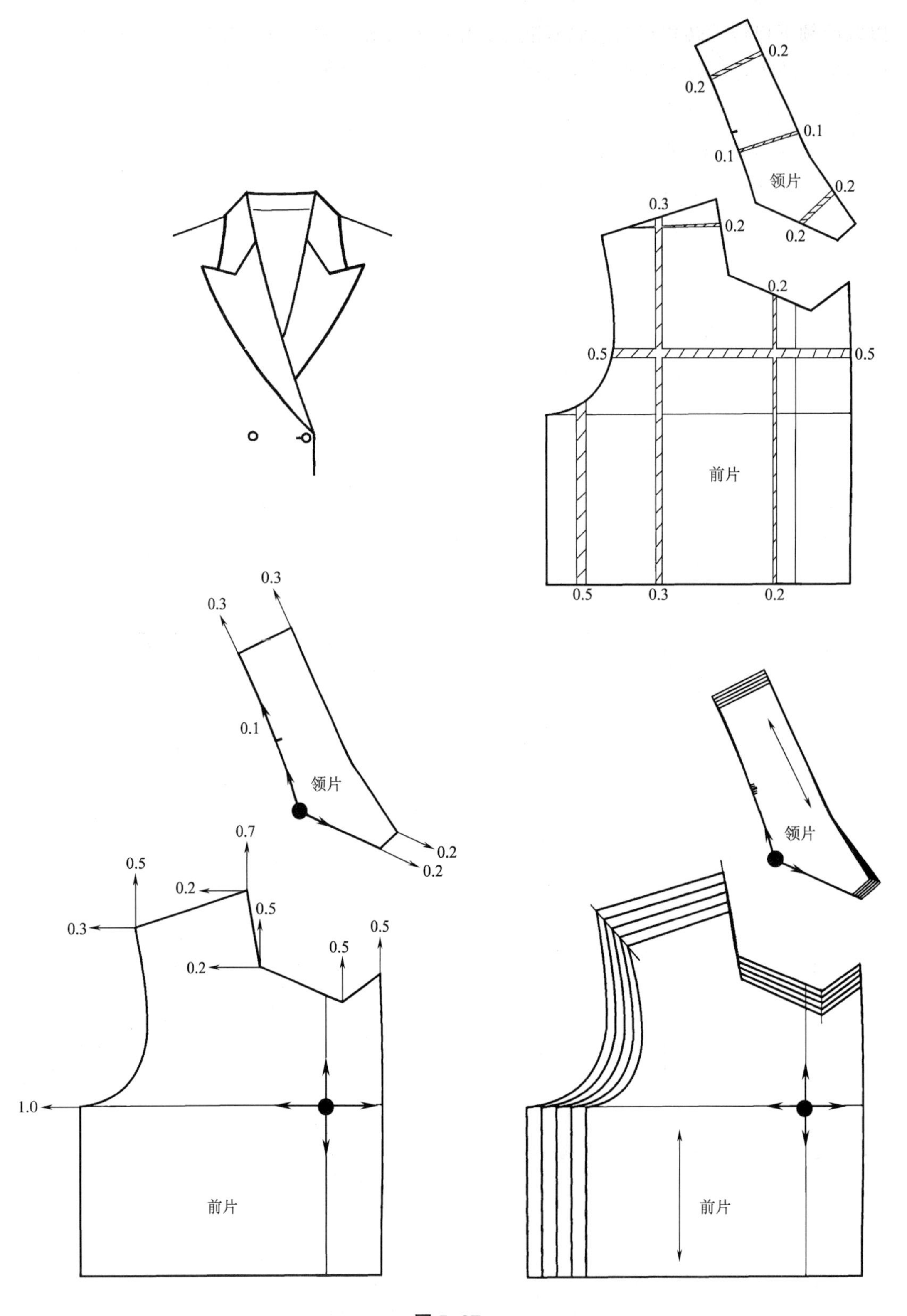
0.2
0.2
0.1
0.1
领片
0.2
0.2
0.3
0.2
0.2
0.5
0.5
前片
0.5
0.3
0.2
0.3
0.3
0.1
领片
0.2
0.2
0.7
0.5
0.2
0.5
0.3
0.5
0.2
0.5
1.0
前片
领片
前片

图 5-27

西服领（关刀领）放码。衣片可以取前中心线与袖窿深线的交点为放码基准点，领片可以取前领下口线的转角点为放码基准点，依据衣片和领片放码切割数据分配各放码点的放缩值，其中在前领嘴线平行放缩 0.2cm，在领后中心线平行放缩 0.3cm，但领颈侧定位点需向后中方向移动 0.1cm，全号型取相同衣领高度。

如图 5-28 所示，在连衣的青果领放码时，因衣领与前片相连，故其放码与衣片放码原理相同，需在后领部位切割放缩 0.2cm。可以取袖窿深线的中间点为放码基准点，依据衣片放码切割数据分配各放码点的放缩值进行放码。

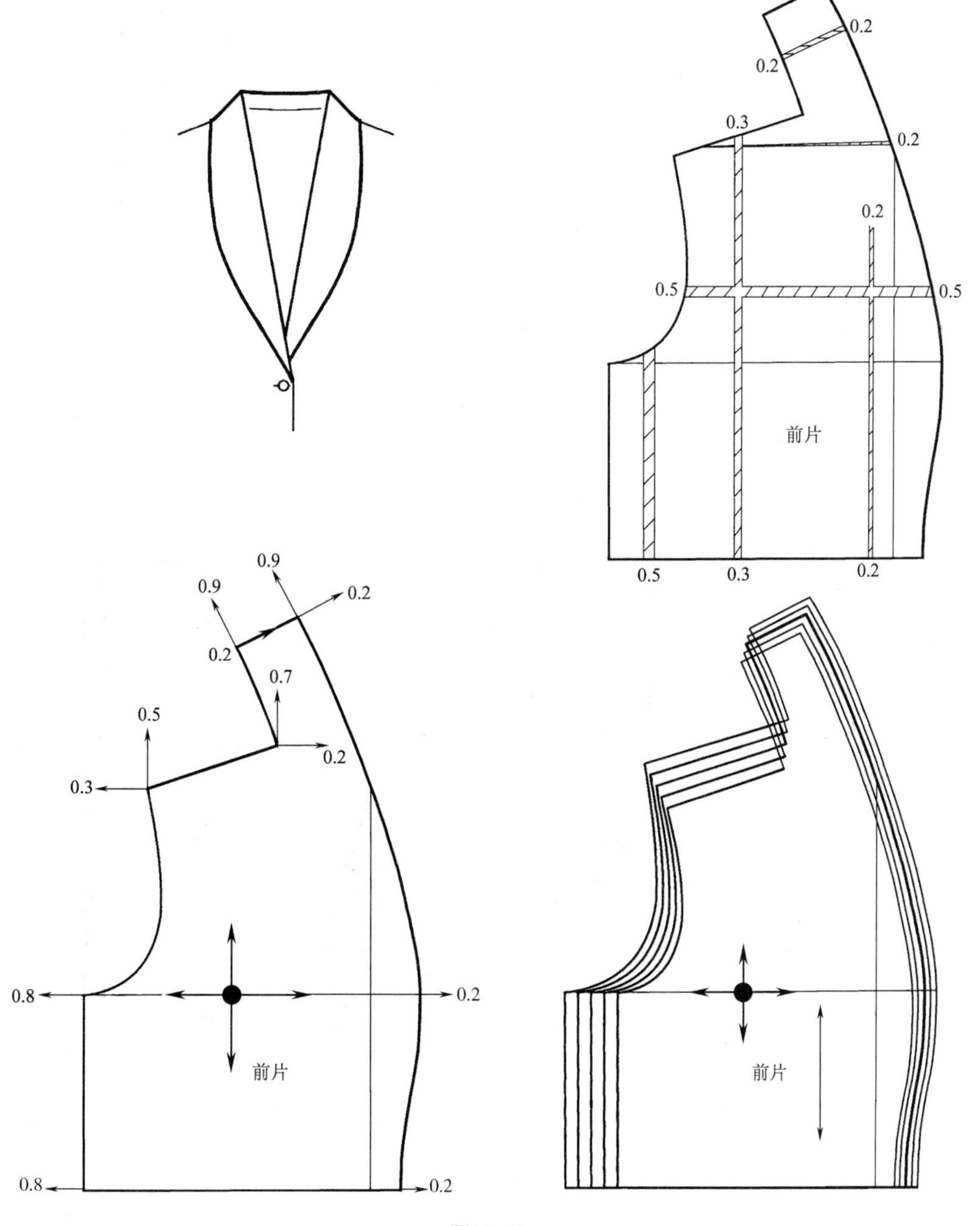

图 5-28

如图 5-29 所示，在连衣垂领放码时，与衣片放码原理相同，因前垂领线与前中线成直角，可以取颈侧点为放码基准点，依据衣片放码切割数据分配各放码点的放缩值，但变形方向较大的肩点要顺着肩线进行放缩，腋下点和腰侧点要依据变化后的侧缝线图形方向进行放缩。

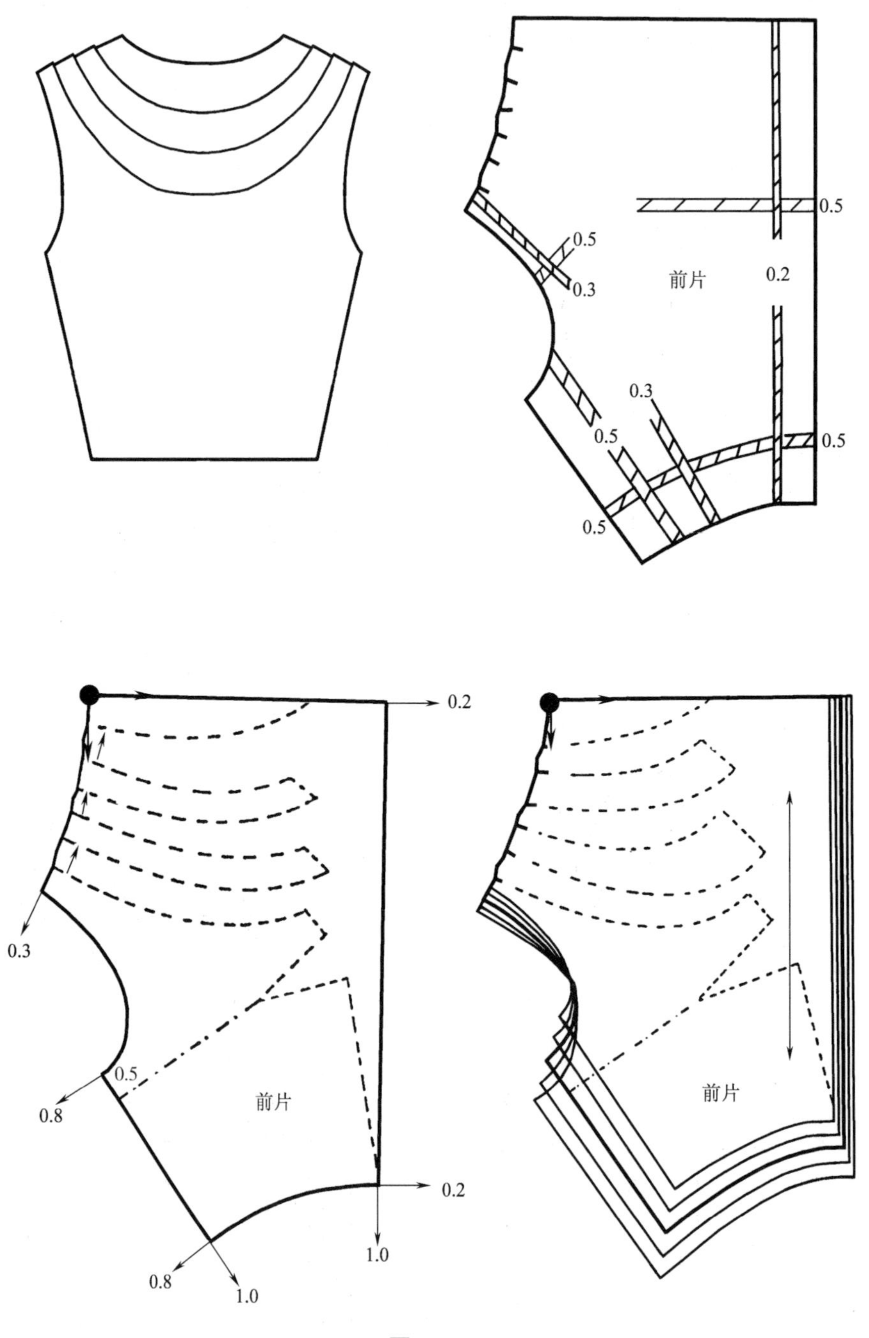

图 5-29

二、连衣帽纸样的放码

因连衣帽底口线与衣片领窝线相缝合，故在放码时，帽子底口线的放码数值要与衣片领窝线放缩值相匹配。如图 5–30 所示，帽片可以取底口线的前中点为放码基准点，依据帽片放码切割数据分配各放码点的放缩值，分别沿帽后中方向和帽顶方向进行放码。

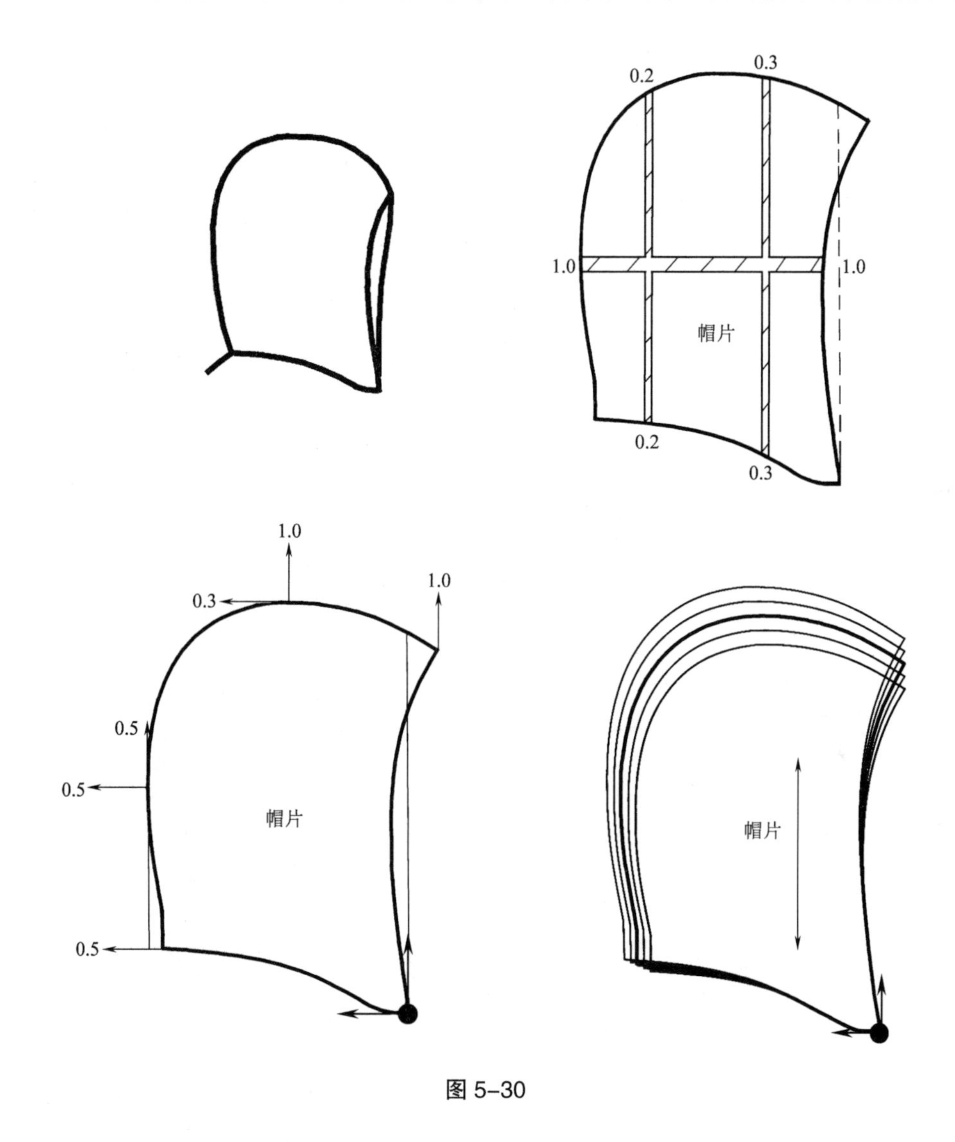

图 5–30

三、贴边纸样的放码

根据服装款式，可分为不同部位的贴边，如无领款式服装有领窝贴边、无袖款式服装有袖窿贴边、纽扣开口款式服装有门襟贴边或挂面（前襟贴）等。通常全号型服装各部位的贴边宽度取相同值，只是长度随衣片各部位的长度而调整。在放码时，各种贴边放码数值需与相缝合的衣片部位放缩值相匹配。

在前、后领窝贴边纸样放码时，如图 5-31 所示，可以分别取前、后中点为放码基准点，再依据衣片领窝放码切割数据分配各放码点的放缩值，沿肩线方向进行放码。

在前、后袖窿贴边纸样放码时，如图 5-31 所示，可以分别取前、后袖窿定位点为放码基准点，再依据衣片袖窿放码切割数据分配各放码点的放缩值，分别沿肩线方向和腋下侧缝方向进行放码。

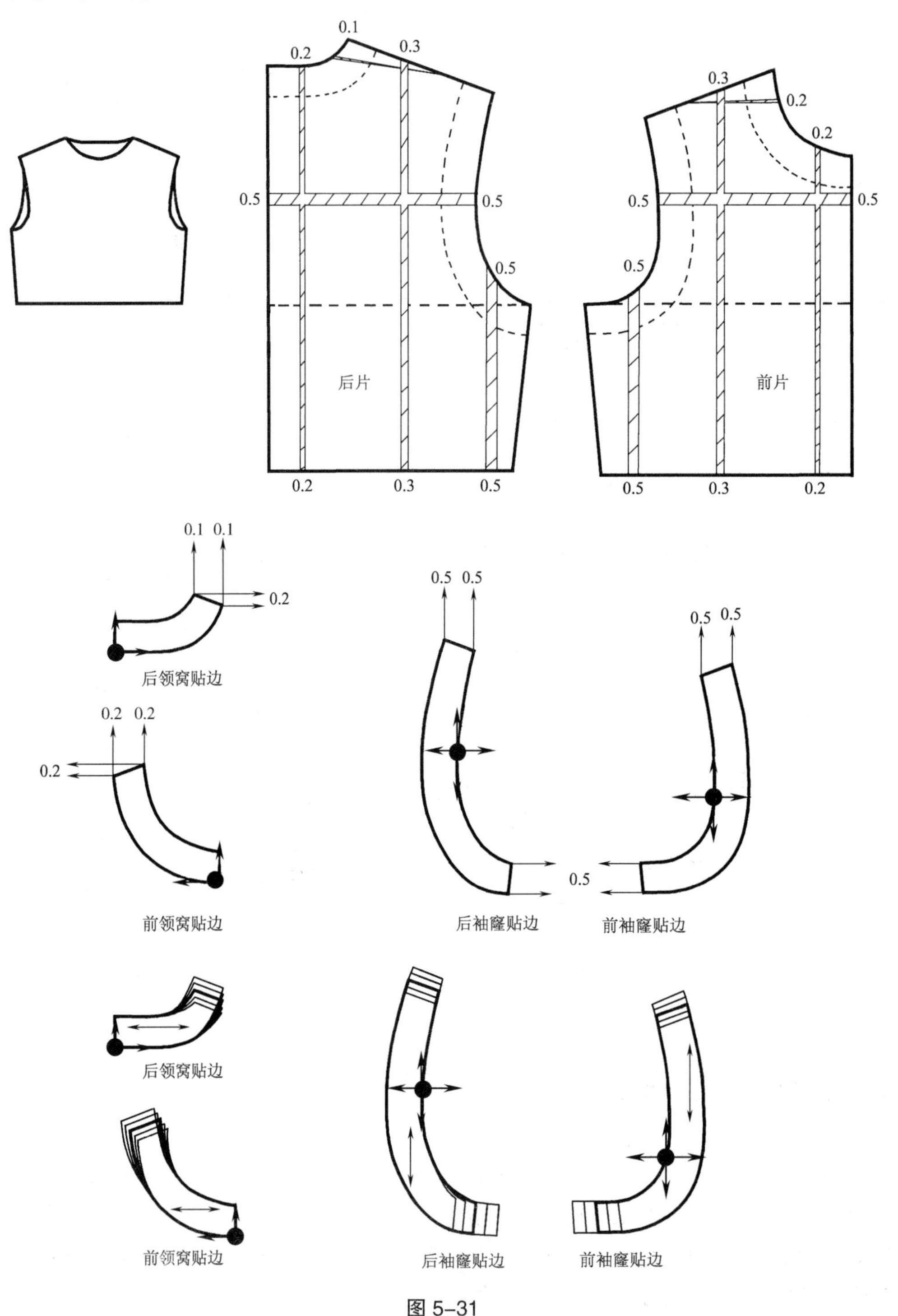

图 5-31

如图 5-32 所示，在挂面（前襟贴）纸样放码时，可以取前中心线与袖窿深线的交点为放码基准点，再依据前片中的挂面放码切割数据分配各放码点的放缩值，分别沿前领窝线和肩线方向、衣底边方向进行放码。

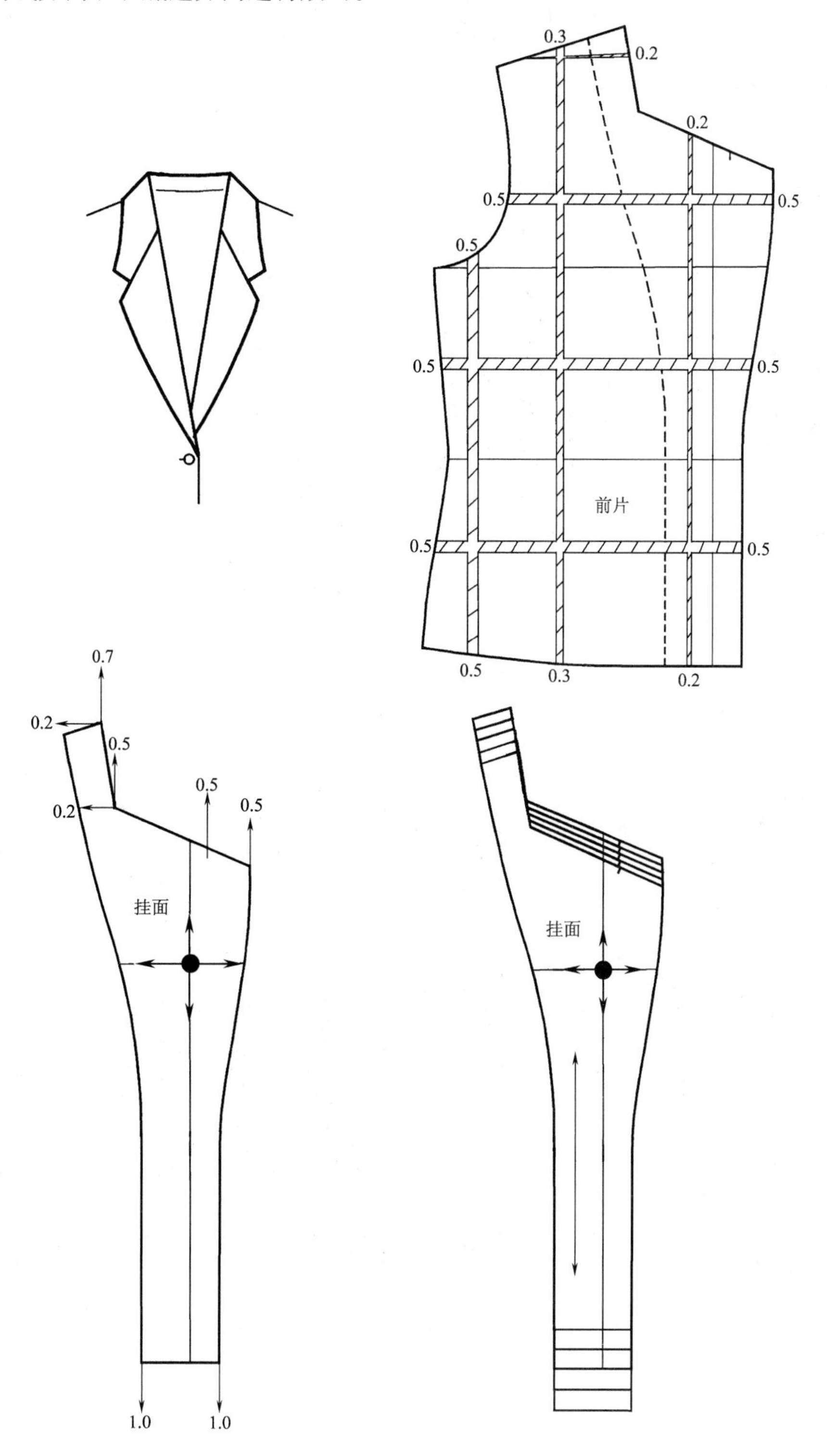

图 5-32

如图 5–33 所示，在门襟贴边纸样放码时，通常全号型的门襟贴边宽度相同，门襟贴边只取衣片长度放缩值。可以取门襟贴边长度上的任一点为放码基准点，再依据前片放码切割数据分配上下各放码点的放缩值，分别向上和向下进行门襟贴边的长度放码。

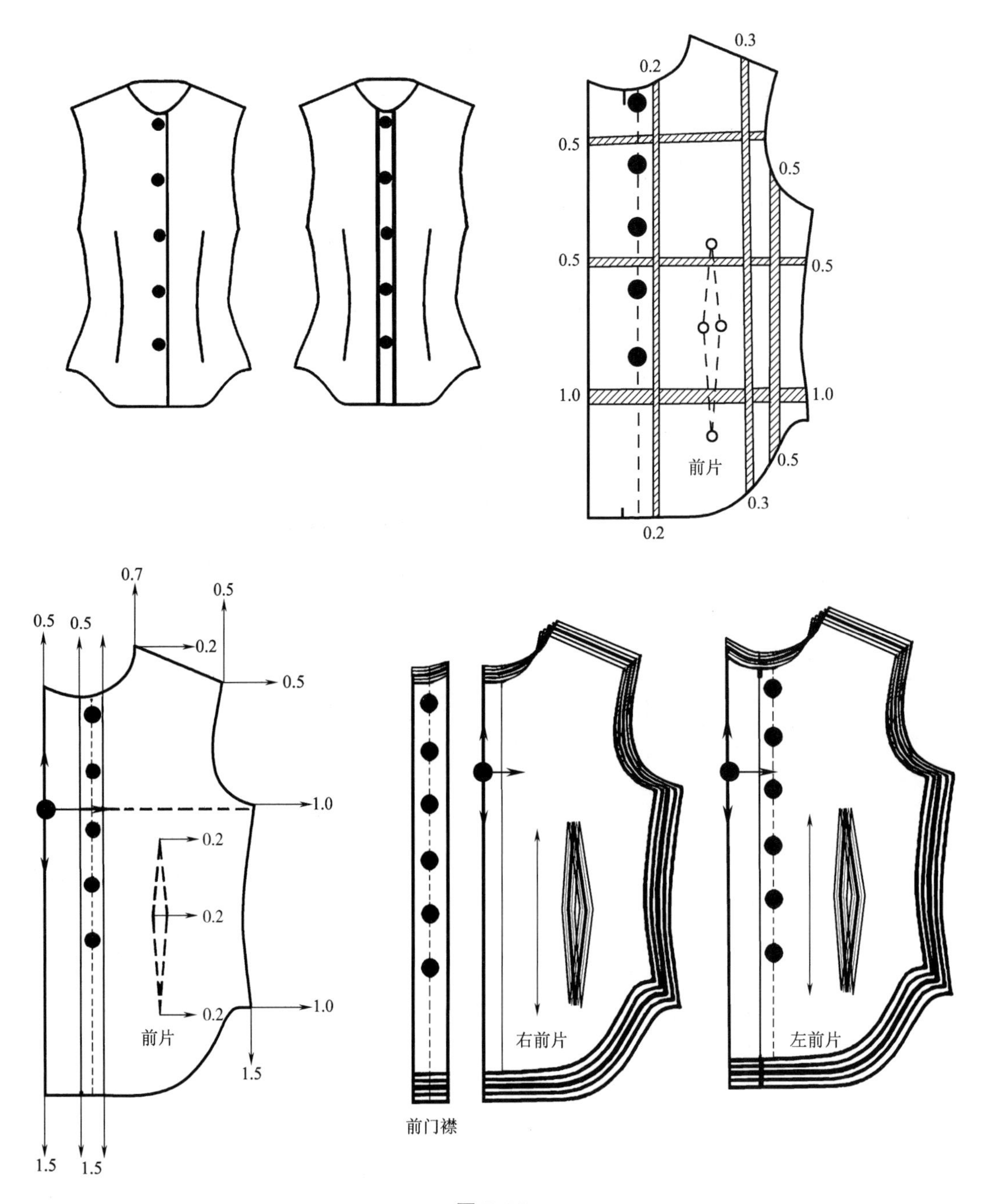

图 5–33

第四节　衣袋的放码

在衣袋放码时，依据全号型服装的衣袋部位尺寸档差值，衣袋放缩尺寸需与所处衣片部位放缩值相匹配。通常在服装生产制造单上，取两三个号型确定一个衣袋规格。

一、贴袋纸样的放码

如图 5–34 所示，在衣片育克线下有尖角形贴袋和袋盖。当贴袋和袋盖纸样放码时，可以取贴袋和袋盖的尖角点为放码基准点，再依据前片中的贴袋和袋盖放码切割数据分

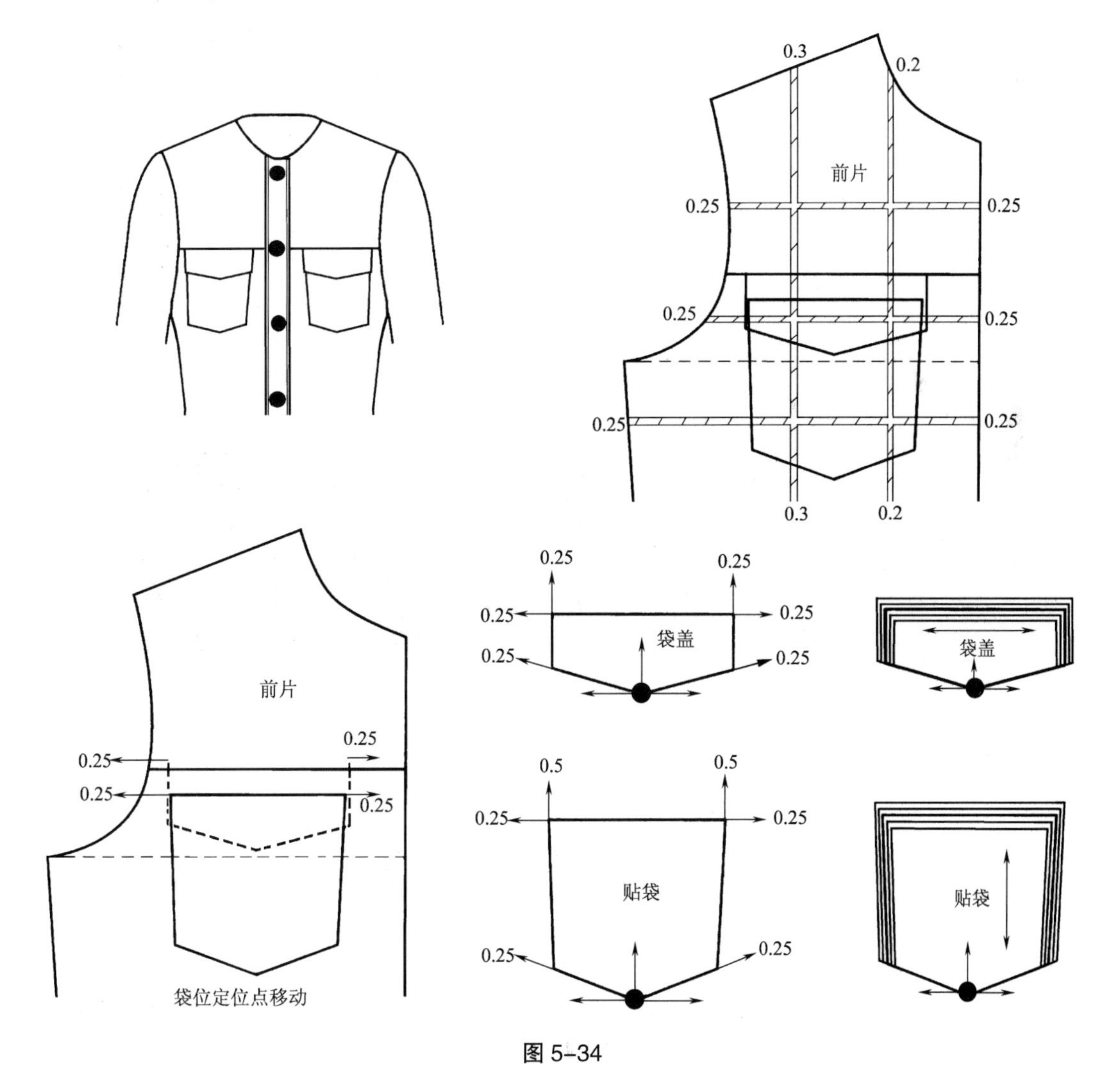

图 5–34

配各放码点的放缩值，分别向上和向左、右方向进行放码。但袋位在衣片上的定位点需要相应移动。

二、插袋纸样的放码

如图 5-35 所示，前裙片两侧有弯形插袋。在袋口和袋布纸样放码上，可以取袋底点为放码基准点，再依据前裙片中的插袋放码切割数据分配各放码点的放缩值，分别向上和向左方向进行放码。但袋口位置在大袋布上的定位点需要相应移动。

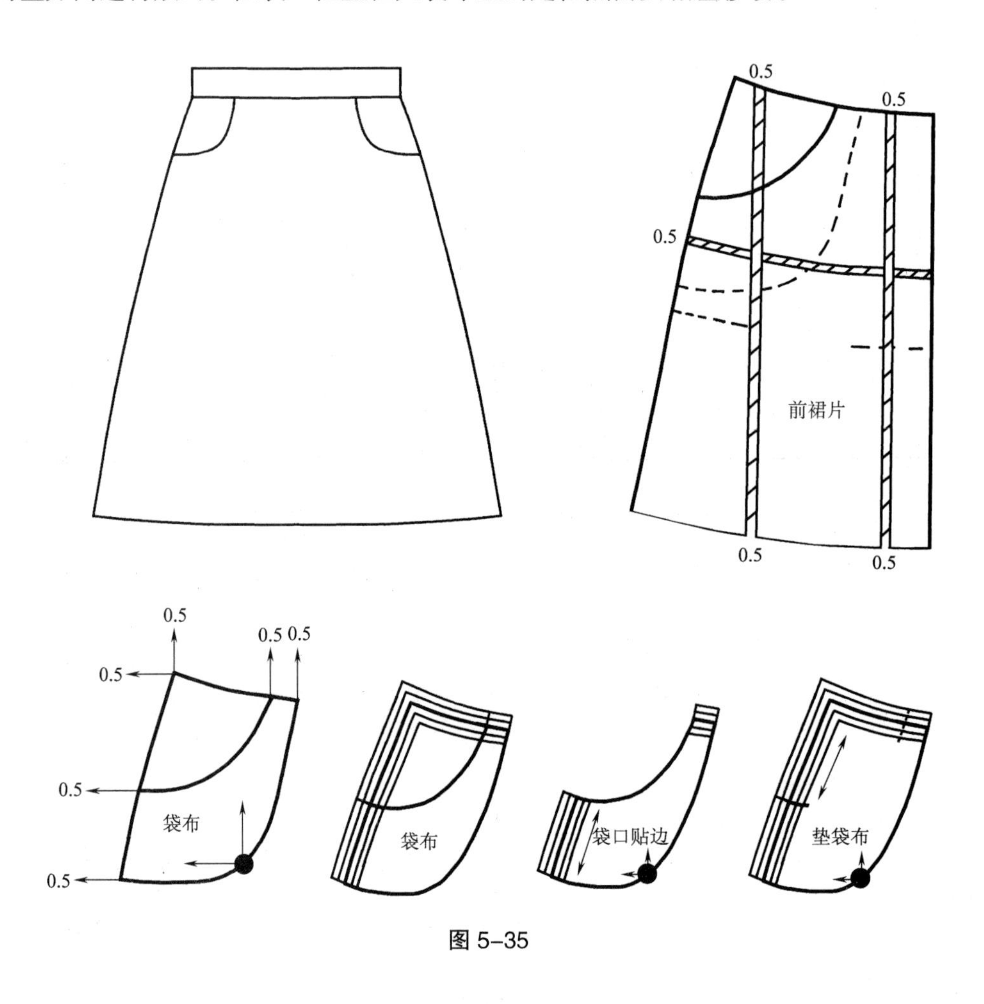

图 5-35

第五节　腰头的放码

按腰头款式分，裤子和裙子有普通腰头、低腰头和高腰头。在放码时，腰头宽度放缩尺寸需与腰围档差值相匹配，通常全号型的腰头高度尺寸相同。

一、普通腰头纸样的放码

如图 5-36 所示，在普通一片式直腰头纸样放码时，可以取腰头的一端点为放码基准点，腰头另一端的放缩值为腰围档差值 4.0cm，向右方向进行腰头宽度的放码。而男西裤后中切割的两片式腰头，纸样宽度放缩值则取腰围档差值 /2。

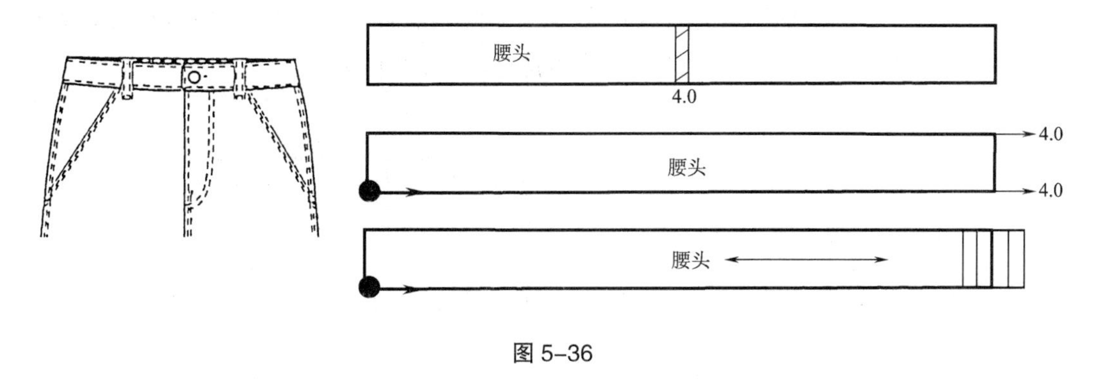

图 5-36

二、低腰头纸样的放码

如图 5-37 所示，在低腰头纸样放码时，可以取前中或后中的腰头端点为放码基准点，再依据前、后片腰围线放缩值，分配在前、后腰头贴边宽度的放缩值各为腰围档差值 /4，即 1.0cm，向左方向进行腰头贴边宽度的放码。

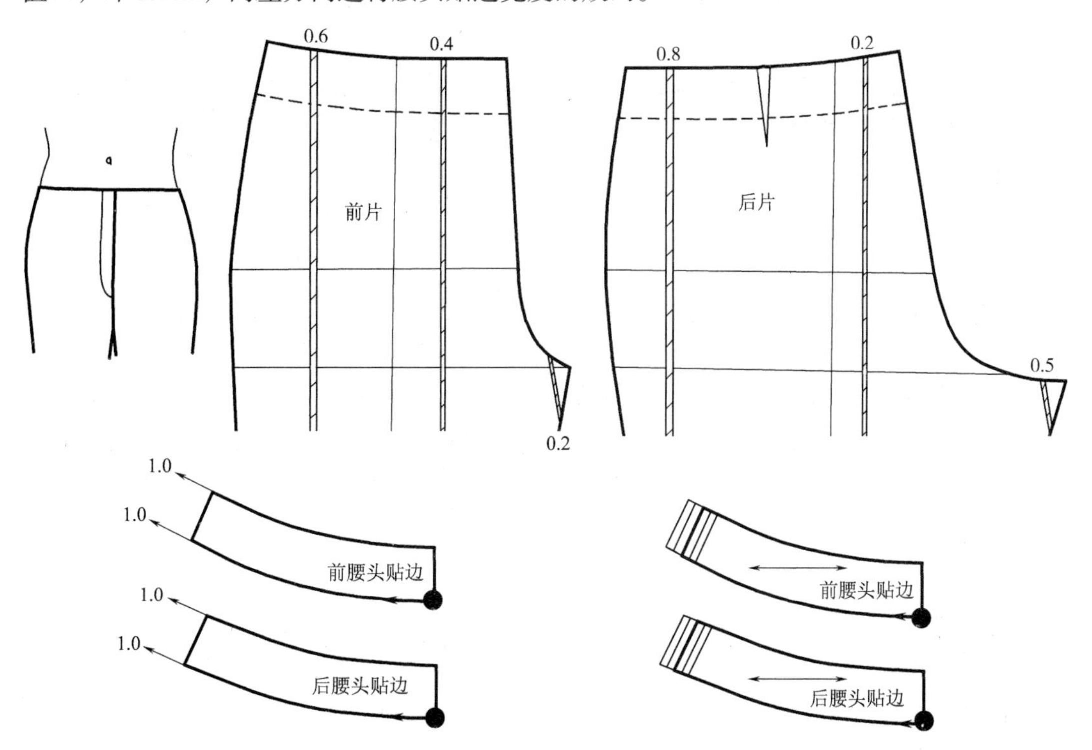

图 5-37

三、高腰头纸样的放码

如图 5–38 所示，在高腰头裙子款式纸样放码时，裙片需在高腰部位的长度方向放缩 0.1cm，但腰头贴边取全号型同样高度，腰头贴边宽度放缩值取腰围档差值 /4，即 1.0cm，可以取腰头贴边宽度的中间点为放码基准点，分配在腰头贴边宽度左、右端点的放缩值为腰围档差值 /8，即 0.5cm，分别向左、右方向进行腰头贴边宽度的放码。

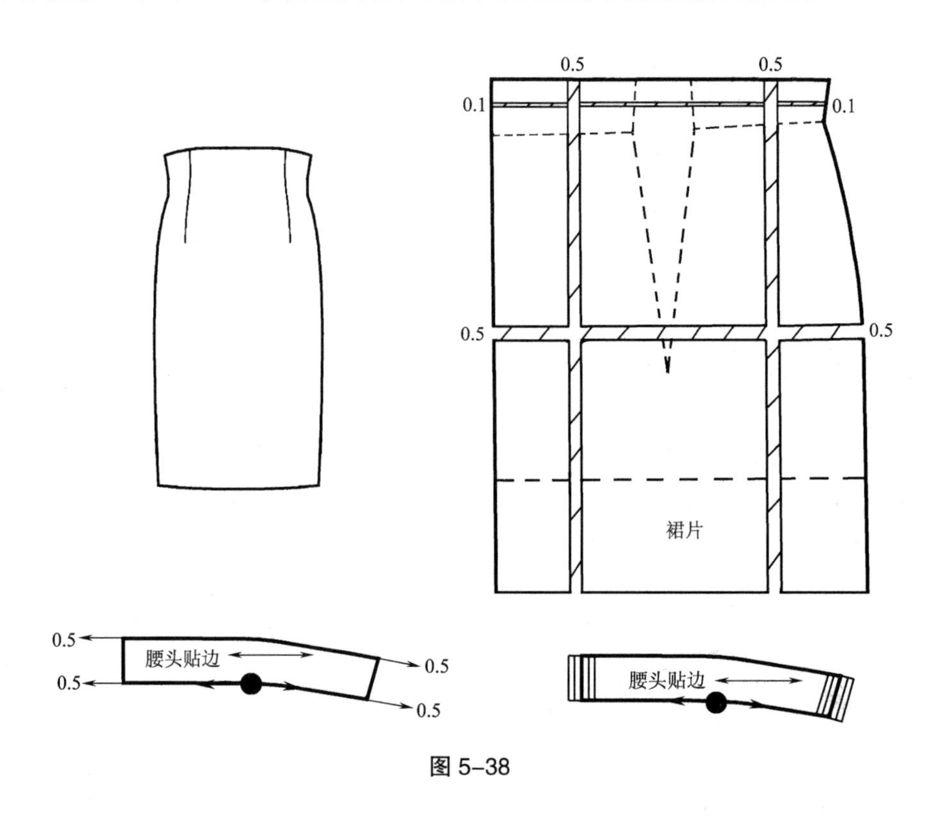

图 5–38

☞ 本章总结

本章分别介绍了省道、褶裥、分割线、装袖、连衣袖、袖头、衣领、帽子、贴边、衣袋和腰头等各类服装部件纸样的放缩量数值分配和放码操作技术原理；通过介绍各类型服装部件纸样的放码，说明了为确保放码后纸样外形和服装款式设计效果的统一性，需采用适当的放码方法和操作技巧。

☞ 思考题

1. 服装部件纸样放缩量数值分配的依据是什么？举例说明。
2. 服装省道、褶裥和分割线款式纸样的放码有什么规律？

3. 如何分配插肩袖纸样放缩量？
4. 如何将衣身的袖窿弧线放缩值分配在两片西服袖纸样上？
5. 如何分配袖衩和袖头纸样的放缩值？
6. 如何分配贴边纸样和衣袋纸样的放缩值？
7. 普通腰头、低腰头和高腰头款式的裤子或裙子在放码上有什么不同？

练习题

1. 依据我国女子服装号型 5 · 4A 系列规格放码档差数值，进行不同部位衣片省道、褶裥和分割线款式纸样的放码。

2. 依据我国女子服装号型 5 · 4A 系列规格放码档差数值，进行插肩袖、两片西服袖纸样的放码。

3. 若领围档差值为 1.0cm，全号型领高尺寸相同，分别进行校服领、衬衫领、平驳头西服领和青果领纸样的放码。

4. 操作 5 · 4A 系列规格的连衣垂领纸样和帽子纸样的放码。

服装整体放码应用与实践

女式服装款式放码

教学内容： 半身裙款式放码

裤子款式放码

女式衬衫款式放码

连衣裙和旗袍款式放码

女式西服和大衣款式放码

教学时间： 6 课时

教学目的： 通过本章的学习，使学生了解女式各类服装款式的结构特征，理解服装款式整体纸样放码的要求，熟悉各类服装部件与整体纸样放码的联系，掌握女式各类服装整体纸样放码的操作技巧与应用，为服装纸样放码创新奠定技能基础。

教学要求： 1. 了解女式各类裙子、裤子、衬衫、连衣裙、旗袍、西服和大衣款式的结构特征。

2. 理解服装款式整体纸样放码的要求。

3. 理解女式各类裙子、裤子、衬衫、连衣裙、旗袍、西服和大衣款式纸样的部件与整体放码数值分配依据。

4. 熟悉女式各类裙子、裤子、衬衫、连衣裙、旗袍、西服和大衣款式纸样的整体放码操作要点。

5. 掌握女式各类裙子、裤子、衬衫、连衣裙、旗袍、西服和大衣款式纸样放码的操作技巧与应用。

课前准备： 女装裙子、裤子、衬衫、连衣裙、旗袍、西服和大衣款式纸样样板、放码尺、剪刀、笔、白纸等工具。

第六章 女式服装款式放码

依据放码原理和技术操作方法，在女式服装款式放码前，必须深入了解服装款式的结构特点，掌握号型规格系列的设置，严格按照各部位档差值数据进行放码，并处理好尺寸与图形的协调关系，使完成后的全号型纸样保持原有的服装款式设计效果。由于女装款式千变万化，合体程度不同的女装要求放缩的精确度也不同，一般紧身服装要求放缩精确度高，如内衣和紧身晚装等，在放码中，不能只考虑号型规格系列档差值，还要考虑人体的结构特点及服装的合体性来调整纸样个别部位的放缩值。但当进行客户订单生产时，一定要严格按照客户订单上的服装尺寸数据进行制板和放码，不可以随意改动客户订单上的有关尺寸数据，若服装某部位尺寸的确需要修正时，一定要在制作前取得客户的同意，否则属于严重违约行为，会给企业带来不必要的损失。另外，对服装成品放码，有的是整套纸样片的每个部位都按规则放码，有的则是整套纸样片的某些裁片或某些部位不需要进行号型全方位的放缩，即可以两个或多个号型放缩一个规格的不规则放码，这都要依据服装成品号型规格系列的设置来确定，而不能随意修改。为了方便纸样放码操作，需依据服装款式结构和工艺特点选择放码基准点，再确定放码切割线或各放码点的尺寸放缩量分配值，在放码精确度允许的情况下尽量简化放码，可按经验把握纸样放码的位置方向和形状，提高放码效率。本章参照表2-6中我国服装规格号型女子5·4A系列分档数值，结合市场各类女装成品销售号型规格尺寸与放码档差值，分别介绍各种不同类型服装款式的放码。

说明：

1. 在本章各图示中，（1）为服装款式图；（2）为放码切割线图；（3）为放码点尺寸分配值图；（4）为放缩纸样结果图。其中在（1）服装款式图中，有些前片或后片服装款式结构左右对称，故取半幅服装的正、背面款式图。

2. 在本章所示的服装款式中，衣长尺寸档差值依据款式长短而定，一般衣长在臀围线之下取衣长档差值为2.0cm，在2/3腰围线至臀围线处取衣长档差值为1.5cm，在1/2腰围线至臀围线处取衣长档差值为1.0cm，在腰围线之下取衣长档差值为0.7cm，在腰围线处取衣长档差值为0.5cm。

第一节　半身裙款式放码

半身裙，又称裙子，其外形轮廓基本上有窄裙、直筒裙和斜裙，而且款式变化丰富，如多片裙、多层裙、大摆裙、西服裙、牛仔裙等。按照裙子原型和腰头放码技术操作原理，依据表 6–1 中的裙子成品号型规格及档差值，分别进行各类裙子款式的放码操作。

表 6–1　裙子成品规格及档差值

单位：cm

市场尺码	XS	S	M	L	XL	档差值
号型	150/60A	155/64A	160/68A	165/72A	170/76A	5・4A
腰围	62	66	70	74	78	4.0
臀围	86	90	94	98	102	4.0
裙长	56	58	60	62	64	2.0

注　通常市场上销售的裙子尺寸取整数；裙长在膝围线稍下，但裙长要依据造型设计穿着长度而定，一般裙长档差值采用数据为：短裙 1 ~ 1.5cm，中长裙 1.8 ~ 2cm，长裙 2.5 ~ 3cm。

一、多片裙

如图 6–1 所示，该裙的款式特点为：八片宽度尺寸相同且纵向拼缝的裙子。在放码时，分别将裙子臀围和腰围尺寸的放码档差值除以 8，即 0.25cm，并分配在每一裙片纸样的臀部和腰部宽度上。要保持每一裙片纵向缝线形状不变，可以在裙片纸样上取臀围线的中点为放码基准点，依据放码切割数据分配各放码点的放缩值进行放码。一般情况下，全号型的腰头宽度尺寸相同，可以在腰头纸样上取一侧端点为放码基准点，长度取腰围的放码档差值而向另一端进行放码。

二、三层裙

如图 6–2 所示，该裙的款式特点为：纵向三层裙，即七分裙。在放码时，将裙长的放码档差值（取 2.5cm）分为三等份，分别分配在三层裙片纸样的长度中（即 0.8~0.9cm，取整数），要保持每层裙摆线形状及每层裙长所占的长度比例不变，裙身可以取腰围线与侧缝线的交点为放码基准点，依据放码切割数据分配各放码点的放缩值进行放码。同理，腰头纸样可以取一侧端点为放码基准点，长度取腰围的放码档差值向另一端进行放码。

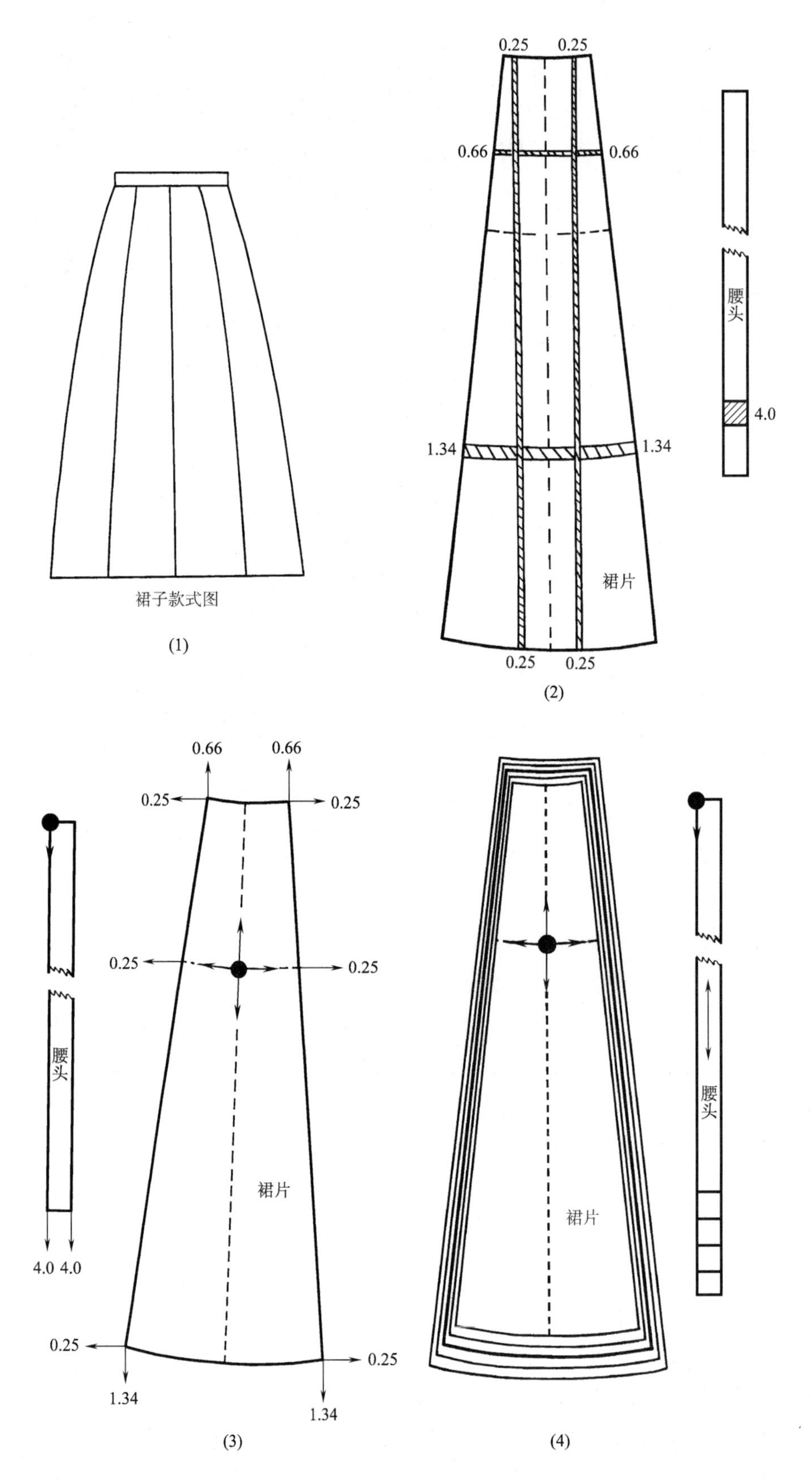
裙子款式图
(1)
0.25
0.25
0.66
0.66
1.34
1.34
裙片
0.25
0.25
腰头
4.0
(2)
0.66
0.66
0.25
0.25
0.25
0.25
腰头
4.0 4.0
裙片
0.25
0.25
1.34
1.34
(3)
腰头
裙片
(4)

图 6–1

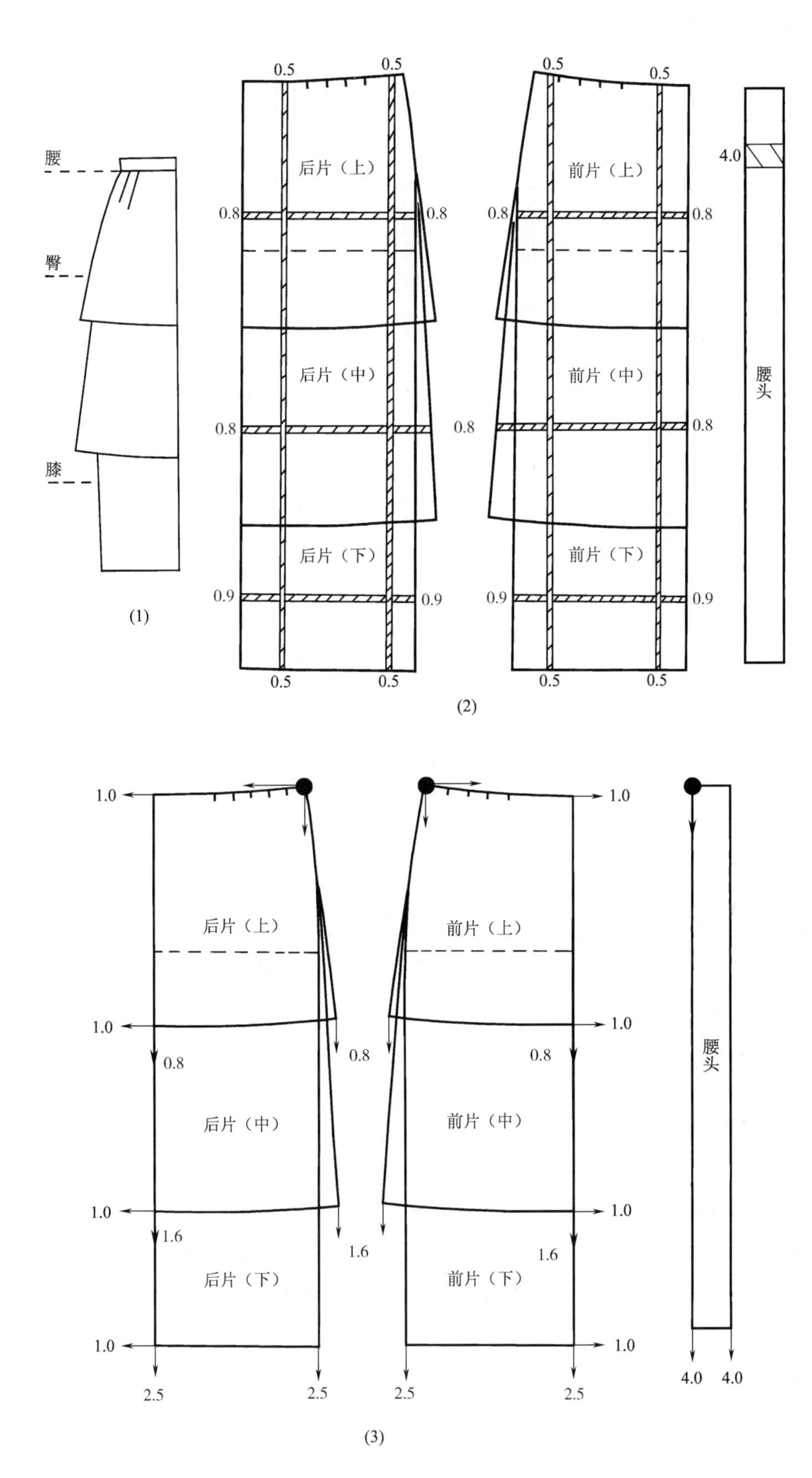
腰
臀
膝
(1)
0.5
0.5
后片（上）
0.8
0.8
后片（中）
0.8
后片（下）
0.9
0.9
0.5
0.5
0.5
0.5
前片（上）
0.8
0.8
前片（中）
0.8
0.8
前片（下）
0.9
0.9
0.5
0.5
4.0
腰头
(2)
1.0
1.0
0.8
1.0
1.6
1.0
2.5
2.5
后片（上）
后片（中）
后片（下）
0.8
1.6
1.0
1.0
0.8
1.0
1.6
1.0
2.5
2.5
前片（上）
前片（中）
前片（下）
腰头
4.0
4.0
(3)

图 6–2

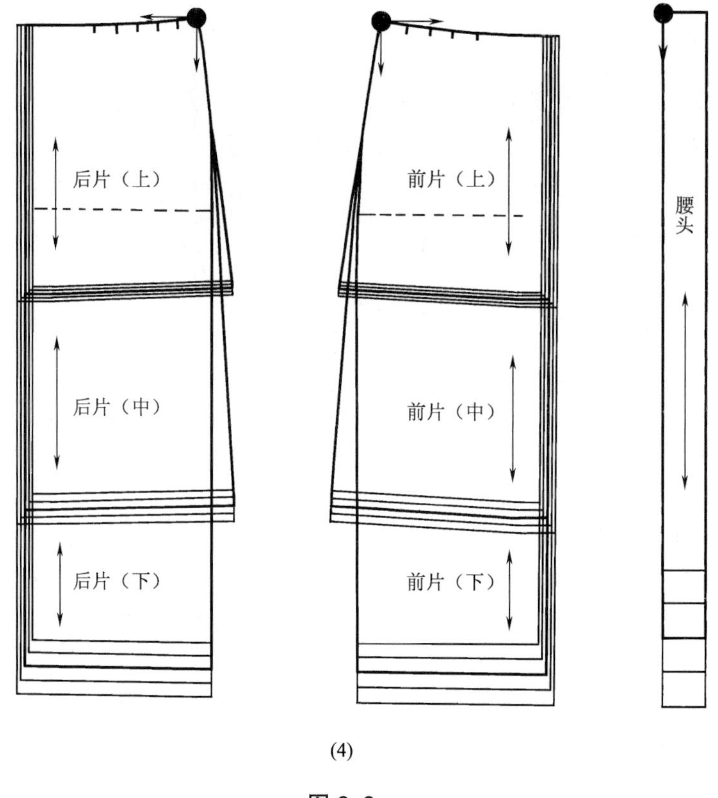

(4)

图 6–2

三、育克式宽摆裙

如图 6–3 所示，该裙的款式特点为：前、后裙身设有花式转角形育克腰头，宽展裙摆。在放码时，要保持前、后裙身花式育克线和宽展裙摆线形状不变，可以分别在前、后裙片纸样和育克纸样上取育克线的转角点为放码基准点，依据放码切割数据分配各放码点的放缩值进行放码。

四、西服裙

如图 6–4 所示，该裙的款式特点为：西服直筒裙，膝长款，后中下摆开衩，有里布。在放码时，裙后中下摆开衩要依据生产订单而定，可以是两个码跳一档；里布的放缩量要与面料相配合，依据放码切割数据分配各放码点的放缩值进行放码。

五、牛仔斜裙

如图 6–5 所示，该裙的款式特点为：短款斜裙，前身有弯插袋。在放码时，弯插袋的放缩量要与前片相配合，依据各放码点的放缩值分配来进行放码。

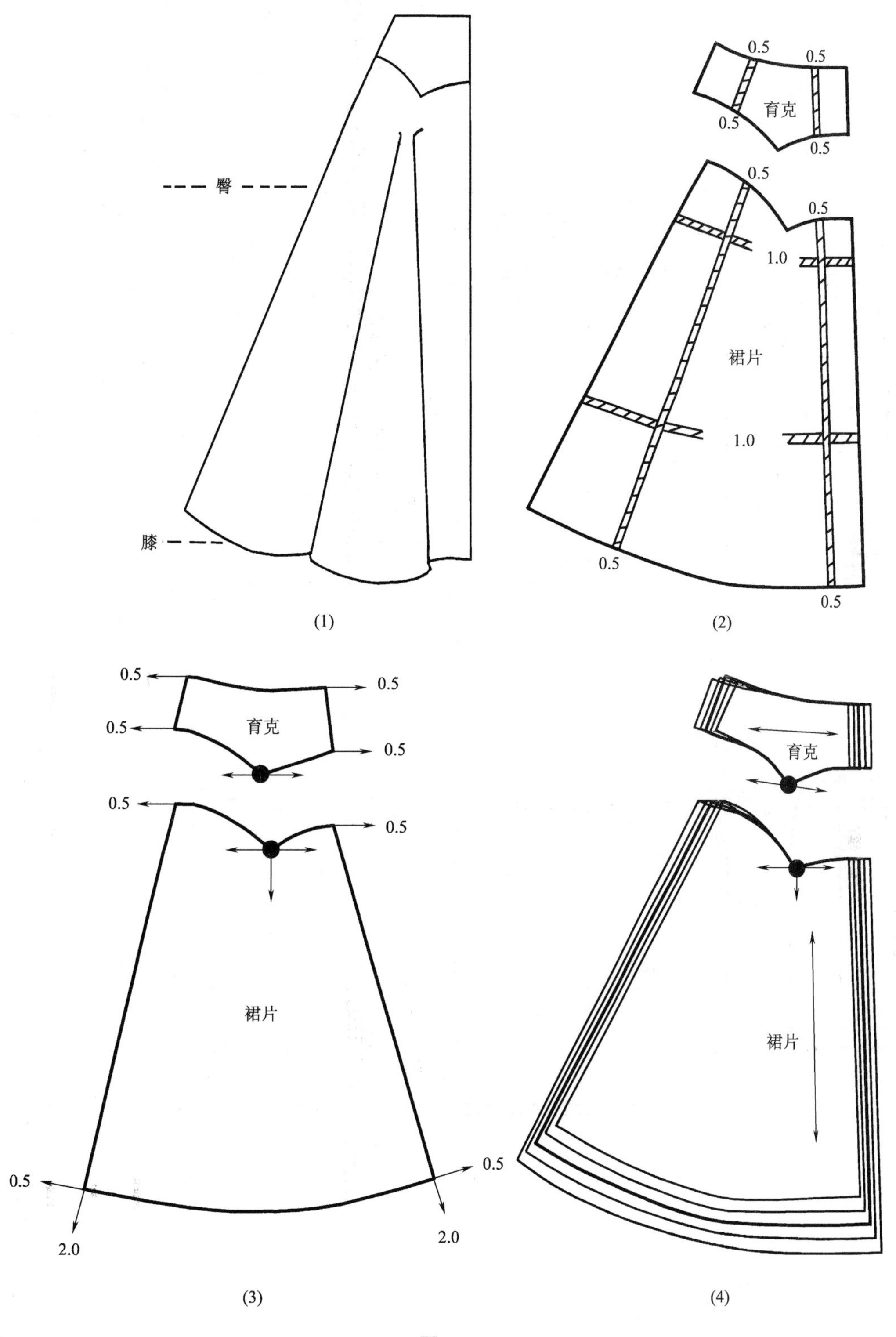
臀
膝
(1)
0.5
0.5
育克
0.5
0.5
0.5
0.5
1.0
裙片
1.0
0.5
0.5
(2)
0.5
0.5
育克
0.5
0.5
0.5
0.5
裙片
0.5
0.5
2.0
2.0
(3)
育克
裙片
(4)

图 6–3

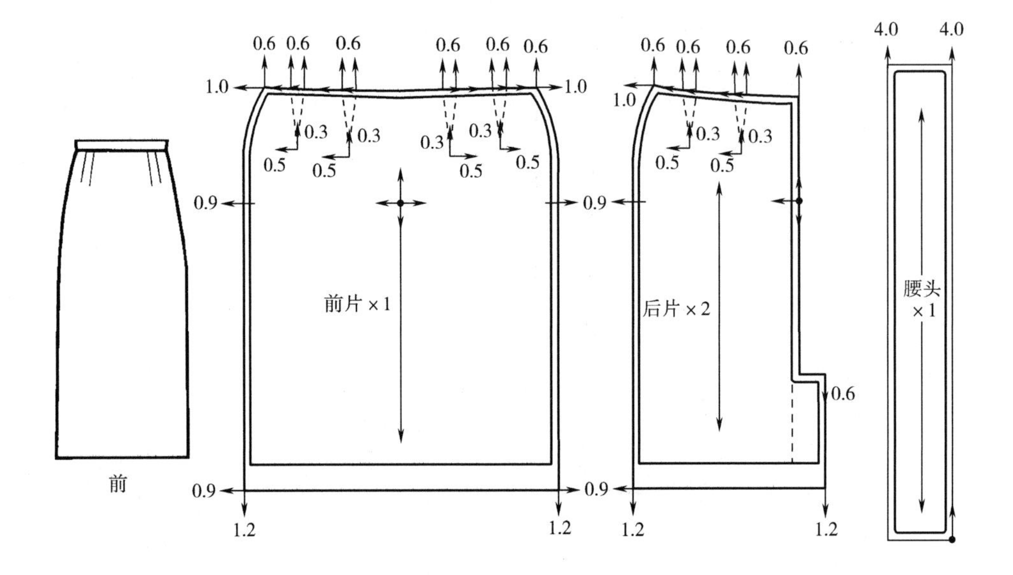

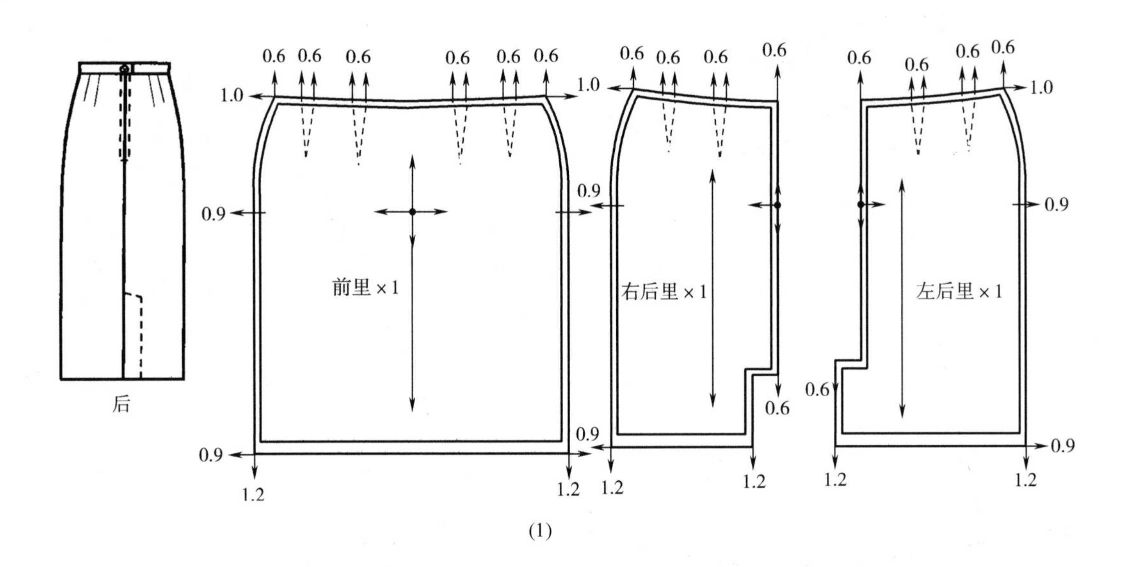

(1)

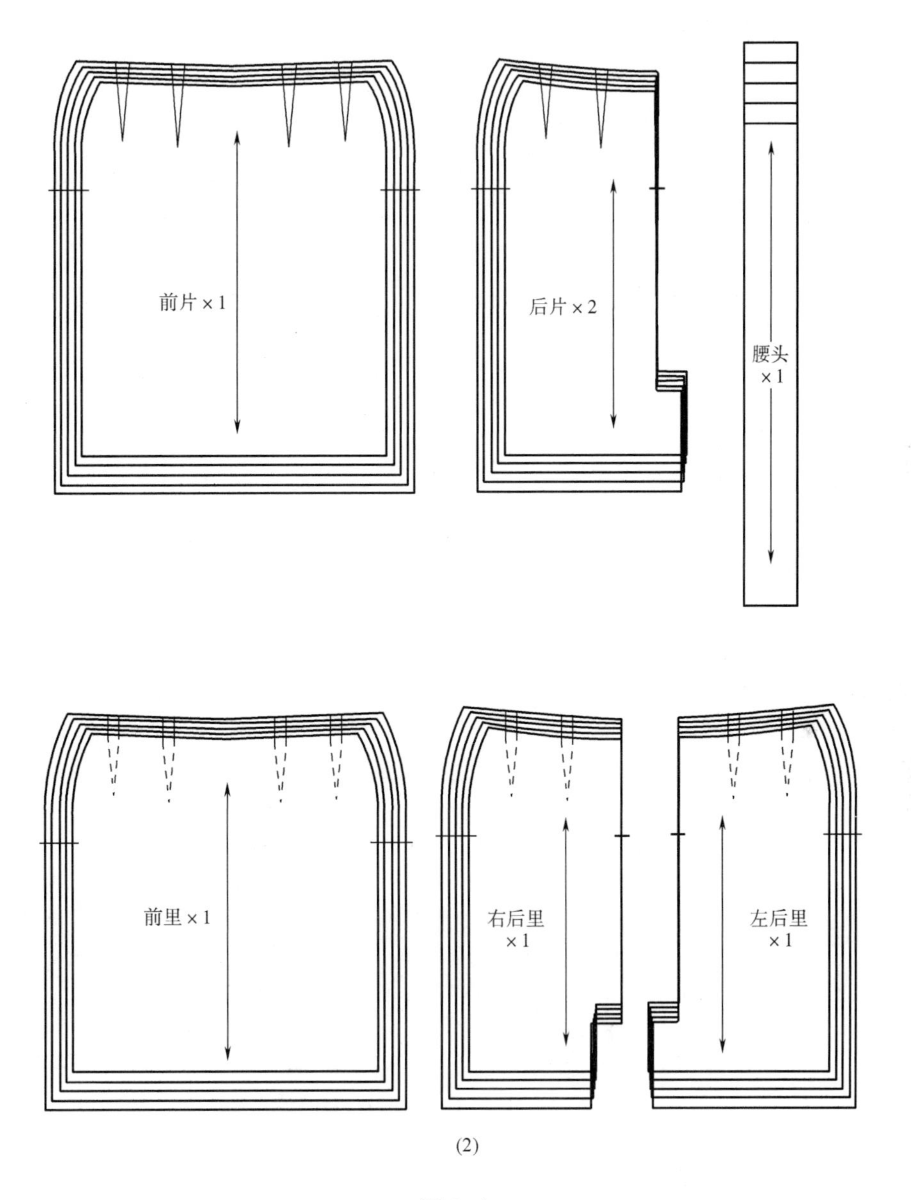

(2)

图 6-4

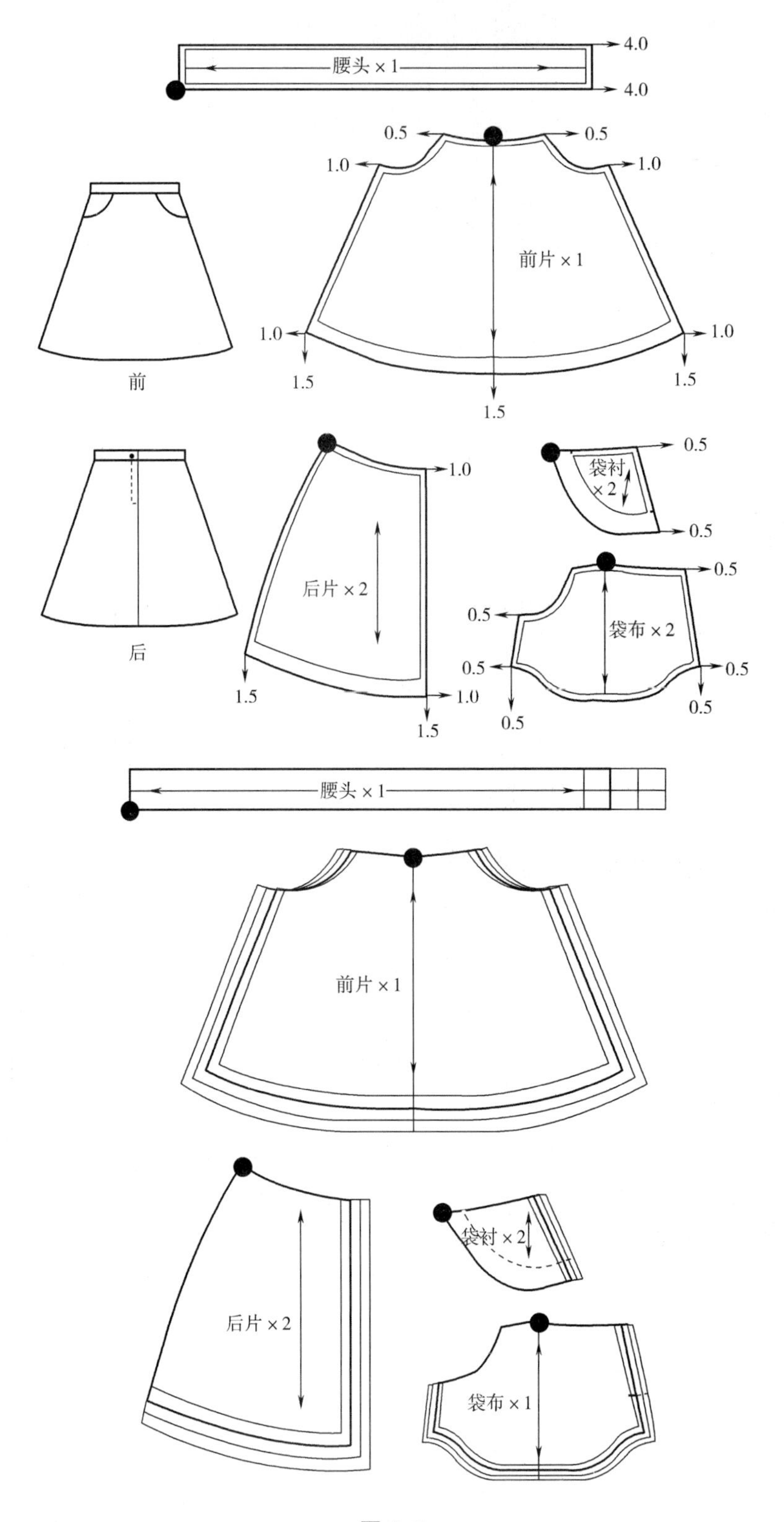
4.0
腰头×1
4.0
0.5
0.5
1.0
1.0
前片×1
1.0
1.0
1.5
1.5
1.5
前
1.0
袋衬×2
0.5
0.5
后片×2
0.5
0.5
袋布×2
0.5
0.5
后
1.5
1.0
1.5
0.5
0.5
腰头×1
前片×1
袋衬×2
后片×2
袋布×1

图 6–5

第二节　裤子款式放码

裤子款式的放码是裤身原型和腰头、袋等放码技术操作原理的综合应用，依据表 6–2 的号型规格及档差值，分别进行各类裤子款式的放码操作。

表 6–2　女裤成品规格及档差值

单位：cm

市场尺码	26	27	28	29	30	档差值
号型	155/64A	160/68A	165/72A	170/76A	175/80A	5・4A
腰围	66	70	74	78	82	4.0
臀围	90	94	98	102	106	4.0
裤长	95	98	101	104	107	3.0
前裆	25	25	26.2	26.2	27.4	1.2
后裆	34	34	35.5	35.5	37	1.5
大腿围	52	52	54.5	54.5	57	2.5
脚口围	40	40	42	42	44	2.0

注　通常市场上销售的裤子尺寸取整数；前裆与后裆尺寸依据高 / 低腰裤型而定，两个码跳一档；裤长到脚底，但裤长要依据款式造型设计的穿着长度而定，一般裤长档差值采用数据为：短裤 1 ~ 1.5cm，中裤 1.8 ~ 2cm，七分裤 2.25 ~ 2.5cm，九分裤 2.5 ~ 2.75cm，长裤 2.75 ~ 3cm。

一、低腰九分裤

如图 6–6 所示，该裤的款式特点为：低腰，前身腰头下有插袋，后身有育克，育克线下有袋盖，裤脚口开衩。由于低腰裤的上裆尺寸较小，要保持裤身低腰程度和育克线形状不变，将裤身长度放码值 2.6cm 分配在上裆上为 0.6cm、裤下裆长为 2.0cm。在放码时，可以分别在前、后裤身和后育克纸样上取裤中线与横裆线的交点为放码基准点，在前、后裤腰头纸样上取宽度线的中间点为放码基准点，依据放码切割数据分配各放码点的放缩值进行放码。为确保全号型裤脚口开衩高度尺寸相同，前、后裤片纸样的裤脚口开衩定位点放码尺寸值与裤脚口侧点放码尺寸值相同。若全号型的后袋盖高度尺寸相同，可以分别在后袋盖、前袋口贴边和前袋布纸样上取一侧端点为放码基准点，配合裤身纸

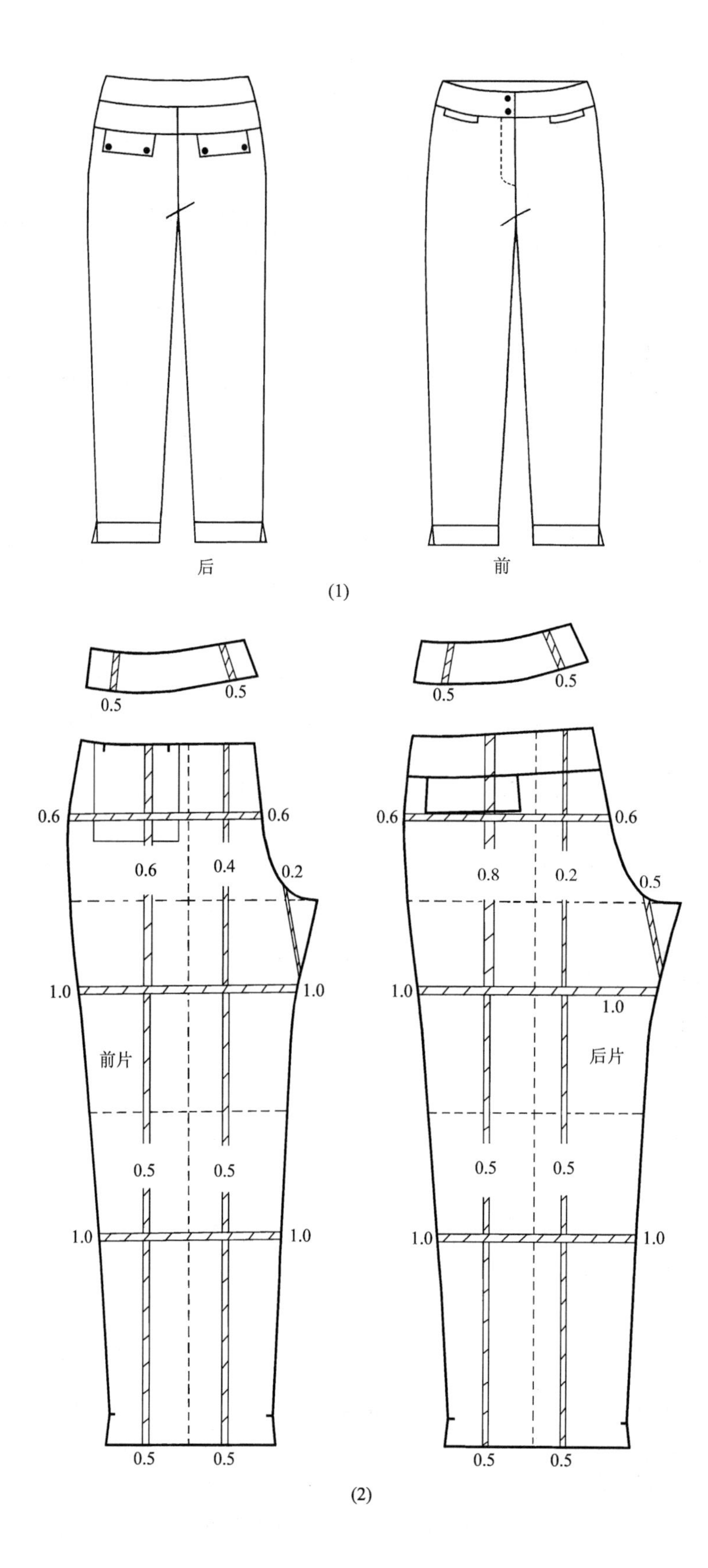
后
前
0.5
0.5
0.5
0.5
0.6
0.6
0.6
0.4
0.2
0.6
0.6
0.8
0.2
0.5
1.0
1.0
1.0
1.0
1.0
前片
后片
0.5
0.5
0.5
0.5
1.0
1.0
1.0
1.0
0.5
0.5
0.5
0.5

(1)

(2)

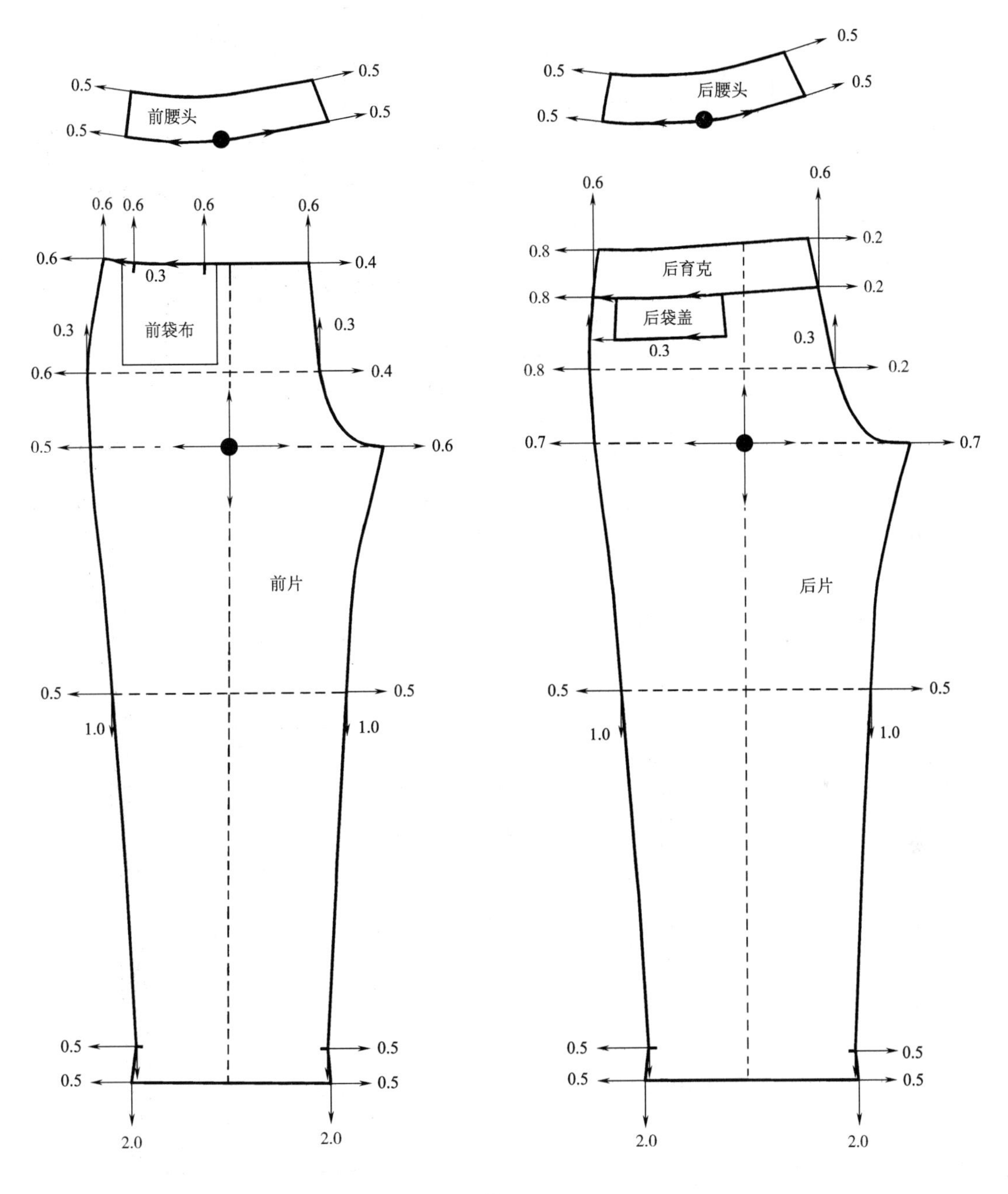

(3)

图 6-6

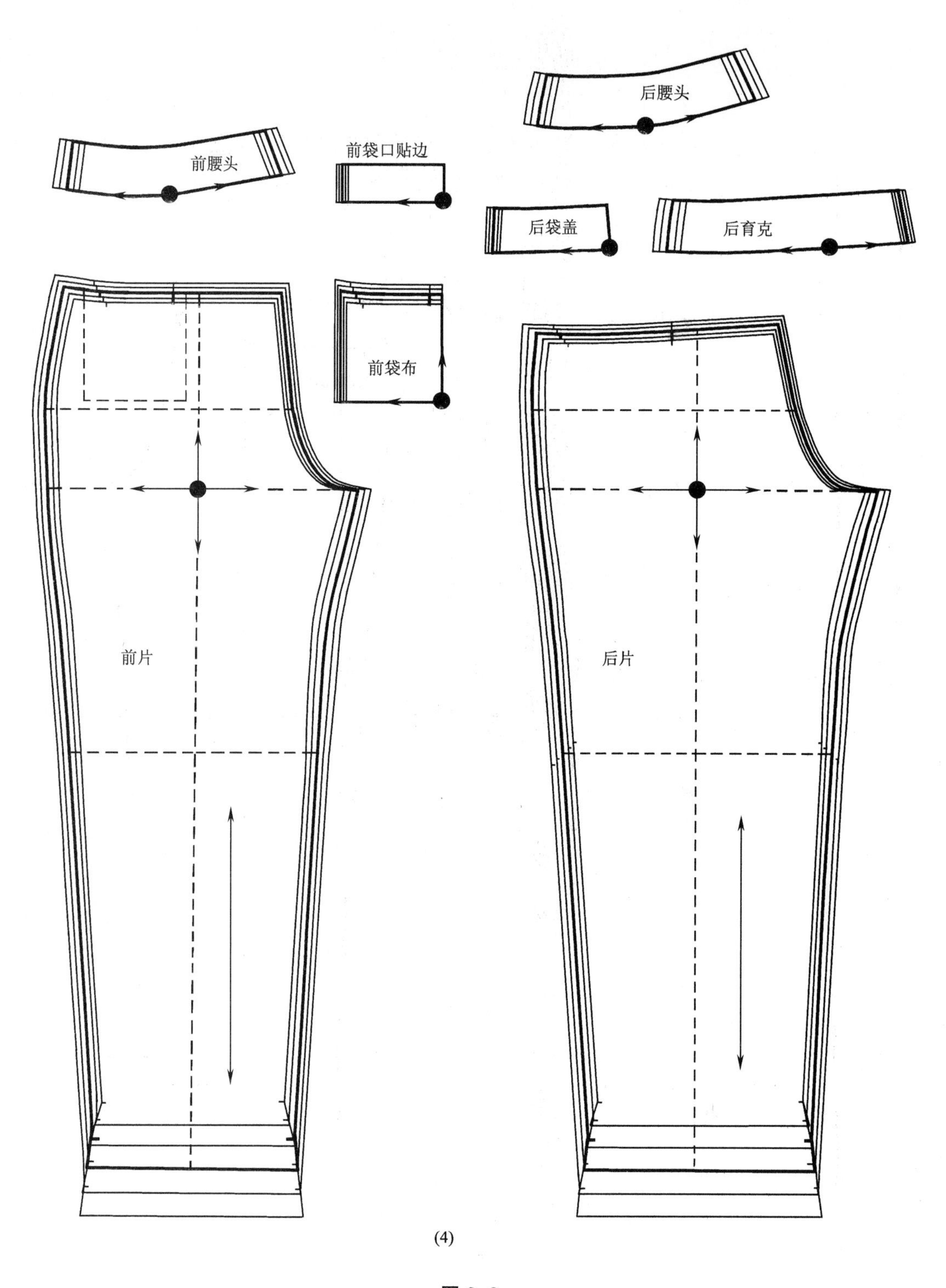

(4)

图 6–6

样宽度的放缩尺寸进行放码。

二、阔脚裤

如图 6–7 所示，此裤的款式特点为：中长、阔脚裤型，右侧边拉链开口。由于裤身取裙裤宽松纸样，裤的上裆尺寸较大，要保持裤身宽松阔脚型不变，将裤身长度放码值 2.0cm 平均分配在上裆和裤下裆长上，即各为 1.0cm。在放码时，可以分别在前、后片纸样上取省尖点的垂直线与横裆线的交点为放码基准点，在腰头和脚口贴边纸样上取一侧端点为放码基准点，依据放码切割数据分配各放码点的放缩值进行放码。

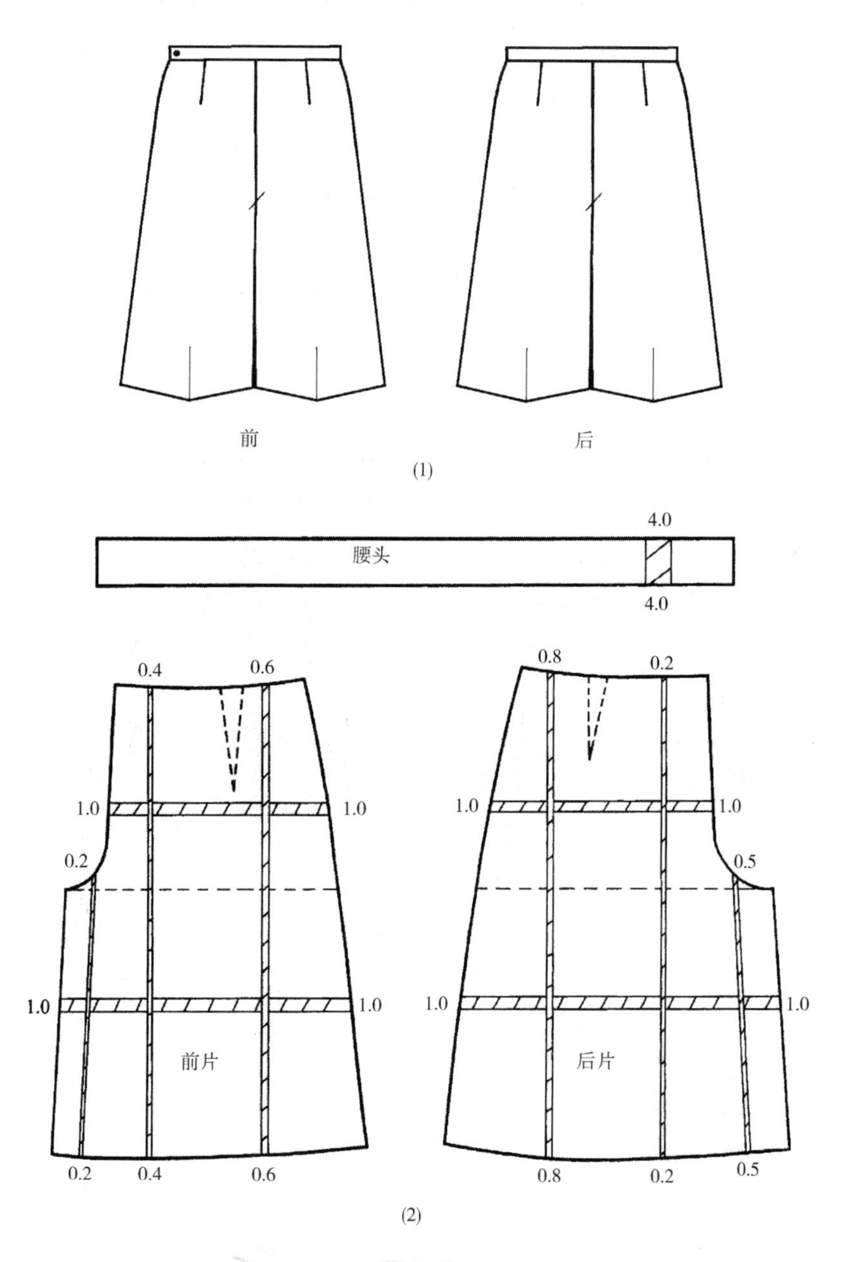

图 6–7

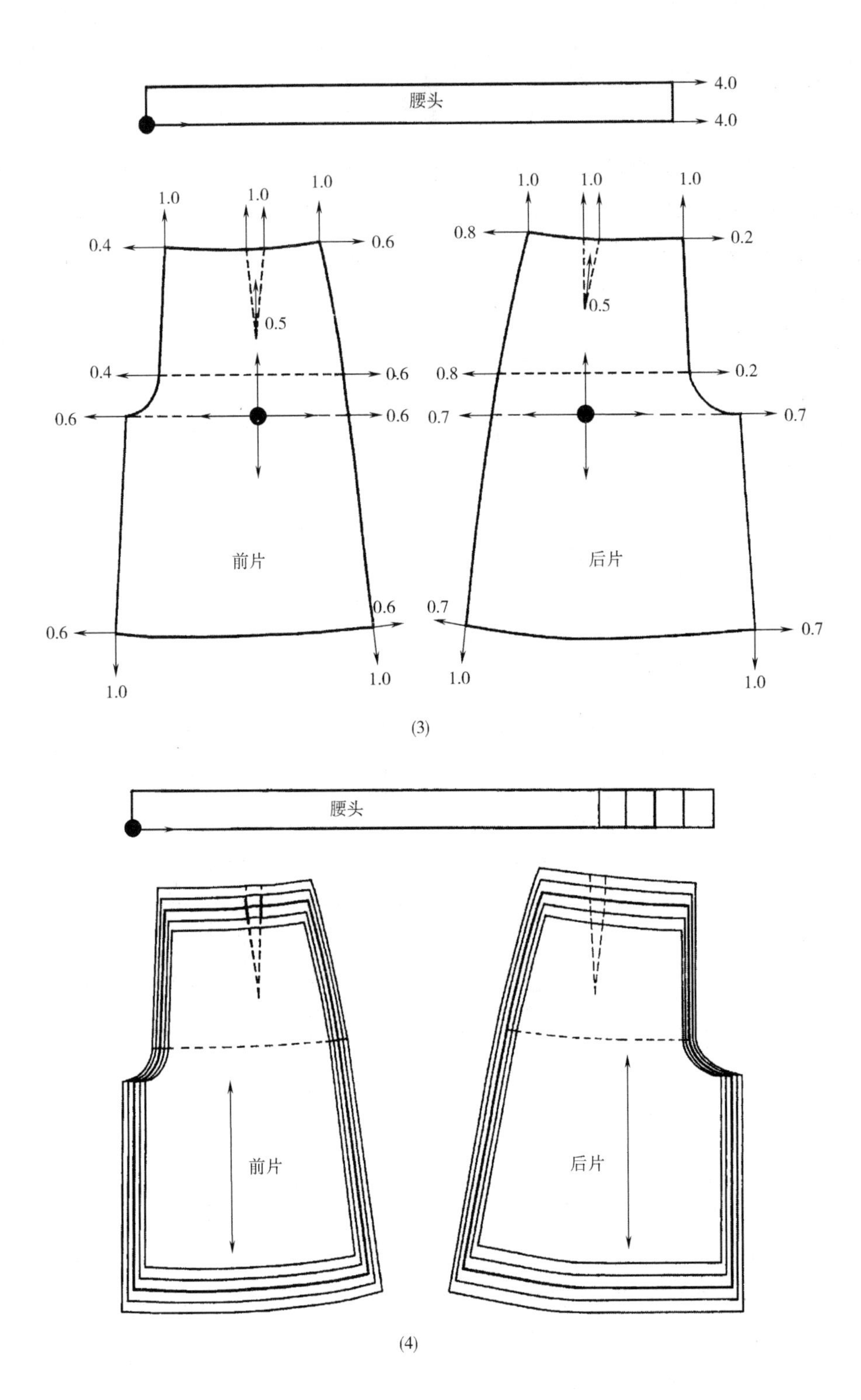
腰头
4.0
4.0
1.0
1.0
1.0
0.4
0.6
0.5
0.4
0.6
0.6
0.6
前片
0.6
0.6
1.0
1.0
1.0
1.0
1.0
0.8
0.2
0.5
0.8
0.2
0.7
0.7
后片
0.7
0.7
1.0
1.0
(3)
腰头
前片
后片
(4)

图 6–7

第三节　女式衬衫款式放码

女式衬衫款式的放码是将衣片、领片和袖片放码原理综合应用，依据表 6–3 的普通女式衬衫成品号型规格及档差值，按照女装衣身原型、省道、褶裥、分割线、各类领型和袖型的放缩原理与方法分别进行各类上衣款式的放码操作。

表 6–3　普通女式衬衫成品规格及档差值

单位：cm

市场尺码	S	M	L	XL	XXL	档差值
号型	155/80A	160/84A	165/88A	170/92A	175/96A	5・4A
胸围	90	94	98	102	106	4.0
领围	35	36	37	38	39	1.0
总肩宽	39	40	41	42	43	1.0
短装衣长	50.5	52	53.5	55	56.5	1.5
长装衣长	62	64	66	68	70	2.0
长袖长	53.5	55	56.5	58	59.5	1.5
长袖口围	27	28	29	30	31	1.0
短袖长	19	20	21	22	23	1.0
短袖口围	31	32	33	34	35	1.0

注　衣长要依据款式造型设计的穿着长度而定，一般衣长档差值采用数据为：衣长在臀围线之下取 2cm，在 2/3 腰围线至臀围线处取 1.8cm，在腰围线至臀围线的 1/2 处取 1.5cm，在腰围线之下取 1.2cm，在腰围线处取 1.0cm。

一、泡泡袖短款衬衫

如图 6–8 所示，该衬衫的款式特点为：后身有通省，前身有圆弧形育克，在前育克线之下有通省，袖子为泡泡袖。在放码时，要保持后身通省线、前身育克圆弧线、育克线下通省线形状不变，可以分别在后片纸样上取腰围线与通省线的交点为放码基准点，在前片纸样上取前育克圆弧线与通省线的交点为放码基准点，在泡泡袖纸样上取袖中线与袖山深线的交点为放码基准点，依据放码切割数据分配各放码点的放缩值进行放码。但若是较大的泡泡袖款式，则要在袖片放码时增加袖山弧线尺寸，即适当加高袖山和加大袖口，才能形成“泡泡”的效果。

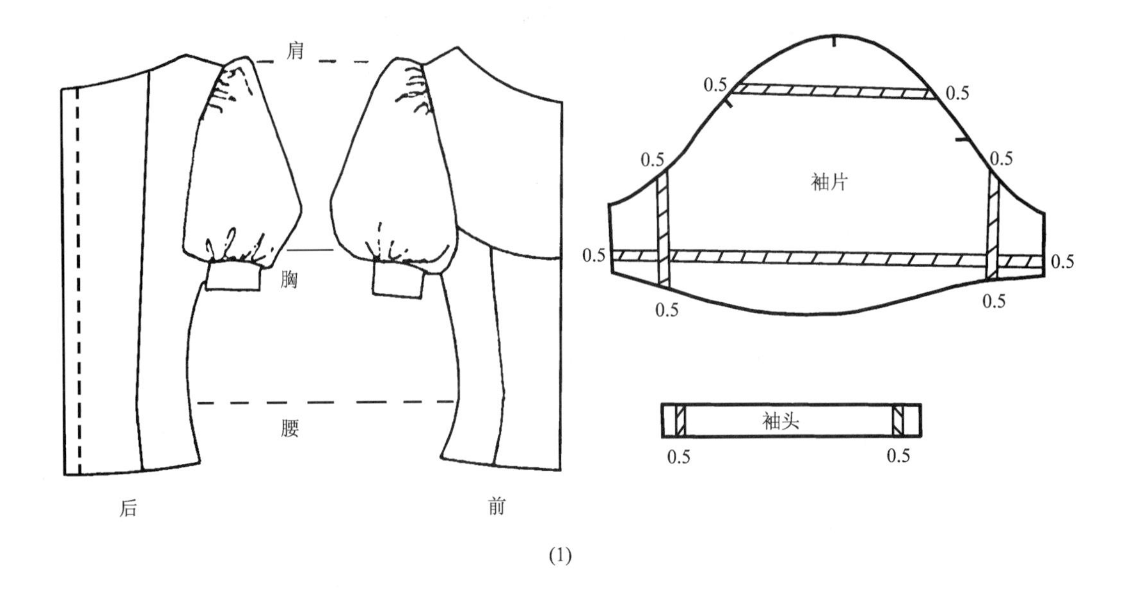

肩
胸
腰
后
前
袖片
袖头
0.5
0.5
0.5
0.5
0.5
0.5
0.5
0.5
0.5
0.5

(1)

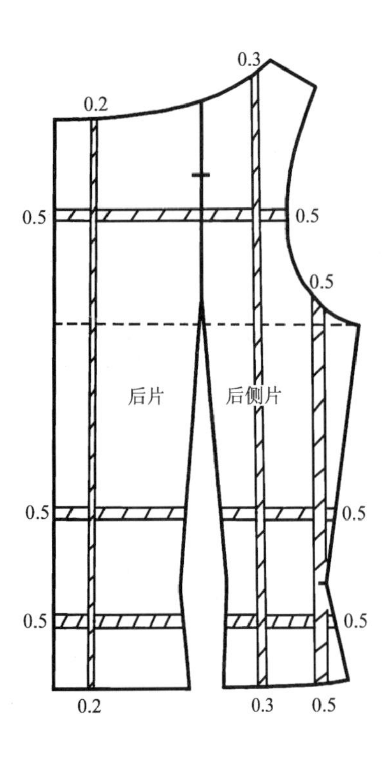

0.3
0.2
0.5
0.5
0.5
后片
后侧片
0.5
0.5
0.5
0.5
0.2
0.3
0.5

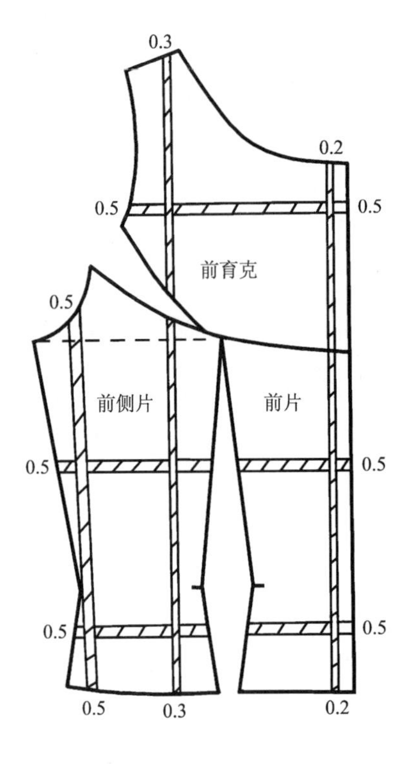

0.3
0.2
0.5
0.5
前育克
0.5
前侧片
前片
0.5
0.5
0.5
0.5
0.5
0.3
0.2

(2)

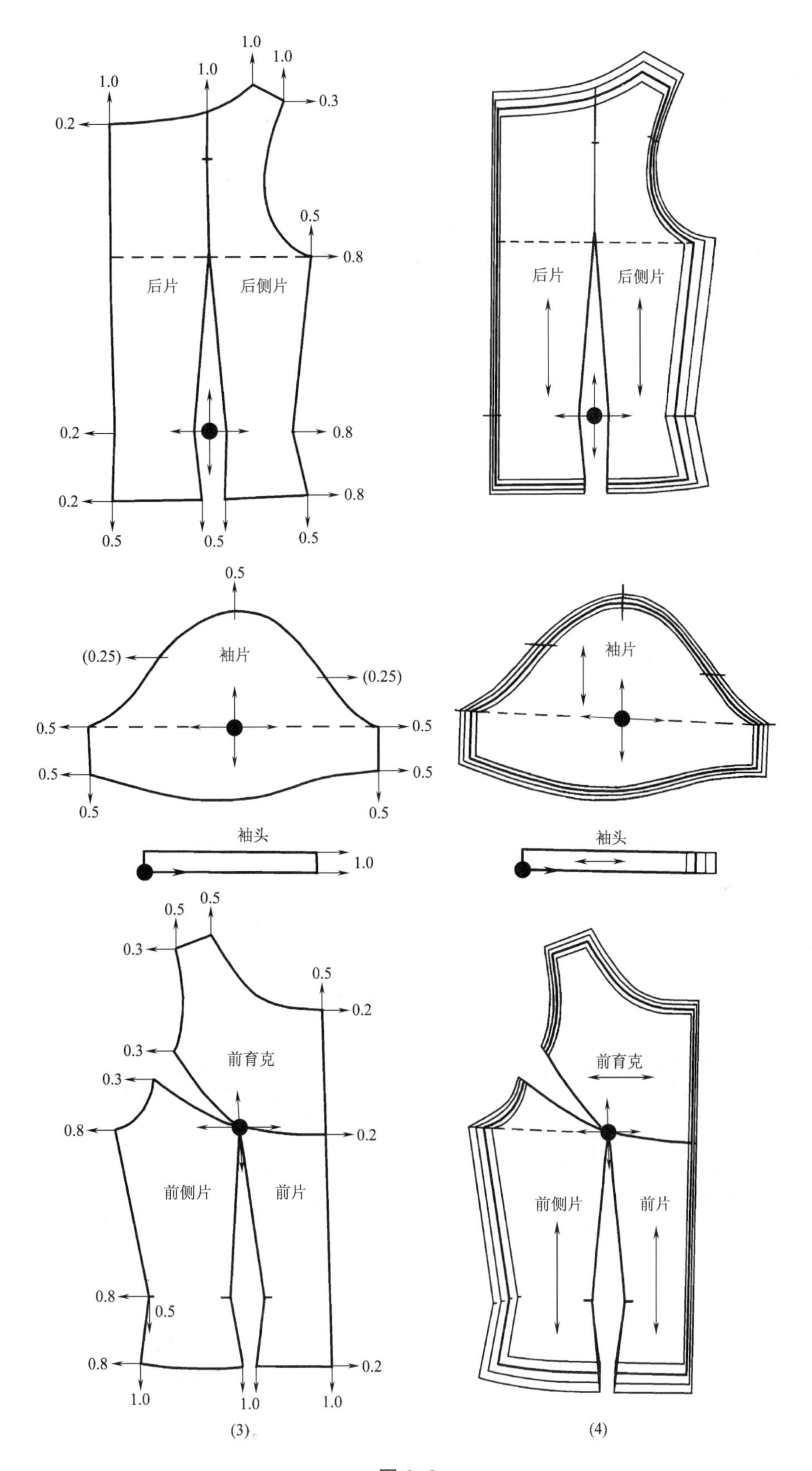
1.0
1.0
1.0
1.0
0.3
0.2
0.5
0.8
后片
后侧片
0.2
0.8
0.2
0.8
0.5
0.5
0.5
后片
后侧片
0.5
(0.25)
袖片
(0.25)
0.5
0.5
0.5
0.5
0.5
0.5
袖片
袖头
1.0
袖头
0.5
0.5
0.3
0.5
0.2
0.3
前育克
0.3
0.8
0.2
前侧片
前片
0.8
0.5
0.8
0.2
1.0
1.0
1.0
前育克
前侧片
前片
(3)
(4)

图 6–8

二、落肩袖短款衬衫

如图 6–9 所示，该衬衫的款式特点为：落肩（低肩）袖型，前身有半育克线，在半育克线下有缩褶。在放码时，要保持落肩袖线和前身半育克线形状不变，可以分别在前、后衣片纸样上取颈侧点的垂直线与袖窿深线的交点为放码基准点，在袖子纸样上取袖口线的中点为放码基准点，依据放码切割数据分配各放码点的放缩值进行放码。

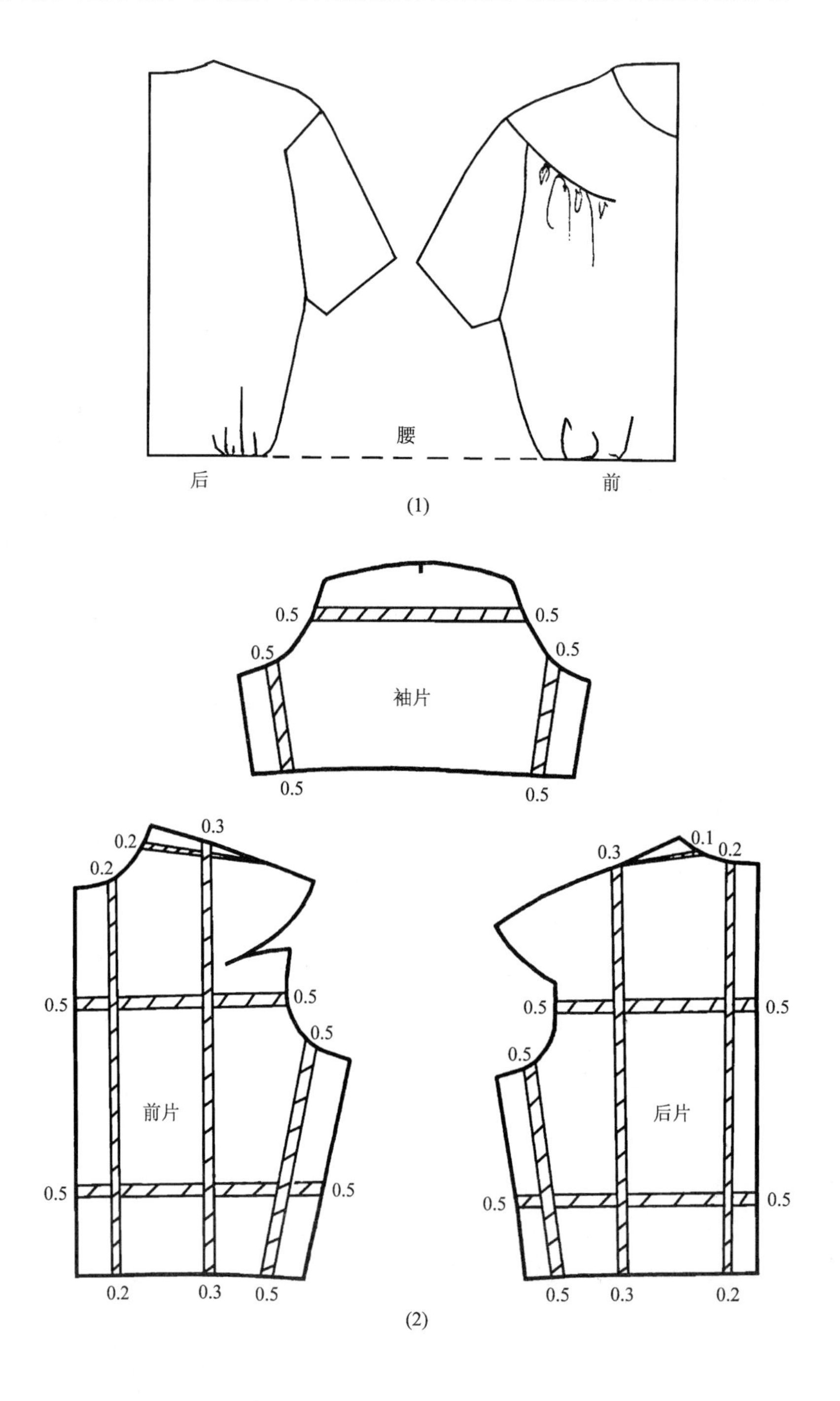

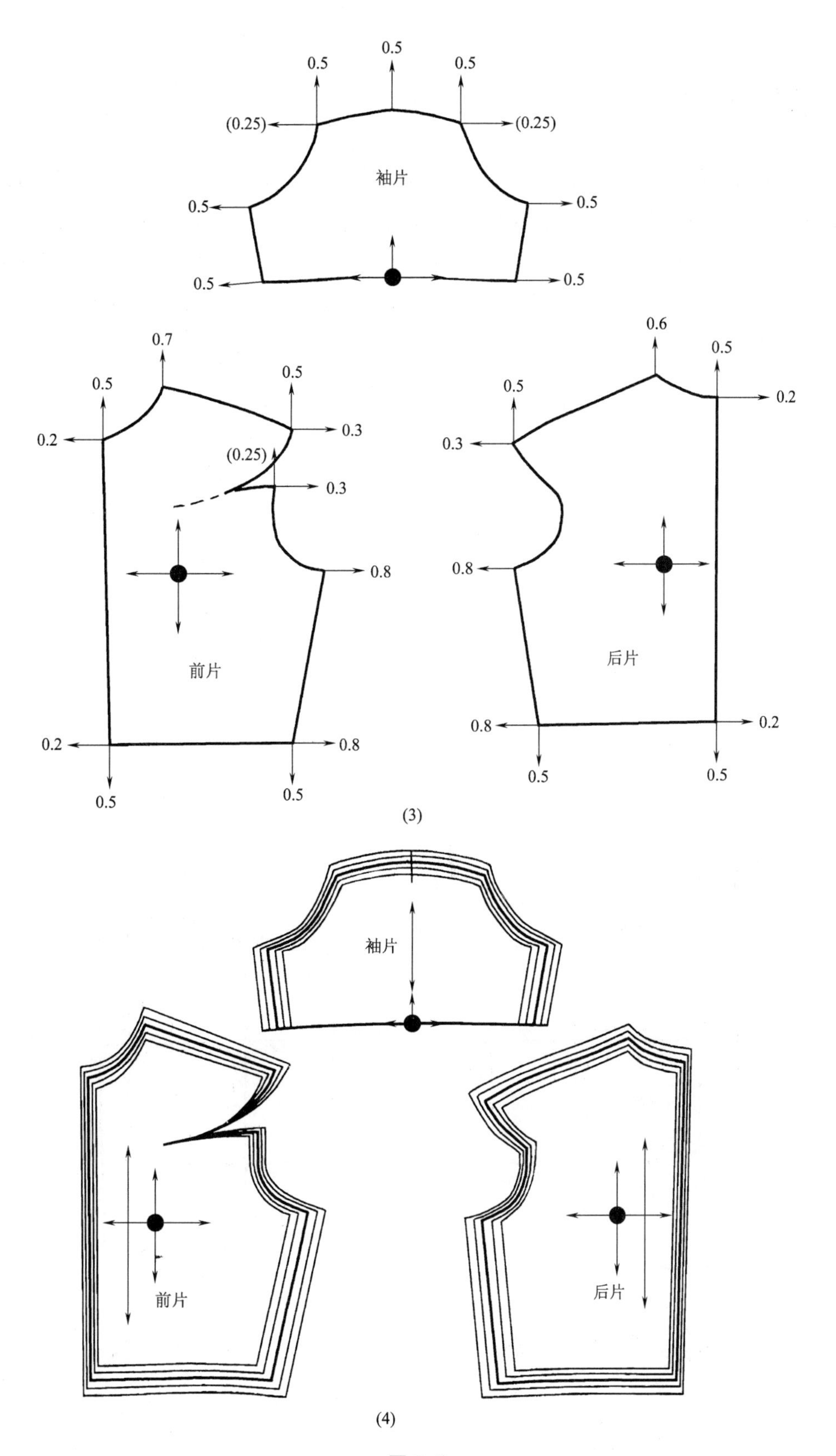
0.5
0.5
0.5
(0.25)
(0.25)
袖片
0.5
0.5
0.5
0.5
0.7
0.5
0.5
0.2
0.3
(0.25)
0.3
0.8
前片
0.2
0.8
0.5
0.5
0.6
0.5
0.5
0.2
0.3
0.8
后片
0.8
0.2
0.5
0.5
(3)
袖片
前片
后片
(4)

图 6–9

三、青果领短袖衬衫

如图 6–10 所示，该衬衫的款式特点为：连衣袖，连衣青果领，前、后身有腰省，腰围分割线下有波浪形衣摆。在放码时，要保持连衣袖线、连衣领线和前、后身腰省线形状不变，可以分别在前、后衣片纸样上取前、后片腰省尖点的垂直线与袖口中点水平线的交点为放码基准点，前、后衣摆的放码尺寸值需配合前、后片腰围线的放缩尺寸，分

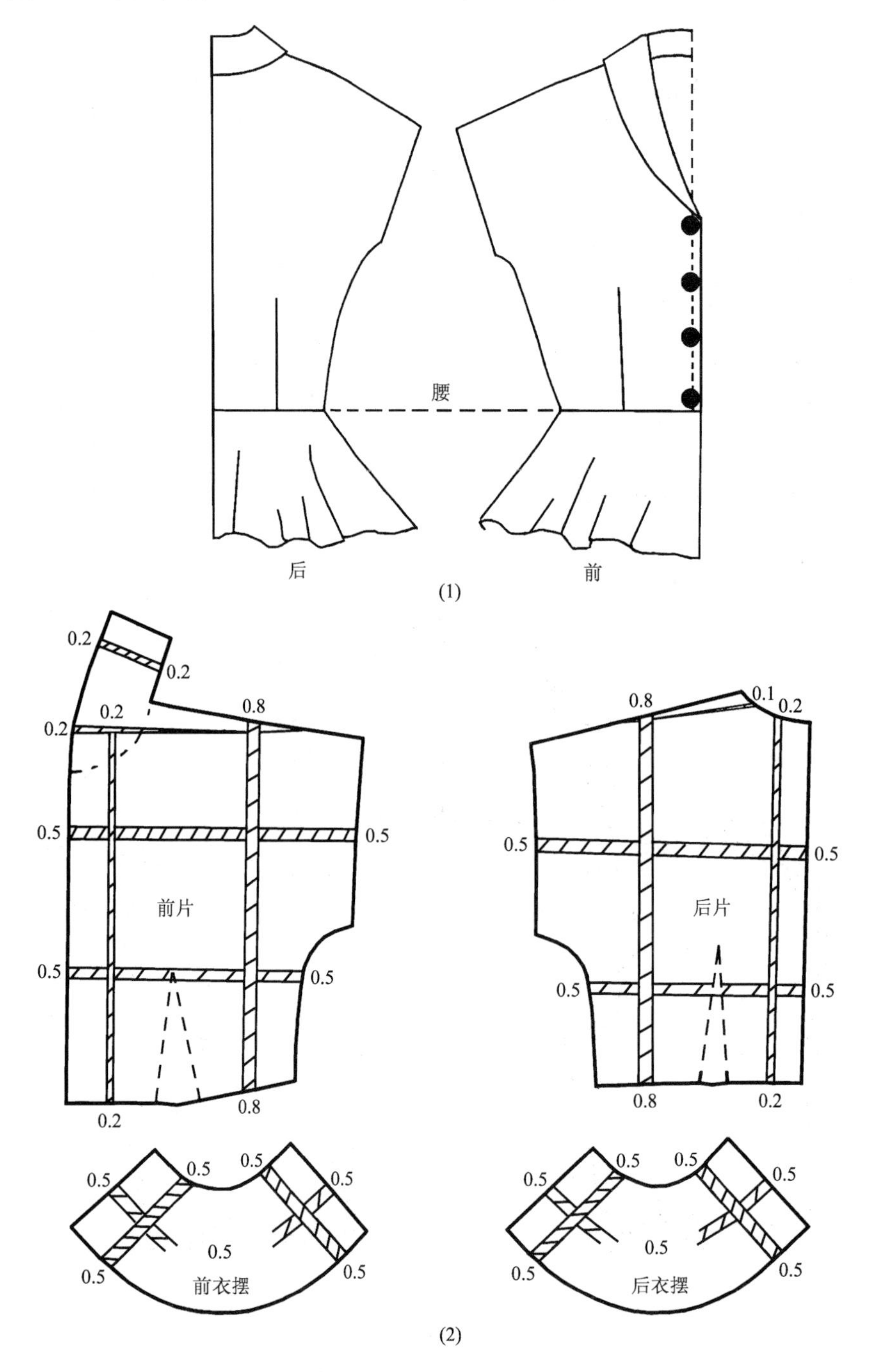

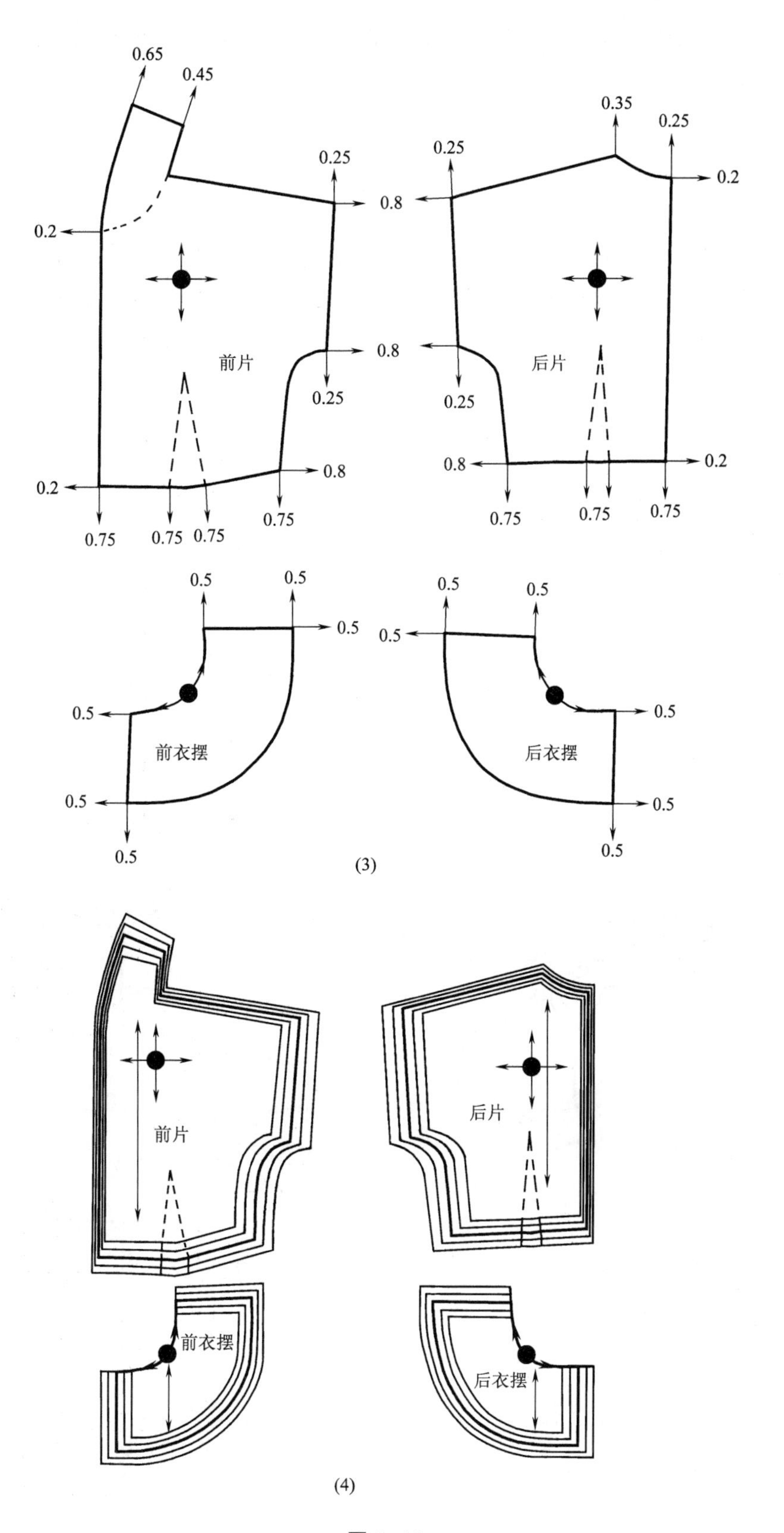
0.65
0.45
0.25
0.8
0.2
前片
0.8
0.25
0.2
0.8
0.75
0.75
0.75
0.75
0.35
0.25
0.25
0.2
0.8
后片
0.25
0.8
0.2
0.75
0.75
0.75
0.5
0.5
0.5
0.5
前衣摆
0.5
0.5
0.5
0.5
0.5
0.5
后衣摆
0.5
0.5
0.5
前片
后片
前衣摆
后衣摆

(3)

(4)

图 6-10

别取前、后衣摆纸样的腰围线中点为放码基准点，依据放码切割数据分配各放码点的放缩值进行放码。

四、连育克袖衬衫

如图 6–11 所示，该衬衫的款式特点为：前、后连育克袖型。在放码时，要保持前、后连育克袖线形状不变，可以分别在前、后衣片纸样上取颈侧点的垂直线与袖窿深线的交点为放码基准点，前、后袖片纸样分别取袖口线的中点为放码基准点，依据放码切割数据分配各放码点的放缩值进行放码。

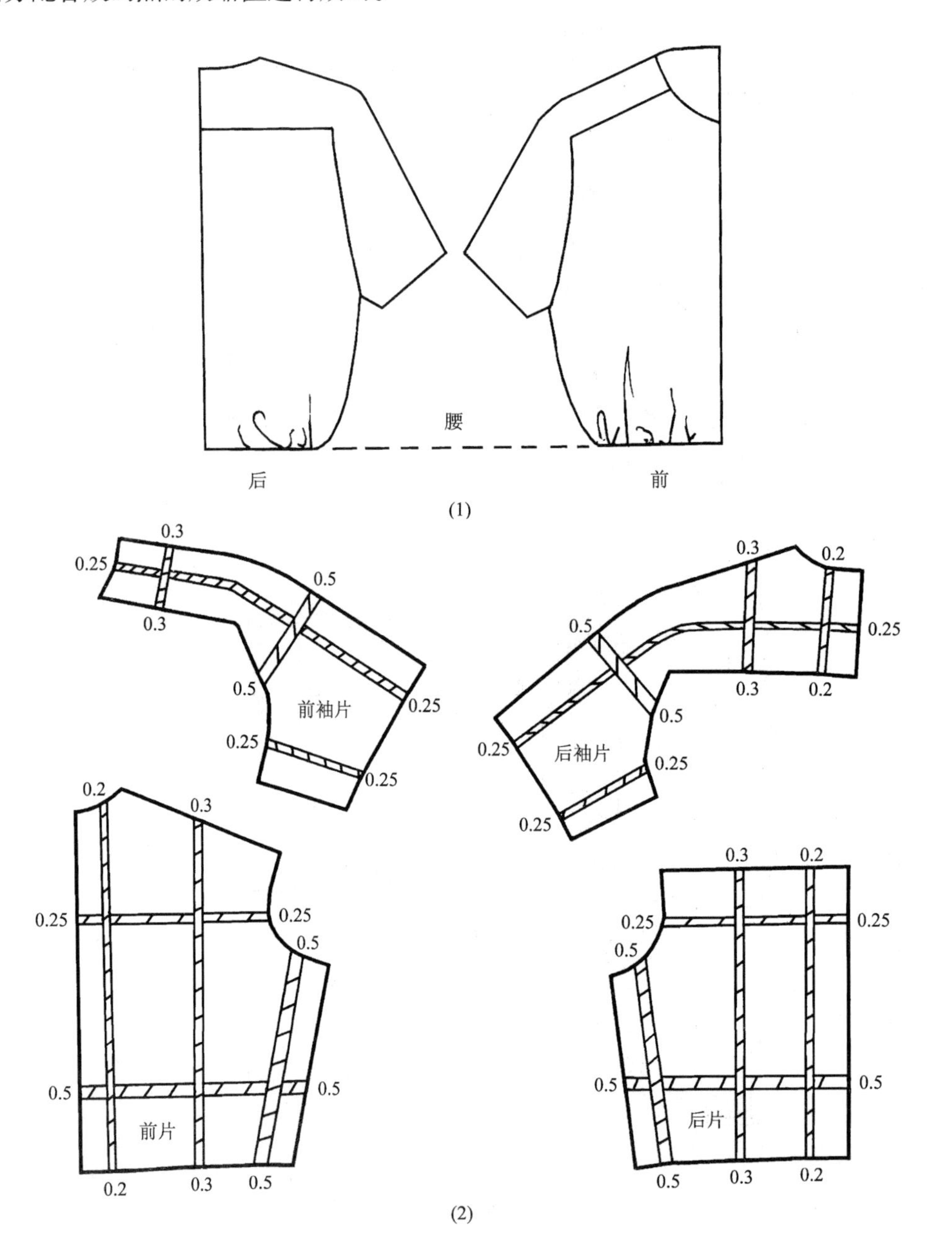

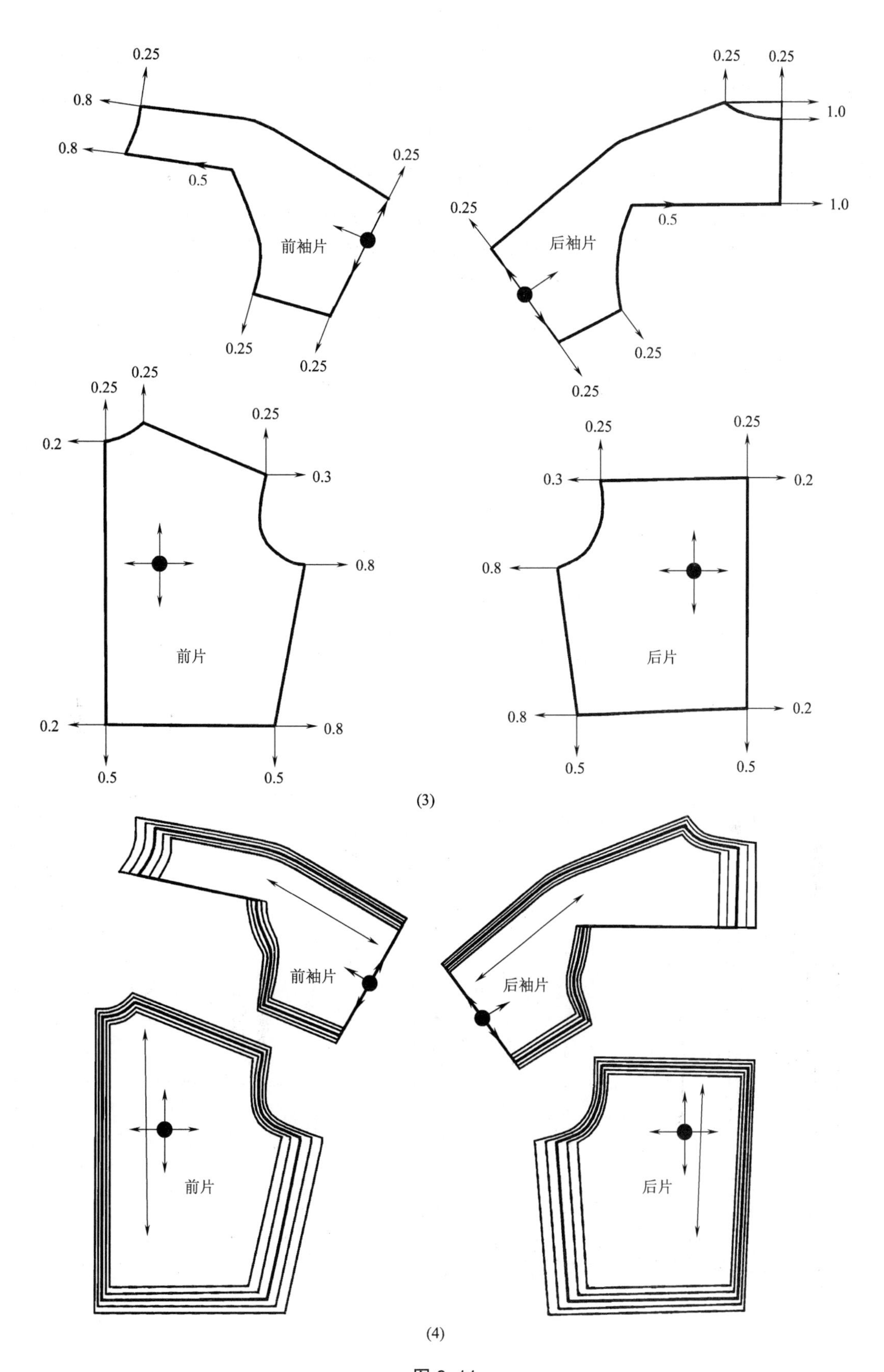
0.25
0.8
0.8
0.5
0.25
前袖片
0.25
0.25
0.25
0.25
1.0
1.0
0.25
0.5
后袖片
0.25
0.25
0.25
0.25
0.2
0.25
0.3
0.8
前片
0.2
0.8
0.5
0.5
0.25
0.25
0.3
0.2
0.8
后片
0.8
0.2
0.5
0.5
(3)
前袖片
后袖片
前片
后片
(4)

图 6–11

五、方袖窿衬衫

如图 6-12 所示，该衬衫的款式特点为：方袖窿，其袖窿深度比普通袖型深 7~8cm。按照宽松袖型的放缩原理与方法进行操作，在放码时，要保持方袖窿线形状不变，可以分别在前、后衣片纸样上取腰围线的中点为放码基准点，袖子纸样取袖肘线中点为放码基准点，依据放码切割数据分配各放码点的放缩值进行放码。

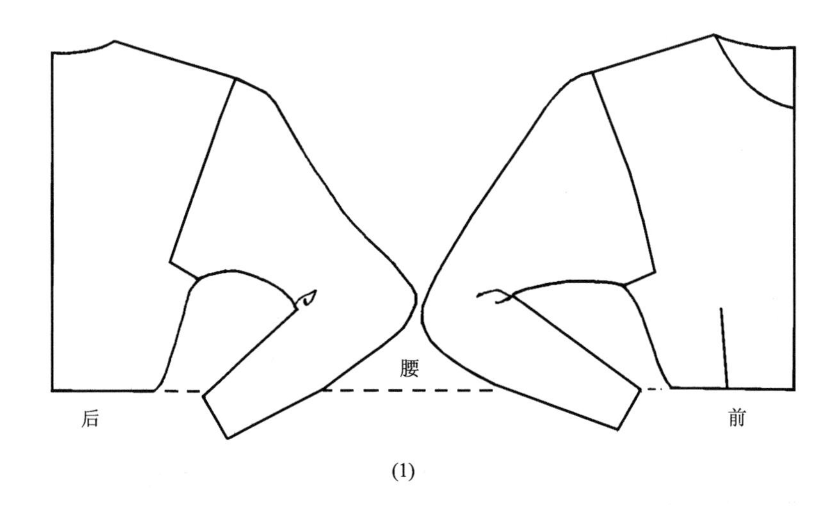

(1)

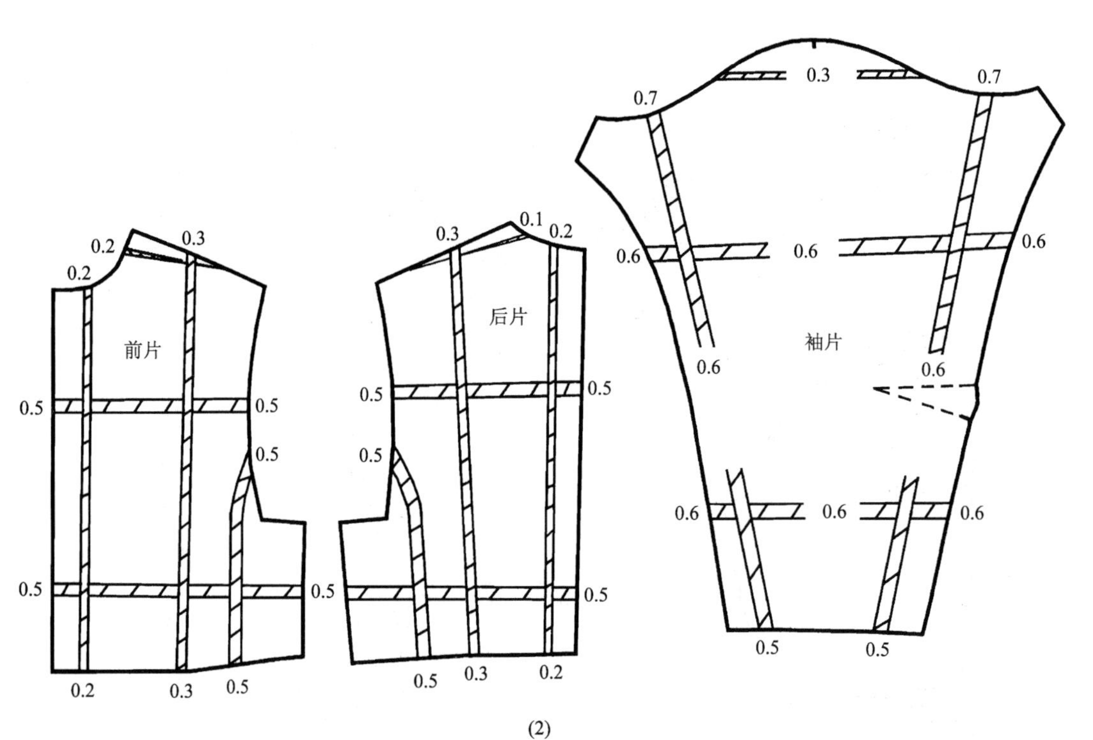

(2)

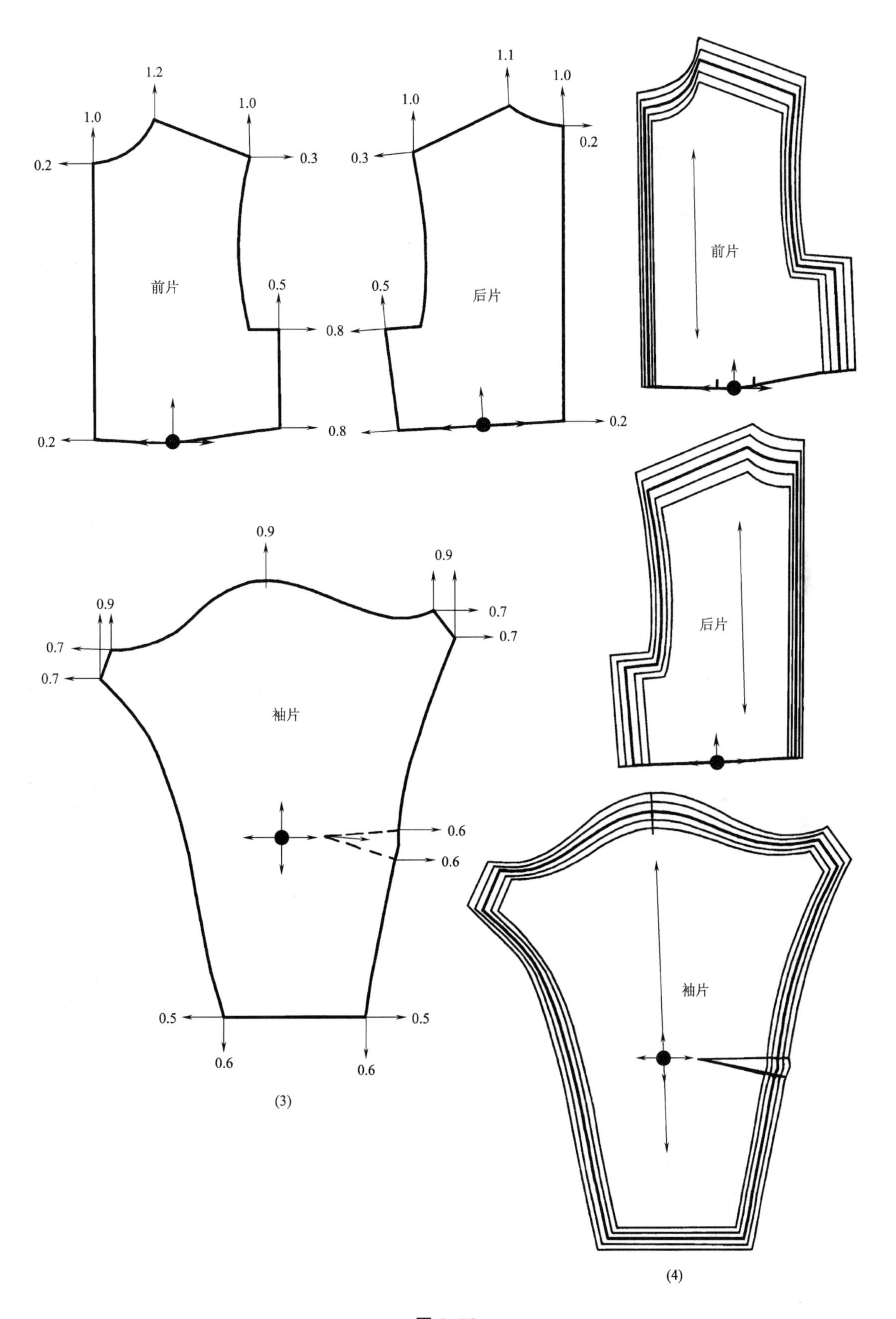
1.2
1.0
1.0
0.2
0.3
前片
0.5
0.8
0.2
0.8
1.1
1.0
1.0
0.3
0.2
后片
0.5
0.8
0.2
前片
后片
0.9
0.9
0.9
0.7
0.7
0.7
0.7
袖片
0.6
0.6
0.5
0.5
0.6
0.6
(3)
袖片
(4)

图 6–12

第四节　连衣裙和旗袍款式放码

连衣裙和旗袍款式的放码是将上衣和裙子的放码综合应用，依据表 6–4 的连衣裙（旗袍）成品号型规格及档差值，分别进行各类连衣裙款式的放码操作。

表 6–4　连衣裙（旗袍）成品规格及档差值

单位：cm

市场尺码	XS	S	M	L	XL	档差值
号型	150/76A	155/80A	160/84A	165/88A	170/92A	5 · 4A
胸围	84	88	92	96	100	4.0
腰围	64	68	72	76	80	4.0
臀围	90	94	94	98	102	4.0
领围	35	36	37	38	39	1.0
总肩宽	38	39	40	41	42	1.0
后裙长	98	101	104	107	110	3.0
袖长	53	54.5	56	57.5	59	1.5
袖口围	20	21	22	23	24	1.0

注　此表尺寸为修身连衣裙（旗袍）尺寸。

一、吊带连衣裙

如图 6–13 所示，该连衣裙的款式特点为：低胸，吊带，裙身有斜向腰节分割线。按照衣身省道和分割纸样的放缩原理与方法进行操作，在放码时，要保持前、后裙身腰节分割线形状不变，可以分别在前、后上片纸样和前、后裙片纸样上取腰节分割线的中点为放码基准点，依据放码切割数据分配各放码点的放缩值进行放码。通常全号型的吊带宽度尺寸相同，吊带纸样在长度上放缩尺寸为 1.0cm。

二、V 领连衣裙

如图 6–14 所示，该连衣裙的款式特点为：前、后均为低 V 字领，裙上身有斜向高腰节分割线，前裙上身有褶裥。按照衣身褶裥和分割纸样的放缩原理与方法进行操作，

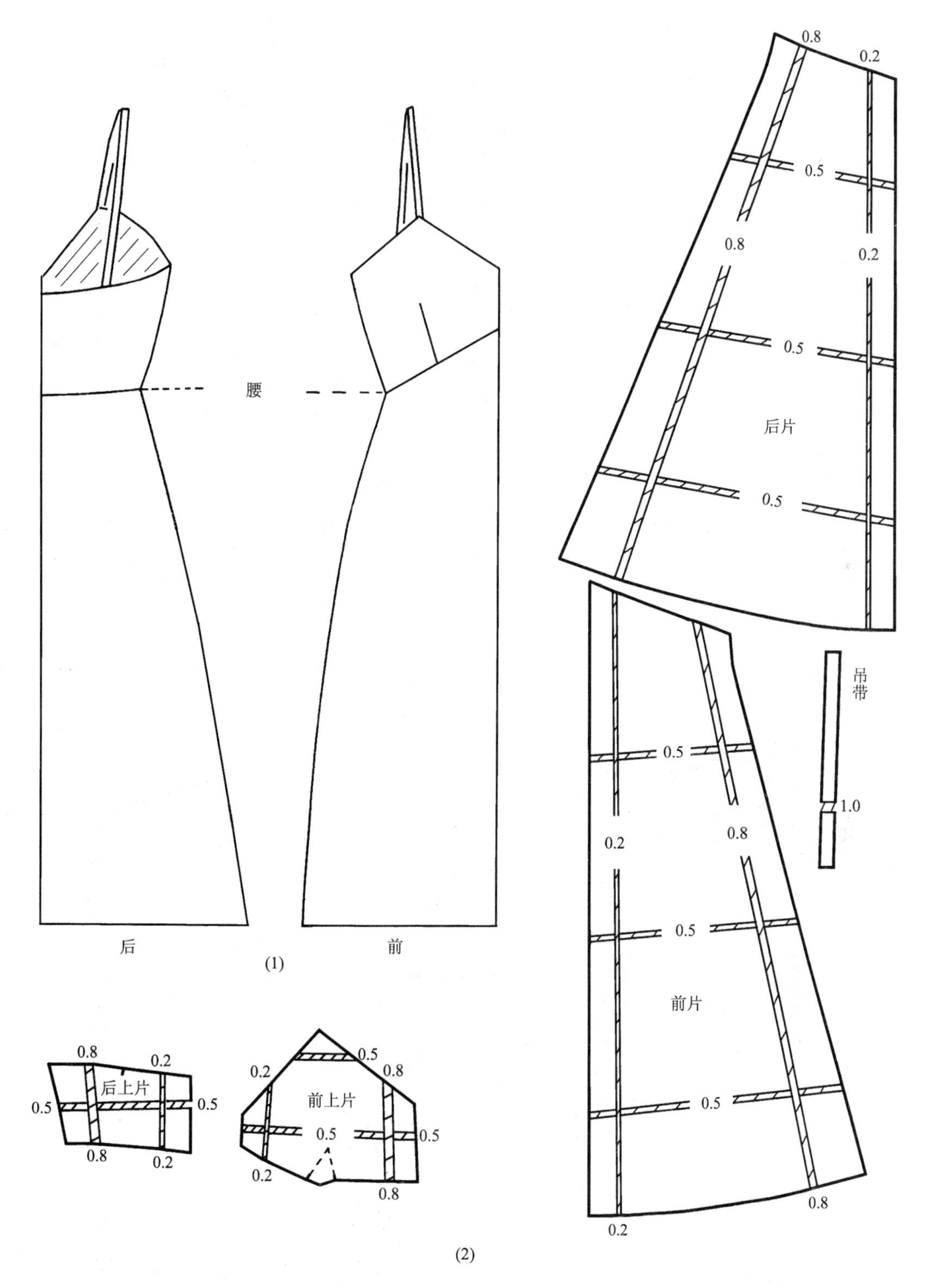
腰
后
前
(1)
后片
0.8
0.2
0.5
0.8
0.2
0.5
0.5
前片
0.5
0.2
0.8
0.5
0.5
0.2
0.8
吊带
1.0
后上片
0.8
0.2
0.5
0.5
0.8
0.2
前上片
0.2
0.5
0.8
0.5
0.5
0.2
0.8
(2)

图 6-13

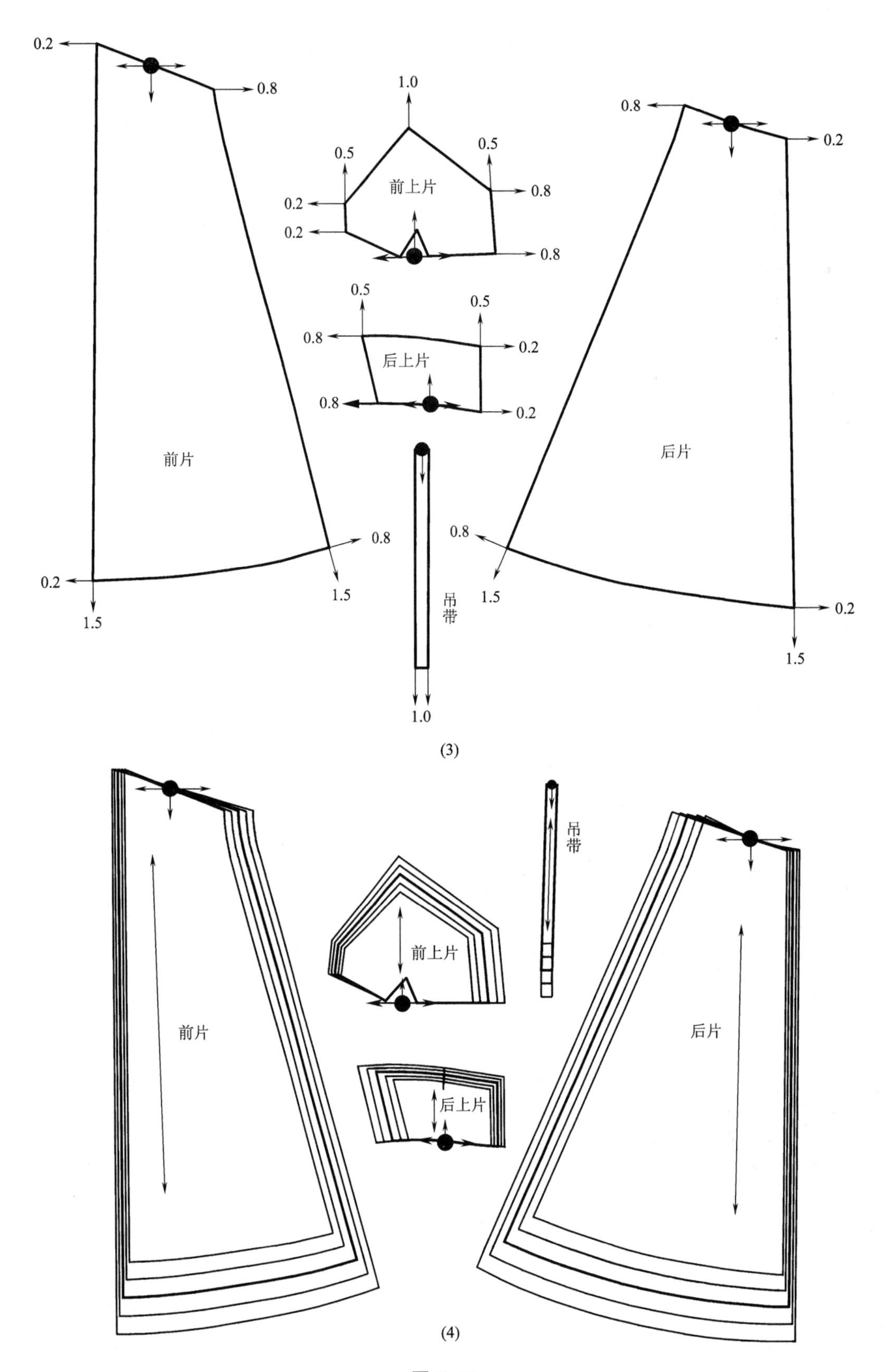
0.2
0.8
1.0
0.5
0.5
0.2
前上片
0.8
0.2
0.8
0.8
0.2
0.5
0.5
0.8
后上片
0.2
0.8
0.2
前片
后片
0.8
0.8
0.2
1.5
1.5
1.5
吊带
0.2
1.5
1.0
(3)
前片
前上片
吊带
后片
后上片
(4)

图 6-13

在放码时，要保持前、后身低 V 领线和斜向高腰节分割线形状不变，可以分别在前、后上身纸样上取颈侧点的垂直线与袖窿深线的交点为放码基准点，在前、后裙片纸样上取腰节分割线的中点为放码基准点，依据放码切割数据分配各放码点的放缩值进行放码。通常全号型的腰头高度尺寸相同，腰头宽度需配合上衣片宽度的放码尺寸分配值进行放码。

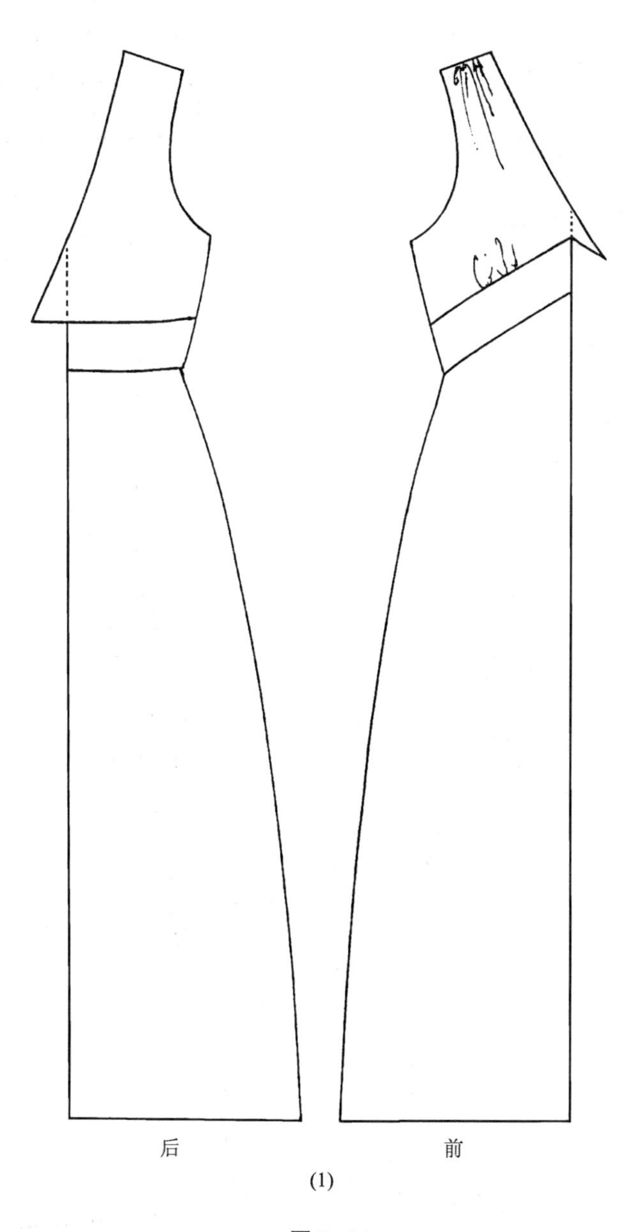

(1)

图 6-14

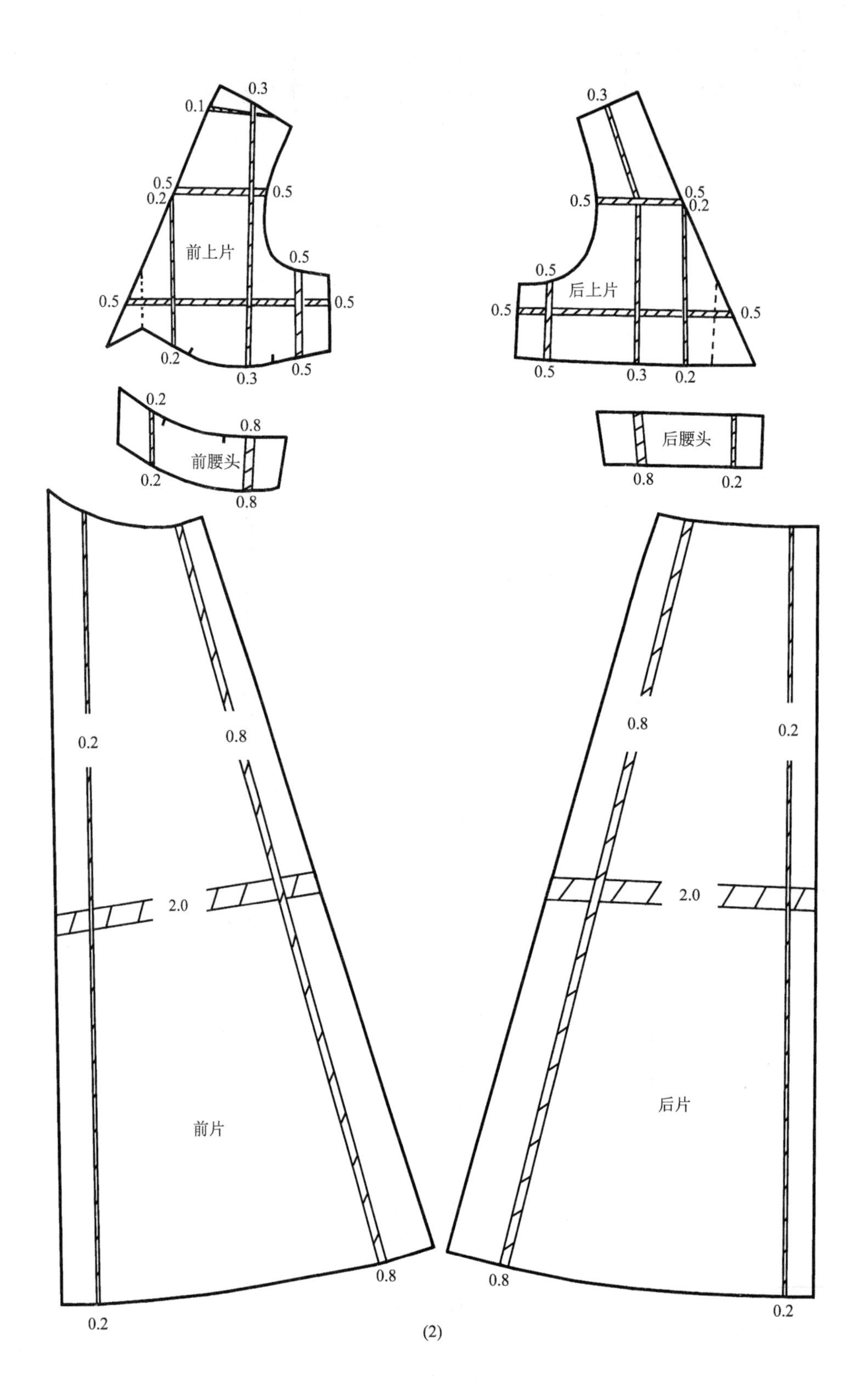
0.3
0.1
0.5
0.2
0.5
前上片
0.5
0.5
0.5
0.2
0.3
0.5
0.3
0.5
0.2
0.5
0.5
后上片
0.5
0.5
0.5
0.3
0.2
0.2
0.8
前腰头
0.2
0.8
后腰头
0.8
0.2
0.2
0.8
2.0
前片
0.8
0.2
0.8
0.2
2.0
后片
0.8
0.2

(2)

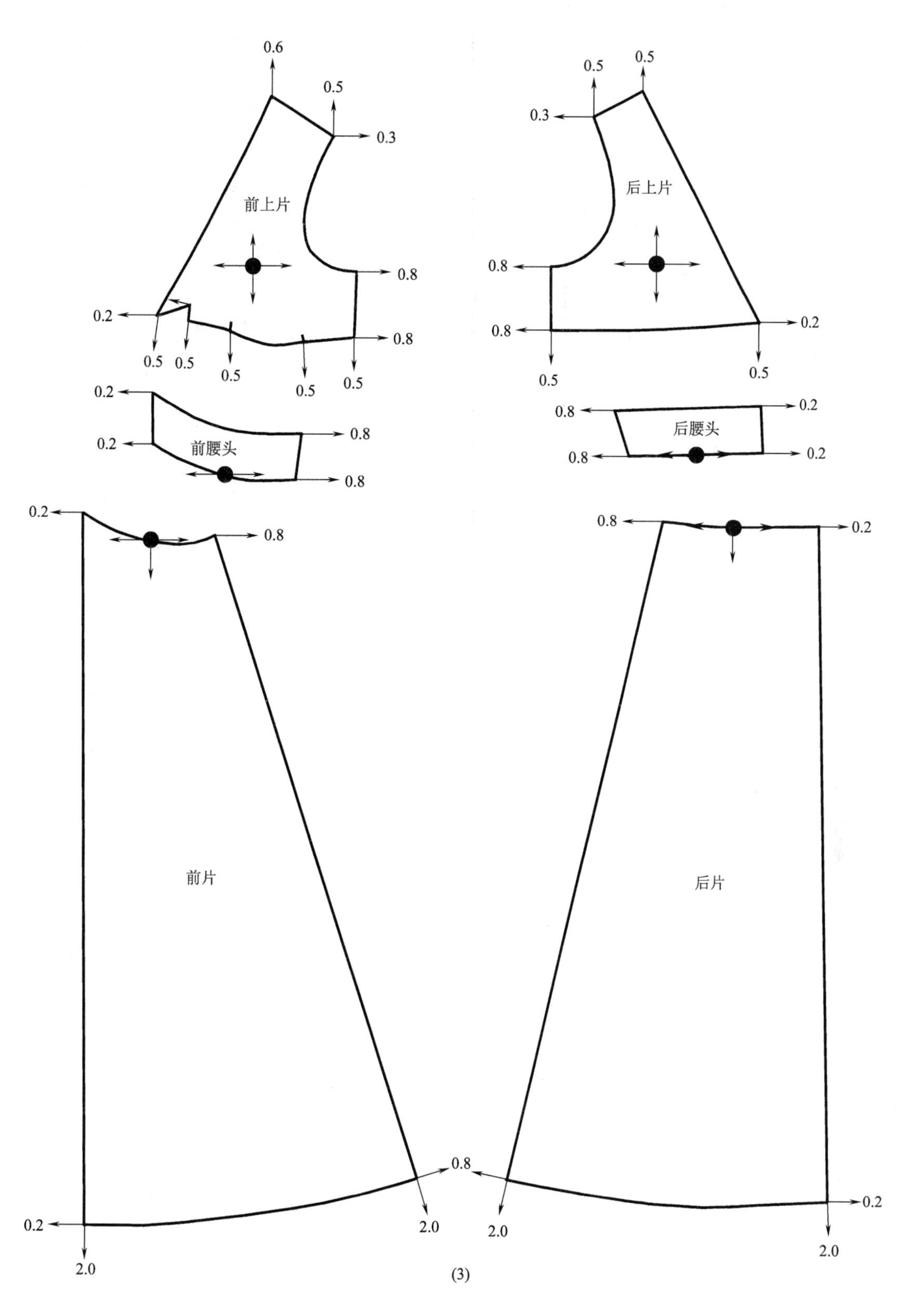
0.6
0.5
0.3
前上片
0.8
0.2
0.8
0.5
0.5
0.5
0.5
0.5
0.5
0.5
0.3
后上片
0.8
0.8
0.2
0.5
0.5
0.2
0.2
前腰头
0.8
0.8
0.8
0.2
后腰头
0.8
0.2
0.2
0.8
0.8
0.8
0.2
前片
后片
0.8
0.2
2.0
2.0
2.0
0.2
2.0

(3)

图 6–14

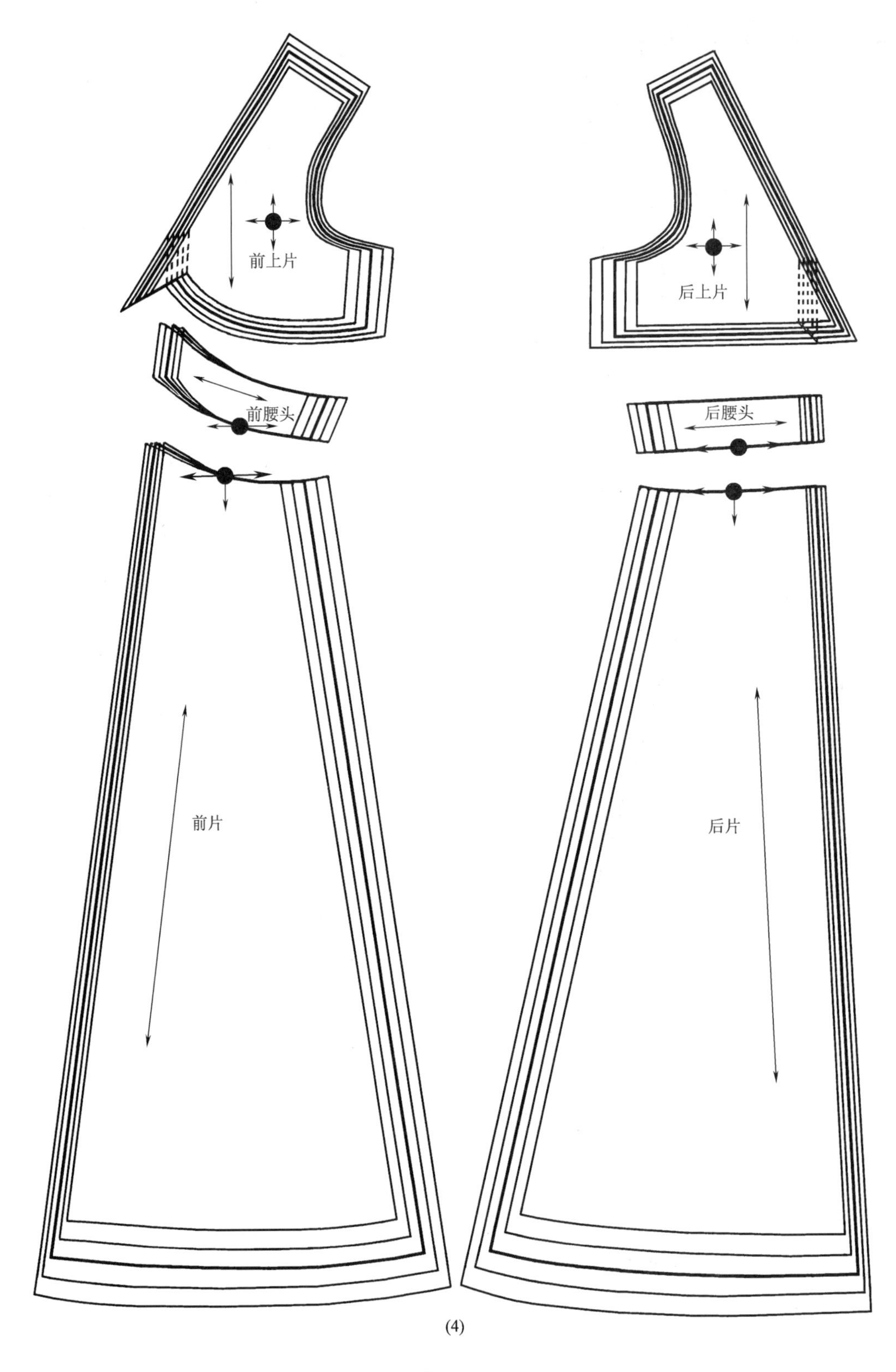

(4)

图 6-14

三、半开门襟衬衫式连衣裙

如图 6–15 所示，该连衣裙的款式特点为：前身半开门襟（明筒开口），前、后身有育克，并在育克线下抽褶，长泡泡袖。按照衣身褶裥、门襟、衣领、袖头纸样的放缩原理与方法进行操作，在放码时，要保持前、后身育克线形状不变。可以分别在前、后身纸样上取前、后育克线的中点为放码基准点，在袖子纸样上取袖中线与袖山深线的交点为放码基准点，依据放码切割数据分配各放码点的放缩值进行放码。若全号型的衣领高度、袖头高度和前门襟宽度尺寸相同，可以在衣领纸样上取颈侧点为放码基准点，在前门襟纸样和袖头纸样上各取一侧端点为放码基准点进行放码。

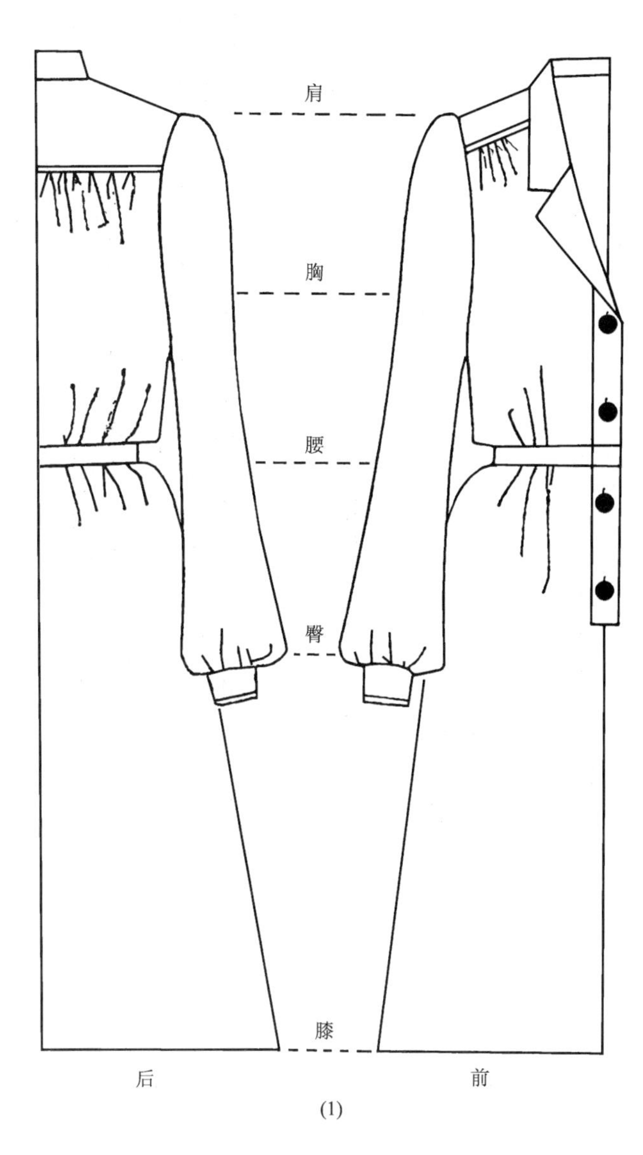

(1)

图 6–15

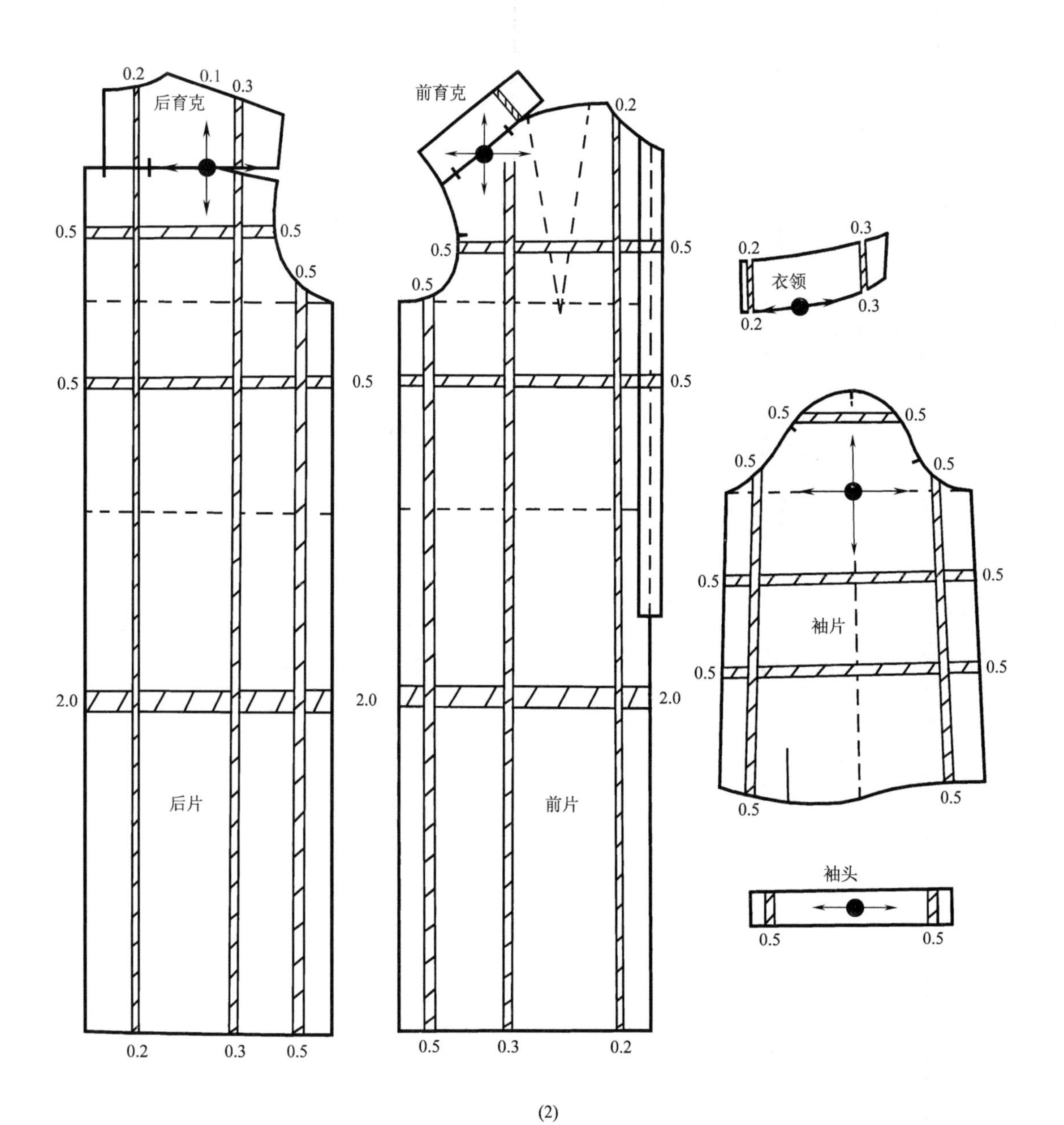
后育克
0.2
0.1
0.3
0.5
0.5
0.5
0.5
0.5
2.0
后片
0.2
0.3
0.5
前育克
0.2
0.5
0.5
0.5
0.5
0.5
2.0
2.0
前片
0.5
0.3
0.2
衣领
0.2
0.3
0.2
0.3
0.5
0.5
0.5
0.5
0.5
0.5
0.5
0.5
袖片
0.5
0.5
袖头
0.5
0.5

(2)

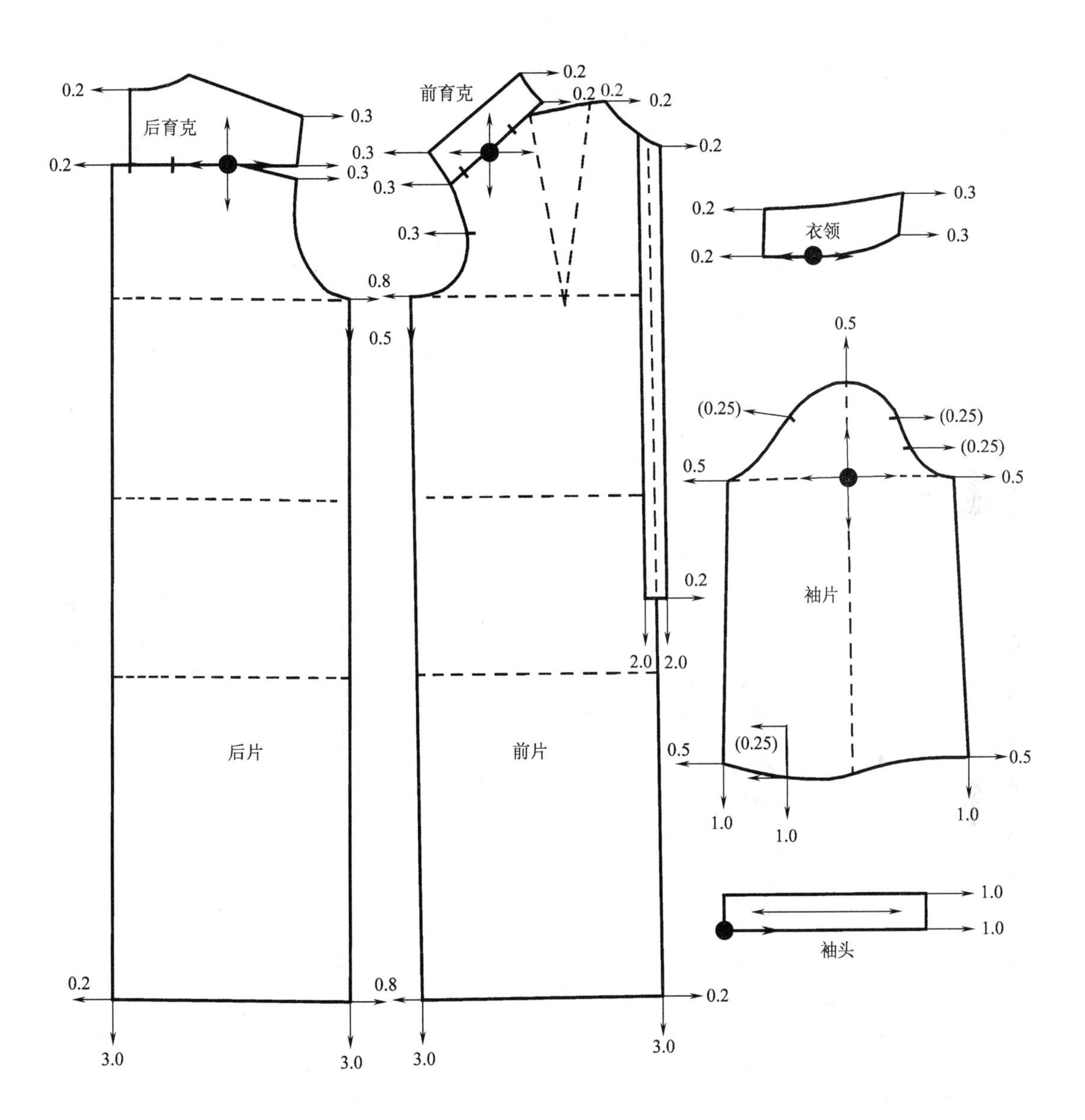

(3)

图 6–15

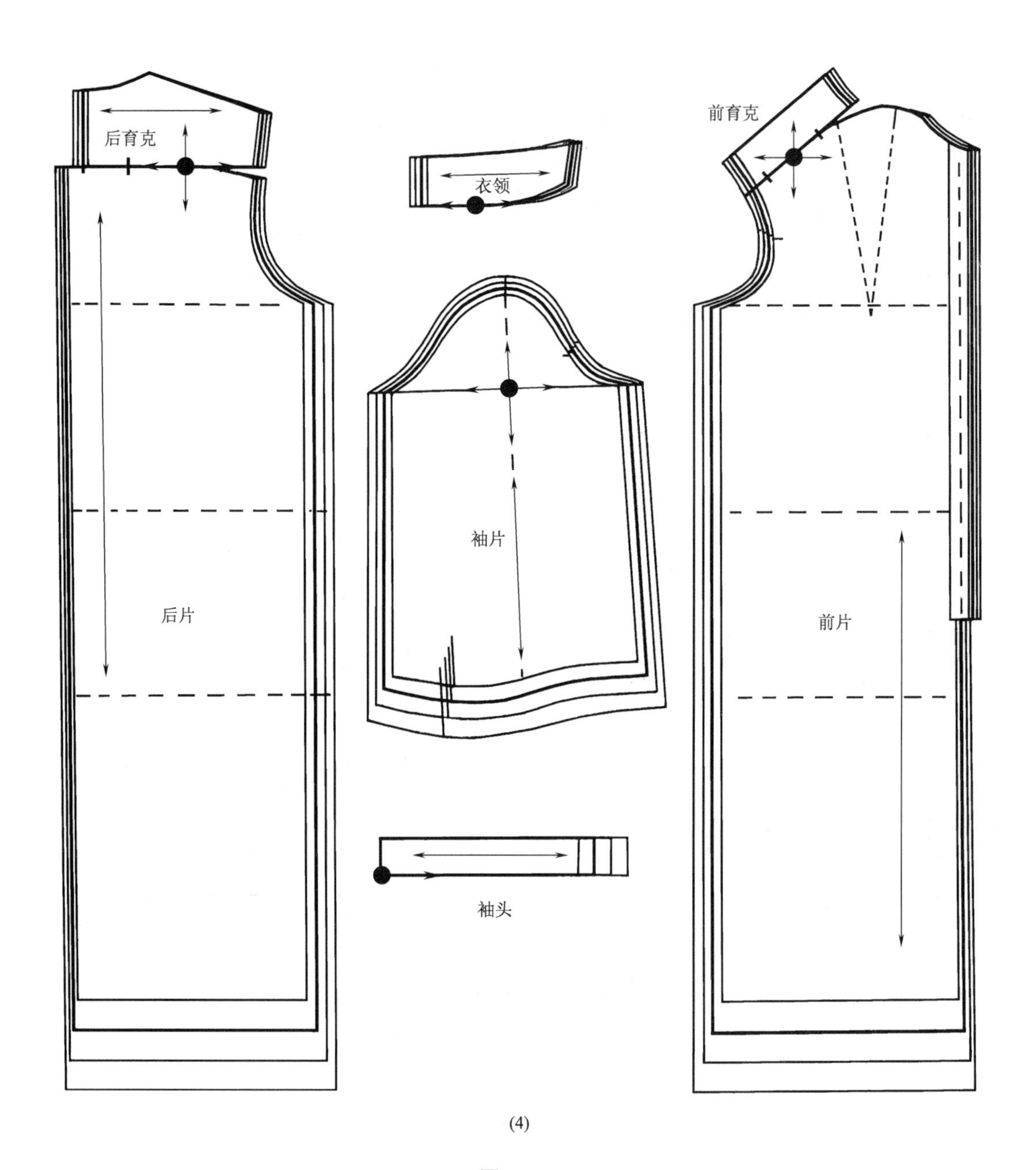

(4)

图 6–15

四、旗袍

如图 6–16 所示，该旗袍的款式特点为：前身右偏大开襟，左右侧缝开衩，立领，短袖。在放码时，前身右偏大开襟的放缩量要与前片相配合，按照衣身、立领和袖纸样放缩原理与方法，依据放码切割数据分配各放码点的放缩值进行放码操作。

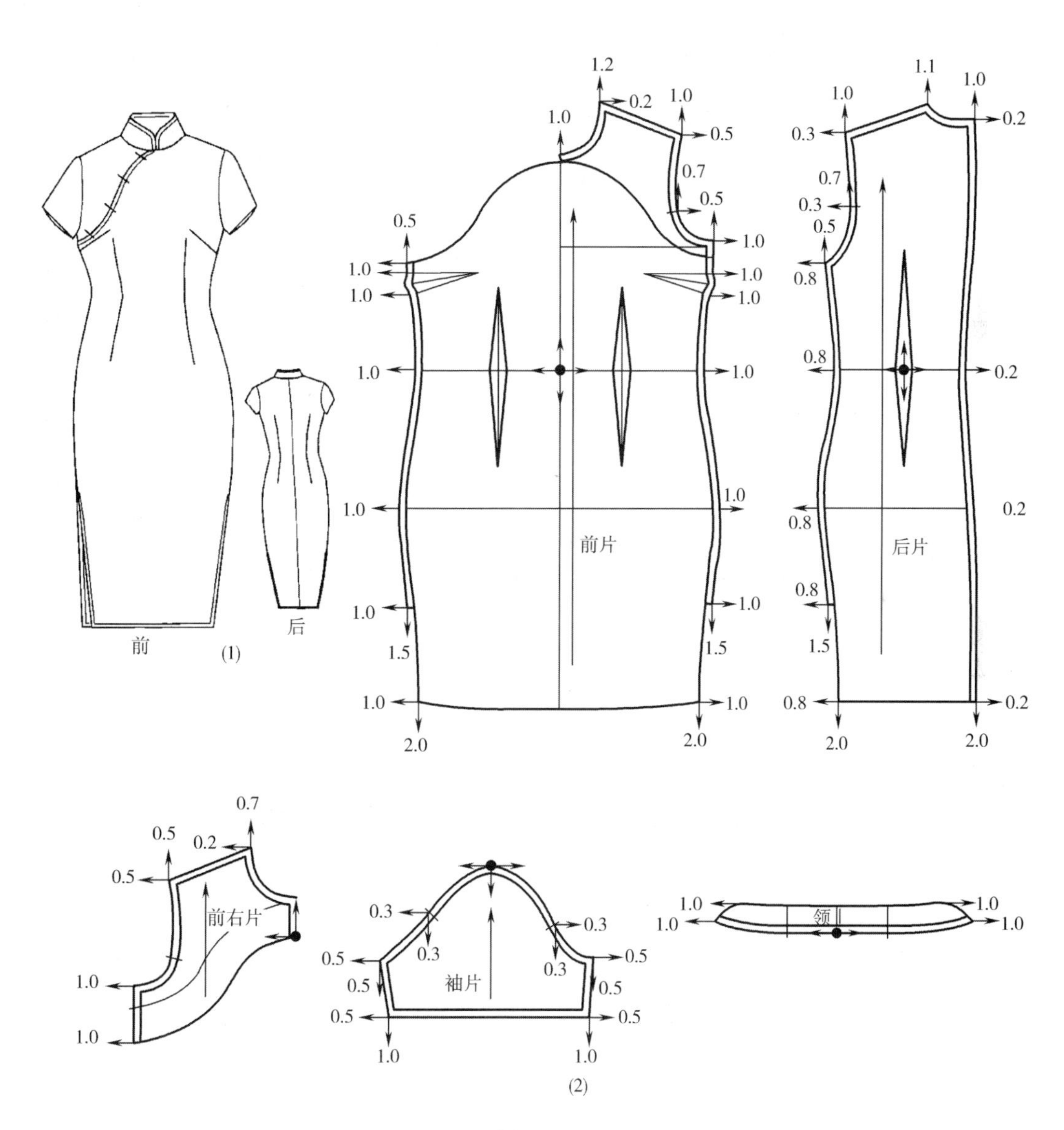

图 6–16

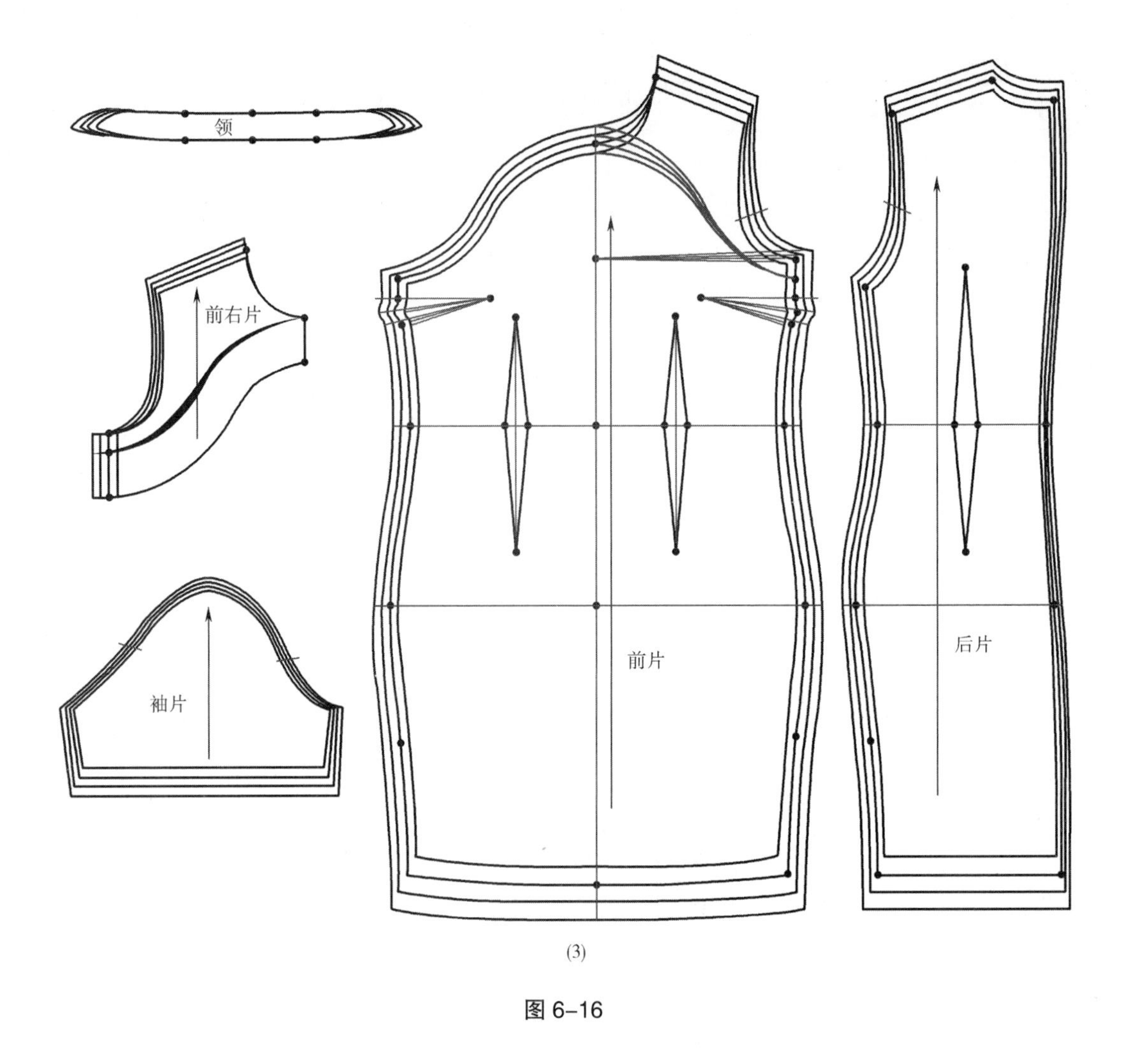

(3)

图 6–16

第五节　女式西服和大衣款式放码

女式西服款式的放码是综合应用衣身、翻驳领和两片袖的放码，而大衣款式的放码则是上衣和裙子放码的综合应用。女式西服和大衣款式的放码可以分别依据表 6–5 的女式西服成品号型规格及档差值与表 6–6 的女式大衣成品号型规格及档差值进行操作。

表 6–5　女式西服成品规格及档差值

单位：cm

市场尺码	XS	S	M	L	XL	档差值
号型	150/76A	155/80A	160/84A	165/88A	170/92A	5·4A
胸围	88	92	96	100	104	4.0
领围	35	36	37	38	39	1.0
总肩宽	39	40	41	42	43	1.0
后衣长	64	66	68	70	72	2.0
袖长	52	53.5	55	56.5	58	1.5
袖口围	25	26	27	28	29	1.0

表 6–6　女式大衣成品规格及档差值

单位：cm

市场尺码	XS	S	M	L	XL	档差值
号型	150/76A	155/80A	160/84A	165/88A	170/92A	5·4A
胸围	92	96	100	104	108	4.0
领围	35.5	36.5	37.5	38.5	39.5	1.0
总肩宽	40	41	42	43	44	1.0
后衣长	97	100	103	106	109	3.0
袖长	53	54.5	56	57.5	59	1.5
袖口围	28	29	30	31	32	1.0

一、双排扣西服

如图 6–17 所示，此西服的款式特点为：前、后衣身有刀背缝，前身有通省，双排扣，翻驳领，两片西服袖型。按照衣片、翻驳领、两片西服袖切割纸样的放缩原理与方法进行操作，在放码时，要保持前、后衣身刀背缝线、前通省线、衣领线和西服袖缝线形状不变。可以分别在前、后衣片纸样上取腰节线与刀背缝线或前通省线的交点为放码基准点，衣领纸样取颈侧点为放码基准点，大袖纸样取袖中线与袖山深线的交点为放码基准点，小袖纸样取腋下点为放码基准点，依据放码切割数据分配各放码点的放缩值进行放码。

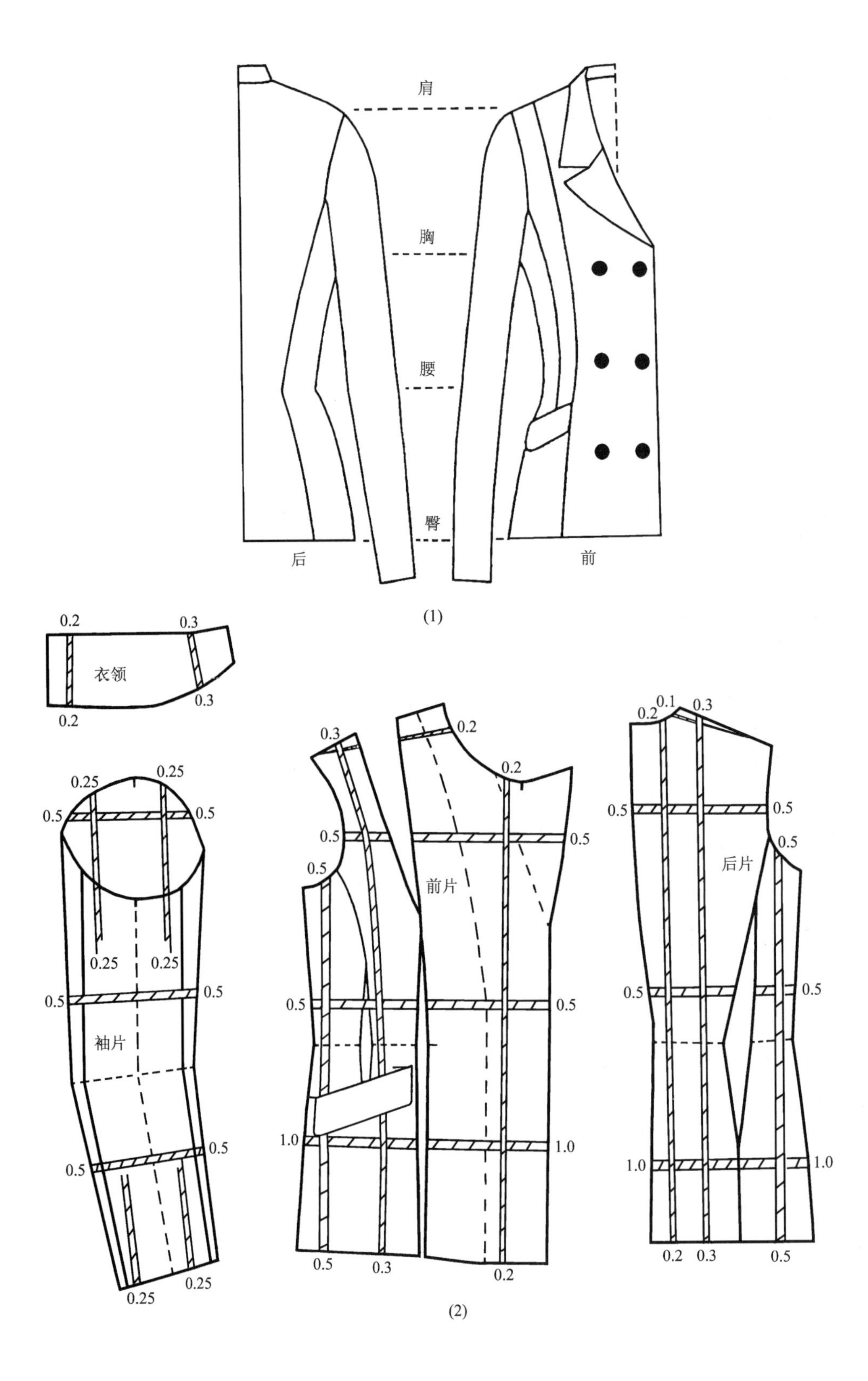

肩
胸
腰
臀
后
前
(1)
0.2
0.3
衣领
0.3
0.2
0.25
0.25
0.5
0.5
0.25
0.25
0.5
0.5
袖片
0.5
0.5
0.25
0.25
0.3
0.2
0.2
0.5
0.5
0.5
前片
0.5
0.5
1.0
1.0
0.5
0.3
0.2
0.2
0.1
0.3
0.5
0.5
0.5
后片
0.5
0.5
1.0
1.0
0.2
0.3
0.5
(2)

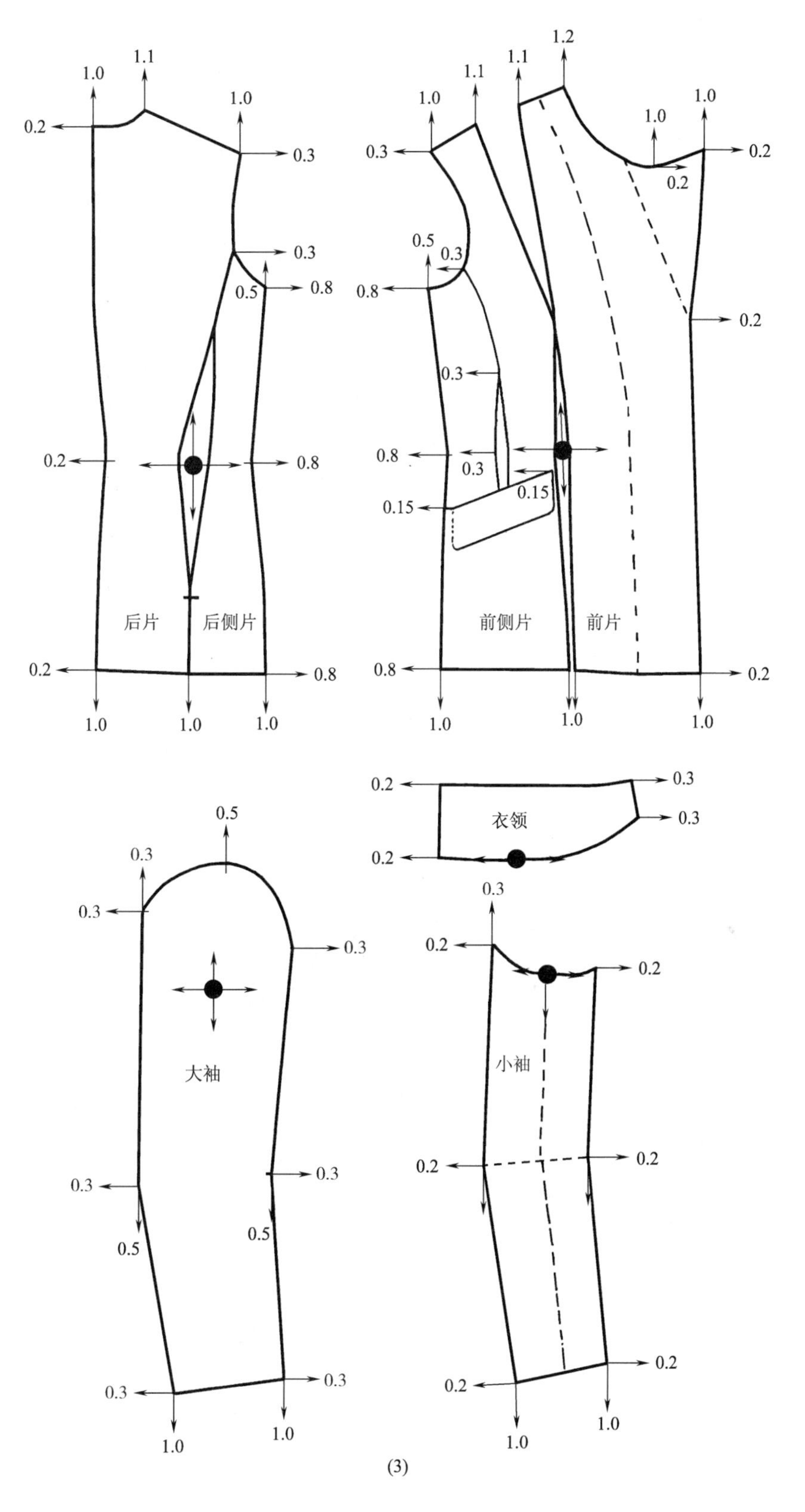

(3)

图 6-17

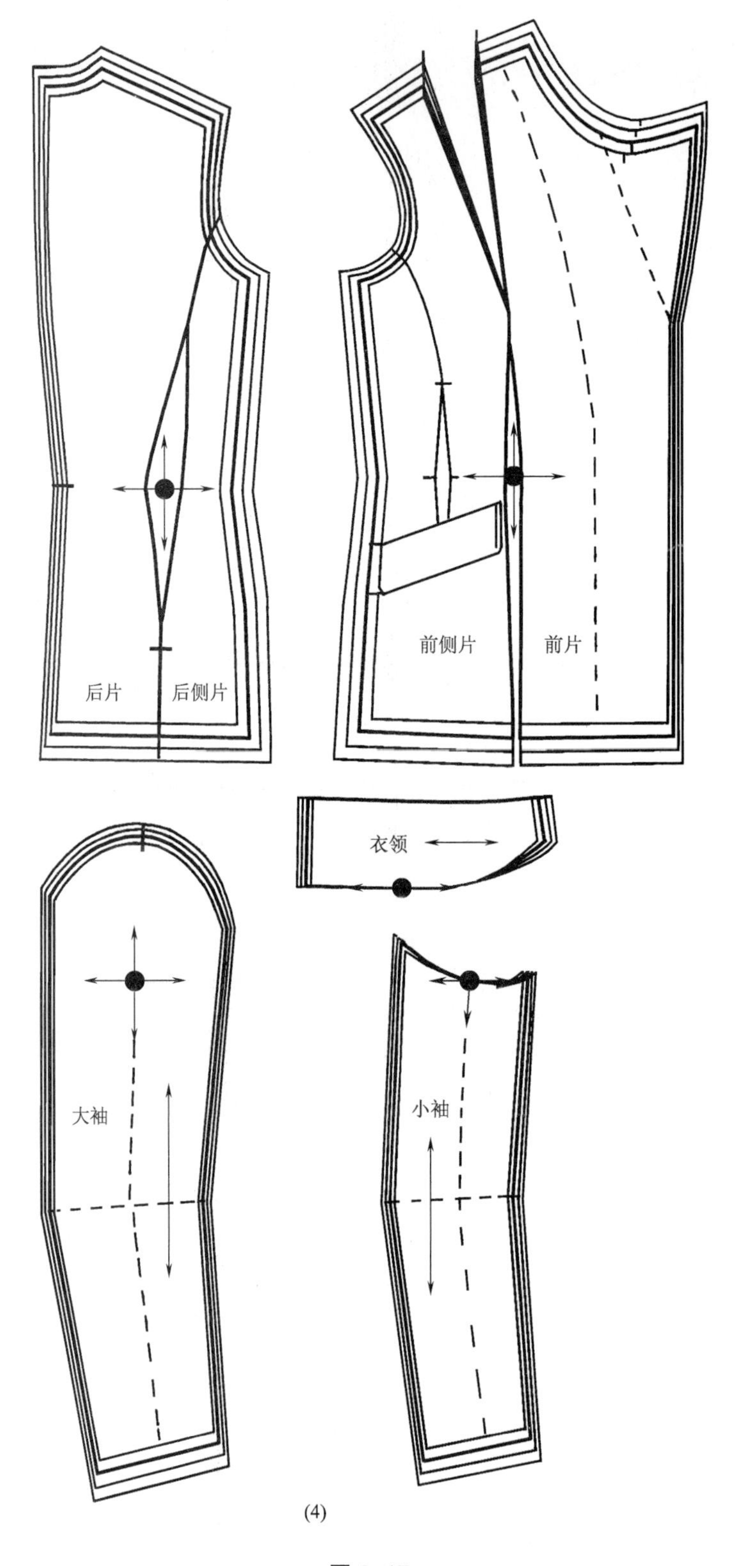

(4)

图 6-17

二、短西服

如图 6–18 所示，该西服的款式特点为：戗驳头翻驳领、前衣身和后衣身有纵向分割线（公主线）、后衣身为上下分割、两片西服袖。按照衣片、翻驳领和袖子纸样的放缩原理与方法，依据放码切割数据分配各放码点的放缩值进行放码操作。

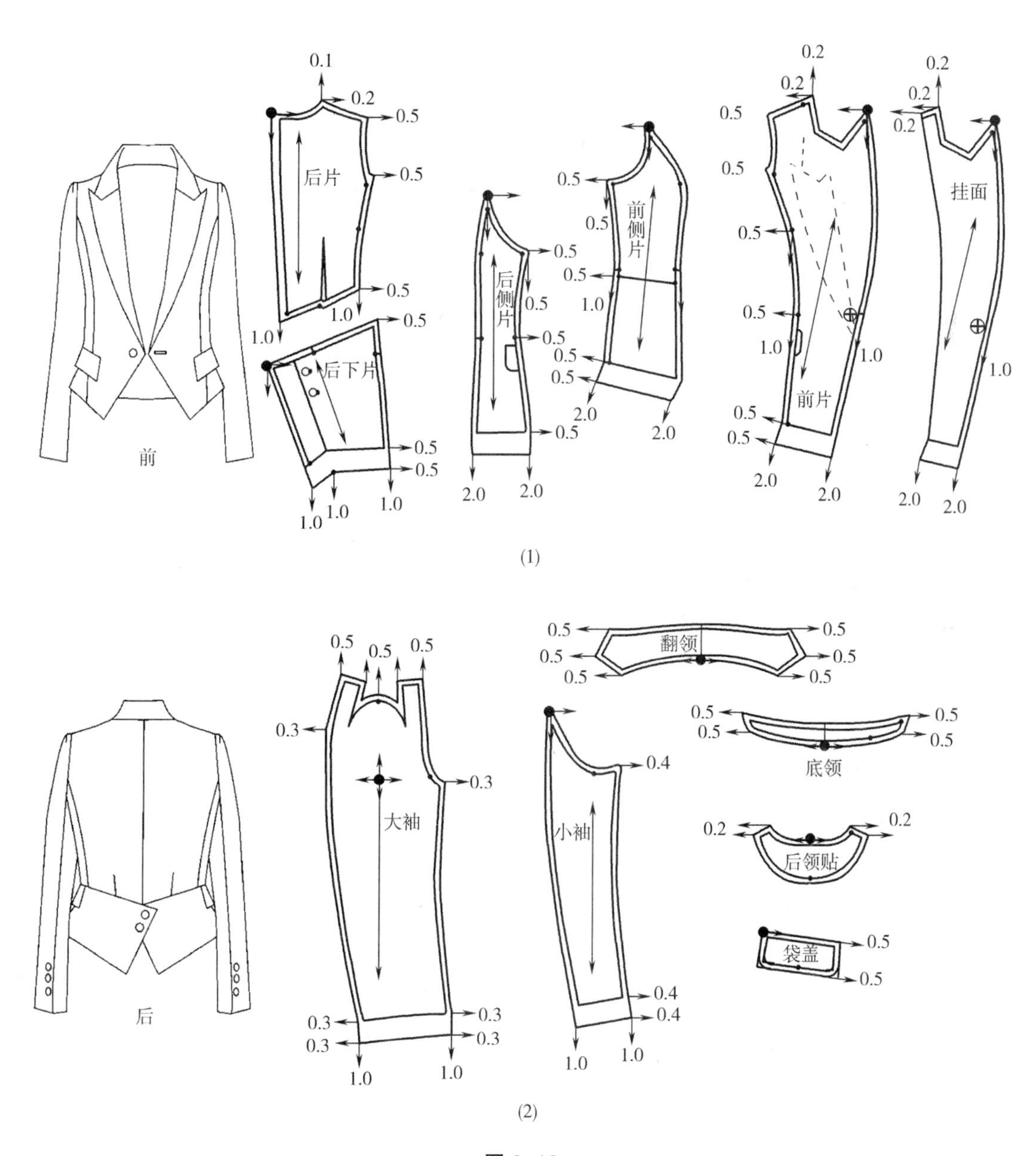

图 6–18

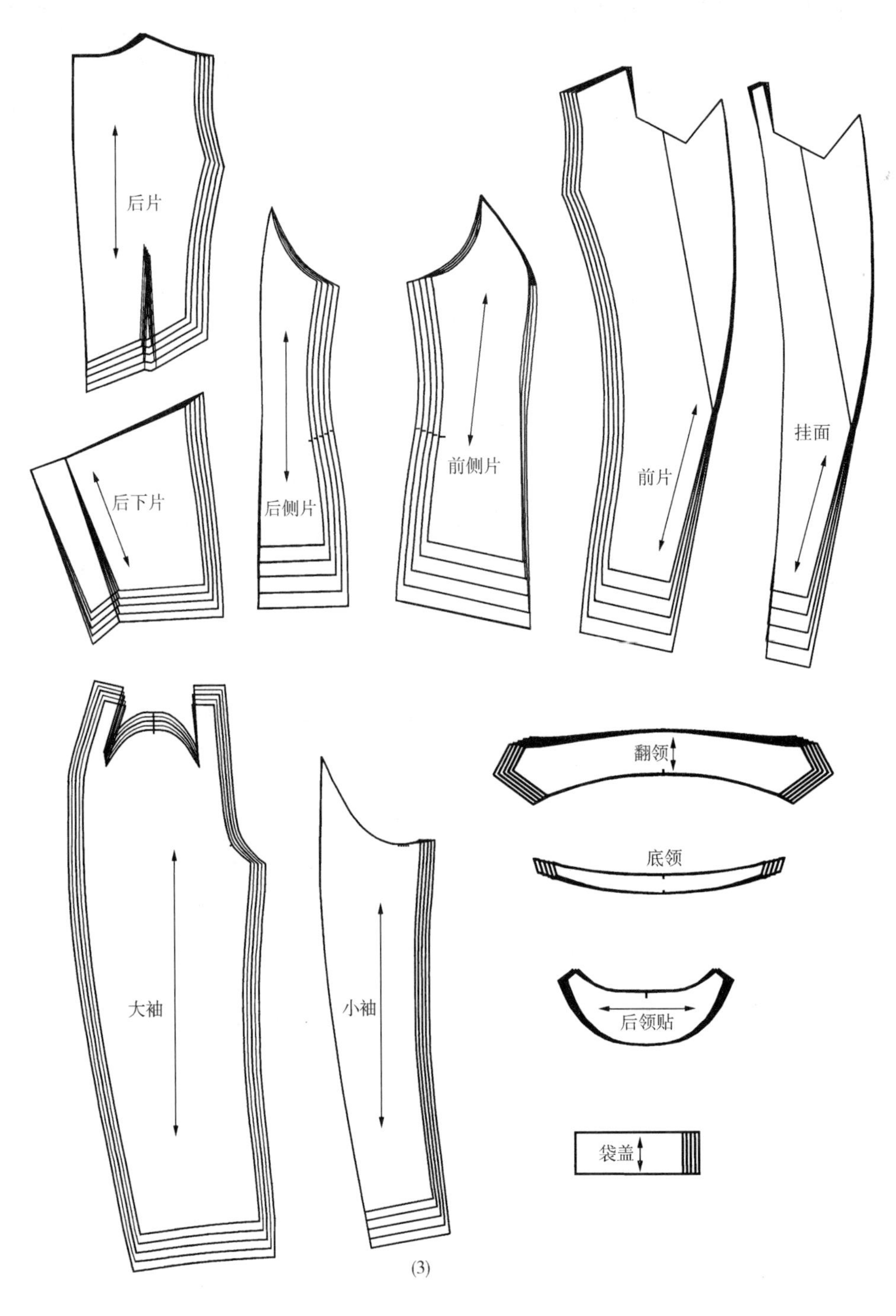

(3)

图 6–18

三、青果领大衣

如图6-19所示，该大衣的款式特点为：青果领，衣身设有高腰分割线，有省道和褶裥，腰围线之下设有纵向分割线裁片。按照连衣青果领、褶裥切割纸样的放缩原理与方法进行操作，在放码时，要保持青果领线、高腰分割线和衣片纵向分割线形状不变，衣身可以分别在前、后上衣片纸样上取颈侧点的垂直线与袖窿深线的交点为放码基准点，在下衣片纸样上取衣片纵向分割线与腰围线的交点为放码基准点，依据放码切割数据分配各放码点的放缩值进行放码。若全号型的衣领高度、挂面宽度和袖头高度尺寸相同，可以在袖子纸样上取袖中线与袖山深线的交点为放码基准点，在袖头纸样上取袖头一侧端点为放码基准点，在挂面纸样上取颈侧点为放码基准点，分别配合相连衣片部位的放码尺寸分配值进行放码。

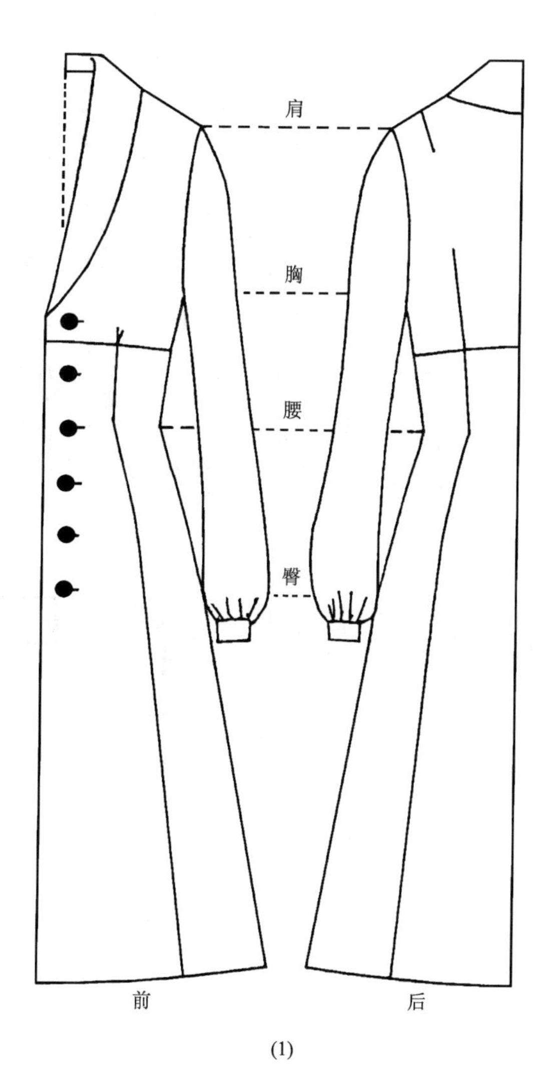

(1)

图6-19

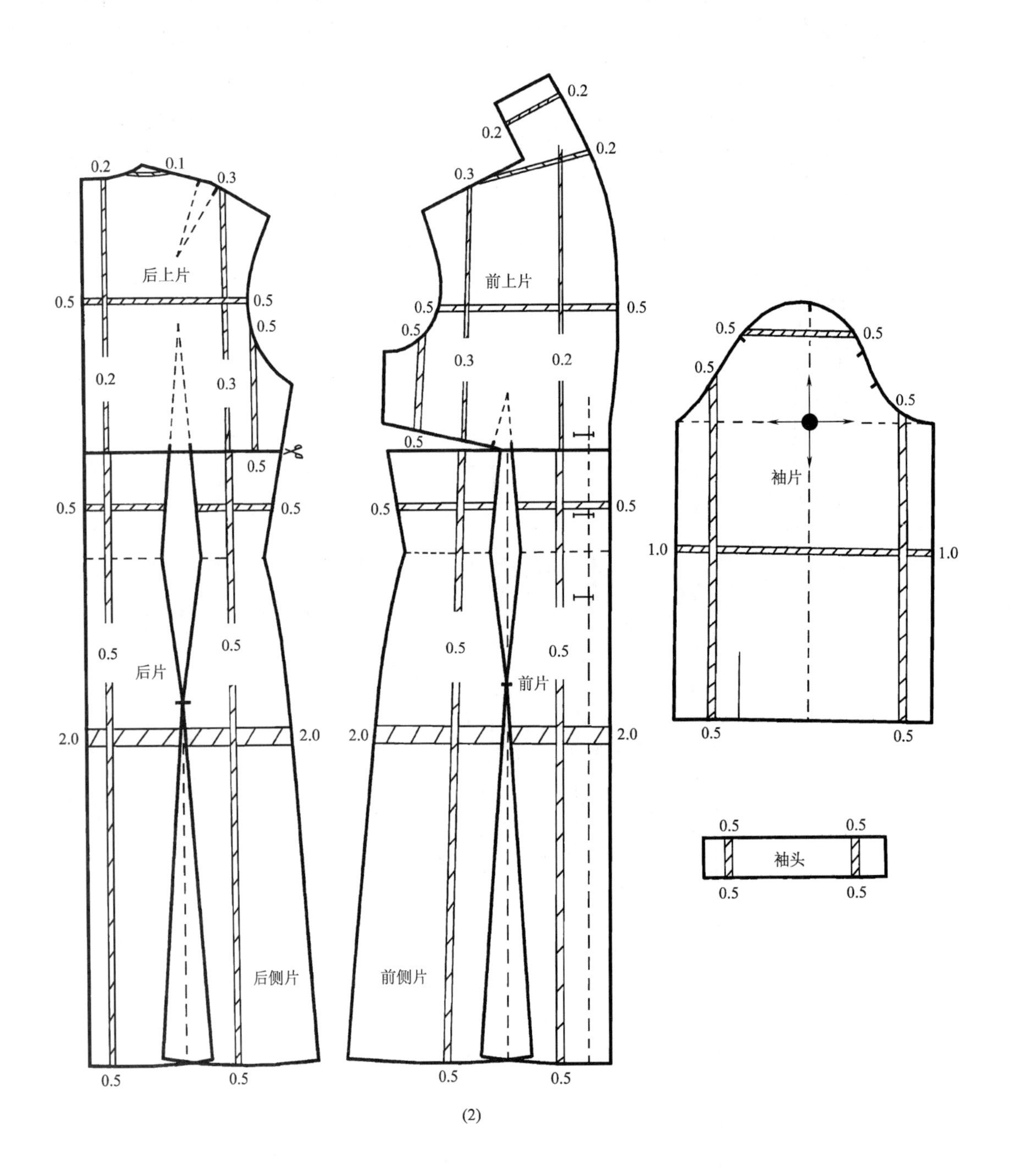

(2)

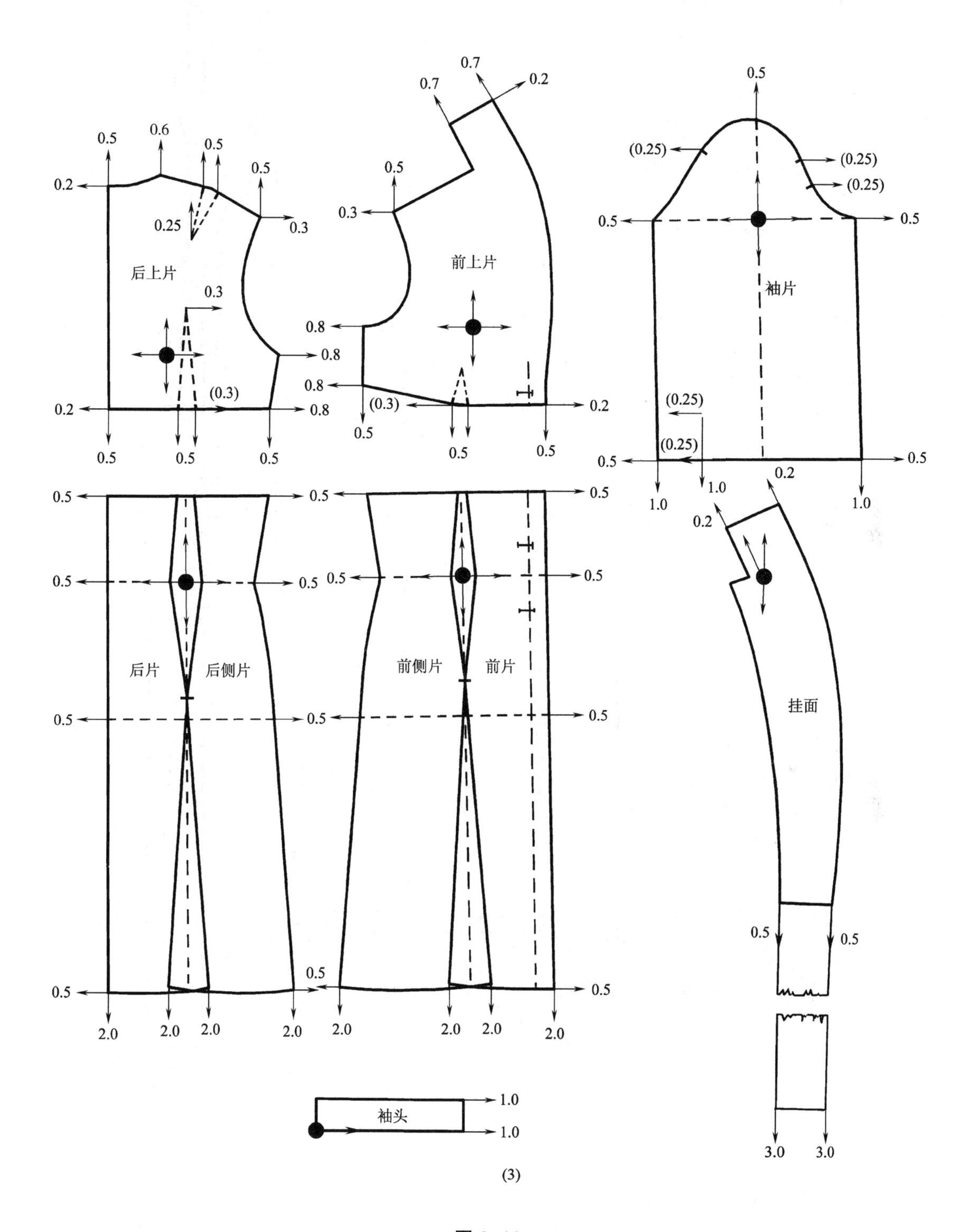

(3)

图 6–19

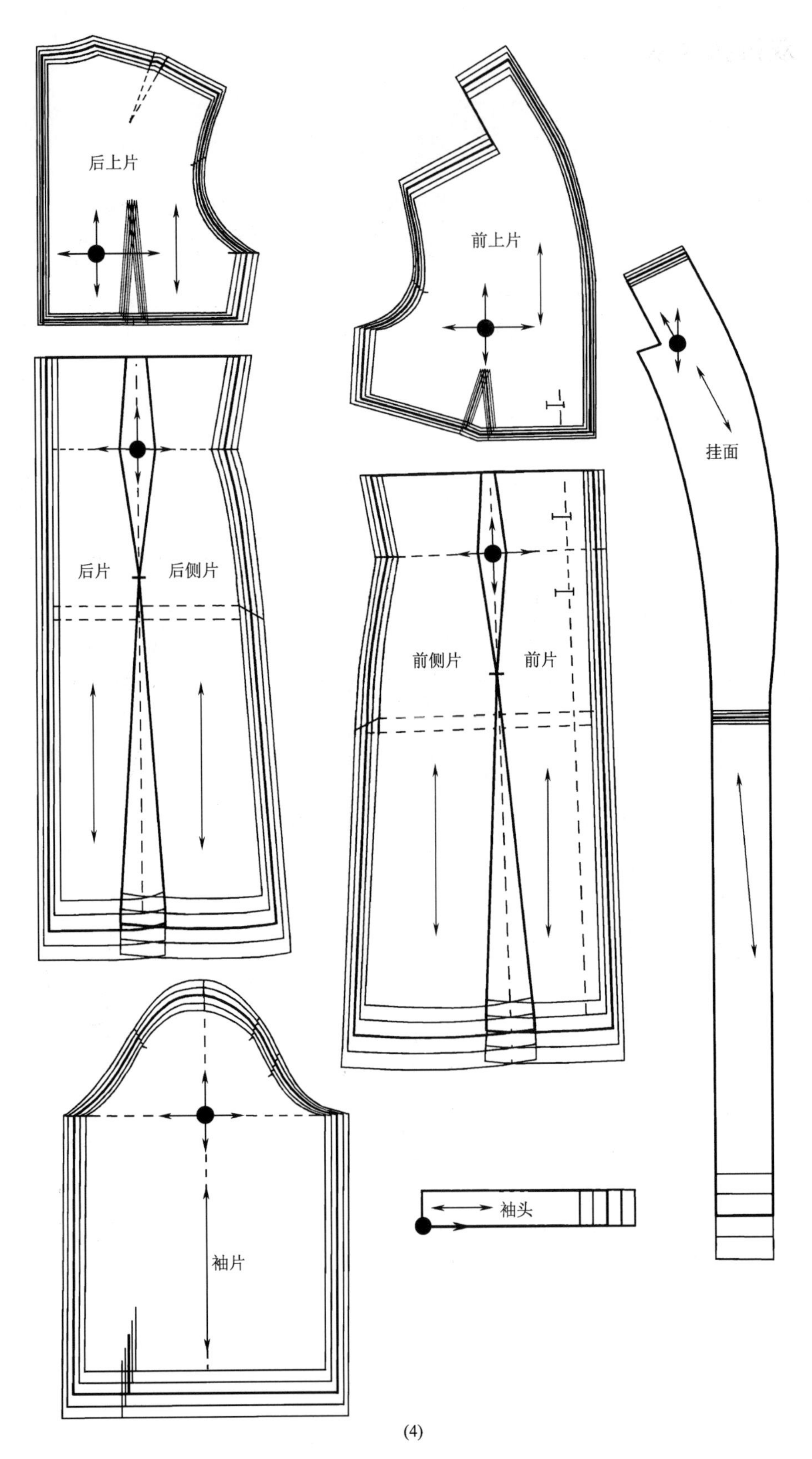

(4)

图 6–19

四、双排扣风衣

如图 6–20 所示，该风衣的款式特点为：翻立领，双排扣，前、后衣身设有纵向分割线。按照衣片、翻立领和袖纸样的放缩原理与方法，依据放码切割数据分配各放码点的放缩值进行放码操作。

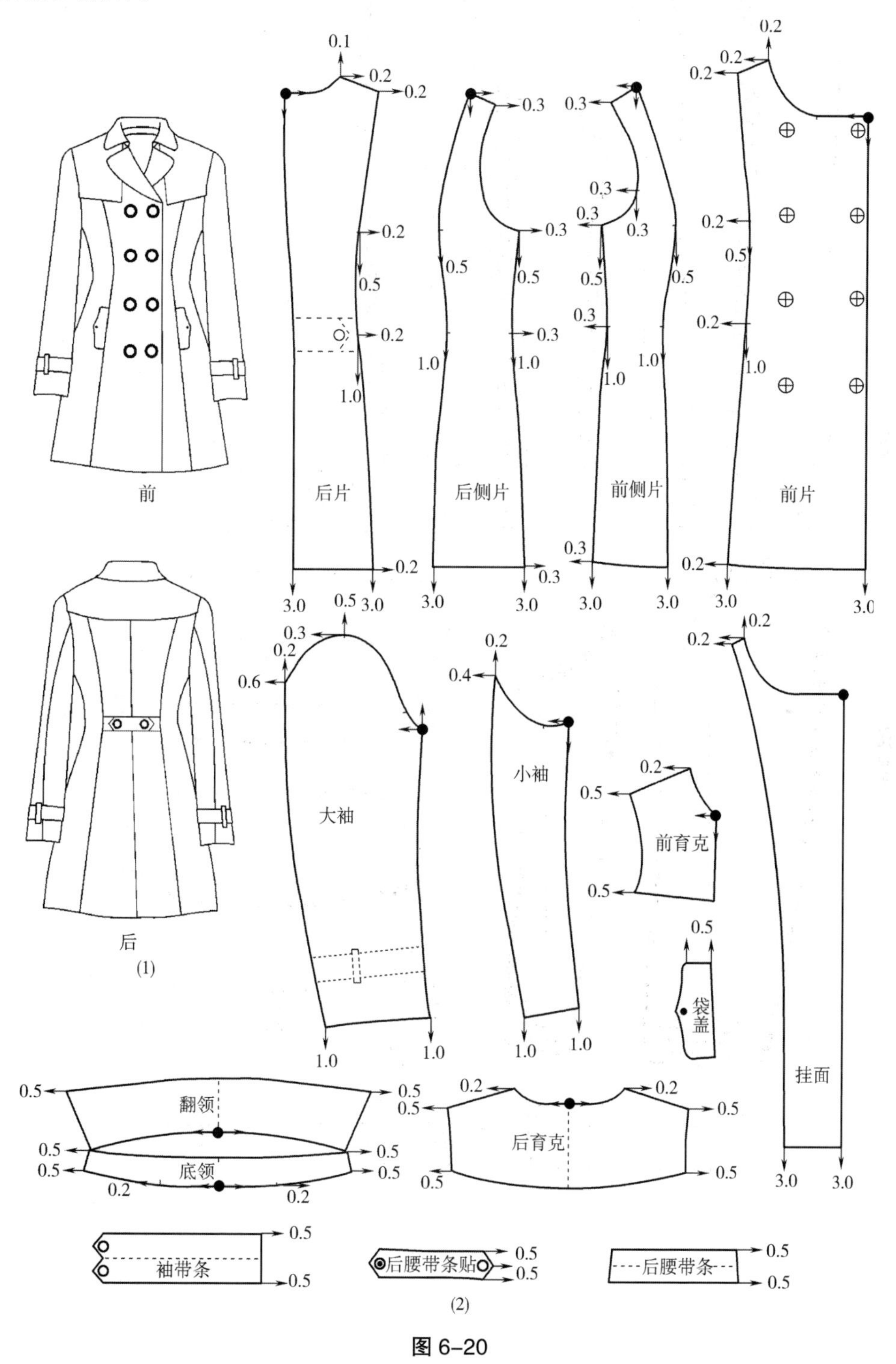

图 6–20

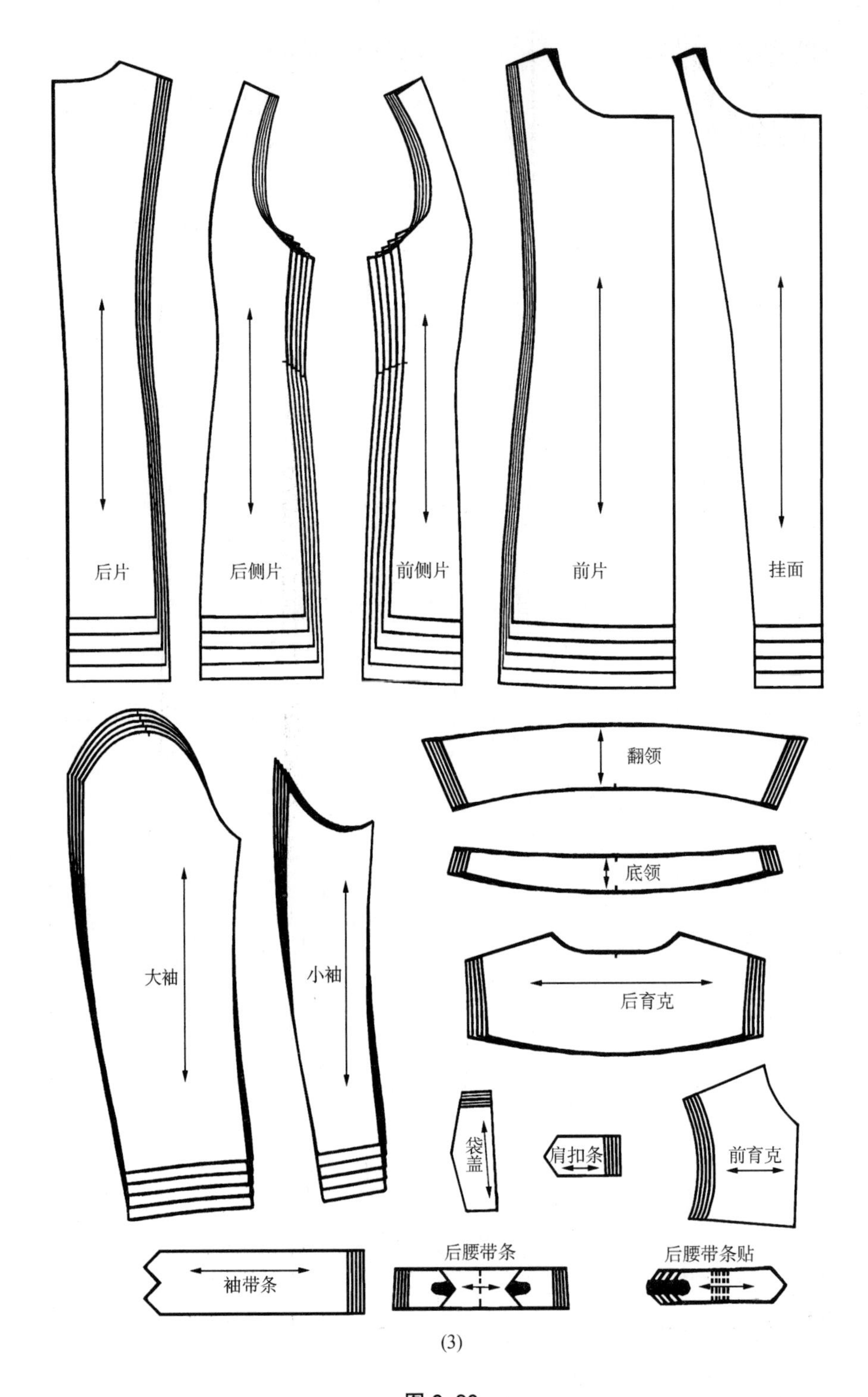

(3)

图 6–20

本章总结

本章介绍了服装款式整体纸样放码的要求；通过分析女式各类裙子、裤子、衬衫、连衣裙、旗袍、西服和大衣款式的结构特征，说明了各类女式服装款式纸样的部件与整体的放码分配数值，阐述了各类女式服装整体纸样的放码方法和操作技巧。

思考题

1. 女式服装款式放码要注意什么？
2. 女式裙子、裤子、衬衫、连衣裙、旗袍、西服和大衣款式放码有什么规律？

练习题

1. 依据表 6–3 女式衬衫成品规格放码档差值，分别进行下图中两款女式衬衫的纸样放码。

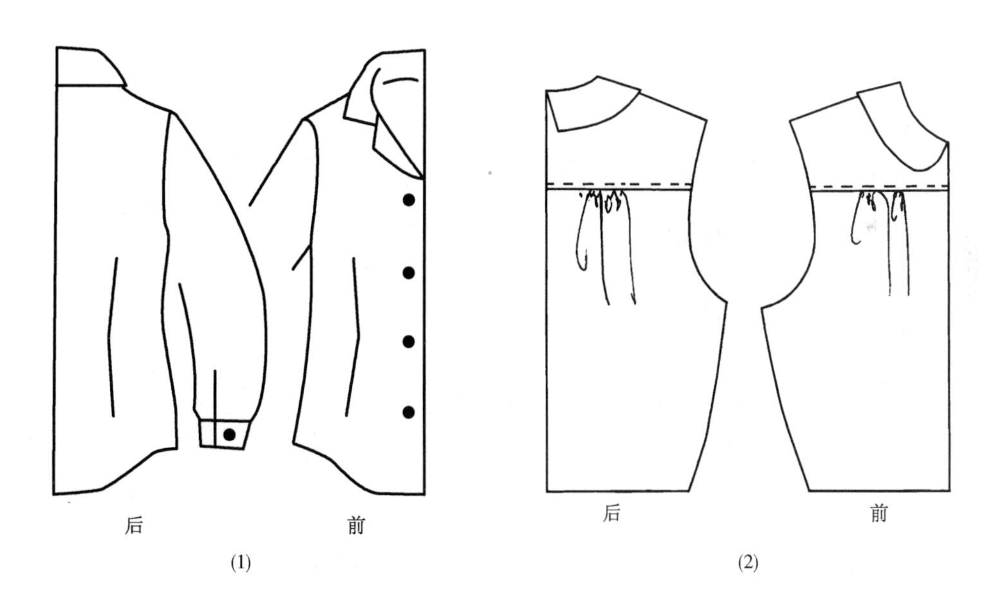

(1)　(2)

2. 依据我国女子服装号型 5 · 4A 系列规格放码档差值，分别进行下图中女式马甲和女式上衣款式的纸样放码。

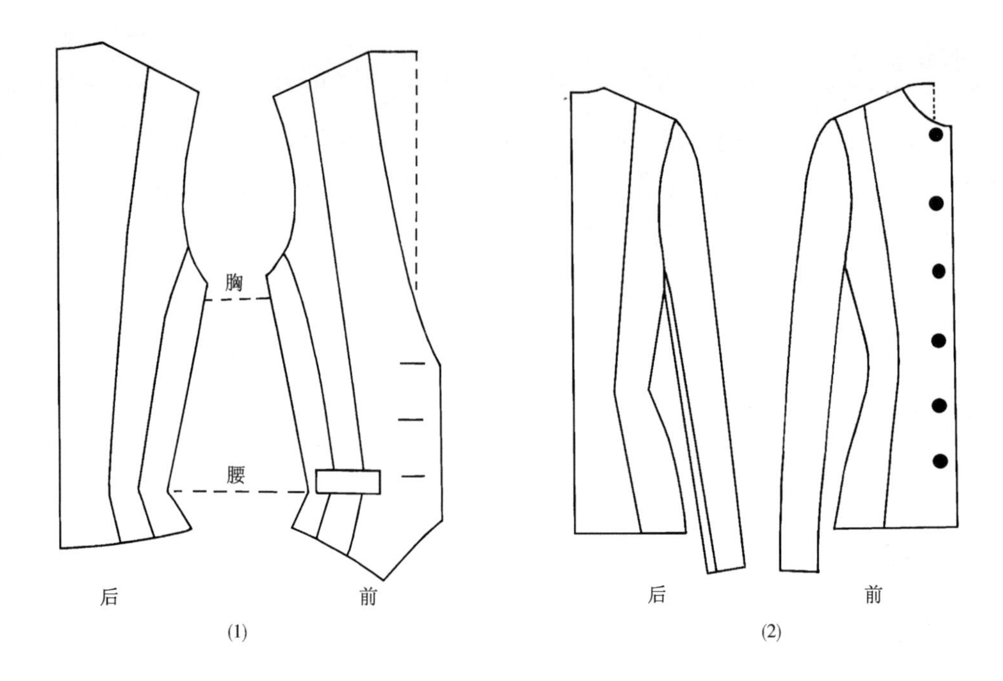

3. 依据表 6–6 女式大衣成品规格放码档差值，进行下图中女式大衣款式的纸样放码。

4. 自选女式大衣、连衣裙、裤子各一款，分别进行纸样制作和放码操作。

服装整体放码应用与实践

男式服装放码

教学内容： 男式上装放码
男式下装放码

教学时间： 4 课时

教学目的： 通过本章的学习，使学生了解男式各类服装款式的结构特征，理解男式各类服装款式整体纸样放码的计算公式，熟悉男式各类服装款式部件与整体放码数值分配之间的联系，掌握男式各类上、下装整体纸样放码的操作技巧与应用。

教学要求： 1. 了解男式衬衫、西服马甲、西服、西裤、牛仔裤和休闲裤款式的结构特征。
2. 理解男式衬衫、西服马甲、西服、西裤和牛仔裤款式纸样放码的计算公式。
3. 熟悉男式衬衫、西服马甲、西服、西裤、牛仔裤和休闲裤款式纸样的部件与整体放码数值分配之间的联系和放码操作要点。
4. 掌握男式衬衫、西服马甲、西服、西裤、牛仔裤和休闲裤款式纸样放码的操作技巧与应用。

课前准备： 男式衬衫、西服马甲、西服、西裤、牛仔裤和休闲裤款式纸样样板，放码尺、剪刀、笔、白纸等工具。

第七章 男式服装放码

由于男子体型没有女子体型曲线变化大，所以男式服装多采用平面式放码。在本章中，采用层叠式放码技术，用计算公式将放码档差值分配在纸样上各个放码点处进行放码操作。

第一节 男式上装放码

一、衬衫

普通男式衬衫有一定的款式结构特点：由底领和翻领构成的衬衫领，肩部有育克，前身有明门襟，左前胸有一贴袋，前短后长的圆角衣摆，圆角袖头，剑形明袖衩。依据我国男子服装号型5·4A系列规格，普通男式衬衫成品规格如表7–1所示。在外贸订单加工的衬衫中，基本上已规定了各部位尺寸，衬衫成衣尺寸测量如图7–1所示，必须严格执行。在放码时，根据衬衫成衣号型规格计算出各部位尺寸的放码档差值，再将放码档差值分配在衬衫纸样上，各部位放缩值计算公式如表7–2所示。

表7–1 普通男式衬衫成品5·4A规格及档差值

单位：cm

市场尺码	39	40	41	42	43	档差值
号型	165/84A	170/88A	170/92A	175/96A	175/100A	5·4A
胸围	104	108	112	116	120	4.0
领围	39	40	41	42	43	1.0
总肩宽	43.6	44.8	46	47.2	48.4	1.2
衣长	70	72	74	76	78	2.0

续表

市场尺码	39	40	41	42	43	档差值
短袖长	23	24	25	26	27	1.0
长袖长	56.5	56.5	58	58	59.5	1.5
短袖口围	36	38	38	40	40	2.0
长袖口围	22	23	23	24	24	1.0

表 7-2　普通男式衬衫纸样各部位放缩量计算公式

单位：cm

部位	放码档差值	放缩量计算公式	部位	放码档差值	放缩量计算公式
领围	1.0	领围档差值 /5	袖窿深	0.7	袖窿深档差值
肩宽	1.2	肩宽档差值 /2	衣长	2.0	衣长档差值
胸围	4.0	胸围档差值 /4	袖长	1.5	袖长档差值
腰围	4.0	腰围档差值 /4	袖口围	1.0	袖口围档差值 /2
衣摆围	4.0	臀围档差值 /4			

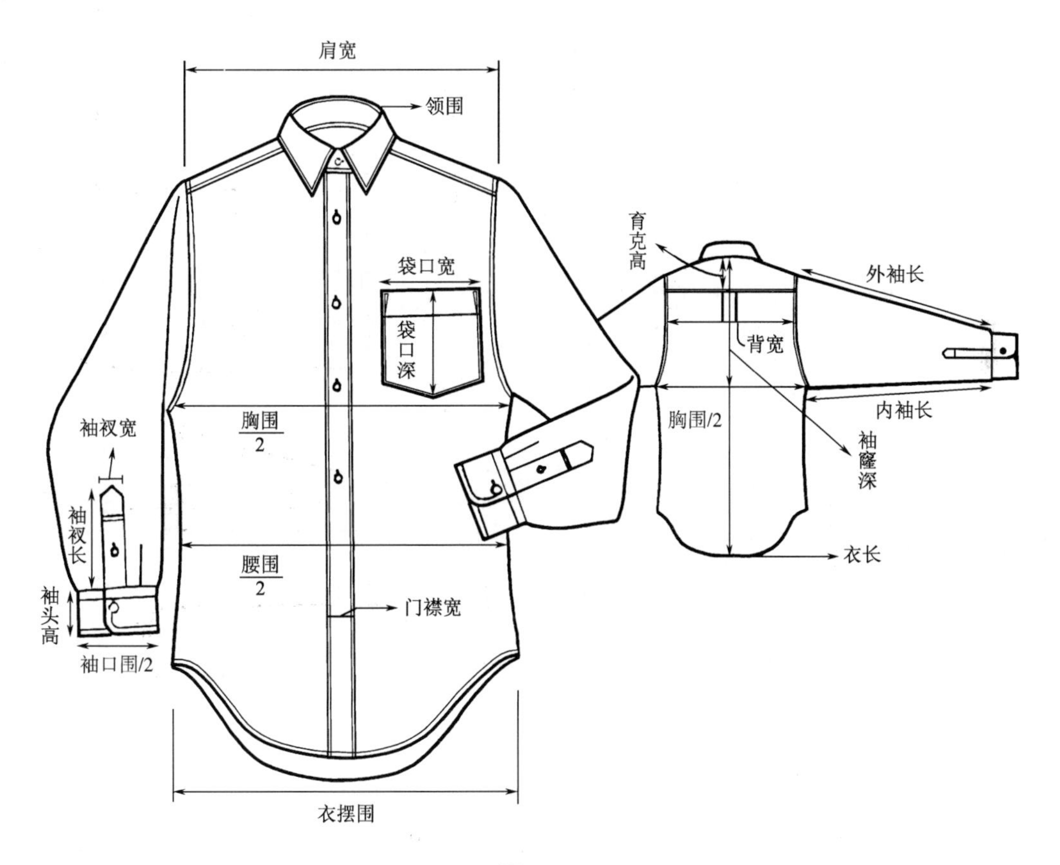

图 7-1

如图 7-2 所示，将各部位缩放数值分配于纸样的各个放码点处，放大两个号的衬衫纸样放码步骤及数值如下。

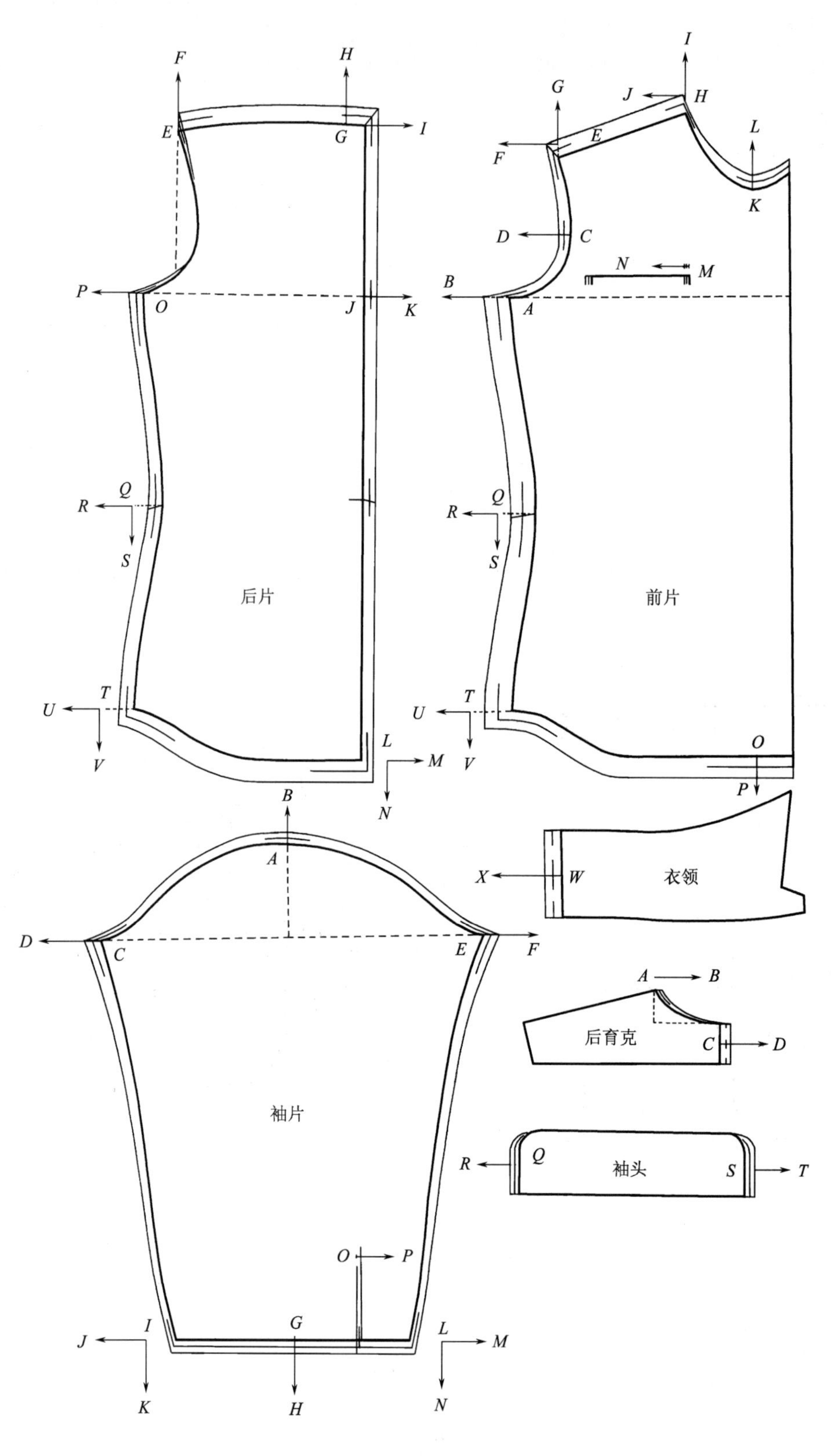

图 7-2

1. 后育克

由 A 点向 B 点方向推档，距离为：（肩宽档差值 /2– 领围档差值 /5）× 2 个号 =0.8cm。

由 C 点向 D 点方向推档，距离为：肩宽档差值 /2 × 2 个号 =1.2cm。

2. 后片

由 E 点向 F 点方向推档，距离为：袖窿深档差值 × 2 个号 =1.4cm。

由 G 点向 H 点方向推档，距离为：袖窿深档差值 × 2 个号 =1.4cm。

由 G 点向 I 点方向推档，距离为：肩宽档差值 /2 × 2 个号 =1.2cm。

由 J 点向 K 点方向推档，距离为：肩宽档差值 /2 × 2 个号 =1.2cm。

由 L 点向 M 点方向推档，距离为：肩宽档差值 /2 × 2 个号 =1.2cm。

由 L 点向 N 点方向推档，距离为：（衣长档差值 – 袖窿深档差值）× 2 个号 =2.6cm。

由 O 点向 P 点方向推档，距离为：（胸围档差值 /4– 肩宽档差值 /2）× 2 个号 =0.8cm。

由 Q 点向 R 点方向推档，距离为：（腰围档差值 /4– 肩宽档差值 /2）× 2 个号 =0.8cm。

由 Q 点向 S 点方向推档，距离为：（衣长档差值 – 袖窿深档差值 /2）× 2 个号 =1.3cm。

由 T 点向 U 点方向推档，距离为：（衣摆围档差值 /4– 肩宽档差值 /2）× 2 个号 =0.8cm。

由 T 点向 V 点方向推档，距离为：（衣长档差值 – 袖窿深档差值）× 2 个号 =2.6cm。

3. 前片

由 A 点向 B 点方向推档，距离为：胸围档差值 /4 × 2 个号 =2cm。

由 C 点向 D 点方向推档，距离为：肩宽档差值 /2 × 2 个号 =1.2cm。

由 E 点向 F 点方向推档，距离为：肩宽档差值 /2 × 2 个号 =1.2cm。

由 E 点向 G 点方向推档，距离为：袖窿深档差值 × 2 个号 =1.4cm。

由 H 点向 I 点方向推档，距离为：袖窿深档差值 × 2 个号 =1.4cm。

由 H 点向 J 点方向推档，距离为：领围档差值 /5 × 2 个号 =0.4cm。

由 K 点向 L 点方向推档，距离为：袖窿深档差值 × 2 个号 =1.4cm。

由 M 点向 N 点方向推档，距离为：肩宽档差值 /4 × 2 个号 =0.6cm。

由 O 点向 P 点方向推档，距离为：（衣长档差值 – 袖窿深档差值）× 2 个号 =2.6cm。

由 Q 点向 R 点方向推档，距离为：腰围档差值 /4 × 2 个号 =2cm。

由 Q 点向 S 点方向推档，距离为：（衣长档差值 – 袖窿深档差值）/2 × 2 个号 =1.3cm。

由 T 点向 U 点方向推档，距离为：衣摆围档差值 /4 × 2 个号 =2cm。

由 T 点向 V 点方向推档，距离为：（衣长档差值 – 袖窿深档差值）× 2 个号 =2.6cm。

4. 领子

由 W 点向 X 点方向推档，距离为：领围档差值 /2 × 2 个号 =1.0cm。

5. 袖子

由 A 点向 B 点方向推档，距离为：8 袖窿深档差值 /10 × 2 个号 =1.1cm。

由 C 点向 D 点方向推档，距离为：（胸围档差值 /4– 肩宽档差值 /2+2 袖窿深档差值 /10）× 2 个号 =1.1cm。

由 E 点向 F 点方向推档，距离为：（胸围档差值 /4– 肩宽档差值 /2+2 袖窿深档差值 /10）×2 个号 =1.1cm。

由 G 点向 H 点方向推档，距离为：（袖长档差值 –8 袖窿深档差值 /10）×2 个号 =1.8cm。

由 I 点向 J 点方向推档，距离为：袖口围档差值 /2×2 个号 =1cm。

由 I 点向 K 点方向推档，距离为：（袖长档差值 –8 袖窿深档差值 /10）×2 个号 =1.8cm。

由 L 点向 M 点方向推档，距离为：袖口围档差值 /2×2 个号 =1cm。

由 L 点向 N 点方向推档，距离为：（袖长档差值 –8 袖窿深档差值 /10）×2 个号 =1.8cm。

由 O 点向 P 点方向推档，距离为：袖口围档差值 /4×2 个号 =0.5cm。

6. 袖头

由 Q 点向 R 点方向推档，距离为：袖口围档差值 /2×2 个号 =1cm。

由 S 点向 T 点方向推档，距离为：袖口围档差值 /2×2 个号 =1cm。

同理，按照我国服装 5·4A 系列男式衬衫成衣号型规格（表 7–1），因成年男子肩较厚，为配合领围和总肩宽档差值，胸围档差值分配在前片和后片纸样宽度上为：颈部下端 0.2cm、肩部下端 0.4cm、袖窿下端 0.4cm。又因成年男子手臂较粗，为方便手的活动，衣身袖窿深档差值分配 1/3 衣长档差值，即 0.7cm。又因袖山高与袖围呈反比例关系，为配合衣身袖窿的放缩量，袖片的袖山高度档差值分配 0.5cm，袖围档差值每边分配 0.6cm。衬衫零部件裁片纸样，如后育克、翻领（领面、上级领）、底领（领座、下级领）、袖头、大袖衩条、小袖衩条和贴袋的放码，需配合其所相连接的前片、后片和袖子部位处的放缩值。放大一个号的衬衫全套纸样放码尺寸分配值及结果如图 7–3 所示，放大与缩小两个号的衬衫全套纸样放码结果如图 7–4 所示。

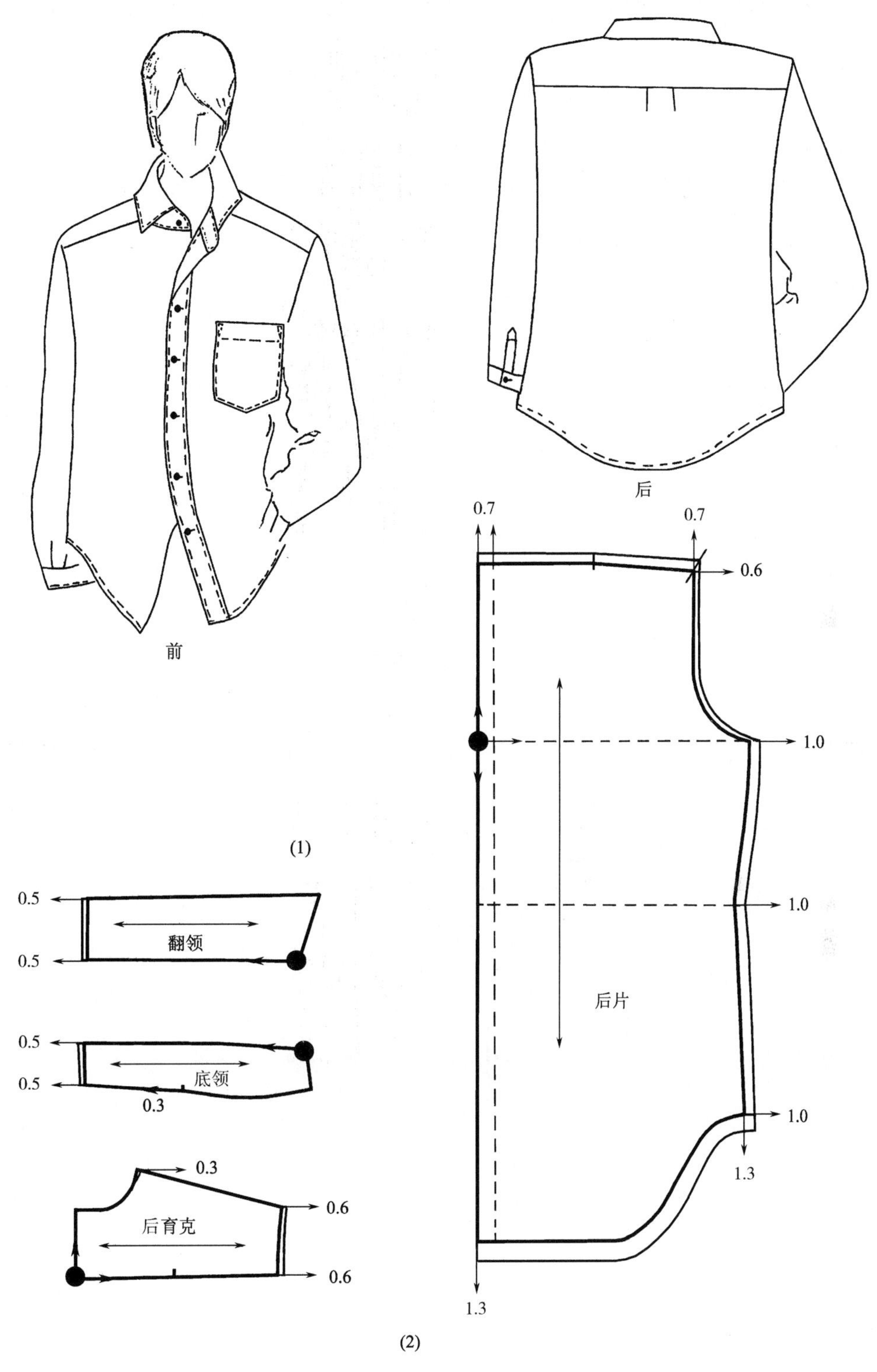

(2)

图 7–3

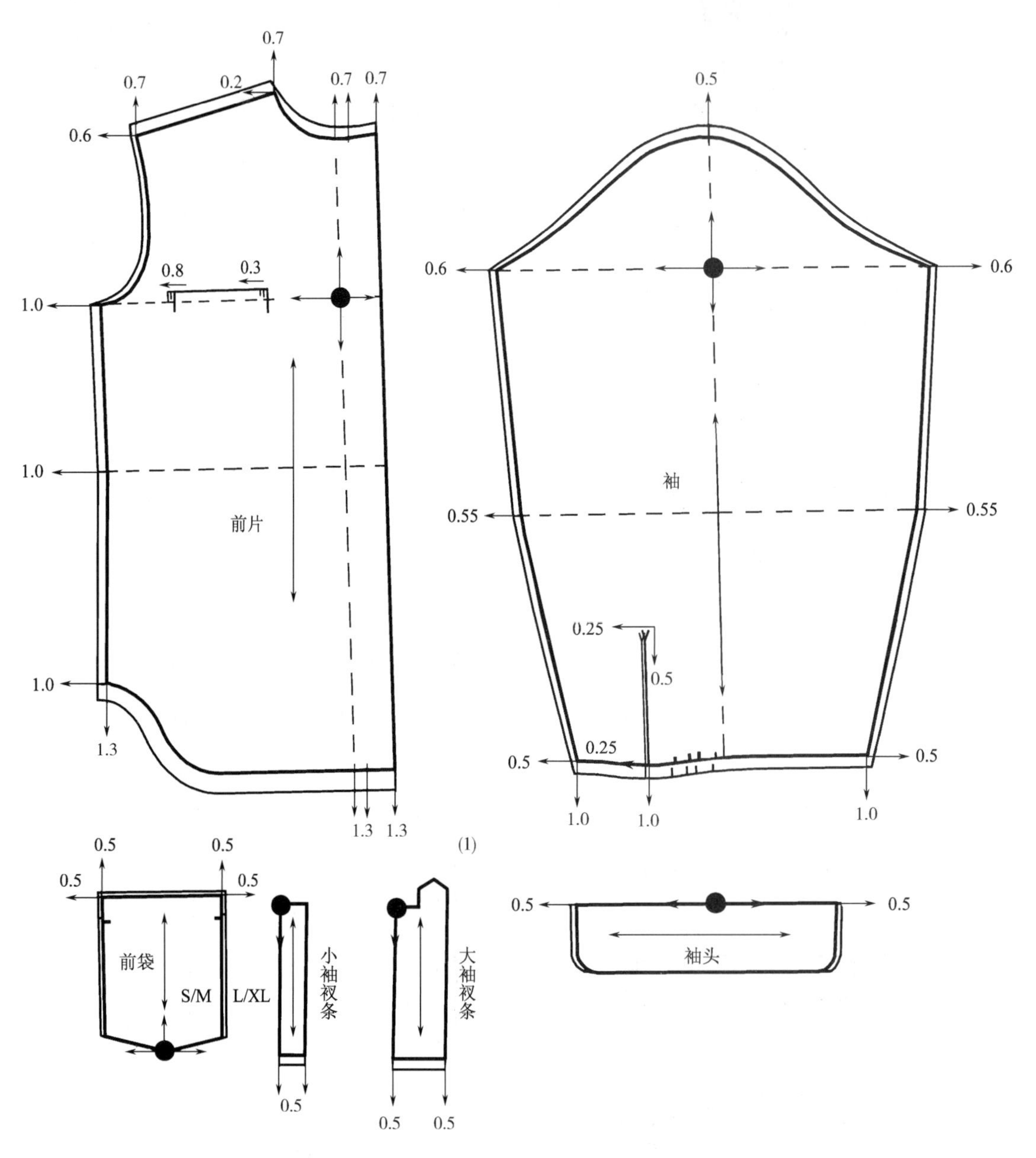

注 前袋与大、小袖衩条为两个号跳一档放码

(2)

图 7–3

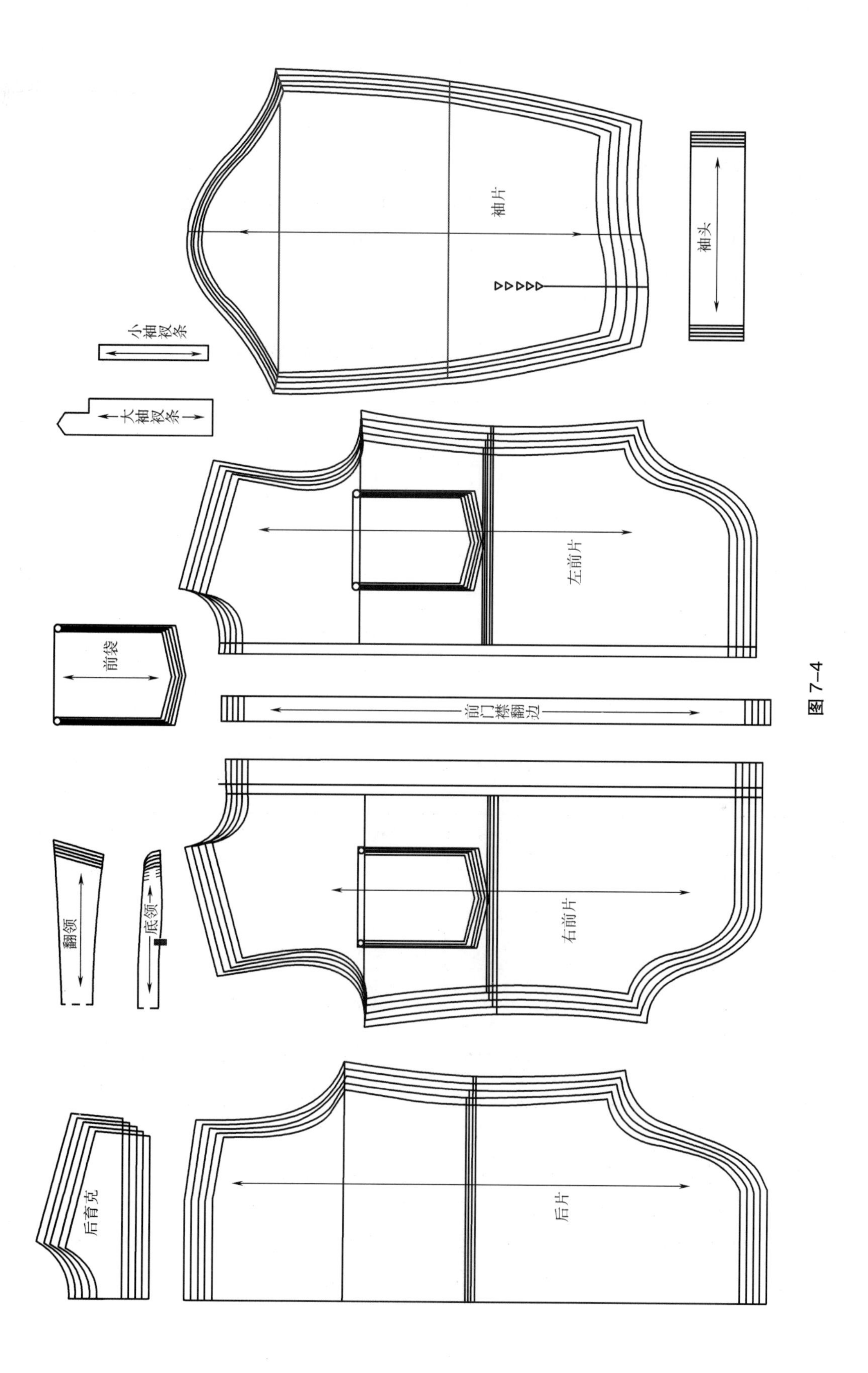

图 7-4

二、马甲

普通西服马甲的款式特点：V 字型领口，单排扣门襟开口，衣身有腰省，前身有手巾袋和卡袋，下摆侧缝开衩，呈 V 型前下摆。依据我国男子服装号型 5 · 4A 系列规格，普通男式马甲成品规格如表 7–3 所示。在放码时，依据马甲成衣号型规格的放码档差值，马甲纸样各部位放码值计算公式如表 7–4 所示。

表 7–3 普通男式马甲成品 5 · 4A 规格及档差值

单位：cm

市场尺码	M	L	XL	XXL	XXXL	档差值
号型	165/84A	170/88A	170/92A	175/96A	175/100A	5 · 4A
胸围	92	96	100	104	108	4.0
腰围	82	86	90	94	98	4.0
下摆围	90	94	98	102	106	4.0
袖窿深	25.3	26	26.7	27.4	28.1	0.7
前衣长	62	63.5	65	66.5	68	1.5
后衣长	54	55.5	57	58.5	60	1.5

表 7–4 普通男式马甲纸样各部位放缩量计算公式

单位：cm

部位	放码档差值	放缩量计算公式	部位	放码档差值	放缩量计算公式
领围	1.0	颈围档差值 /5	臀围	4.0	臀围档差值 /4
肩宽	1.0	肩宽档差值 /2	下摆围	4.0	下摆围档差值 /4
胸围	4.0	胸围档差值 /4	袖窿深	0.7	袖窿深档差值
腰围	4.0	腰围档差值 /4	衣长	1.5	衣长档差值

在进行马甲放码时，可以取袖窿深线与前中心线或后中心线的交点为放码基准点，纸样放大一个号的档差数值分配为：长度方向在放码基准点之上加长袖窿深档差值，即 0.7cm，在放码基准点之下加长数值等于衣长档差值减袖窿深档差值，即 0.8cm；围度方向分别在前片及后片纸样上各加宽胸围档差值 /4、腰围档差值 /4、臀围档差值 /4，即 1.0cm；在肩端点处水平加宽肩宽档差值 /2，即 0.5cm；挂面的放码尺寸值要与前片肩线和底边线的缩放尺寸值相配合。放大一个号的西服马甲纸样放码尺寸分配及结果如图 7–5 所示。放大与缩小两个号的马甲全套纸样放码结果如图 7–6 所示。

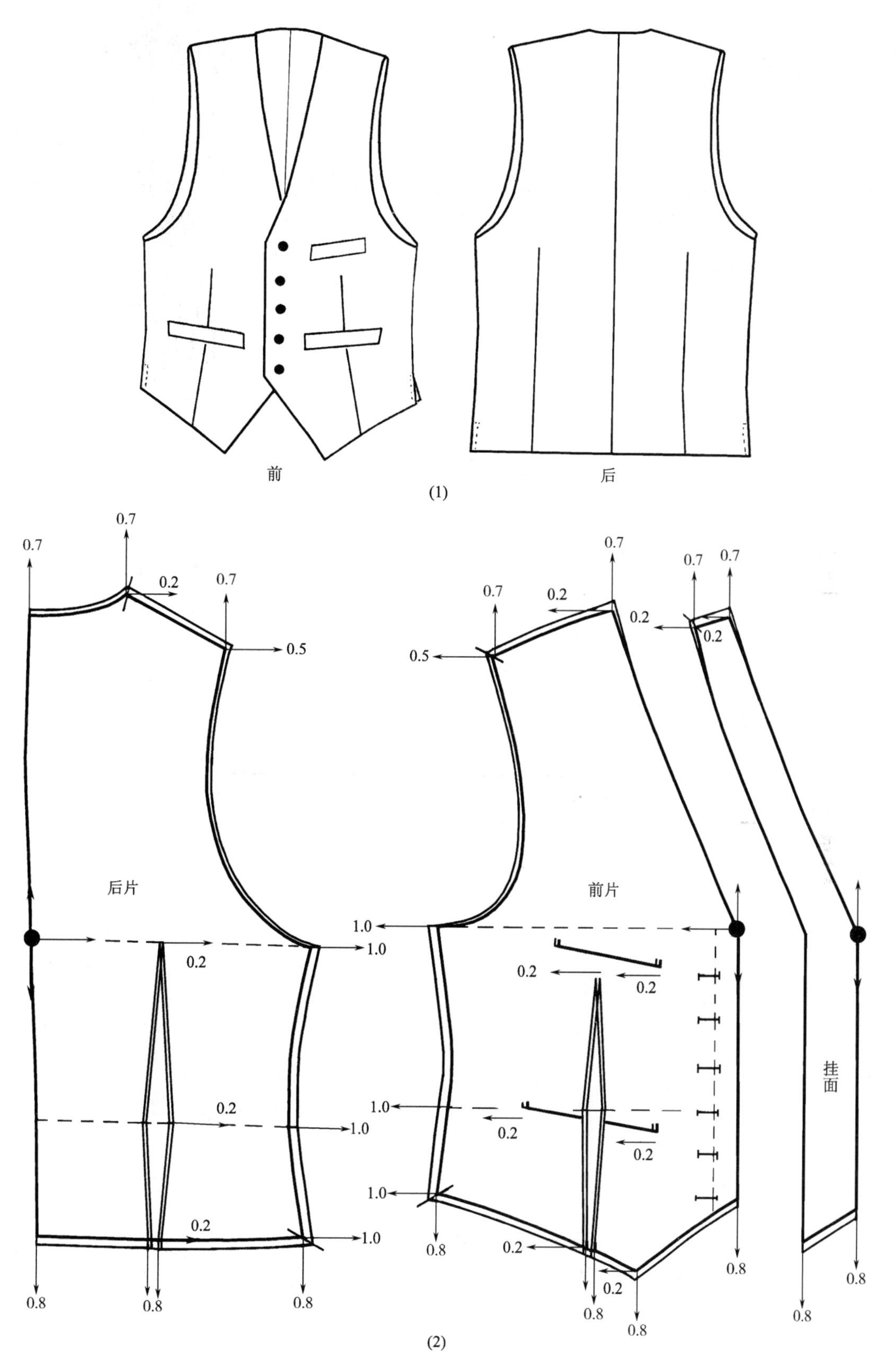
前
后
(1)
0.7
0.7
0.2
0.7
0.5
后片
0.2
0.2
1.0
0.2
1.0
0.8
0.8
0.8
0.7
0.7
0.2
0.5
0.2
0.7
0.7
0.2
前片
1.0
0.2
0.2
1.0
0.2
0.2
1.0
0.8
0.2
0.2
0.8
0.8
0.8
挂面
0.8
0.8
(2)

图 7–5

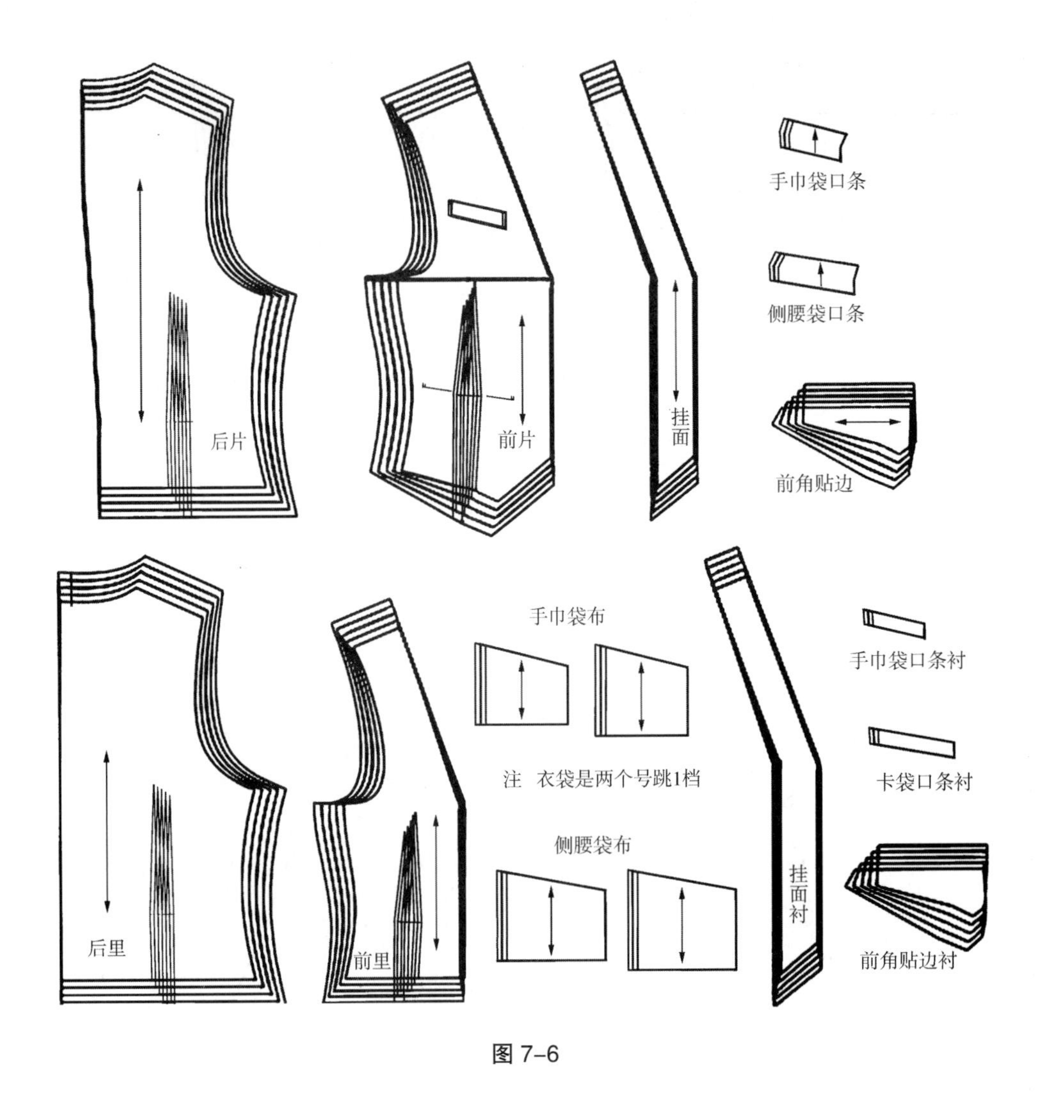

图 7–6

三、西服

普通男式六开身西服的款式特点为：合体衣身以竖向六片裁片接缝，平驳头西服领，左前胸有手巾袋，前身两侧有袋盖双嵌线袋(双唇袋)，前身圆角上口，有前腰省、后中背缝，两片西服袖，袖口开衩。依据我国男子服装号型 5・4A 系列规格，普通男式西服成品规格如表 7–5 所示。在放码时，根据西服成衣号型规格计算出各部位尺寸的放码档差值，再将放码档差值分配在西服纸样上，各部位的放缩值计算公式如表 7–6 所示。

若按照我国服装 5・4A 系列男式西服成衣号型规格如表 7–5 所示，将各部位放缩数值分配于纸样的各个放码点处，如图 7–7 所示，取腰围线与前中心线或后中心线或侧缝线的交点为放码基准点，纸样放大一个号的档差数值分配为：长度方向分别在前片、后片及侧片的放码基准点之上加长衣长档差值或腰节长档差值 1/2，即 1.0cm，在放码基准点之下加长 1.0cm，并且将袖窿深线提高衣长档差值 1/2 减袖窿深档差值的数值，即 0.3cm;

表 7–5　普通男式西服成品 5・4A 规格及档差值

单位：cm

市场尺码	46	48	50	52	54	档差值
号型	165/84A	170/88A	170/92A	175/96A	175/100A	5・4A
胸围	100	104	108	112	116	4.0
腰围	90	94	98	102	106	4.0
下摆围	105	109	113	117	121	4.0
总肩宽	45	46.2	47.4	48.6	49.8	1.2
前衣长	72	74	76	78	80	2.0
后衣长	70	72	74	76	78	2.0
袖长	60	61.5	63	64.5	66	1.5
袖口围	27	28	29	30	31	1.0

表 7–6　普通男式西服纸样各部位放缩量计算公式

单位：cm

部位	放码档差值	放缩量计算公式	部位	放码档差值	放缩量计算公式
领围	1.0	领围档差值 /5	下摆围	4.0	下摆围档差值 /6
肩宽	1.2	肩宽档差值 /2	袖窿深	0.7	袖窿深档差值
胸围	4.0	胸围档差值 /6	衣长	2.0	衣长档差值
腰围	4.0	腰围档差值 /6	袖长	1.5	袖长档差值
臀围	4.0	臀围档差值 /6	袖口围	1.0	袖口围档差值 /4

衣身围度档差值分别在前片、后片及侧片处加宽胸围档差值 1/6、腰围档差值 1/6、下摆围档差值 1/6，即 0.66cm 或 0.67cm，通常在前片和后片取 0.7cm，在侧片取 0.6cm；挂面、袋盖和袋衬等放码尺寸值要与其在前片所处部位的缩放尺寸值相配合；而衣领的放码尺寸值要与前、后领窝线的缩放尺寸值相匹配，即等于领围档差值 1/2，即 0.5cm；大袖与小袖的放码基准点可以分别选择袖山深线与袖中线的交点及腋下点，则在放码基准点之上的袖山高加长 1 个袖窿深档差值，即 0.7cm，并且在放码基准点之下加长袖长档差值减袖窿深档差值的数值，即 0.8cm；再将袖口围档差值 1/4 分别放在大袖及小袖的袖口线两侧，但因大袖的宽度较大，故在大袖的两侧分配 0.3cm，在小袖的两侧分配 0.2cm。放大一个号的六开身西服纸样放码尺寸分配及结果如图 7–7 所示。放大与缩小两个号的男西服面料、里料、衬料全套纸样放码结果如图 7–8~ 图 7–10 所示。

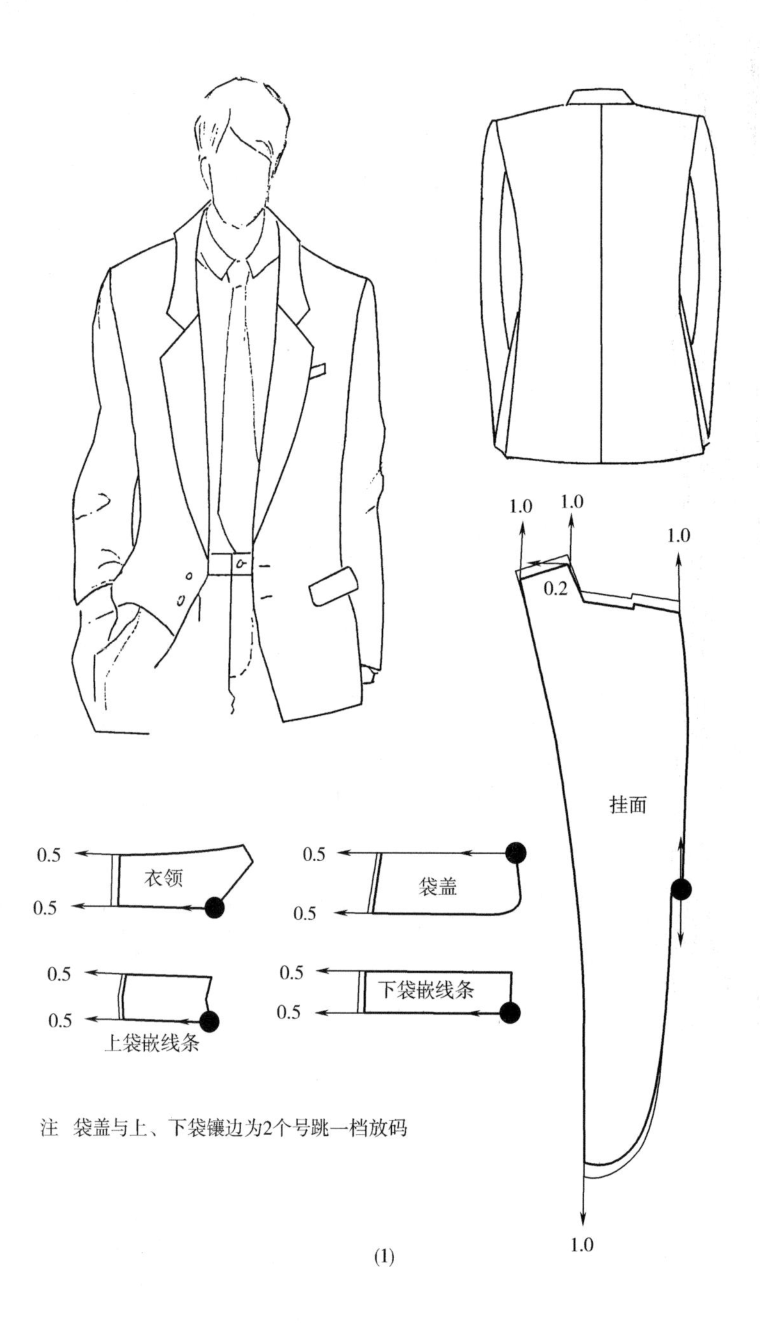

注　袋盖与上、下袋镶边为2个号跳一档放码

(1)

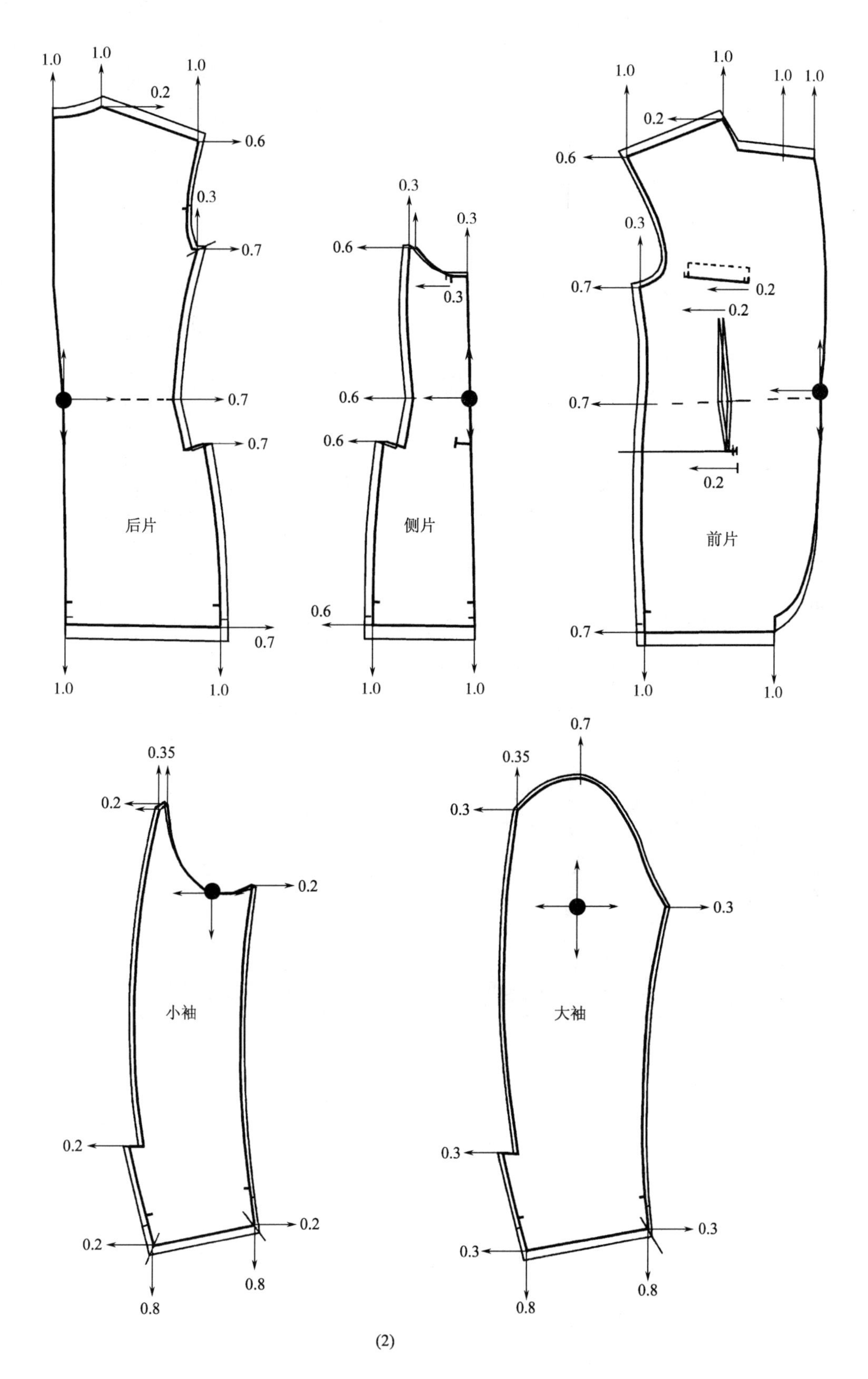

图 7–7

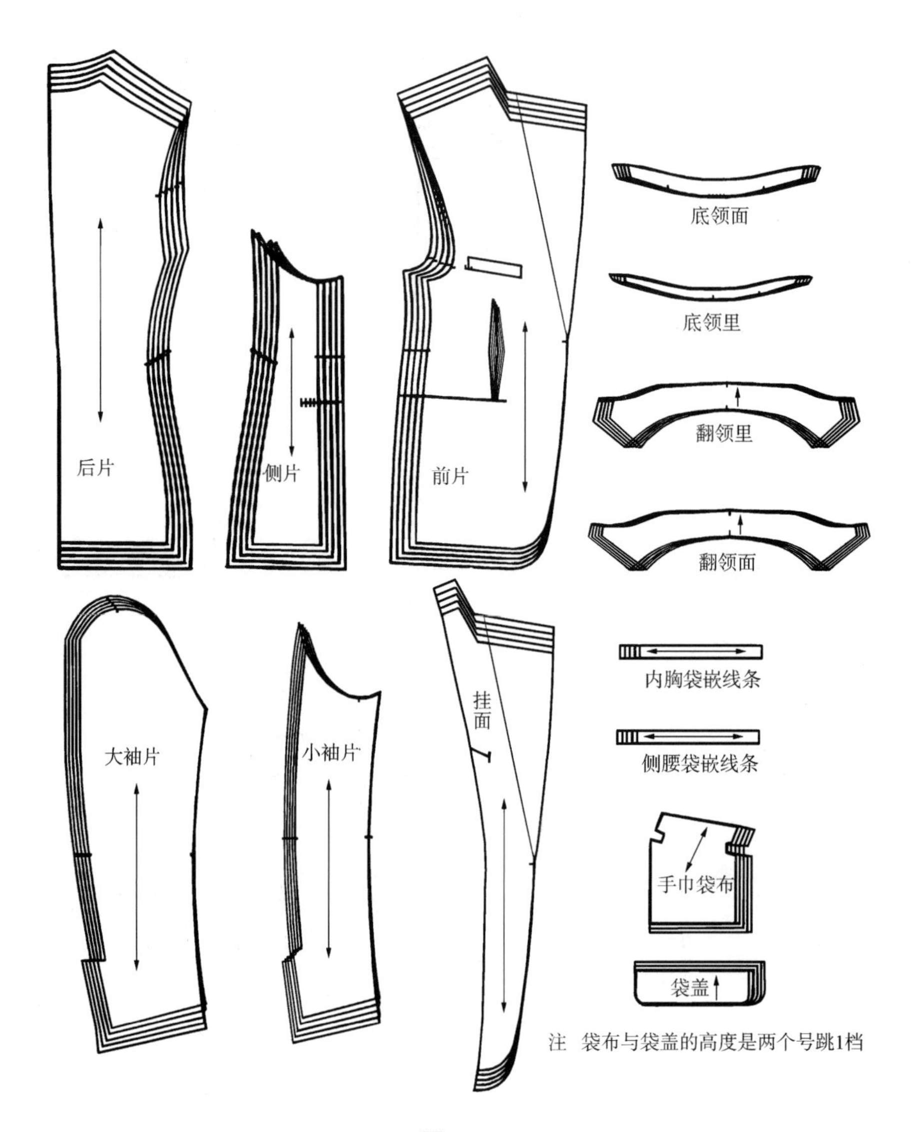

后片
侧片
前片
底领面
底领里
翻领里
翻领面
大袖片
小袖片
挂面
内胸袋嵌线条
侧腰袋嵌线条
手巾袋布
袋盖
注 袋布与袋盖的高度是两个号跳1档

图 7–8

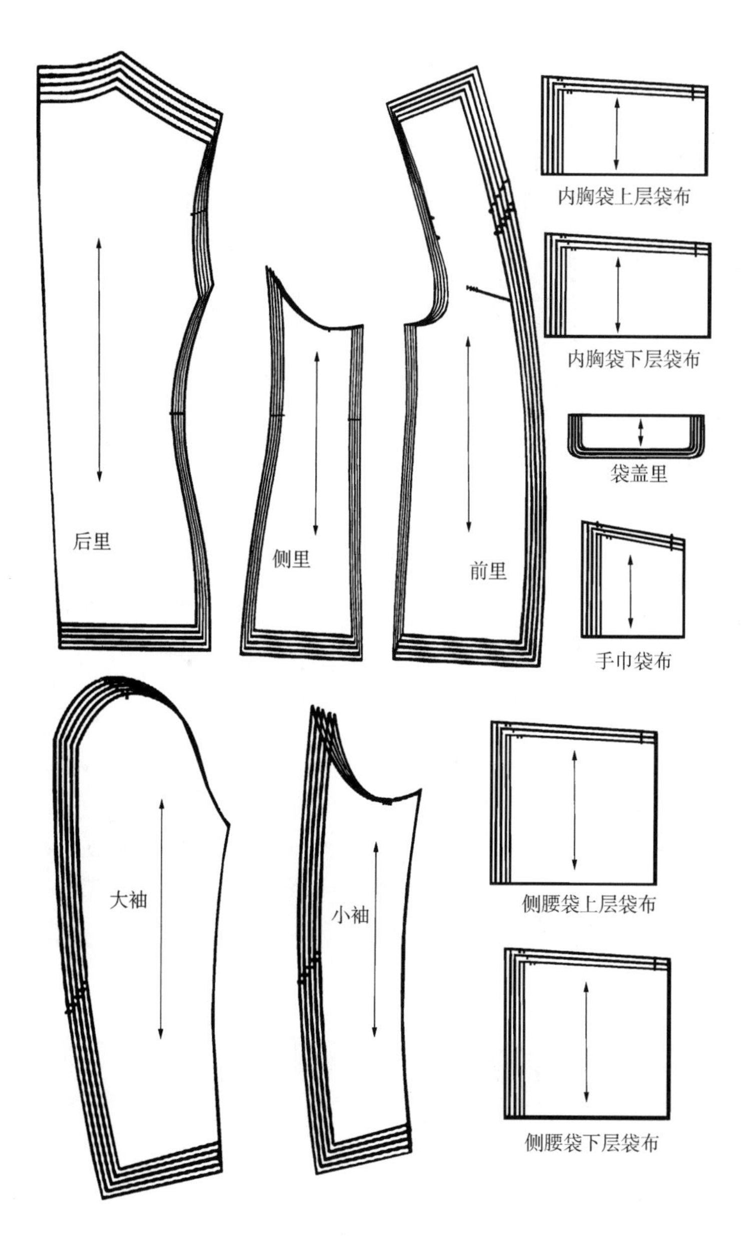

图 7–9

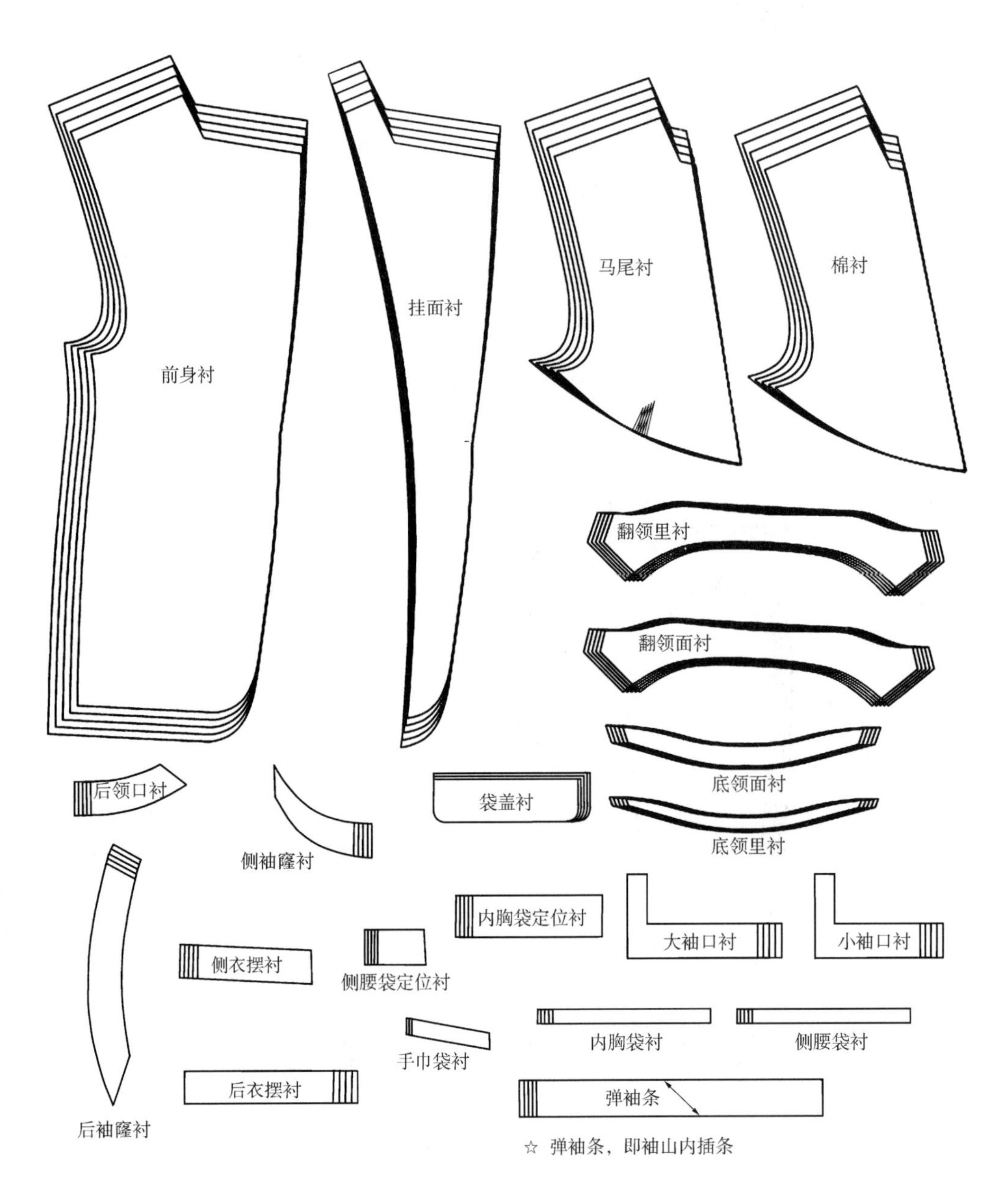
前身衬
挂面衬
马尾衬
棉衬
翻领里衬
翻领面衬
底领面衬
底领里衬
后领口衬
侧袖窿衬
袋盖衬
后袖窿衬
侧衣摆衬
侧腰袋定位衬
内胸袋定位衬
大袖口衬
小袖口衬
手巾袋衬
内胸袋衬
侧腰袋衬
后衣摆衬
弹袖条
☆ 弹袖条，即袖山内插条

图 7-10

第二节　男式下装放码

一、西裤

普通男式西裤的款式特点为：前身两侧有斜插袋，前开门里襟、左右拼驳腰头、后身设有双嵌线袋。依据我国男子服装号型5·4A系列规格，普通男式西裤成品规格如表7–7所示。在外贸订单加工中，西裤成衣尺寸测量如图7–11所示，必须严格执行已规定的西裤各部位尺寸。在放码时，依据西裤号型规格的放码档差值，西裤纸样各部位缩放数值计算公式如表7–8所示。

表7–7　普通男式西裤成品5·4A规格及档差值

单位：cm

市场尺码	28	30	32	34	36	档差值
号型	165/74A	170/78A	175/82A	180/86A	185/90A	5·4A
腰围	74	78	82	86	90	4.0
臀围	101	105	109	113	117	4.0
前裆	28	29	29	30	30	1.0
后裆	39	40	40	41	41	1.0
裤长	104	107	107	110	110	3.0
腿根围	59	61.6	61.6	64.2	64.2	2.6
脚口围	42	44	44	46	46	2.0

表7–8　普通男式西裤纸样各部位放缩量计算公式

单位：cm

部位	放码档差值	放缩值计算公式	部位	放码档差值	放缩值计算公式
腰围	4.0	腰围档差值 /4	前裆	1.0	前裆档差值
臀围	4.0	臀围档差值 /4	后裆	1.0	后裆档差值
腿根围	2.6	腿根围档差值 /4	下裆长（内长）	2.0	下裆长档差值
膝围	2.0	膝围档差值 /4	裤长（外长）	3.0	裤长档差值
脚口围	2.0	脚口围档差值 /4			

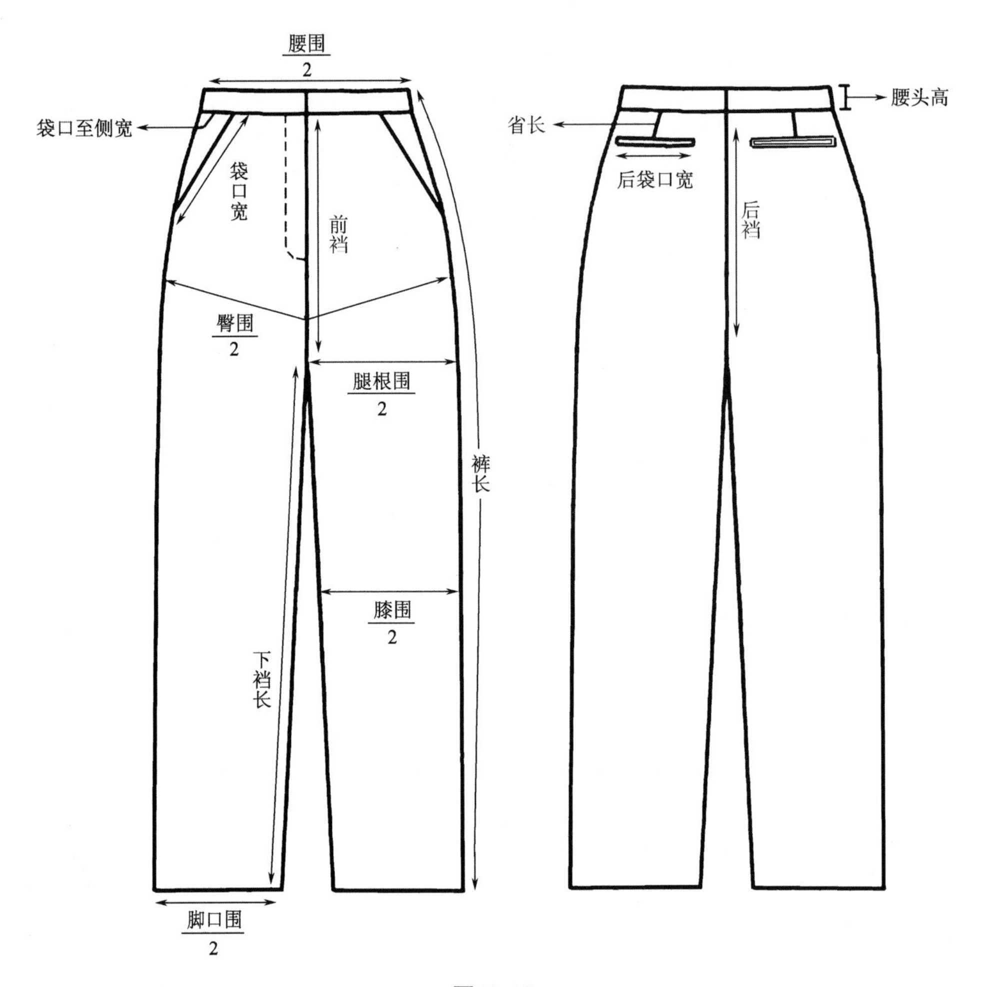

图 7-11

如图 7-12 所示，由于成年男子的臀部比较偏平，故在后片纸样的腰围线和臀围线的两侧放缩量比例分配上会与女装裤有所不同，女装裤按 2∶8 分配，男装裤按 3∶7 分配。将各部位缩放数值分配于前、后裤片纸样的各个放码点处，放大四个号的西裤前片及后片纸样放码步骤如下。

1. 后片

（1）腰围：

由 *A* 点向 *B* 点方向推档，距离为：立裆档差值 ×4 个号 =4cm。

由 *C* 点向 *D* 点方向推档，距离为：立裆档差值 ×4 个号 =4cm。

由 *D* 点向 *E* 点方向推档，距离为：腰围档差值 /4×30%×4 个号 =1.2cm。

由 *B* 点向 *F* 点方向推档，距离为：腰围档差值 /4×70%×4 个号 =2.8cm。

（2）臀围：

提高臀围线高度为：后裆档差值 /3×4 个号 =1.33cm。

由 *G* 点向 *H* 点方向推档，距离为：臀围档差值 /4×30%×4 个号 =1.2cm。

由 *I* 点向 *J* 点方向推档，距离为：臀围档差值 /4×70%×4 个号 =2.8cm。

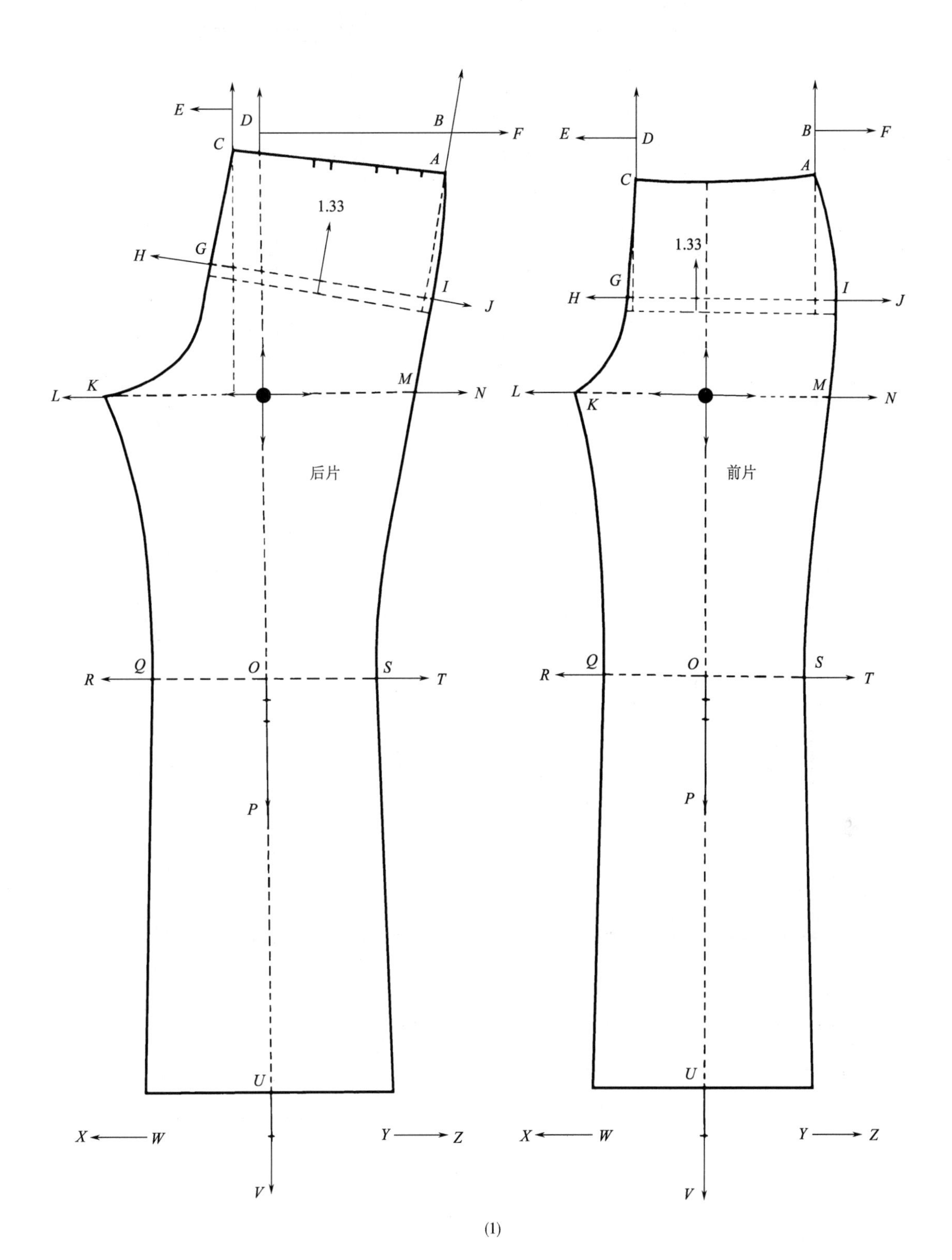
E
D
B
F
C
A
1.33
H
G
I
J
L
K
M
N
后片
R
Q
O
S
T
P
U
X
W
Y
Z
V
E
D
B
F
C
A
1.33
H
G
I
J
L
K
M
N
前片
R
Q
O
S
T
P
U
X
W
Y
Z
V

(1)

图 7-12

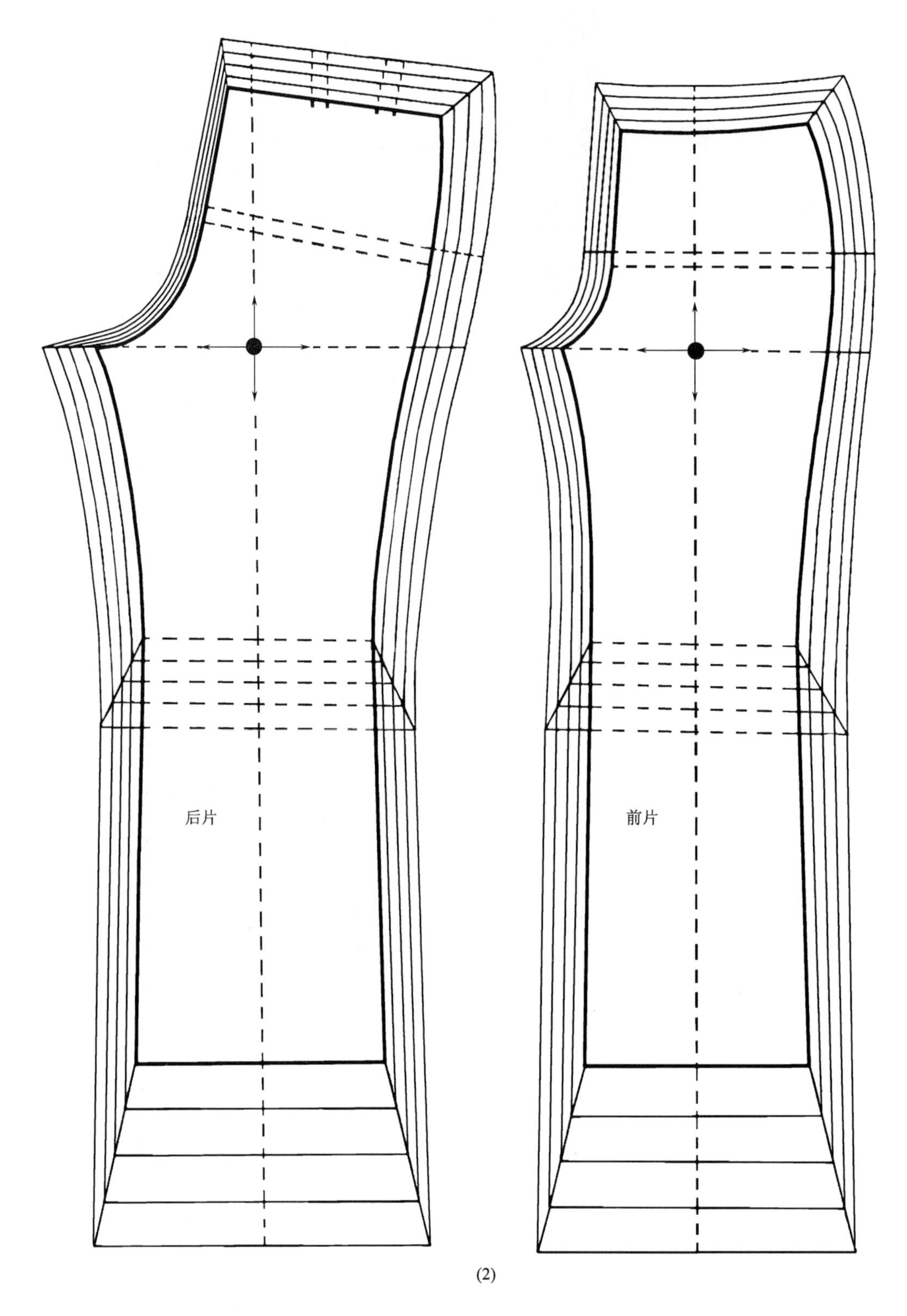

(2)

图 7–12

（3）腿根围（大腿围、髀围）：

由 K 点向 L 点方向推档，距离为：腿根围档差值 /4 × 4 个号 =2.6cm。

由 M 点向 N 点方向推档，距离为：腿根围档差值 /4 × 4 个号 =2.6cm。

（4）膝围：

由 O 点向 P 点方向推档，距离为：下裆长档差值 /2 × 4 个号 =4cm。

由 Q 点向 R 点方向推档，距离为：膝围档差值 /4 × 4 个号 =2cm。

由 S 点向 T 点方向推档，距离为：膝围档差值 /4 × 4 个号 =2cm。

（5）脚口围：

由 W 点向 X 点方向推档，距离为：脚口围档差值 /4 × 4 个号 =2cm。

由 Y 点向 Z 点方向推档，距离为：脚口围档差值 /4 × 4 个号 =2cm。

（6）裤长：

由 U 点向 V 点方向推档，距离为：（裤长档差值 – 后裆档差值）× 4 个号 =8cm。

2. 前片

（1）腰围：

由 A 点向 B 点方向推档，距离为：前裆档差值 × 4 个号 =4cm。

由 C 点向 D 点方向推档，距离为：前裆档差值 × 4 个号 =4cm。

由 D 点向 E 点方向推档，距离为：腰围档差值 /4 × 40% × 4 个号 =1.6cm。

由 B 点向 F 点方向推档，距离为：腰围档差值 /4 × 60% × 4 个号 =2.4cm。

（2）臀围：

提高臀围线高度为：前裆档差值 /3 × 4 个号 =1.33cm。

由 G 点向 H 点方向推档，距离为：臀围档差值 /4 × 40% × 4 个号 =1.6cm。

由 I 点向 J 点方向推档，距离为：臀围档差值 /4 × 60% × 4 个号 =2.4cm。

（3）腿根围：

由 K 点向 L 点方向推档，距离为：腿根围档差值 /4 × 4 个号 =2.6cm。

由 M 点向 N 点方向推档，距离为：腿根围档差值 /4 × 4 个号 =2.6cm。

（4）膝围：

由 O 点向 P 点方向推档，距离为：下裆长档差值 /2 × 4 个号 =4cm。

由 Q 点向 R 点方向推档，距离为：膝围档差值 /4 × 4 个号 =2cm。

由 S 点向 T 点方向推档，距离为：膝围档差值 /4 × 4 个号 =2cm。

（5）脚口围：

由 W 点向 X 点方向推档，距离为：脚口围档差值 /4 × 4 个号 =2cm。

由 Y 点向 Z 点方向推档，距离为：脚口围档差值 /4 × 4 个号 =2cm。

（6）裤长：

由 U 点向 V 点方向推档，距离为：（裤长档差值 – 前裆档差值）× 4 个号 =8cm。

同理，若按照我国服装 5 · 4 系列男式西裤成衣号型规格表 7–7 所示，普通前斜插袋、后双嵌线袋西裤的零部件裁片纸样，如袋布、垫袋布（袋襟）、袋口贴边、里襟（纽子）、里襟里（老鼠尾）、门襟（纽门）和腰头等均需配合其所处的前片及后片部位的放缩尺寸值进行放码。放大一个号的前斜插袋、后双嵌线袋西裤的全套纸样放码尺寸分配值及结果如图 7–13 所示。放大与缩小两个号的西裤全套纸样放码结果如图 7–14 所示。

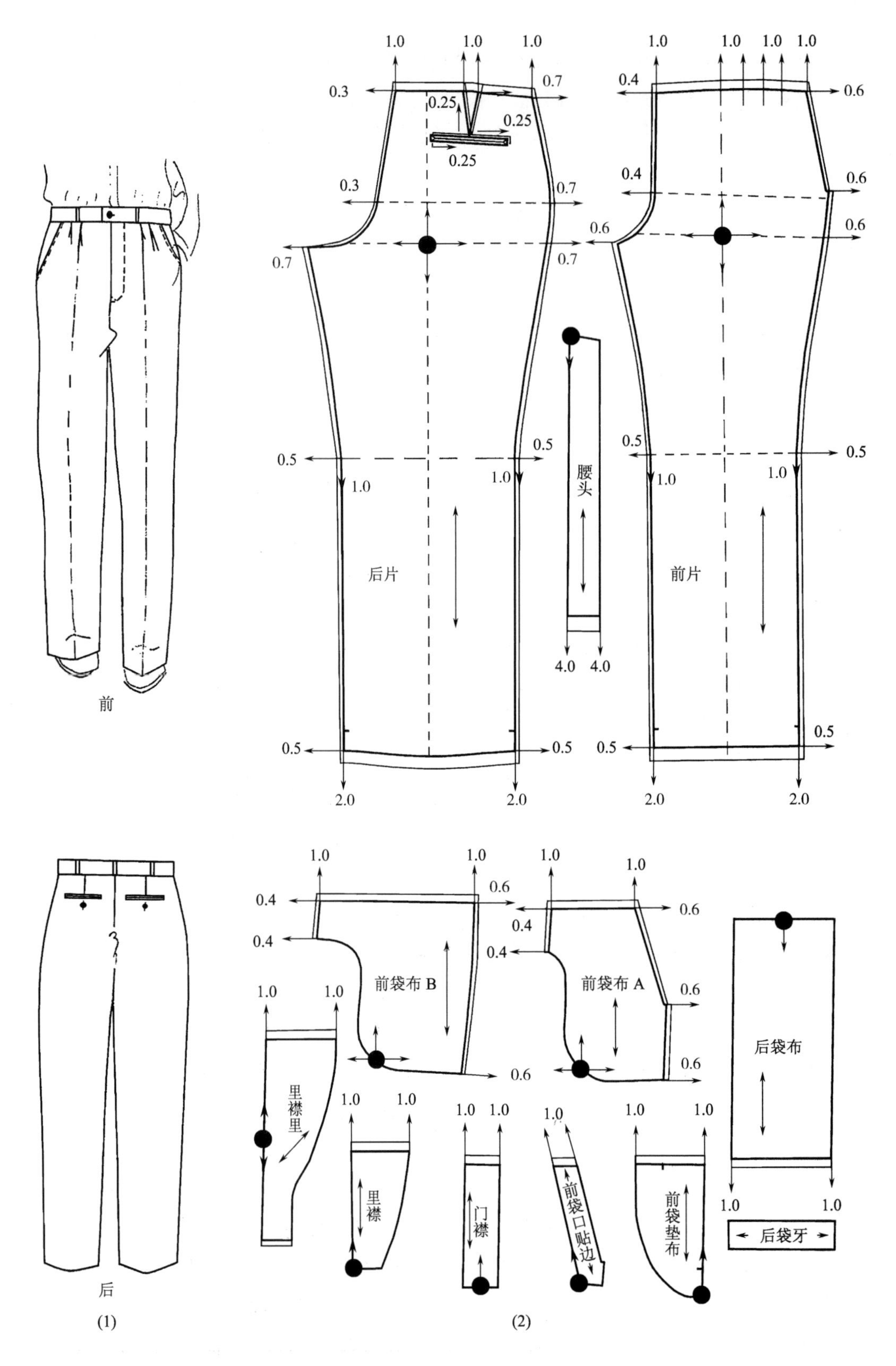

图 7-13

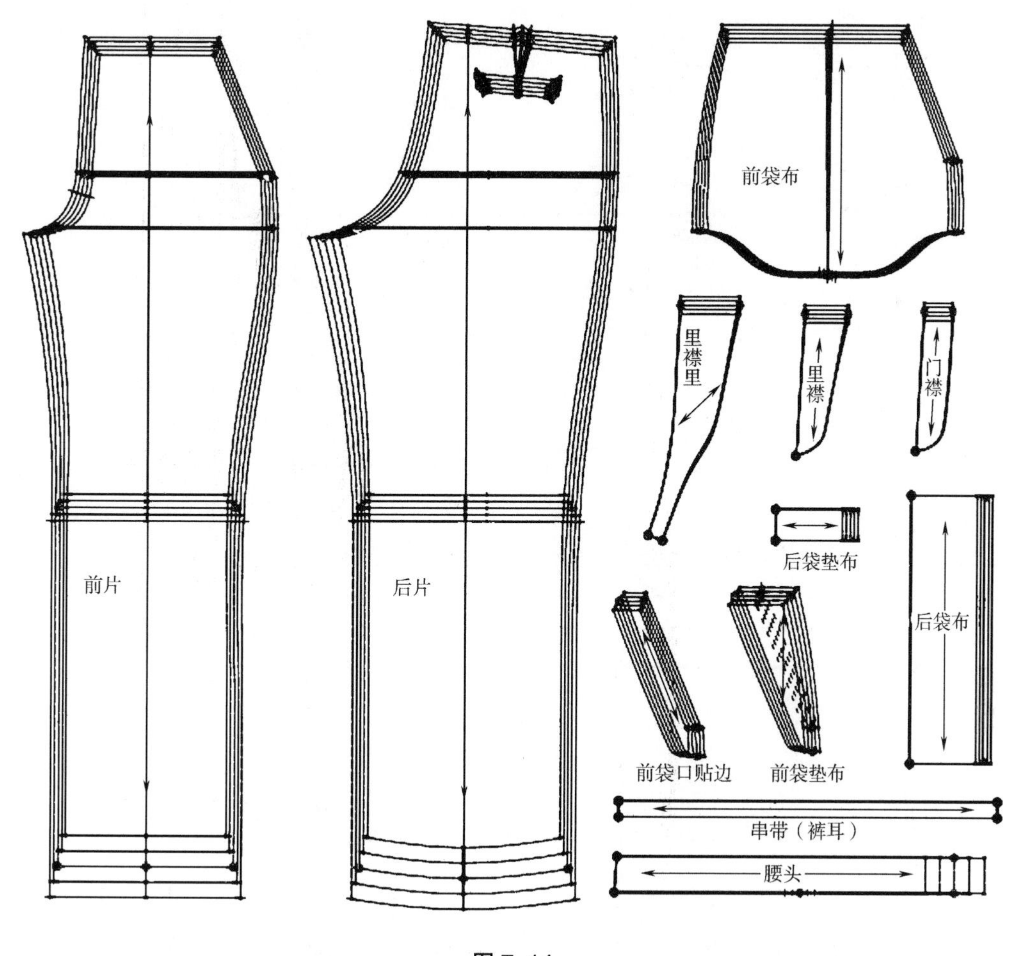

图 7–14

二、普通五袋牛仔裤

普通五袋牛仔裤的款式特点为：一片直腰头，前开门里襟，前身有弯形插袋，后身有育克，并在育克下设有明贴袋。按表 7–8 所示的档差值进行牛仔裤两个号型的放码，在前片和后片纸样上取横裆线（底浪线）与裤中线的交点为放码基准点，如图 7–15 所示。放大一个号的牛仔裤纸样，需在放码基准点之上加长一个上裆档差值，并在放码基准点之下加长一个下裆长档差值；而腰围、臀围、腿根围、膝围和脚口围的档差值，在前片及后片纸样的各放码点上，尺寸分配与前述男西裤放码缩放值尺寸相同。牛仔裤零部件的裁片纸样如袋布、垫袋布、里襟、里襟里、门襟和腰头等需配合其所处的前片及后片部位的缩放值尺寸进行放码。放大与缩小两个号的牛仔裤全套纸样放码结果如图 7–16 所示。

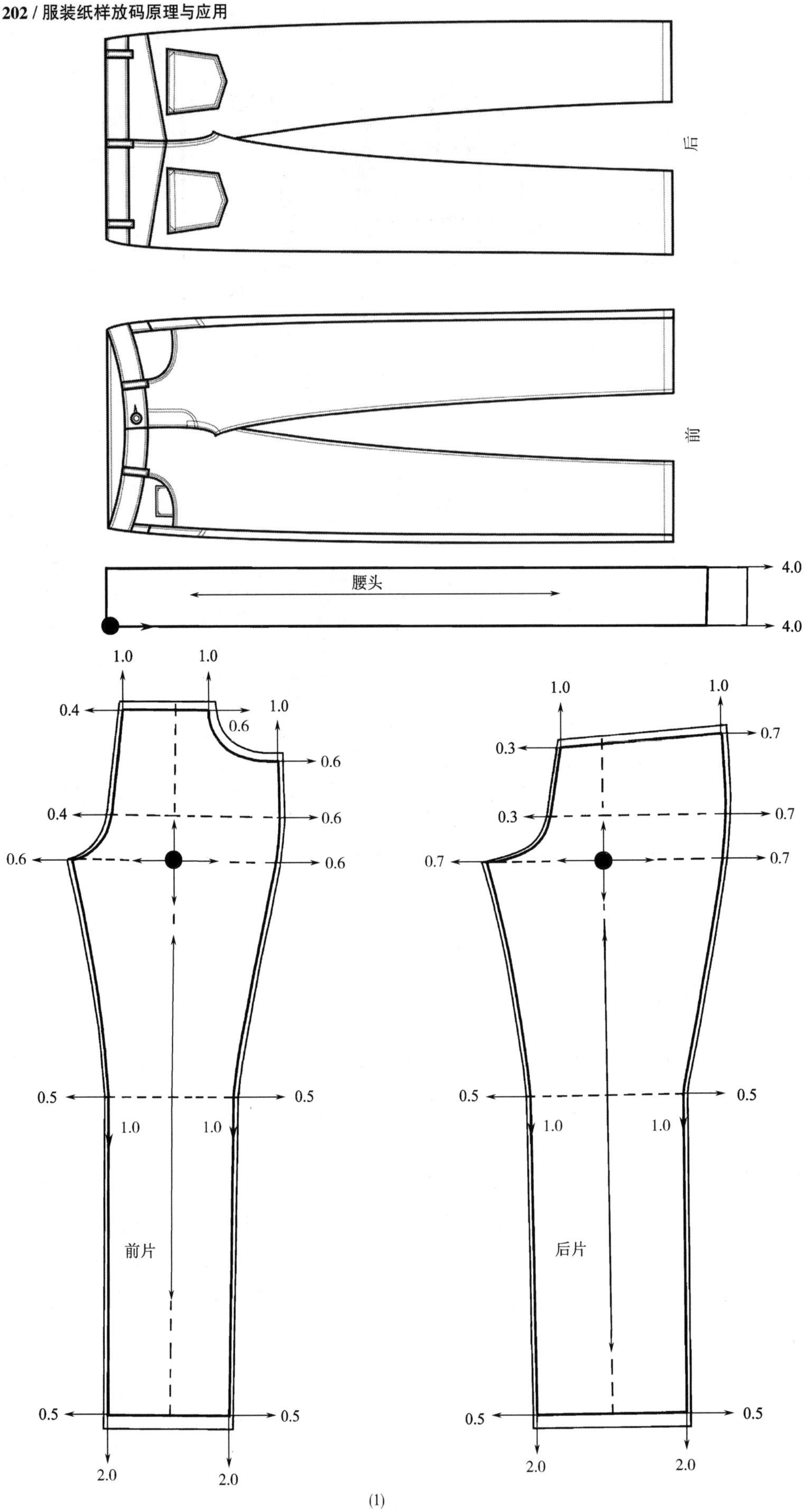

后

前

腰头

4.0

4.0

1.0 1.0 1.0

0.4 0.6 0.6

0.4 0.6

0.6 0.6

0.5 0.5

1.0 1.0

前片

0.5 0.5

2.0 2.0

1.0 1.0

0.3 0.7

0.3 0.7

0.7 0.7

0.5 0.5

1.0 1.0

后片

0.5 0.5

2.0 2.0

(1)

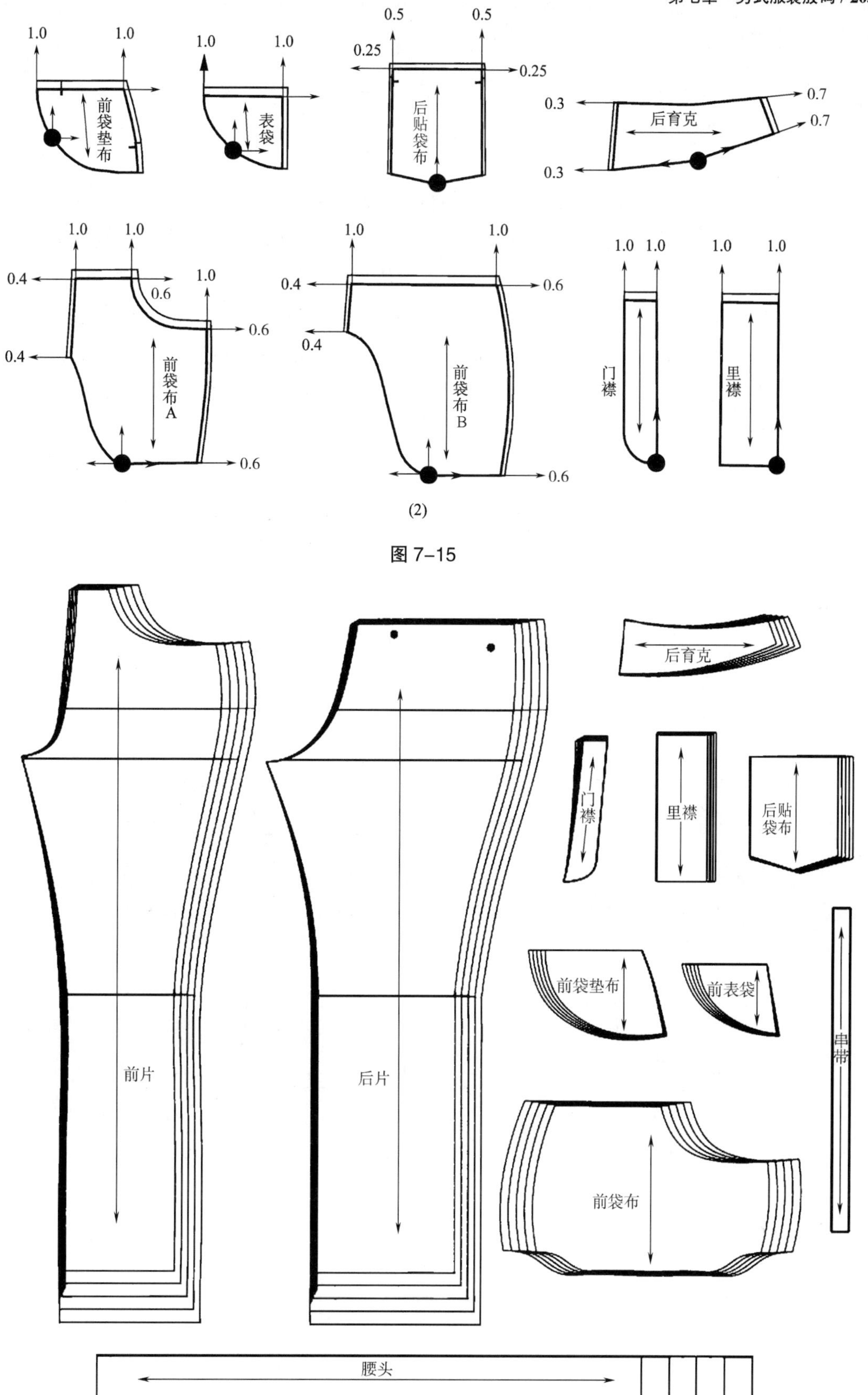

1.0
1.0
前袋垫布
1.0
1.0
表袋
0.5
0.5
0.25
0.25
后贴袋布
0.3
0.7
后育克
0.7
0.3
1.0
1.0
0.4
1.0
0.6
0.6
0.4
前袋布A
0.6
1.0
1.0
0.4
0.6
0.4
前袋布B
0.6
1.0
1.0
门襟
1.0
1.0
里襟
(2)
后育克
门襟
里襟
后贴袋布
前片
后片
前袋垫布
前表袋
串带
前袋布
腰头

图 7–15

图 7–16

三、休闲长裤

该休闲长裤的款式特点为：前、后裤身的裤腿有横向接缝，在接缝线之下设有袋盖内贴袋，前身有斜插袋、后身有育克，后育克线之下设有袋盖内贴袋。一般情况下，全号型的袋盖高度尺寸相同，而袋盖与内贴袋的宽度尺寸以每跳2 ~ 3个号型相差0.5cm或1cm，即小号与中号的袋盖及内贴袋纸样相同，大号与特大号的袋盖及内贴袋纸样相同，在放码时需分号型档段操作。同样，以表7-8所示的档差值进行休闲长裤两个号型的放码，该休闲长裤放大与缩小一个号全套纸样放码尺寸分配值及结果如图7-17所示。

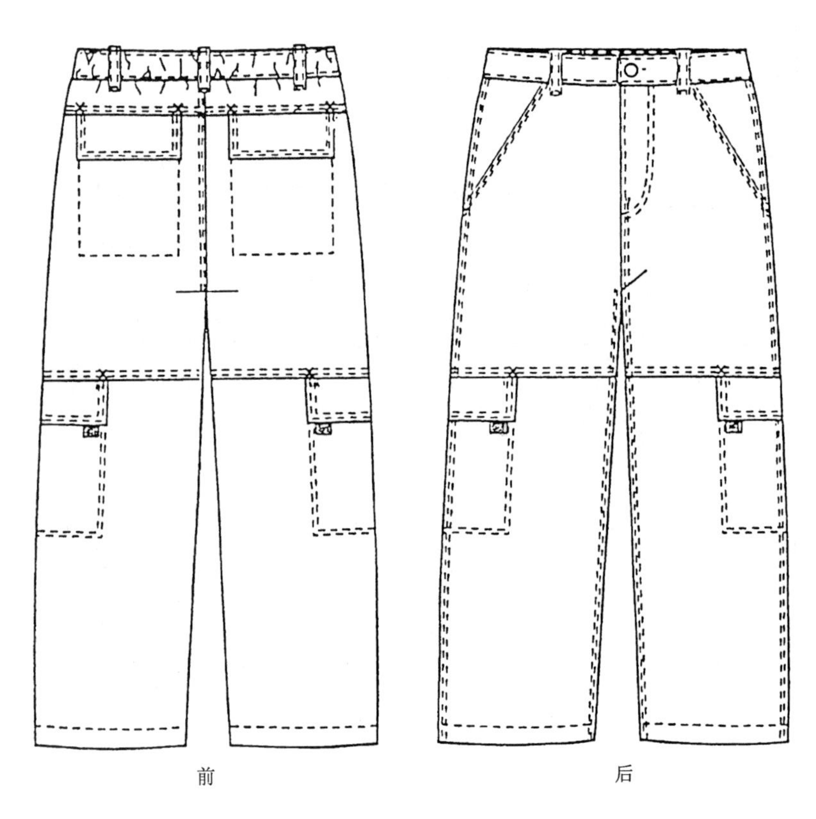

(1)

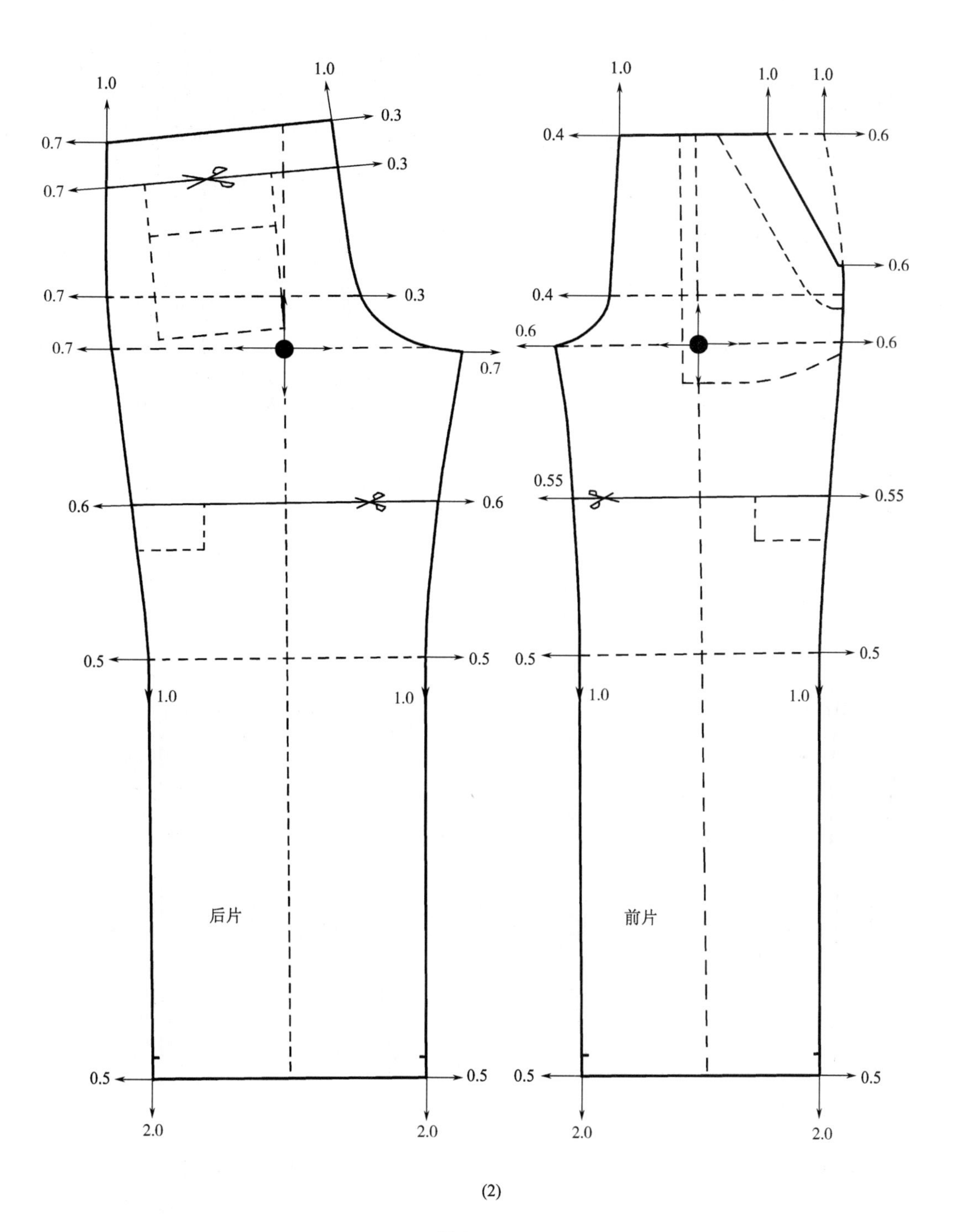
1.0
1.0
0.7
0.3
0.7
0.3
0.7
0.3
0.7
0.7
0.6
0.6
0.5
0.5
1.0
1.0
后片
0.5
0.5
2.0
2.0
1.0
1.0
1.0
0.4
0.6
0.6
0.4
0.6
0.6
0.55
0.55
0.5
0.5
1.0
1.0
前片
0.5
0.5
2.0
2.0

(2)

图 7–17

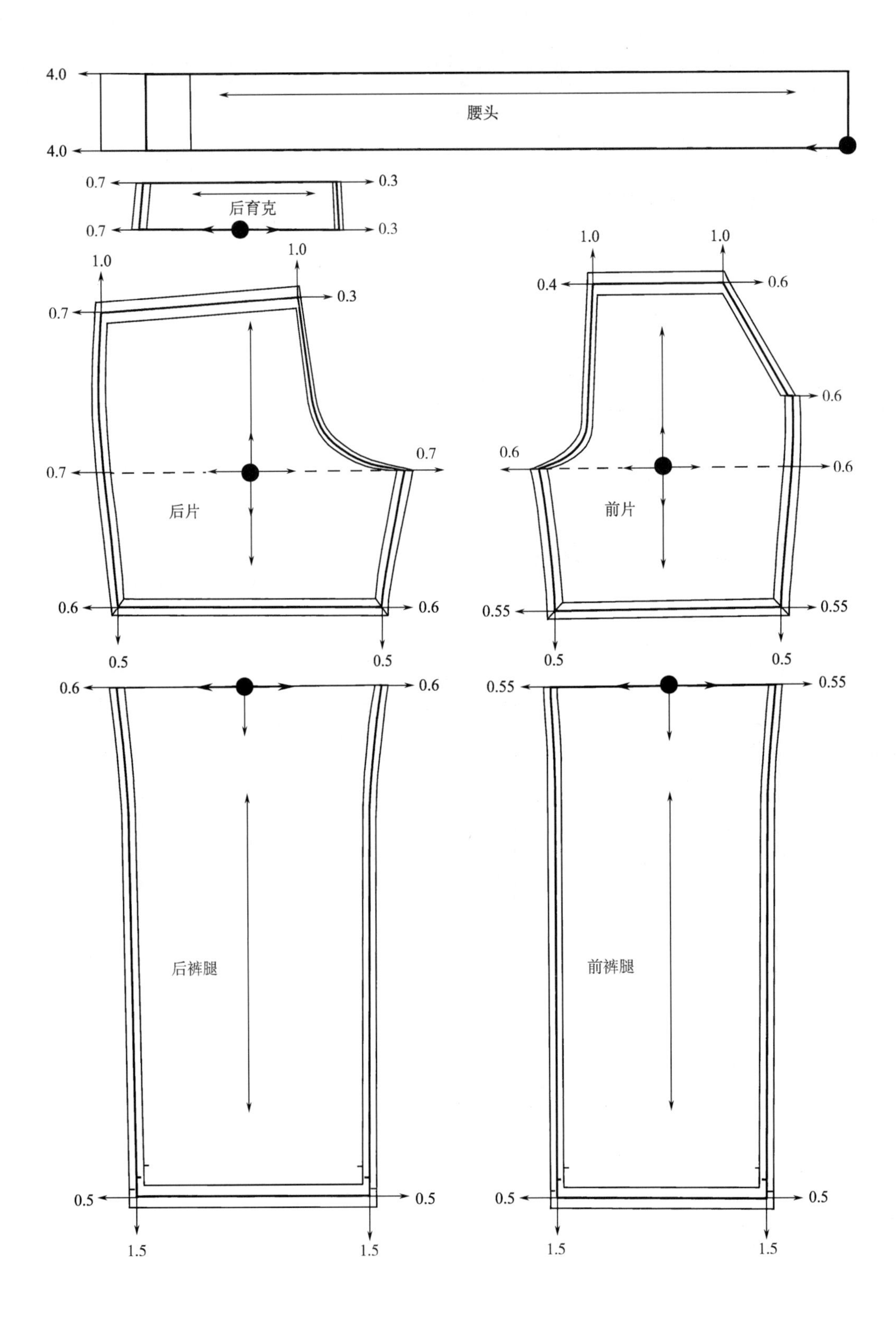

4.0
4.0
腰头
0.7
0.7
后育克
0.3
0.3
1.0
1.0
0.7
0.3
0.7
0.7
后片
0.6
0.6
0.5
0.5
1.0
1.0
0.4
0.6
0.6
0.6
0.6
前片
0.55
0.55
0.5
0.5
0.6
0.6
后裤腿
0.5
0.5
1.5
1.5
0.55
0.55
前裤腿
0.5
0.5
1.5
1.5

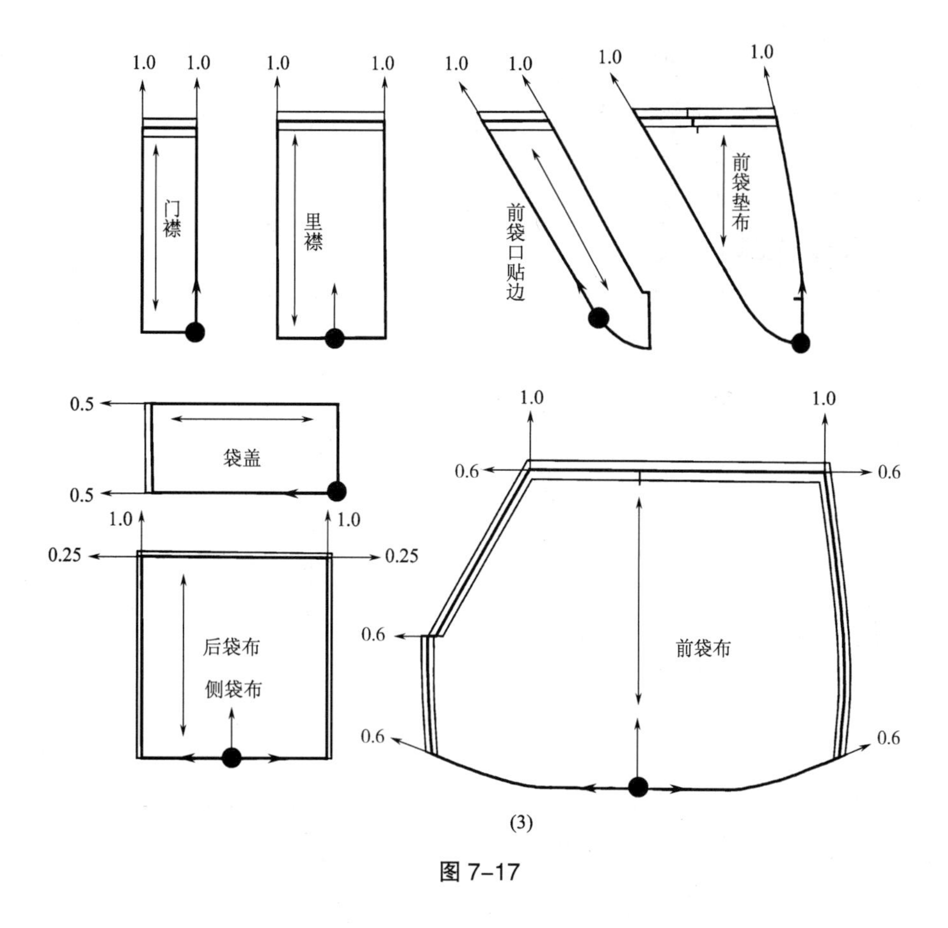

(3)

图 7–17

四、休闲短裤

该休闲短裤的款式特点为：腰头穿橡筋，前斜插袋，后双嵌线袋，臀侧下部设有袋盖风琴袋。与前述休闲长裤的放码技术操作方法相同，此休闲短裤放大与缩小一个号全套纸样放码尺寸分配值及结果如图 7–18 所示。

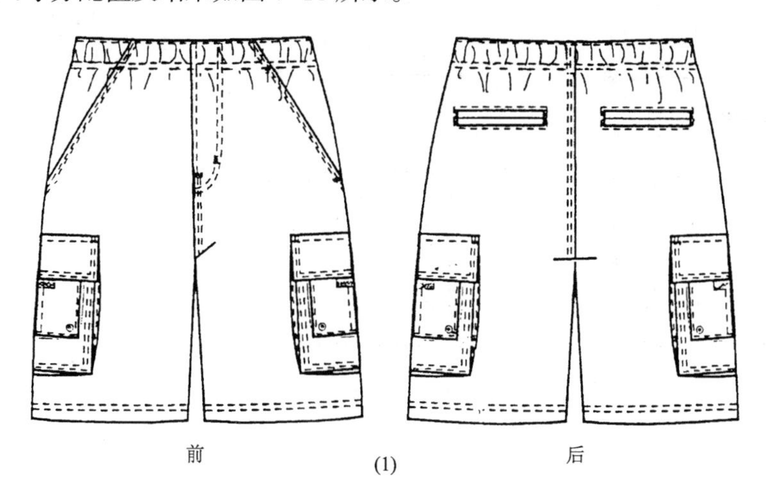

(1)

图 7–18

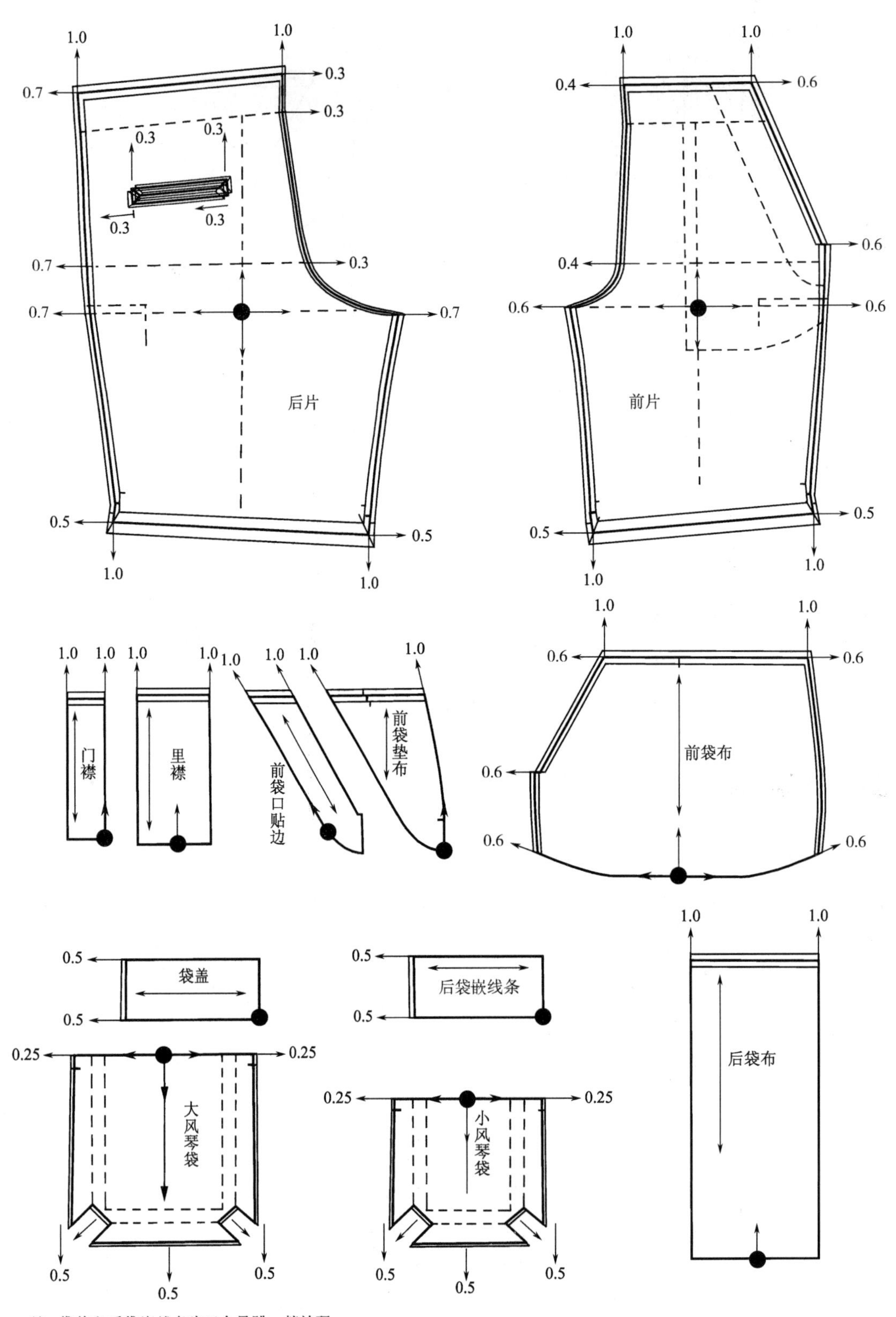

注 袋盖和后袋嵌线条为两个号跳一档放码。

(2)

图 7–18

本章总结

本章分别介绍了男式衬衫、马甲、西服、西裤、牛仔裤和休闲裤款式纸样放码的计算公式；通过分析男式衬衫、马甲、西服、西裤、牛仔裤和休闲裤款式的结构特征，说明了各类型男式服装部件与整体的放码分配数值，并且阐述了男式衬衫、马甲、西服、西裤、牛仔裤和休闲裤款式整体纸样的放码方法和操作技巧。

思考题

1. 男式衬衫和西服等上衣款式在放码操作上使用哪些放缩计算公式？
2. 男式西裤和牛仔裤等裤子款式在放码操作上使用哪些放缩计算公式？
3. 男式六开身西服款式放码有什么规律？

练习题

1. 依据表 7–1 男式衬衫成品规格及档差值，进行普通男式衬衫的纸样放码。
2. 依据表 7–3 男式马甲成品规格及档差值，进行男式马甲的纸样放码。
3. 依据表 7–5 男式西服成品规格及档差值，进行男式六开身西服的纸样放码。
4. 依据表 7–7 男式西裤成品规格及档差值，进行普通男式西裤的纸样放码。
5. 自选一款男式休闲牛仔裤，进行纸样制作和放码操作。

服装整体放码应用与实践

针织服装放码

教学内容： T 恤基本纸样放码原理
T 恤款式放码
内衣裤款式放码

教学时间： 2 课时

教学目的： 通过本章的学习，使学生理解 T 恤、文胸、男女内裤等针织服装基本纸样的放码原理，理解 T 恤、文胸、男女内裤等款式纸样放码值分配的依据，了解 T 恤、文胸、男女内裤各类针织服装的结构特征，掌握 T 恤、文胸、男女内裤整体纸样放码的操作技巧及应用。

教学要求： 1. 了解 T 恤、文胸、男女内裤等针织服装基本纸样的结构特征。
2. 理解 T 恤、文胸、男女内裤等针织服装基本纸样的放码原理及要求。
3. 理解 T 恤、文胸、男女内裤等针织服装基本纸样的放码值分配依据。
4. 掌握 T 恤、文胸、男女内裤等款式整体纸样放码的操作技巧及应用。

课前准备： T 恤、文胸、男女内裤等针织服装基本纸样及整体纸样样板、放码尺、剪刀、白纸、计算机等工具。

第八章 针织服装放码

由于针织面料具有的弹性特点，通常针织服装造型简洁，结构设计以直线为主，较少采用省道和分割线。因此，针织服装的结构设计与放码方法较为简单。

第一节　T恤基本纸样放码原理

一、T恤基本纸样

1. 普通T恤款式

如图8-1所示，普通T恤的基本款式特征为：圆领，修身，短袖或长袖；T恤尺寸的测量部位有：胸围、肩宽、衣长、袖长。

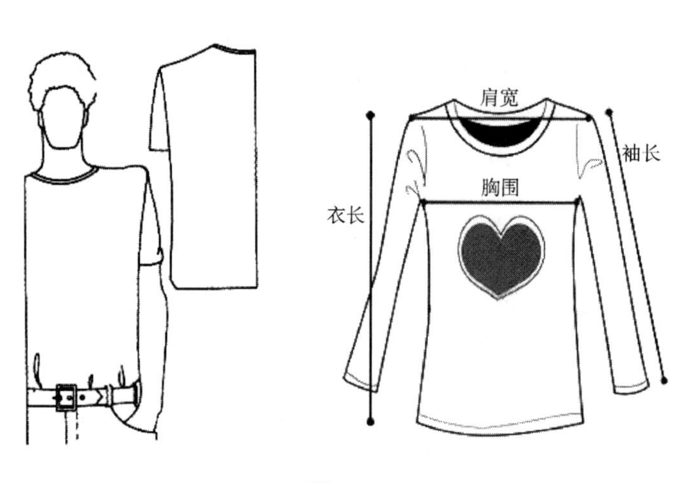

图8-1

2. 女装T恤结构图

以160/84A号型为中码，女装T恤纸样的绘图尺寸有：胸围85cm，腰节长38cm，衣长 62.5cm，袖长 53cm。女装 T 恤基本样绘制公式如图 8–2 所示，AH 为绘画完衣身结构图测量前后袖窿围为 39.6cm。

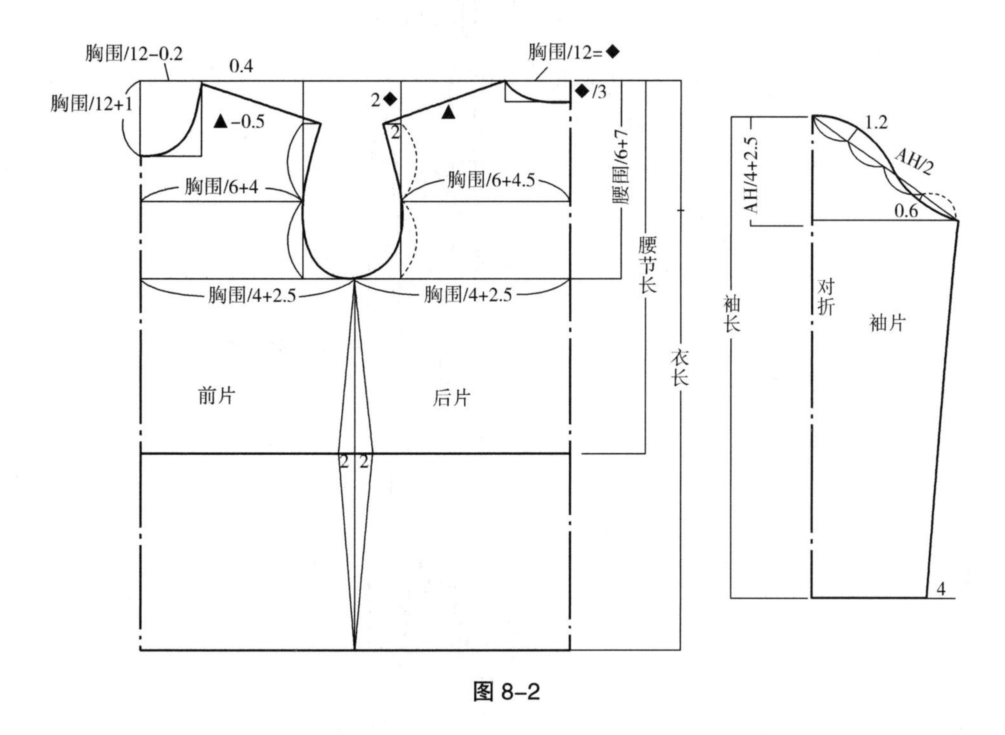

图 8–2

3. 男装 T 恤结构图

以 170/88A 号型为中码，男装 T 恤纸样的绘图尺寸有：胸围 98cm，领围 40cm，腰节长 44.2cm，衣长 68cm，短袖长 21cm。男装 T 恤基本样绘制公式如图 8–3 所示，AH 为绘画完衣身结构图测量前后袖窿围总和。

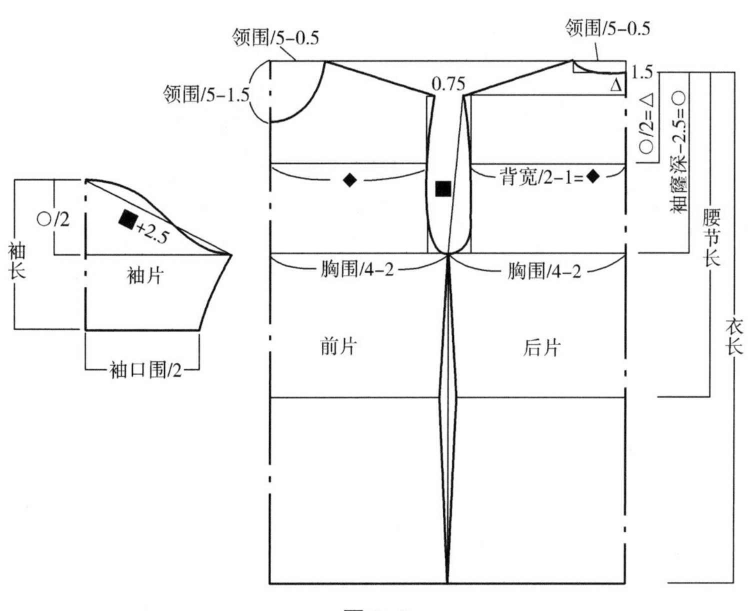

图 8–3

二、T 恤基本纸样放缩量原则

（1）宽松针织服装的尺寸加放量主要表现在衣身的胸围、袖窿深及肩点。胸围尺寸集中在前、后的侧缝处，而且后侧缝处追放量比前侧缝处的追放量大；侧缝胸围尺寸增加的同时袖窿深开深相应尺寸，约为前、后侧缝处增加总量的一半；抬高及延长前、后肩线，如图 8–4 所示，在前、后侧缝处各加出 2cm，袖窿深开深相应尺寸 2cm，前、后肩点升高 1cm，并延长前肩线 1cm，要使前、后肩线长度相等；袖山深减少，达到宽松造型的目的，其中袖山顶点下降量为衣身肩点加出量，袖山深线上升的量为衣身袖窿深下降量的一半。

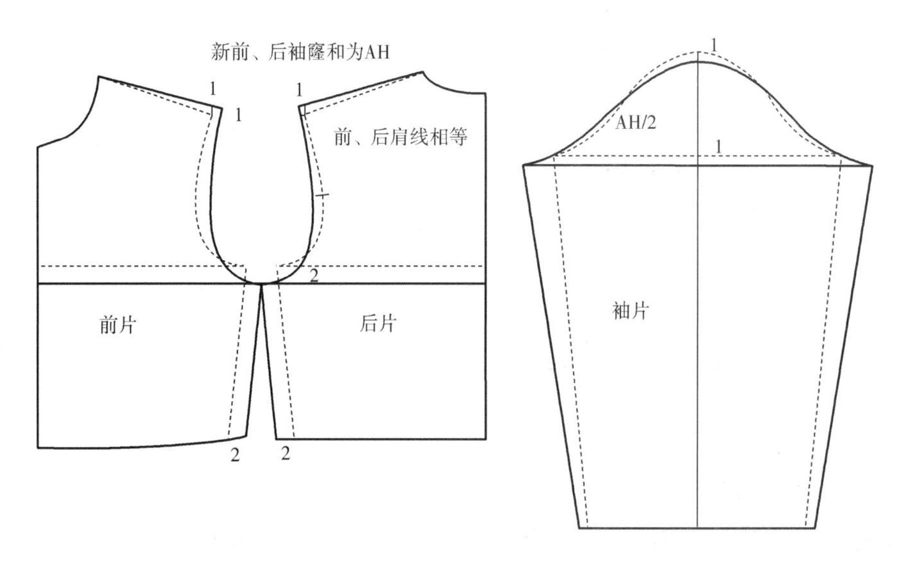

图 8–4

（2）贴身合体针织服装减少加放量的方法如图 8–5 所示，可按照后侧缝：前侧缝：

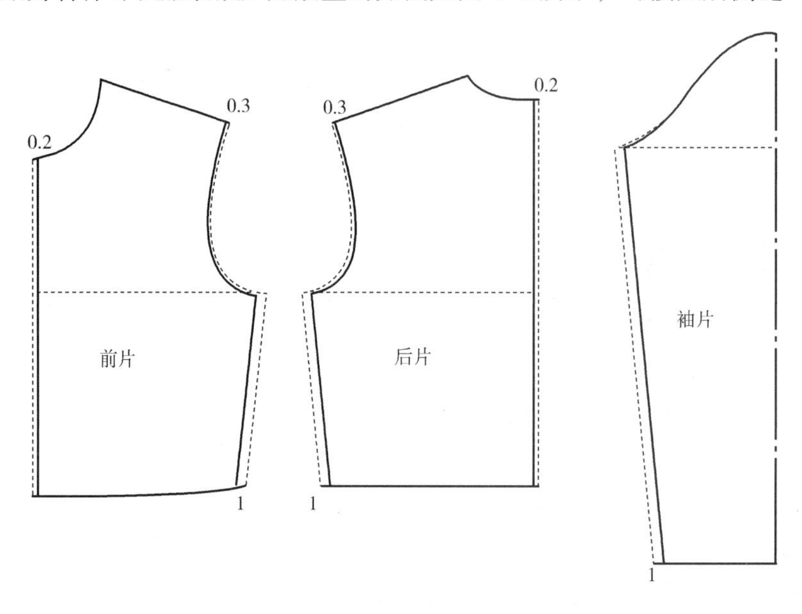

图 8–5

肩线：后中心线：前中心线 =1∶1∶0.3∶0.2∶0.2 比例分配减少，袖子造型基本稳定，配合袖山线与袖窿线的长度即可。

（3）紧身针织服装的横向尺寸运用面料的弹性，采用的实际尺寸小于净体尺寸，以贴身合体尺寸配比为基准，各高度点不变，在横向尺寸上去掉运用面料的弹性量，弹性率的大小用横向拉开力的大小与尺寸的变化来测定，一般为 10%~20%，也可以根据服装款式的要求用手力去感受，运用估算多少弹性量并计算尺寸的变化量来测定。

三、女装 T 恤基本纸样放缩量分配原理

1. 女装 T 恤档差的确定

依据我国女子服装号型 5・4A 系列规格，按人体 8 头身的体型分配，根据服装长度与围度的放大与缩小范围原理，女装 T 恤放缩量分配如表 8–1 所示。

表 8–1　女装 T 恤放缩量分配

单位：cm

尺码	S	M	L	XL	XXL	档差值	服装黄金比公式	采用值
号型	155/80A	160/84A	165/88A	170/92A	175/96A	5・4A	—	5・4A
胸围	84	88	92	96	100	4.0	—	4.0
领围宽度	—	—	—	—	—	0.2	$2/10 \times B/4$	0.2
肩宽	35	36	37	38	39	1.0	$(2/10+3/10) \times B/4$	1.0
腰节长	38	39	40	41	42	1.0	$2 \times L/8$	1.2
袖窿深	19.2	19.8	20.4	21	21.6	0.6	$L/8$	0.6
衣长	61	62.5	64	65.5	67	1.5	$3 \times L/8$	2.0
袖长（短）	17.8	18. 4	19	19.6	20.2	0.6	$3 \times L/8$	0.5
袖长（长）	49	50.5	52	53.5	55	1.5	—	1.5
袖肥	—	—	—	—	—	1.0	$2 \times 5/10 \times B/4$	1.0
袖口围	29	30	31	32	33	1.0	$2 \times 5/10 \times B/4$	1.0
袖头高	2	2	2	2	2	0	0	0

2. 女装 T 恤各部位放缩量的分配

配合表 8–1，放大一个码的女装 T 恤基本纸样衣身及袖子的放缩量数值切割线分配如图 8–6 所示。

（1）以衣身中心线和胸围线的交点为基准点，依次在后片纸样上从后中心线水平横向剪开至袖窿围线处后平行展开袖窿深档差值 0.6cm，袖窿深增加 0.6cm；水平横向剪开至侧缝线处后平行展开腰节长档差值 1.2cm 减袖窿深档差值 0.6cm，即 0.6cm，则腰节长

加长 1.2cm；水平横向剪开至侧缝线处后平行展开衣长档差值 2.0cm 减腰节长档差值，即 0.8cm，衣长共加长 2cm。前片操作与后片的操作方法一致。

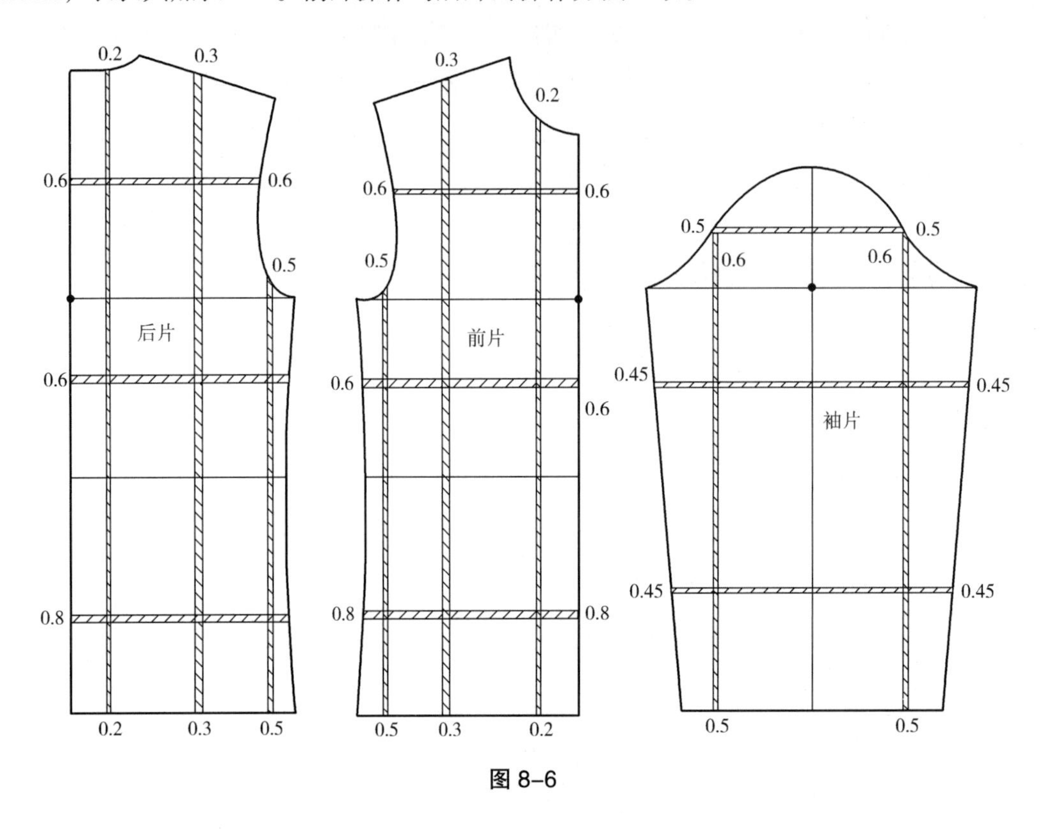

图 8–6

（2）依次在后片纸样上从领窝线纵向剪开至腰围线后平行展开领围档差值 0.2cm，后领围增加 0.2cm；纵向剪开肩线至腰围线后平行展开 0.3cm，肩线宽度增加 0.5 × 2=1cm；纵向剪开袖窿弧线至腰围线后平行展开 0.5cm，后片胸围宽度增加 1 × 2=2cm。前片操作与后片的操作方法一致。

（3）以袖中线和袖山深线的交点为基准点，依次在袖片纸样上沿袖山弧线纵向剪开至袖口围线展开衣身袖窿宽度档差值 0.5cm，上臂围增加 1.0cm，袖口围增加 1.0cm。依次在袖片纸样上袖山弧线水平横向剪开后平行展开袖窿深档差值 0.6cm，袖山深线增加 0.6cm；在手肘线上方内袖长水平横向剪开后平行展开（袖长档差值 – 袖窿深档差值）/2=0.45cm；在手肘线下方内袖长水平横向剪开后平行展开（袖长档差值 – 袖窿深档差值）/2=0.45cm。

3. 女装 T 恤各放码点数值的分配

依据图 8–6 所示的各部位放码分配值，放大一个码的女装 T 恤基本纸样衣身及袖子放缩点数值分配如图 8–7 所示。

4. 女装 T 恤放码图

完成放大与缩小两个号的女装 T 恤基本纸样衣身及袖子放码图，如图 8–8 所示。

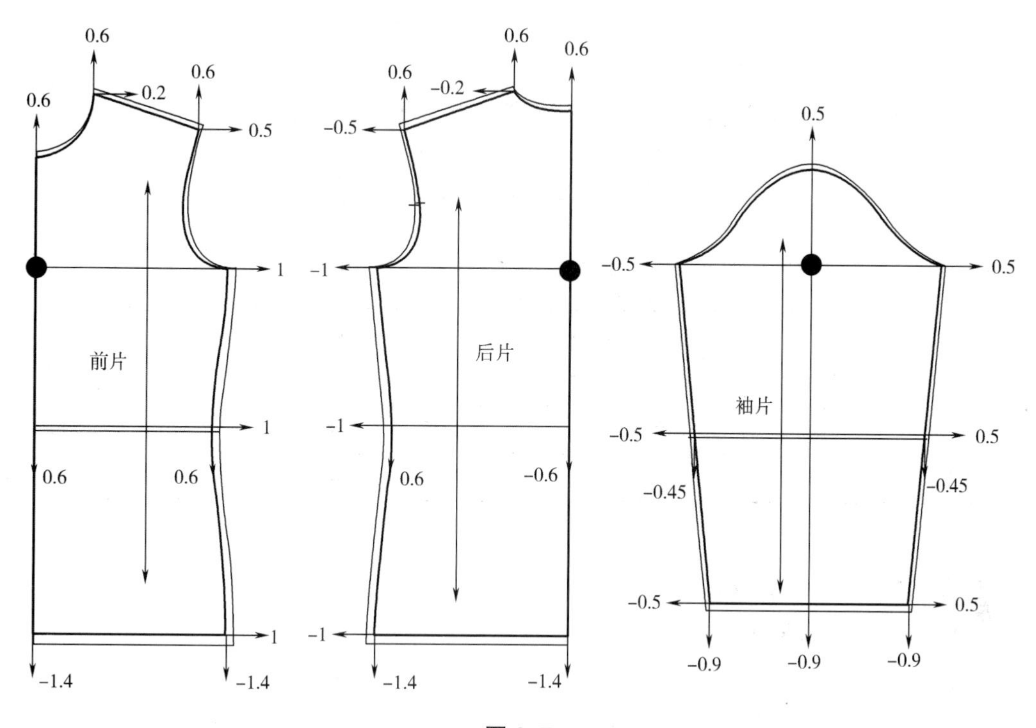
0.6
0.6
0.2
0.6
0.5
前片
1
1
0.6
0.6
1
-1.4
-1.4
0.6
0.6
-0.2
-0.5
-1
后片
-1
0.6
-0.6
-1
-1.4
-1.4
0.5
-0.5
0.5
袖片
-0.5
0.5
-0.45
-0.45
-0.5
0.5
-0.9
-0.9
-0.9

图 8-7

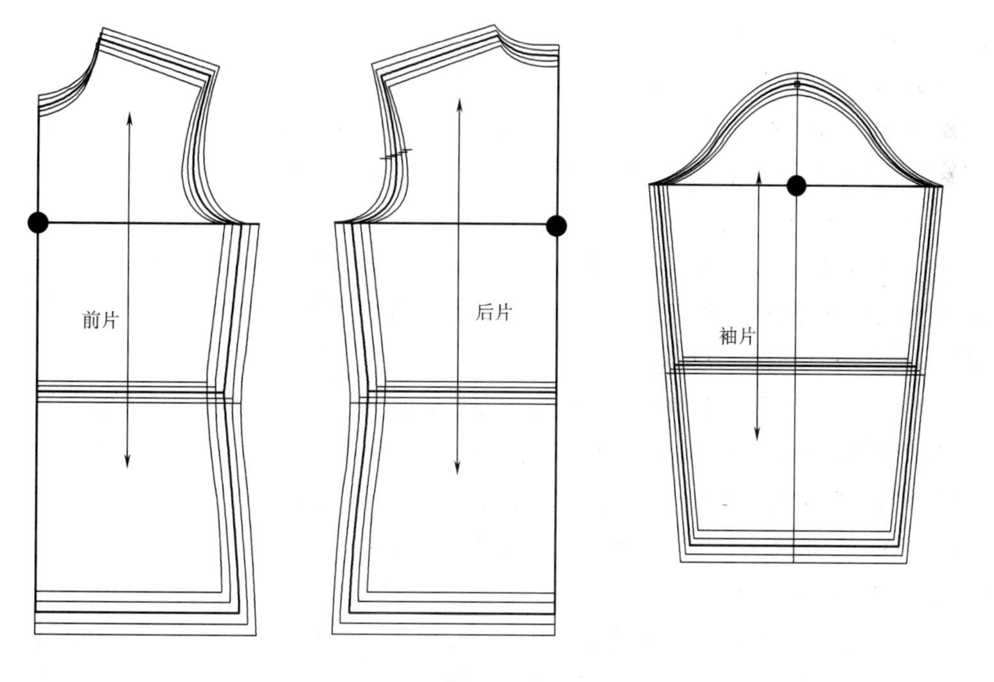
前片
后片
袖片

图 8-8

四、男装T恤基本纸样放缩量分配原理

1. 男装T恤放缩值的计算公式

依据男装T恤基本纸样制图，其各部位放码放缩值的计算公式如表8–2所示。

表8–2 男装T恤放码计算公式

单位：cm

部位	放码档差值	放缩量计算公式	部位	放码档差值	放缩量计算公式
胸围	4.0	胸围档差值/4	袖窿深	0.6	袖窿深档差值
肩宽	1.5	肩宽档差值/2	衣长	2.0	衣长档差值
领围	1.0	领围档差值/5	袖长	1.0	袖长档差值
腰节长	1.0	腰节长档差值	袖口围	1.0	袖口围档差值

2. 男装T恤各放码点的分配值

如图8–9所示为男装T恤基本纸样衣身及袖子各放缩点放大一个码的公式计算。其具体计算如下：

（1）以衣身前中心线和胸围线的交点为基准点，按照前片纸样上的点依次为：前领窝中点水平横向为0，纵向为袖窿深档差值0.6cm；肩颈点水平横向为领围档差值/5=0.2cm，纵向为袖窿深档差值0.6cm；肩点水平横向为肩宽档差值/2=0.75cm，纵向为袖窿深档差值0.6cm；前袖窿点水平横向为肩宽档差值/2=0.75cm，纵向为袖窿深档差值/2=0.3cm；前腋下点水平横向为胸围档差值/4=1cm，纵向为0；前腰侧缝点水平横向为胸围档差值/4=1cm，纵向为–腰节长档差值+袖窿深档差值=–0.4cm；前底边侧缝点水平横向为胸围档差值/4=1cm，纵向为–衣长档差值+袖窿深档差值=–1.4cm；前底边中心点水平横向为0，纵向为–衣长档差值+袖窿深档差值=–1.4cm；前腰中心点水平横向为0，纵向为–腰节长档差值+袖窿深档差值=–0.4cm；前中上胸点水平横向为0，纵向为袖窿深档差值/2=0.3cm。

（2）以衣身后中心线和胸围线的交点为基准点，按照后片纸样上的点依次为：后领窝中点水平横向为0，纵向为袖窿深档差值0.6cm；肩颈点水平横向为领围档差值/5=0.2cm，纵向为袖窿深档差值0.6cm；肩点水平横向为肩宽档差值/2=0.75cm，纵向为袖窿深档差值0.6cm；后袖窿点水平横向为肩宽档差值/2=0.75cm，纵向为袖窿深档差值/2=0.3cm；后腋下点水平横向为胸围档差值/4=1cm，纵向为0；后腰侧缝点水平横向为胸围档差值/4=1cm，纵向为–腰节长档差值+袖窿深档差值=–0.4cm；后底边侧缝点水平横向为胸围档差值/4=1cm，纵向为–衣长档差值+袖窿深档差值=–1.4cm；后底边中心点水平横向为0，纵向为–衣长档差值+袖窿深档差值=–1.4cm；后腰中心点水平横向为0，纵向为–腰节长档差值+袖窿深档差值=–0.4cm；后中背宽点水平横向为0，纵向为袖窿深档差值/2=0.3cm。

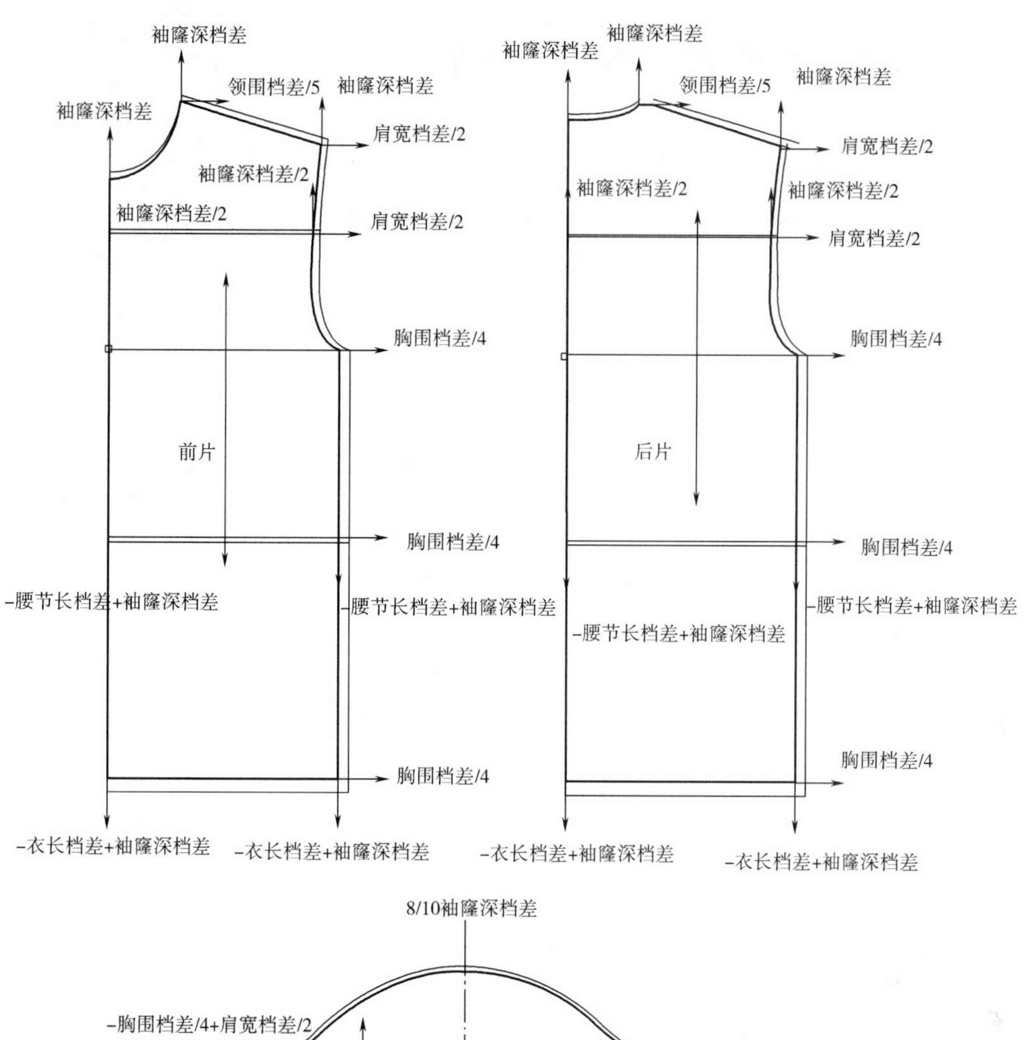

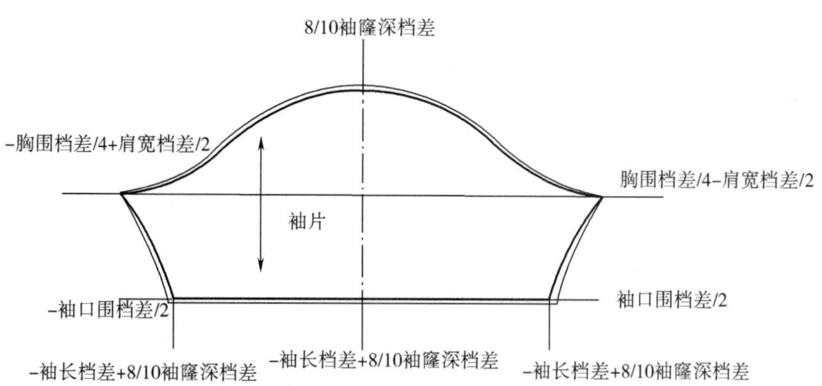

图 8–9

（3）以袖中线和袖山深线的交点为基准点，按照袖片纸样上的点依次为：袖山顶点水平横向为 0，纵向为袖窿深档差值 ×8/10=0.48cm；袖山深线点水平横向为胸围档差值 /4– 肩宽档差值 /2=0.25cm，纵向为 0；袖口线点水平横向为袖口围档差值 /2=0.5cm，纵向为 – 袖长档差值 +8/10 袖窿深档差值 =–0.52cm；袖口线中心点水平横向为 0，纵向为 – 袖长档差值 +8/10 袖窿深档差值 =–0.52cm。其余点为对称方向即可。

依据上述计算值，男装 T 恤基本纸样的各放码点数据分配如图 8–10 所示，其中图为放大一个码的数据。

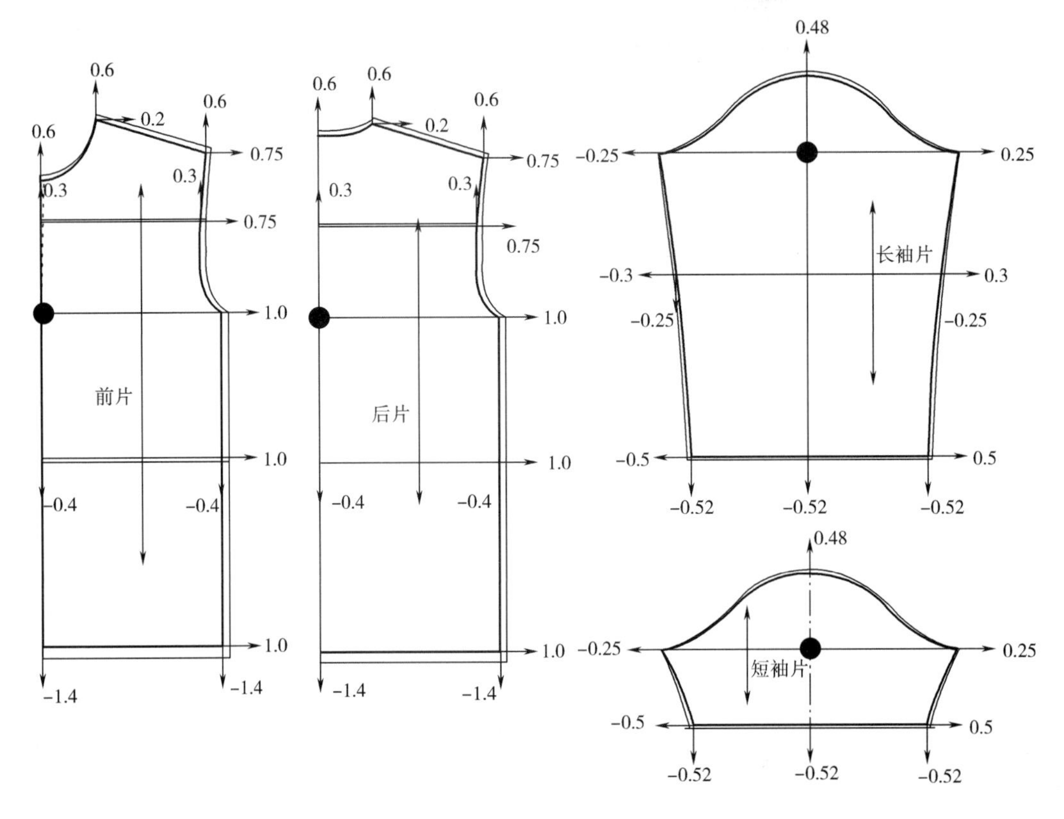

图 8–10

第二节　T 恤款式放码

一、男装宽松直筒型 T 恤放码

如图 8–11 所示，男装宽松 T 恤的款式特点为：衣身宽松直筒型，前身上半部单层翻边半开门襟，短袖，三粒扣，罗纹针织翻领。男装宽松 T 恤成品规格如表 8–3 所示。

男装宽松 T 恤纸样放码，包括衣身前片、衣身后片、袖片、领片、门襟和里襟等裁片的放码。衣身前片、后片和袖片各档差值和男装 T 恤基本纸样一致，可按照表 8–2 所示的公式计算，计算值参照图 8–10 所示的各放码点数据分配，其余裁片领子、门襟和里襟的各放码点放大一个码的放码量如图 8–12 所示。

图 8-11

表 8-3　男装宽松 T 恤成品规格及档差值

单位：cm

市场尺码	S	M	L	XL	XXL	档差值
号型	165/84A	170/88A	175/92A	180/96A	185/100A	5・4A
领围	39	40	41	42	43	1.0
胸围	94	98	102	106	110	4.0
肩宽	42.5	44	45.5	47	48.5	1.5
袖窿深	23.4	24	24.6	25.2	25.8	0.6
腰节长	43.2	44.2	45.2	46.2	47.2	1.0
衣长	66	68	70	72	74	2.0
袖长	20	21	22	23	24	1.0
袖口围	29	30	31	32	33	1.0

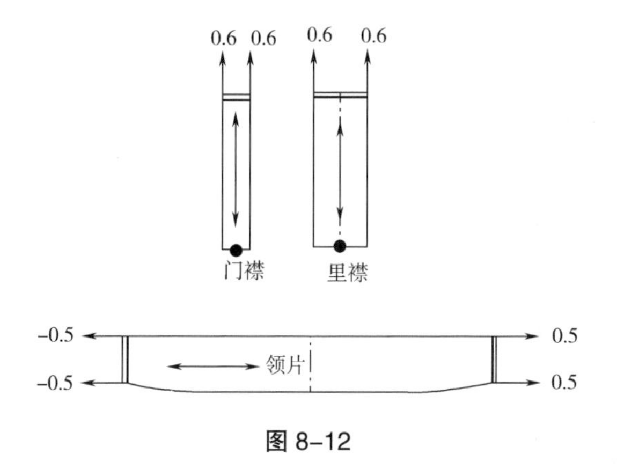

图 8-12

男装宽松T恤纸样的衣身前片、衣身后片、袖片、领片及门襟和里襟的放码图如图 8-13 所示，其中完成的结构线条为放大和缩小各两个码。

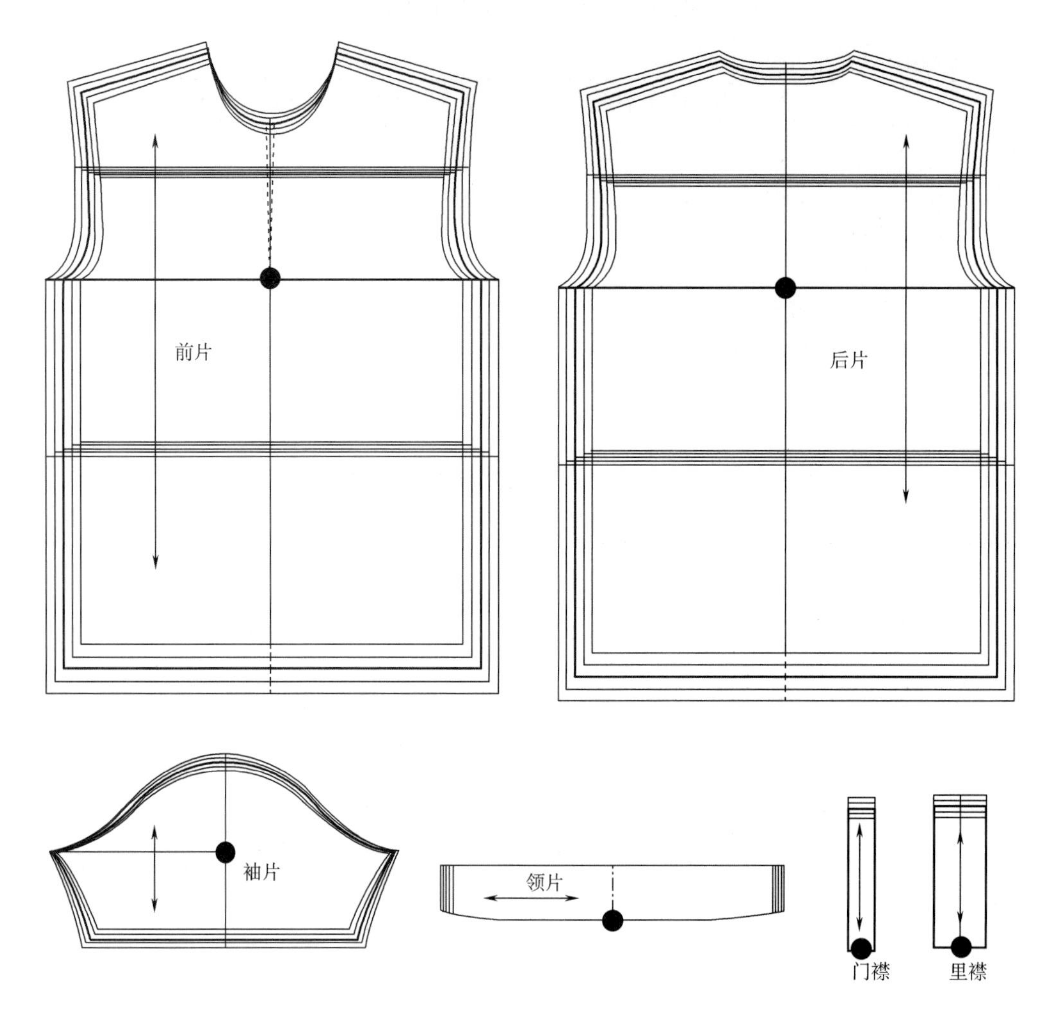

图 8–13

二、女装合体 T 恤放码

图 8–14

1. 女装合体 T 恤的款式特点

如图 8–14 所示，女装合体 T 恤的款式特点为：衣身合体修身，采用稍有弹性的条子棉加莱卡（优质氨纶）面料，短袖，前身上半部翻边明门襟，两粒扣，罗纹针织翻领。

2. 女装合体 T 恤的放码规格及计算公式

表 8–4 所示为女装合体 T 恤纸样各部位放码档差值及放缩量计算公式。

表 8-4　女装合体 T 恤纸样放码档差值及放缩量计算公式

单位：cm

部位	放码档差值	放缩量计算公式	部位	放码档差值	放缩量计算公式
胸围	4.0	胸围档差值 /4	腰节长	0.9	腰节长档差值
肩宽	1.0	肩宽档差值 /2	衣长	1.5	衣长档差值
领围	1.0	领围档差值 /5，胸围档差值 /4 × 2/10	袖长	0.6	袖长档差值
袖窿深	0.6		袖口围	1.0	袖口围档差值

3. 女装合体 T 恤的放码步骤

参照本章第一节中女装 T 恤基本纸样的放码方法，依据表 8-4 所示的各部位档差值及放缩量计算公式，放大一个码的女装合体 T 恤纸样各放码点的分配数值如图 8-15 所示。

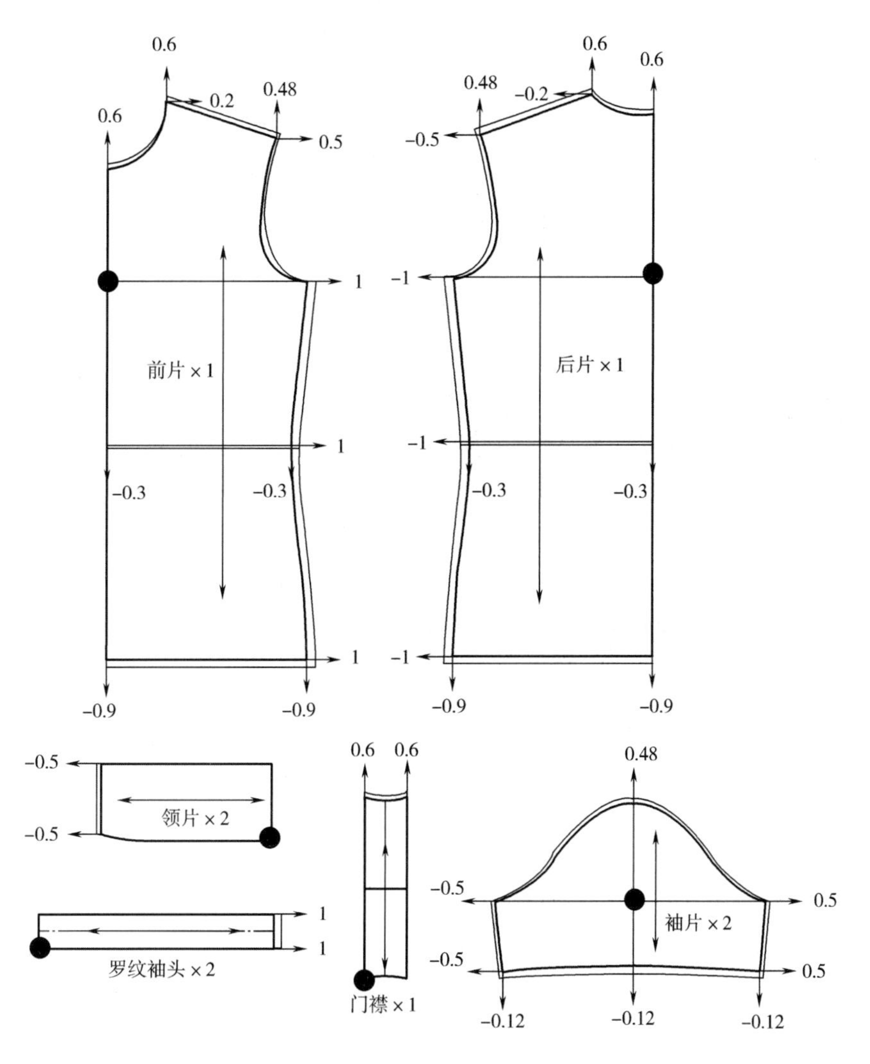

图 8-15

在放码时，衣身后片以衣身后中心线和胸围线的交点为放码基准点，衣身前片以衣身前中心线和胸围线的交点为放码基准点，袖片以袖中线和袖山深线的交点为放码基准点，依次在纸样上各放码点分别输入水平方向和竖直方向的数值。

（1）以衣身前中心线和胸围线的交点为放码基准点，按照前片纸样上的放码点依次为：前领窝中点水平横向为 0，纵向为袖窿深档差值 0.6cm；肩颈点水平横向为胸围档差值 /4 × 2/10=0.2cm，纵向为袖窿深档差值 0.6cm；肩点水平横向为肩宽档差值 /2=0.5cm，纵向为 8/10 袖窿深档差值 =0.48cm；前腋下点水平横向为胸围档差值 /4=1cm，纵向为 0；前腰侧缝点水平横向为胸围档差值 /4=1cm，纵向为 – 腰节长档差值 + 袖窿深档差值 =–0.3cm；前底边侧缝点水平横向为胸围档差值 /4=1cm，纵向为 – 衣长档差值 + 袖窿深档差值 =–0.9cm；前底边中心点水平横向为 0，纵向为 – 衣长档差值 + 袖窿深档差值 =–0.9cm；前腰中心点水平横向为 0，纵向为 – 腰节长档差值 + 袖窿深档差值 =–0.3cm。

（2）以衣身后中心线和胸围线的交点为放码基准点，按照后片纸样上的放码点依次为：后领窝中点水平横向为 0，纵向为袖窿深档差值 0.6cm；肩颈点水平横向为胸围档差值 /4 × 2/10=0.2cm，纵向为袖窿深档差值 0.6cm；肩点水平横向为 – 肩宽档差值 /2=–0.5cm，纵向为 8/10 袖窿深档差值 0.48cm；后腋下点水平横向为胸围档差值 /4=1cm，纵向为 0；后腰侧缝点水平横向为 – 胸围档差值 /4=–1cm，纵向为 – 腰节长档差值 + 袖窿深档差值 =–0.3cm；后底边侧缝点水平横向为 – 胸围档差值 /4=–1cm，纵向为 – 衣长档差值 + 袖窿深档差值 =–0.9cm；后底边中心点水平横向为 0，纵向为 – 衣长档差值 + 袖窿深档差值 =–0.9cm；后腰中心点水平横向为 0，纵向为 – 腰节长档差值 + 袖窿深档差值 =–0.3cm。

（3）以袖中线和袖山深线的交点为放码基准点，按照袖片纸样上的放码点依次为：袖山顶点水平横向为 0，纵向为 8/10 袖窿深档差值 =0.48cm；袖山深线点水平横向为胸围档差值 /4– 肩宽档差值 /2=0.5cm，纵向为 0；袖口线点水平横向为袖口围档差值 /2=0.5cm，纵向为 – 袖长档差值 + 袖窿深档差值 × 8/10=–0.12cm；袖口线中心点水平横向为 0，纵向为 – 袖长档差值 + 袖窿深档差值 × 8/10=–0.12cm。其余点为对称方向即可。

（4）领子纸样以后中线和领下口线的交点为放码基准点，其纸样的高度方向不变，只是在围度上放大或缩小，放大一个码的数值为 – 领围档差值 /2=–0.5cm。

（5）罗纹袖头纸样以中线和袖口线的交点为放码基准点，其纸样的高度方向不变，只是在围度上放大或缩小，放大一个码的数值为袖口围档差值 =1cm。

（6）门襟纸样以中线和水平线的交点为放码基准点，其纸样宽度方向不变，只是在长度上放大或缩小，放大一个码的数值为袖窿深档差值 =0.6cm。

依据上述各放码点的数据分配，女装合体 T 恤纸样的衣身前片、衣身后片、袖片、领片、罗纹袖头及门襟的放码图如图 8–16 所示，其中完成的结构线条为放大和缩小各两个码。

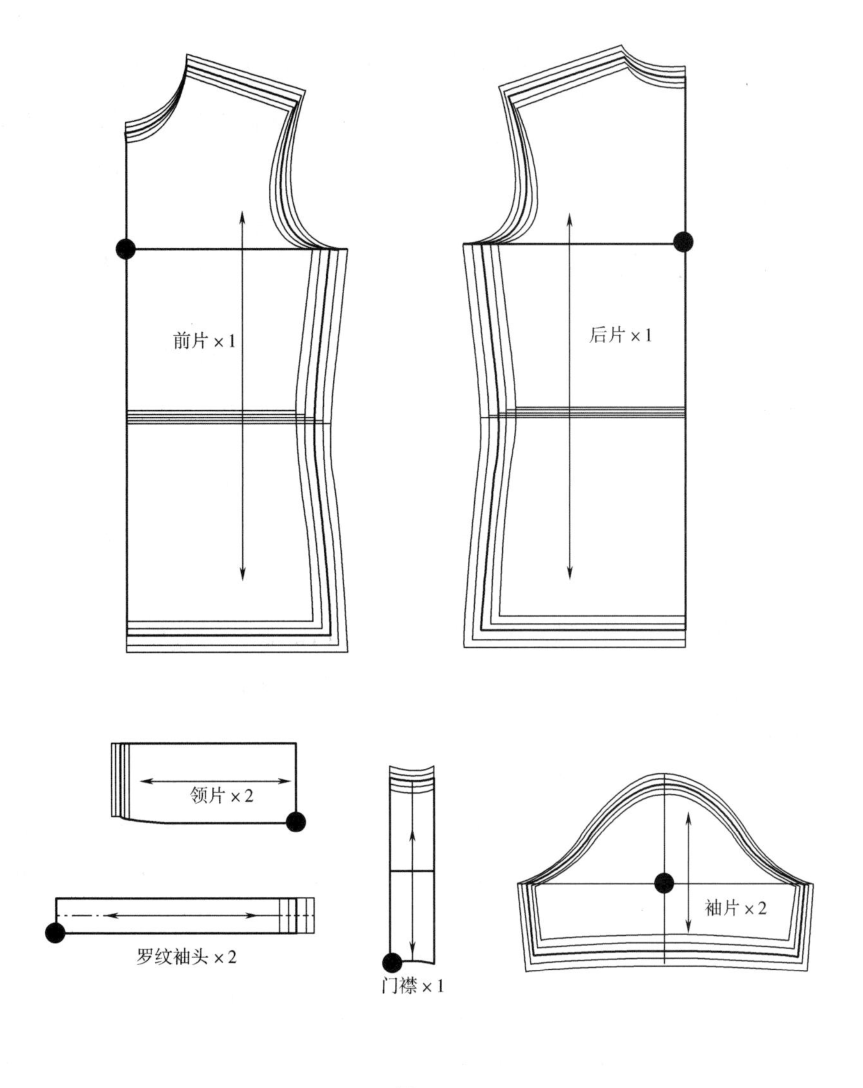

图 8-16

第三节　内衣裤款式放码

一、单褶罩杯基本纸样放码

1. 文胸号型规格

文胸规格主要测量的尺寸有下胸围和罩杯型号。在正常体型中，罩杯的号型需要围量乳房最丰满处的尺寸，胸围的尺寸比下胸围的尺寸大 10cm 左右，其相差程度因人而异，一般胸围尺寸量度时是经过胸高位置加上两拼指亦即是胸部最大的圆周。下胸围是在胸

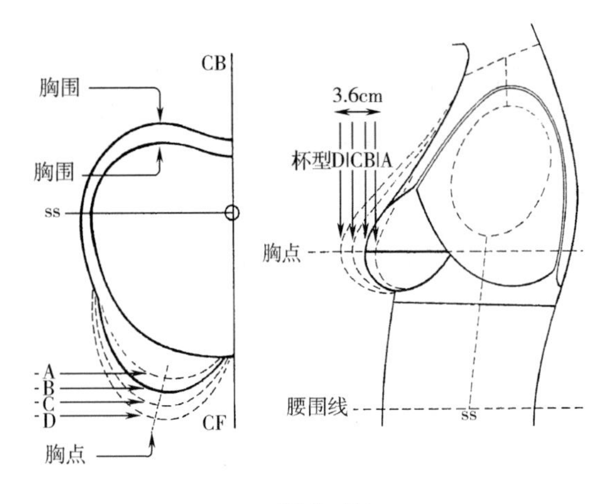

图 8–17

围以下的肋骨处（即高腰围之上）围量一周。如图 8–17 所示，由于胸围尺寸不同，故要区分不同的杯号以对应乳房体积确定罩杯号型，范围从 A~D，A、B、C、D 杯为胸围与下胸围差数值。成品文胸杯型结构及其规格对于女性胸部外观和健康是非常重要的，因为胸部形状会随着文胸的变化而改变。

罩杯型号范围从 A~D（国际上有 A~H，但还没有国际标准）对应乳房体积。确定如果以不同罩杯的高度来比较，每杯之高度差为 1.2cm。

最普通的号型规格是由 Size70~100，如表 8–5 所示，如胸围 86cm、下胸围 75cm 的人体适合穿着 75B 文胸。一般亚洲地区采用 A、B、C 杯，而在美国及欧洲地区多采用 B、C、D 杯，每号杯大约相差 3cm。

表 8–5　文胸规格

单位：cm

人体尺寸	号型规格			
下胸围	胸围	中国	美国	法国
63~67	75	65A	30A	80A
	78	65B	30B	80B
	80	65C	30C	80C
	83	65D	30D	80D
68~72	80	70A	32A	85A
	83	70B	32B	85B
	85	70C	32C	85C
	88	70D	32D	85D
73~77	85	75A	34A	90A
	88	75B	34B	90B
	90	75C	34C	90C
	93	75D	34D	90D
78~82	90	80A	36A	95A
	93	80B	36B	95B
	95	80C	36C	95C
	98	80D	36D	95D

续表

人体尺寸	号型规格			
下胸围	胸围	中国	美国	法国
83~87	95	85A	38A	100A
	98	85B	38B	100B
	100	85C	38C	100C
	103	85D	38D	100D
……				
胸围下杯高 8cm/75B，每码跳 0.5cm。				
下脚完成尺寸 58cm/75B，每码跳 4cm。				
下脚步拉度 85cm/75B，每码跳 5cm。				

2. 单褶罩杯文胸款式

如图 8–18 所示，单褶罩杯文胸款式的特点为：有下扒一字比，采用弹力拉架式，单褶 3/4 罩杯，带肩夹。单褶罩杯文胸成品规格如表 8–6 所示。

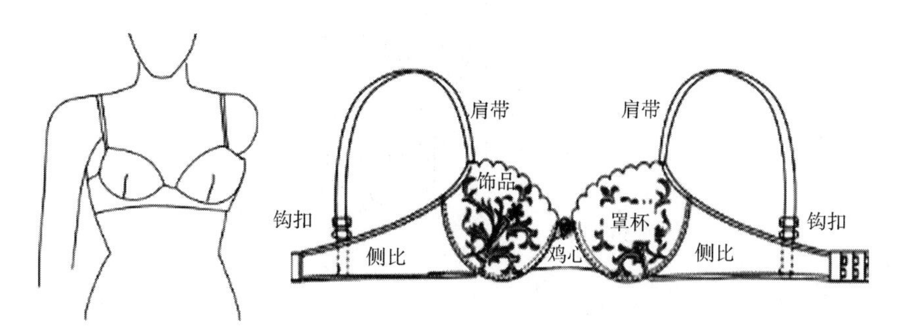

图 8–18

表 8–6　文胸成品规格

单位：cm

号型规格	70B	75B	80B	85B	档差值
胸围	82.5	87.5	92．5	97．5	5.0
下胸围	56	61	66	71	5.0
杯宽	16.6	17.6	18.6	19.6	1.0
杯高	12.6	13.5	14.4	15.3	0.9
内径	11.8	12.4	13	13.6	0.6
捆碗长	20.2	21.5	22.8	24.1	1.3
鸡心高	5.3	5.5	5.7	5.9	0.2
鸡心宽	2	2	2	2	0

3. 单褶罩杯文胸规格及放码计算公式

单摺罩杯纸样放大和缩小的分配计算公式如表 8–7 所示。

表 8–7 文胸放缩值计算公式

单位：cm

部位	放码档差值	放缩值计算公式	部位	放码档差值	放缩值计算公式
下胸围	5.0	下胸围档差值 /2	鸡心高	0.2	鸡心高档差值
杯宽	1.0	杯宽档差值 /2	侧比高	0.6	侧比高档差值
杯高	0.9	杯高档差值 /2	后比长	1.5	后比长档差值

4. 单褶罩杯文胸放码步骤

单摺罩杯纸样各放码点放缩量分配如图 8–19 所示。具体步骤如下：

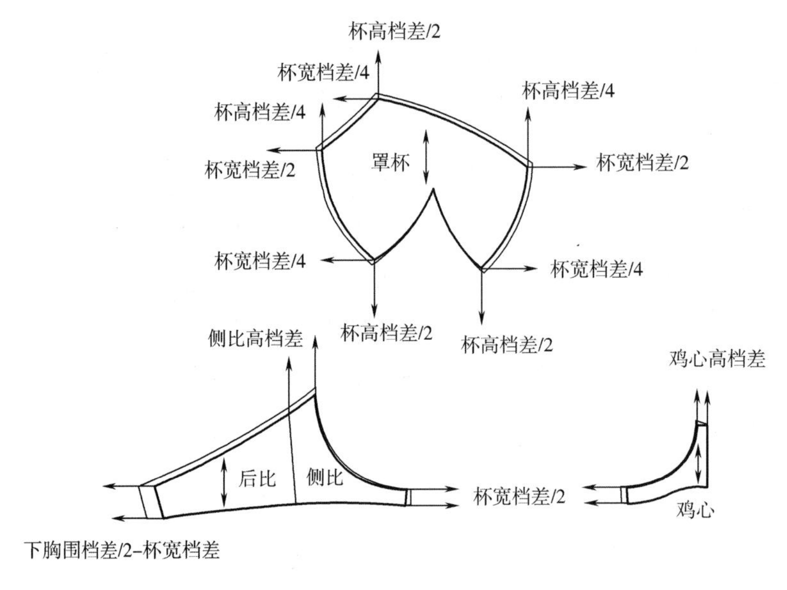

图 8–19

（1）罩杯纸样以中心线和胸围线的交点即胸点为放码基准点，按照纸样上的放码点依次为：杯高点水平横向为 – 杯宽档差值 /4=–0.25cm，纵向为杯高档差值 /2=0.45cm；杯侧点水平横向为杯宽档差值 /2=0.5cm，纵向为杯高档差值 /4=0.23cm；杯下侧点水平横向为杯宽档差值 /4=0.25cm，纵向为 – 杯高档差值 /2=–0.45cm；杯下中点水平横向 – 杯宽档差值 /4=–0.25cm，纵向为 – 杯高档差值 /2=–0.45cm；杯心点水平横向为 – 杯宽档差值 /2=–0.5cm，纵向为杯高档差值 /4=0.23cm。

（2）鸡心纸样以中心线和胸围线的交点为放码基准点，按照纸样上的放码点依次为：鸡心高点水平横向为 0，纵向为鸡心高档差值 =0.2cm；鸡心下点水平横向为 – 杯宽档差值 /2=–0.5cm，纵向为 0。

（3）侧比及后比纸样以侧缝线和下胸围线的交点为放码基准点，按照纸样上的放码点依次为：侧比下点水平横向为杯宽档差值 /2=0.5cm，纵向为 0；侧比高点水平横向为 0，纵向为侧比高档差值 =0.6cm；后比中心线点水平横向为 – 后比长档差值 =–1.5cm，纵向为 0。

依据上述计算值各放码点分配数据如图 8–20 所示，其中各放码点标示的数据为放大一个码。

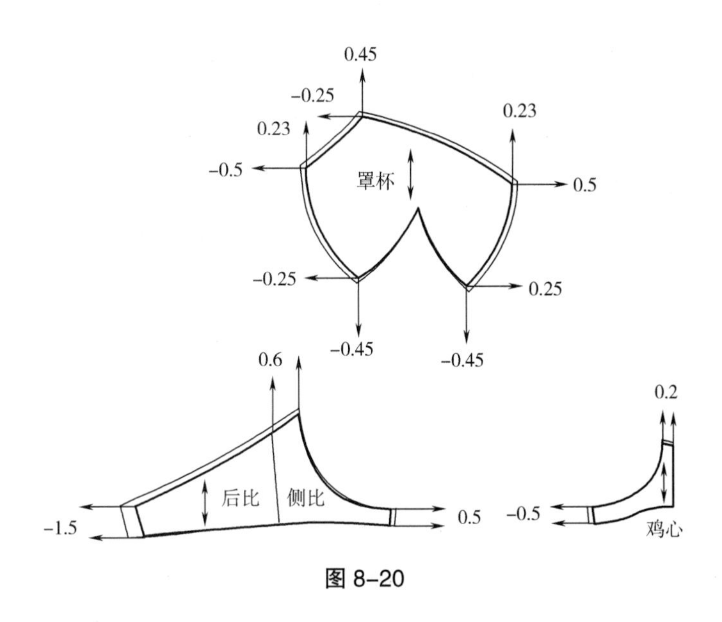

图 8–20

二、1/2 上、下“T”字罩杯文胸放码

1. 1/2 上、下“T”字罩杯文胸的款式

如图 8–21 所示，1/2 上、下“T”字罩杯文胸的款式特点为：1/2 结构上、下“T”字罩杯，一字比下扒文胸，鸡心和侧比设有缝骨，侧比和后比设有缝骨，承托性能较强。

图 8–21

2. 1/2 上、下“T”字罩杯文胸的放码数据分配及计算公式

1/2 上、下“T”字罩杯 T 字骨文胸的罩杯和下扒纸样各放码点的计算公式如图 8–22 所示。依据表 8–7 所示的各部位档差放缩值计算公式进行放码数据分配。

（1）上杯纸样以中心线和胸围线的交点即胸点为放码基准点，按照纸样上的放码点依次为：上杯高点水平横向为 0，纵向为杯高档差值 /2=0.45cm；上杯高侧点水平横向为杯宽档差值 /2=0.5cm，纵向为杯高档差值 /2=0.45cm；上杯侧点水平横向为杯宽档差值 /2=0.5cm，纵向为 0；上杯靠心下点水平横向为 – 杯宽档差值 /2=–0.5cm，纵向为 0；上杯靠心高点水平横向 – 杯宽档差值 /2=–0.5cm，纵向为 – 杯高档差值 /2=–0.45cm。

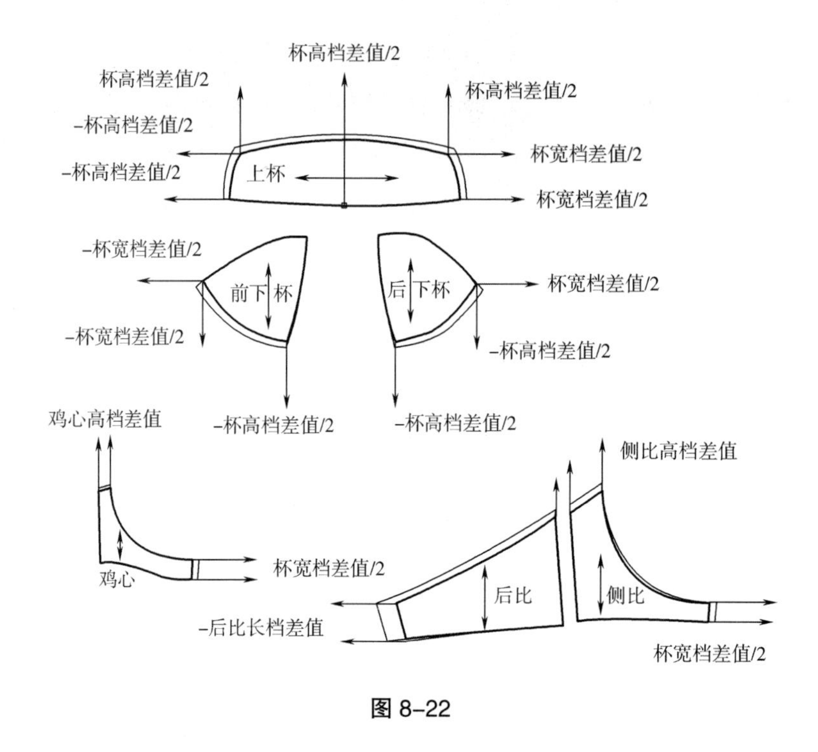

图 8–22

（2）靠前下杯纸样以中心线和胸围线的交点即胸点为放码基准点，按照纸样上的放码点依次为：靠前下杯下点水平横向为 0，纵向为 – 杯高档差值 /2=–0.45cm；靠鸡心点水平横向为 – 杯宽档差值 /2=–0.5cm，纵向为 – 杯高档差值 /2=–0.45cm。

（3）靠后下杯纸样以中心线和胸围线的交点即胸点为放码基准点，按照纸样上的放码点依次为：靠后下杯下点水平横向为 0，纵向为 – 杯高档差值 /2=–0.45cm；靠侧点水平横向为杯宽档差值 /2=0.5cm，纵向为 – 杯高档差值 /2=–0.45cm。

（4）鸡心纸样以中心线和胸围线的交点为放码基准点，按照纸样上的放码点依次为：鸡心高点水平横向为 0，纵向为鸡心高档差值 =0.2cm；鸡心下点水平横向为杯宽档差值 /2=0.5cm，纵向为 0。

（5）侧比纸样以侧缝线和下胸围线的交点为放码基准点，按照纸样上的放码点依次为：侧比下点水平横向为杯宽档差值 /2=0.5cm，纵向为 0；侧比高点水平横向为 0，纵向为侧比高档差值 =0.6cm。

（6）后比纸样以侧缝线和下胸围线的交点为放码基准点，按照纸样上的放码点依次为：后比侧高点水平横向为 0，纵向为侧比高档差值 =0.6cm；后中心线点水平横向为 – 后比长档差值 =–1.5cm，纵向为 0。

1/2 罩杯 T 字骨文胸各放码点数据分配及放码如图 8–23 所示，在罩杯的放缩过程中要确保面杯与里杯的杯边、杯骨、杯底、肩夹等处档差量相同，里布与棉垫的放缩与下杯的放缩相同。

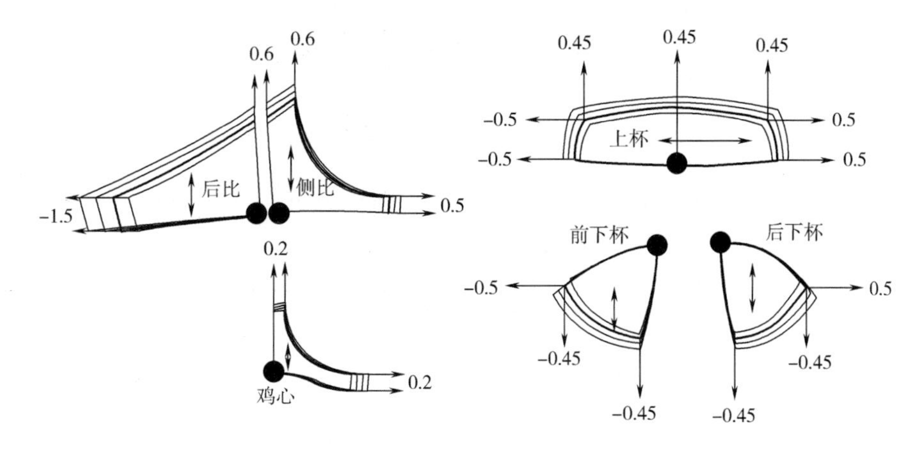

图 8-23

三、男式内裤放码

1. 男式内裤的款式特点

如图 8-24 所示，普通男式内裤的款式特点为：低腰型三角裤，前片分为两片，有一横向缝骨与底片拼接。

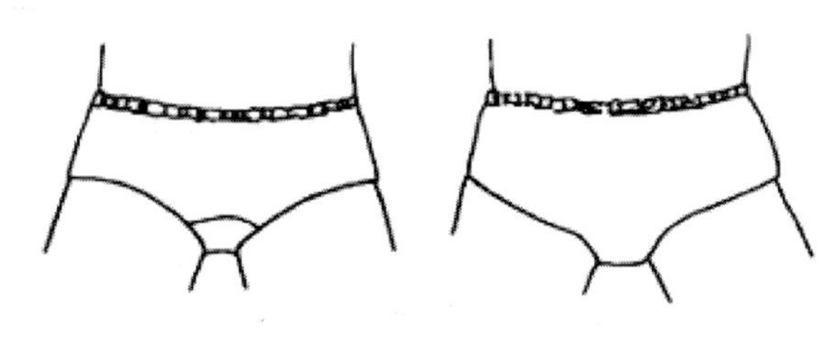

图 8-24

2. 男式内裤的成品规格及放缩值计算

男式内裤放码所需的成品规格，如表 8-8 所示。

表 8-8　男式内裤成品规格

单位：cm

号型规格	S	M	L	XL	XXL	档差值
身高	160~170	165~175	170~180	175~185	180~190	5.0
腰围	64~72	68~76	72~80	76~84	80~88	4.0
臀围	80~88	84~92	88~96	92~100	96~104	4.0
侧缝长	15.4	16	16.6	17.2	17.8	0.6
底裆宽	10	10	10	10	10	0

男装内裤的各部位放码档差值计算公式如表 8–9 所示。

表 8–9　男式内裤的各部位档差值及放缩值计算公式

单位：cm

部位	放码档差值	放缩值计算公式	部位	放码档差值	放缩值计算公式
腰围	4.0	腰围档差值 /4	侧缝长	0.6	侧缝长档差值
臀围	4.0	臀围档差值 /4	底裆宽	0	底裆宽档差值
后裆长	0.6	臀围档差值 /6	前裆长	0.6	臀围档差值 /6

男式内裤纸样放码的各放码点放缩值计算公式，如图 8–25 所示，即放大一个码的数值。

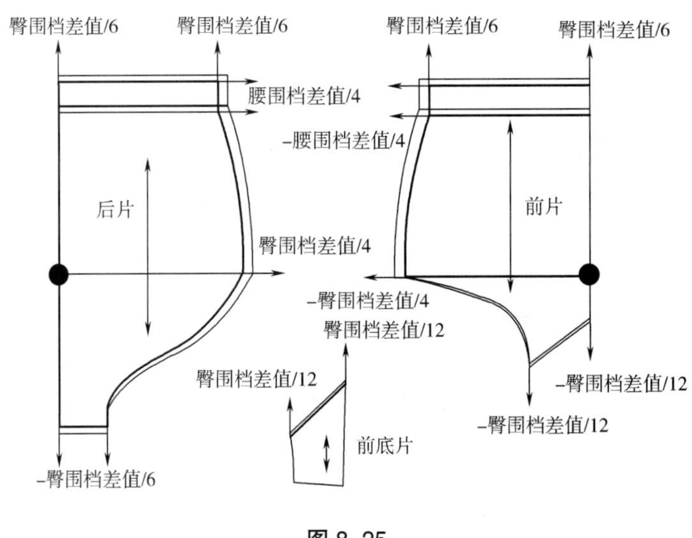

图 8–25

（1）后片纸样以后中线和臀围线的交点为放码基准点，按照纸样上的放码点依次为：后中腰点水平横向为 0，纵向为臀围档差值 /6=0.6cm；后片侧腰点水平横向为腰围档差值 /4=1cm，纵向为臀围档差值 /6=0.6cm；后片侧臀点水平横向为臀围档差值 /4=1cm，纵向为 0；后片底裆点水平横向为 0，纵向为 – 臀围档差值 /6=–0.6cm。

（2）前片纸样以前中线和臀围线的交点为放码基准点，按照纸样上的放码点依次为：前中腰点水平横向为 0，纵向为臀围档差值 /6=0.6cm；前片侧腰点水平横向为 – 腰围档差值 /4=–1cm，纵向为臀围档差值 /6=0.6cm；前片侧臀点水平横向为 – 臀围档差值 /4=–1cm，纵向为 0；前片底裆点水平横向为 0，纵向为 – 臀围档差值 /12=–0.3cm。

（3）前底片纸样以前中线和底水平线的交点为放码基准点，按照纸样上的放码点依次为：前底片靠中点水平横向为 0，纵向为臀围档差值 /12=0.3cm。

依据上述计算公式，男式内裤纸样放码的各放码点放缩数值如图 8–26 所示，图中为放大一个码的男式内裤纸样。

男式内裤纸样放码图如图 8-27 所示。

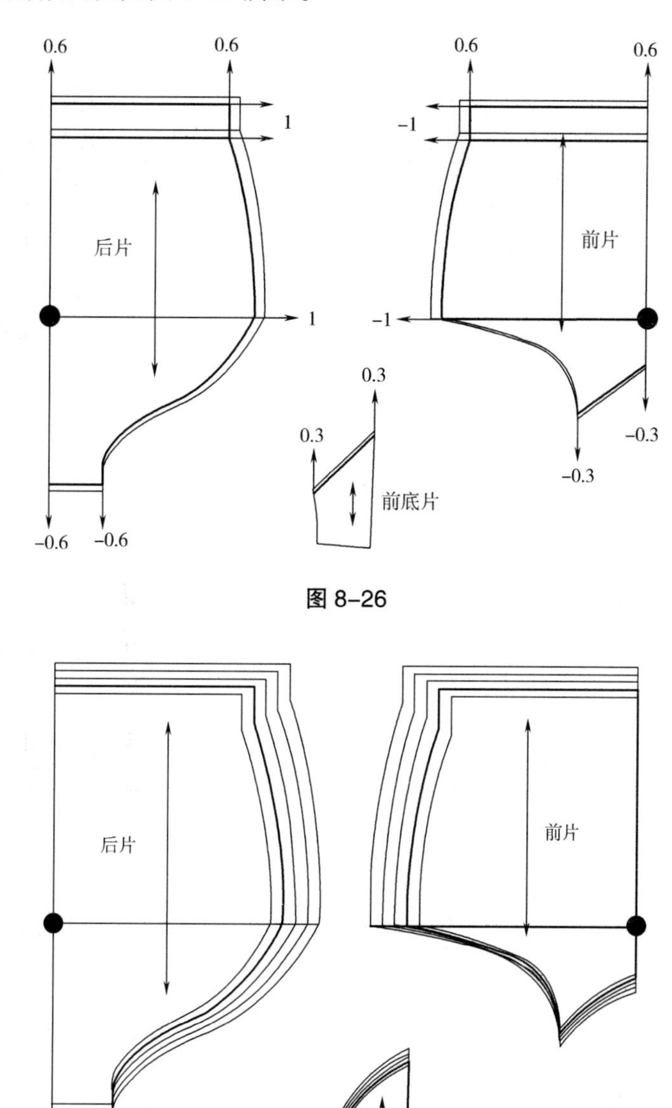

图 8-26

图 8-27

四、女式内裤放码

1. 女式内裤成品的尺寸测量

三角裤款式及成品各部位尺寸测量的方法如图 8-28 所示。

腰围（A）：将裤子平铺在平台上，于腰围处测量宽度乘以 2 得出。

脚口围（B）：沿裤脚口边缘围量一周。

前中长（*C*）：前片中心线由腰围顶端至底片接缝处的垂直距离。

后中长（*D*）：后片中心线由腰围顶端至底片接缝处的垂直距离。

前裆宽（*E*）：前片与底片接缝处的宽度距离。

后裆宽（*F*）：后片与底片接缝处的宽度距离。

底裆长（*G*）：底片中心线的垂直距离。

侧缝长（*H*）：内裤侧缝由腰围至裤脚口处的距离。

前片宽（*I*）：前片由腰围处至底片接缝处的中点处左、右裤脚口围之间的宽度距离。

后片宽（*J*）：后片由腰围处至底片接缝处的中点处左、右裤脚口围之间的宽度距离。

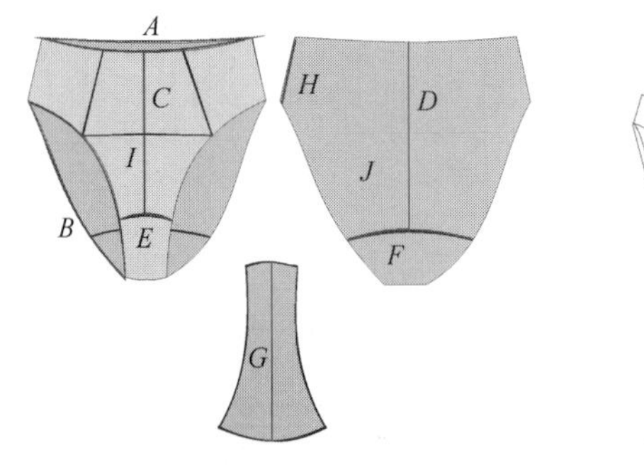

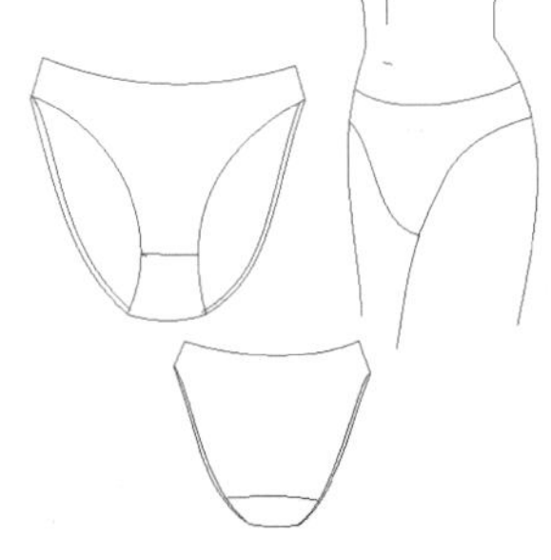

图 8–28

2. 女式内裤的成品规格及放缩值计算公式

常见的女式内裤成品规格可参考表 8–10。女式内裤成品规格的各部位档差值的放缩值计算公式如表 8–11 所示。

表 8–10 女式内裤成品规格

单位：cm

号型规格	S	M	L	XL	XXL	档差值
后片宽	58	64	70	76	82	
身高	160~170	165~175	170~180	175~185	180~190	5.0
腰围	55~61	61~67	67~73	73~79	79~85	6.0
臀围	78~89	83~89	86~96	89~99	91~103	
前裆宽	7	7	7	7	7	0
后裆宽	13	13.5	14	14.5	15	0.5
前中长	17.6	18	18.4	18.8	19.2	0.4
后中长	20.6	21	21.4	21.8	22.2	0.4
底裆长	13.1	13.5	13.9	14.3	14.7	0.4
侧缝长	4.5	4.5	4.5	4.5	4.5	0
前片宽	14	15.	16	17	18	1.0
后片宽	25.5	27	28.5	30	31.5	1.5

表 8-11 女式内裤成品规格的各部位档差值及放缩值计算公式

单位：cm

部位	放码档差值	放缩值计算公式	部位	放码档差值	放缩值计算公式
腰围	6.0	腰围档差值 /4	前中长	0.4	前中长档差值
前片宽	1.0	前片宽档差值 /2	后片宽	1.5	后片宽档差值 /2
后中长	0.4	后中长档差值	前裆宽	0	前裆宽档差值
后裆宽	0.5	后裆宽档差值 /2	前裆长	0.6	

利用切割线放码方法，放大一个码的女式内裤纸样各部位的放缩值计算公式如图 8-29 所示。

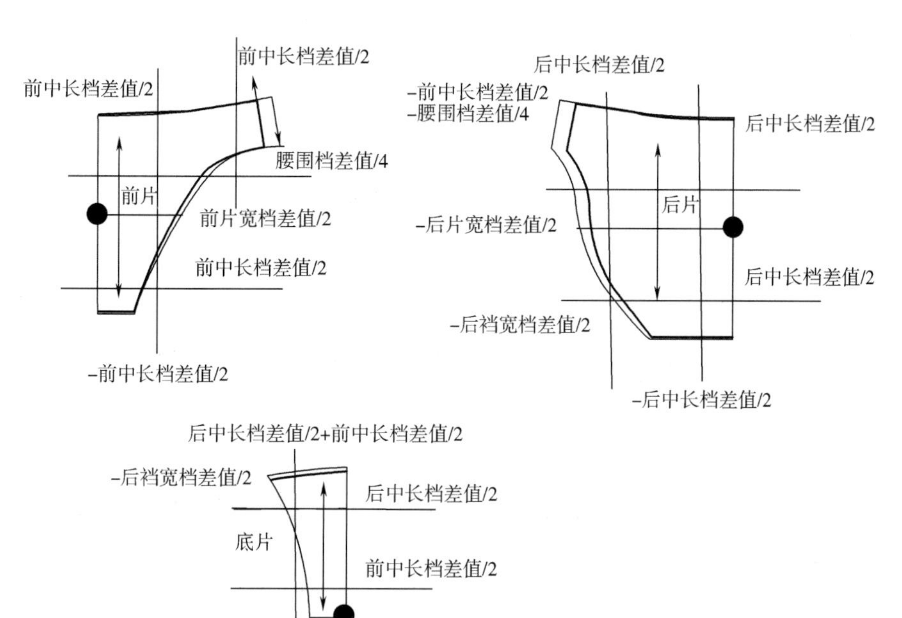

图 8-29

女式内裤各放码点的数据分配如图 8-30 所示。

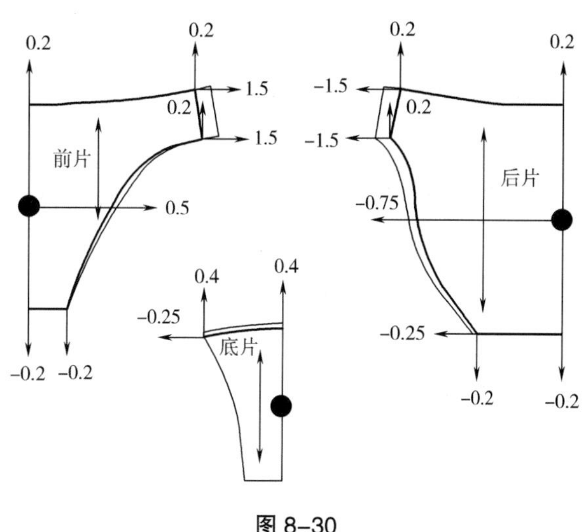

图 8-30

（1）后片纸样以后中线和臀围线的交点为放码基准点，按照纸样上的放码点依次为：后中腰点水平横向为 0，纵向为后中长档差值 /2=0.2cm；后片侧腰点和上臀点水平横向为 – 腰围档差值 /4=–1.5cm，纵向为后中长档差值 /2=0.2cm；后片侧臀点水平横向为 – 后片宽档差值 /2=–0.75cm，纵向为 0；后片底裆侧点水平横向为 – 后裆宽档

差值 /2=−0.25cm，纵向为 − 后中长档差值 /2=−0.2cm；后片中线底裆点水平横向为 0，纵向为 − 后中长档差值 /2=−0.2cm。

（2）前片纸样以前中线和臀围线的交点为放码基准点，按照纸样上的放码点依次为：前中腰点水平横向为 0，纵向为前中长档差值 /2=0.2cm；前片侧腰点和上臀点水平横向为腰围档差值 /4=1.5cm，纵向为前中长档差值 /2=0.2cm；前片侧臀点水平横向为前片宽档差值 /2=0.5cm，纵向为 0；前片底裆侧点水平横向为 0，纵向为 − 前中长档差值 /2=−0.2cm；前片中线底裆点水平横向为 0，纵向为 − 前中长档差值 /2=−0.2cm。

（3）裤底片纸样以中线和底水平线的交点为放码基准点，按照纸样上的放码点依次为：裤底片中点水平横向为 0，纵向为后中长档差值 /2+ 前中长档差值 /2=0.4cm；裤底片侧点水平横向为 − 后裆宽档差值 /2=−0.25cm，纵向为后中长档差值 /2+ 前中长档差值 /2=0.4cm。

女式内裤纸样放码图如图 8–31 所示。

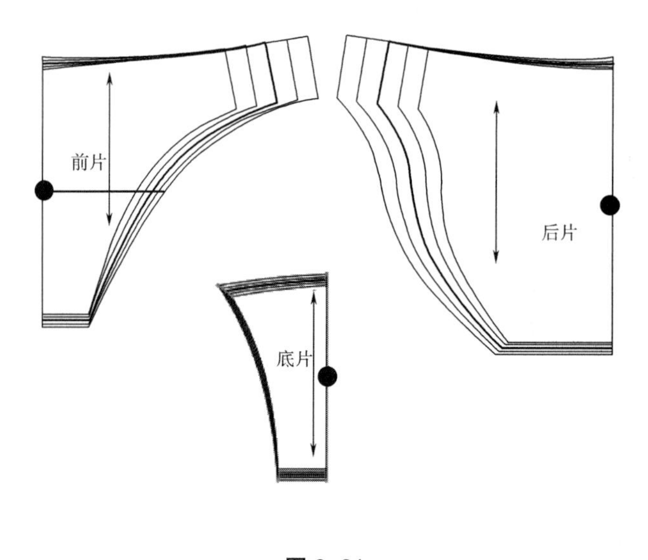

图 8–31

本章总结

本章分别介绍了针织服装的纸样放码，通过分析男式 T 恤、女式 T 恤、文胸、男式内裤、女式内裤的款式结构特点说明了各类男、女针织服装纸样的部件与整体的放码数值分配，阐述了各类针织服装及内衣的整体纸样放码方法和操作技巧。

思考题

1. 请列出女装 T 恤基本纸样制图尺寸及其档差值。
2. 请列出男装 T 恤修身型基本纸样制图尺寸及其档差值。

3. 用图说明宽松 T 恤的尺寸加放量原则。
4. 简述女装 T 恤基本纸样的长度放缩量分配原则。
5. 男装宽松 T 恤放码时采用哪些放缩计算公式?
6. 请列出文胸的成品规格及其档差值。
7. 请列出女式内裤的成品规格及其档差值。

练习题

1. 依据表 8–1 女装合体 T 恤成品规格进行纸样的放大和缩小各两个码。
2. 依据表 8–3 男装宽松 T 恤成品规格进行纸样的放大和缩小各两个码。
3. 依据表 8–6 文胸成品规格进行单褶罩杯文胸纸样的放大和缩小各两个码。
4. 依据表 8–8 男式内裤号型规格进行男式内裤纸样的放大和缩小各两个码。

服装整体放码应用与实践

童装纸样放码

教学内容： 童装号型系列

童装原型纸样放码

童装款式整体纸样制板与放码

教学时间： 2 课时

教学目的： 通过本章的学习，使学生熟知童装基本纸样的放码原理，理解童装衣身原型如外套、裙子、裤子等基本纸样放码值的分配依据，了解各类童装基本纸样的结构特征，掌握童装整体纸样放码的操作技巧及应用。

教学要求： 1. 了解童装衣身、外套、裙子、裤子等基本纸样的结构特征。

2. 熟知男、女童装基本纸样的放码原理及要求。

3. 理解童装衣身、外套、裙子、裤子等各基本纸样的放码值分配依据。

4. 掌握儿童衬衫整体纸样放码的操作技巧及应用。

课前准备： 男、女童装衣身、外套、袖子、裙子、裤子等基本纸样，衬衫整体纸样样板，放码尺、剪刀、白纸、计算机等工具。

第九章

童装纸样放码

由于儿童的体型是随着其成长过程而逐渐变化的，所以童装的放码要依据儿童的体型特征及不同年龄段号型规格进行调整。出生至 1 岁的婴儿 ,1~5 岁的幼儿 ,6~9 岁的小学童 ,10~14 岁的少年儿童，男、女儿童随着成长体格差异变得越来越显著。特别是女孩子的发育，在身长、体重方面都会超过男孩子，胸围、腰围、臀围的尺寸差异也更为明显，尤其是女孩的臀围尺寸在一年之间会增大 3~4cm，身体逐渐圆润起来成为少女化的体型。而男孩子则是胸部变厚，肩部变宽，筋骨和骨骼发达，变成耸肩，肩胛骨的挺度变强，成为少年型的体型。

7 头身的比例适用于少年到一般成年男子 , 大腿根的位置通常在身高的 1/2 线上 , 希望腿比较长的时候就画得比 1/2 线高一点，胸的位置通常是在头部下面一个头长的位置上，腰的位置在胸与腿之间。6 头身比例适用于小学高年级到高中生的可爱型女生，其他与男生的绘制方法差不多。婴幼儿的头部都较大，一般比例为 3~4 个头高，出生至 1 岁的婴儿约 3~4 个头身，1 岁至 5 岁的幼儿约 4~5 个头身，5 岁至 7 岁的儿童约 5~6 个头身，8 岁至 15 岁以上为 7~7.5 个头身，如图 9–1 所示。

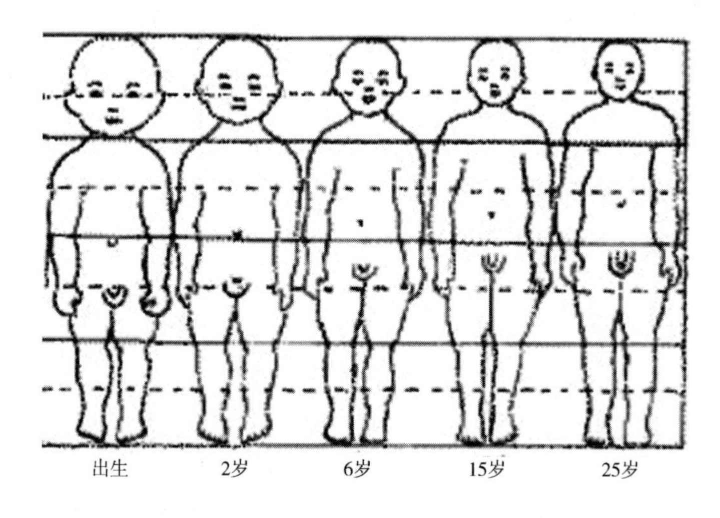

图 9–1

第一节　童装号型系列

一、0~7 岁儿童服装号型规格

0~7 岁儿童服装号型规格包括出生至 1 岁的婴儿，2~7 岁的儿童，每周岁为一个号型。0~3 岁儿童号型规格的规律是胸围和腰围档差均为 1cm，臀围档差为 2cm，领围档差为 0.6cm。4~7 岁儿童的胸围和腰围档差均为 2cm，而 5~6 岁的腰围档差为 1cm，臀围档差为 3cm，领围档差为 0.6cm。我国 2~7 岁儿童的身高为 80~130cm，其儿童控制部位数值如表 9–1 所示，欧洲 2~7 岁儿童尺寸规格如表 9–2 所示。

表 9–1　中国身高 80~130cm 儿童控制部位数值

单位：cm

a							
部位 \ 数值 \ 号		80	90	100	110	120	130
长度	身高	80	90	100	110	120	130
	坐姿颈椎点高	30	34	38	42	46	50
	全臂长	25	28	31	34	37	40
	腰围高	44	51	58	65	72	79
b							
部位 \ 数值 \ 上装型		48	52	56	60	64	
长度	胸围	48	52	56	60	64	
	颈围	24.20	25	25.80	26.60	27.40	
宽度	总肩宽	24.40	26.20	28	29.80	31.60	
c							
部位 \ 数值 \ 下装型		47	50	53	56	59	
围度	腰围	47	50	53	56	59	
	臀围	49	54	59	64	69	

表 9-2 欧洲 2~7 岁儿童尺寸规格

单位：cm

身高	92	98	104	110	116	122
大约年龄	2	3	4	5	6	7
胸围	54	55	57	59	61	63
腰围	53	54	55	56	58	59
臀围	56	58	60	62	65	68
后背宽	22	22.8	23.6	24.4	25.5	26
颈围	26.4	27	27.6	28.2	28.8	29.4
肩宽	7	7.4	7.8	8.2	8.6	9
上臂围	18	18.4	18.8	19.2	19.6	20
手腕围	13	13.2	13.4	13.6	13.8	14
袖窿深	12.6	13.2	13.8	14.4	15	15.6
腰节长	22	23.2	24.4	25.6	26.8	28
腰至臀长	11.4	12	12.6	13.2	13.8	14.4
颈椎点高	75.5	80.8	86.1	91.4	96.7	102
腰至膝长	31	33	35	37	39	41
上裆长	16.5	17.3	18.1	18.9	19.7	20.5
腿内侧长	38	42	45	48	52	55
袖长	32	34.5	37	39.5	42	44.5
头围	51	51.6	52.2	52.8	53.4	54
躯干围	97	101	105	109	113	117
两片袖口	10	10.2	10.4	10.6	10.8	11
衬衫袖口	15.4	15.6	15.8	16	16.2	16.4
西裤裤口宽	15.5	16	16.5	17	17.5	18
牛仔裤裤口宽	13.5	14	14.5	15	15.5	16

二、8~12 岁儿童服装号型规格

8~12 岁儿童为 4.5~5.5 头身，其号型规律是胸围档差为 3cm，女孩腰围档差为 1cm、男孩腰围档差为 2cm，臀围档差为 4cm，9~10 岁儿童的臀围档差为 3cm，领围档差为 1cm。我国 8~14 岁身高 135~155cm 女孩控制部位数值如表 9-3 所示，135~160cm 男孩控制部位数值如表 9-4 所示。欧洲 8~12 岁女孩和 8~14 岁男孩尺寸规格如表 9-5 所示。

表 9-3　我国身高 135~155cm 女孩控制部位数值

单位：cm

a						
部位 \ 数值 \ 号		135	140	145	150	155
长度	身高	135	140	145	150	155
	坐姿颈椎点高	50	52	54	56	58
	全臂长	43	44.50	46	47.50	49
	腰围高	84	87	90	93	96
b						
部位 \ 数值 \ 上装型		60	64	68	72	76
围度	胸围	60	64	68	72	76
	颈围	28	29	30	31	32
宽度	总肩宽	33.80	35	36.20	37.40	38.60
c						
部位 \ 数值 \ 下装型		52	55	58	61	64
围度	腰围	52	55	58	61	64
	臀围	66	70.50	75	79.50	84

表 9-4　我国 135~160cm 男孩控制部位数值

单位：cm

a							
部位 \ 数值 \ 号		135	140	145	150	155	160
长度	身高	135	140	145	150	155	160
	坐姿颈椎点高	49	51	53	55	57	59
	全臂长	44.50	46	47.50	49	50.50	52
	腰围高	83	86	89	92	95	98
b							
部位 \ 数值 \ 上装型		60	64	68	72	76	80
围度	胸围	60	64	68	72	76	80
	颈围	29.50	30.50	31.50	32.50	33.50	34.50
宽度	总肩宽	34.60	35.80	37	38.20	39.40	40.60

续表

c							
部位 \ 数值 \ 上装型		54	57	60	63	66	69
围度	腰围	54	57	60	63	66	69
	臀围	64	68.50	73	77.50	82	86.50

表 9-5　欧洲 8~12 岁女孩和 8~14 岁男孩尺寸规格

单位：cm

部位	女孩					男孩							
身高	128	134	140	146	152	128	134	140	146	152	158	164	170
大约年龄	8	9	10	11	12	8	9	10	11	12	13	…	14
胸围	66	69	72	75	78	67	70	73	76	79	82	86	90
腰围	60	61	62	63	64	61	63	65	67	69	71	73	75
低腰围						64	66	68	70	72	74	76	78
臀围	71	74	78	81	84	70	73	76	79	82	85	89	93
后背宽	27.4	28.6	29.8	31	32.2	28	29.2	30.4	31.6	32.8	34	35.6	37.2
颈围	30	31	32	33	34	30	31	32	33	34	35	36	37
肩宽	9.5	10	10.5	11	11.5	10	10.5	11	11.5	12	12．5	13.1	13.7
上臂围	20.8	21.6	22.4	23.2	24	20.8	21.6	22.4	23.2	24	24.8	25.8	26.8
手腕围	14	14.4	14.8	15.2	15.6	14.2	14.6	15	15.4	15.8	16.2	16.6	17
袖窿深	16.2	16.8	17.4	18	18.6	16.6	17.4	18.2	19	19.8	20.8	21.6	22.4
腰节长	29.2	30.4	31.6	32.8	34	29.8	31.2	32.6	34	35.4	36.8	38.4	40
腰至臀长	15	15.6	16.2	16.8	17.4	15	15.6	16.2	16.8	17.4	18	18.8	19.6
颈椎点高	107.4	112.8	118.2	123.6	129	107.4	112.8	118.2	123.6	129	134.4	139.8	145.2
腰至膝长	44	46	48	50	52								
上裆长	21.6	22.4	23.2	24	24.8	21.2	22	22.8	23.6	24.4	25.2	26.2	27.2
腿内侧长	58	61	65	68	71	58	61	65	68	71	74	77	80
袖长	47	49	52	54	56	47	49	52	54	56	58	61	63
头围	54	54.4	54.8	55.2	55.6	55	55.4	55.8	56.2	56.6	57	57.4	57.8
两片袖口宽	11.5	12	12.5	13	13.5	11.5	12	12.5	13	13.5	13.8	14	14.2
衬衫袖口宽	17	17.5	18	18.5	19	17.5	18	18.5	19	20	20.5	21	21.5
西裤裤口宽	18.5	19	19.5	20	20.5	18.5	19	19.5	20	20.5	21	21.5	22
牛仔裤裤口宽	16.5	17	17.5	18	18.5	16.5	17	17.5	18	18.5	18.8	19	19.2

三、少年服装号型规格

少年服装号型规格为 13~17 岁少年，男生为 6~7.5 头身，女生为 5.5~6.5 头身，初中女生一般有 6 头身，也有人认为个人的审美观不同则比例会不同，一般 5 头身的青春期少女，身高在 146~164cm，年龄在 12~15 岁。以青春期少女为一系列规格。青春期女孩身体刚开始发育，身高较矮，胸围和臀围比完全发育的女青年要小，胸围档差为 3cm，臀围档差为 3cm，腰围比较细档差为 1cm，省量档差为 1cm。身高 164cm 以上基本与成人一致。少女尺寸规格如表 9–6 所示。

表 9–6　少女尺寸规格

单位：cm

身高	146	152	158	164	档差值
大约年龄	12	13	14	15	1.0
胸围	78	81	84	87	3.0
腰围	65	66	67	68	1.0
臀围	83	86	89	92	3.0
后背宽	31	32.2	33.4	34.6	1.2
颈围	33	34	35	36	1.0
小肩宽	11	11.4	11.8	12.2	0.4
手臂围	23.2	24	24.8	25.6	0.8
手腕围	15.2	15.6	16	16.4	0.4
袖窿深	18.4	19	19.6	20.2	0.6
腰节长	33.8	35.2	36.6	38	1.4
腰至臀长	17.6	18.4	19.2	20	0.8
颈椎点高	123.6	129	134.4	139.8	5.4
腰至膝长	50	52	54	56	2.0
上裆长	24	25	26	27	1.0
腿内侧长	68	71	74	77	3.0
袖长	54	56	58	60	2.0
头围	55.2	55.6	56	56.4	0.4
两片袖口宽	13	13.3	13.6	13.9	0.3
衬衫袖口宽	19	19.5	20	20.5	0.5
西裤裤口宽	20	20.5	21	21.5	0.5
牛仔裤裤口宽	18	18.5	19	19.5	0.5

第二节　童装原型纸样放码

童装衣身原型纸样一般可分为上装与下装，在儿童下装中，男孩以裤子为主，而女孩多穿裙子。依据童体的上身、下身和手臂三部分结构，童装原型纸样放码可分为衣身、袖子、裙子和裤子原型纸样。本节分别讲述依据表9-7所示的尺寸与档差值进行纸样放码。

表9-7　身高128~152cm女孩尺寸规格

单位：cm

部位	女孩					档差值
身高	128	134	140	146	152	6
大约年龄	8	9	10	11	12	1
胸围	66	69	72	75	78	3
腰围	60	61	62	63	64	1
臀围	71	74	78	81	84	3或4
颈围	30	31	32	33	34	1
肩宽	9.5	10	10.5	11	11.5	0.5
后背宽	27.4	28.6	29.8	31	32.2	1.2
手腕围	15	15.6	16.2	16.8	17.4	0.6
袖窿深（上衣）	16.2	16.8	17.4	18	18.6	0.6
袖窿深（外套）	16.6	17.4	18.2	19	19.8	0.8
腰节长（上衣）	29.2	30.4	31.6	32.8	34	1.2
腰节长（外套）	29.8	31.2	32.6	34	35.4	1.4
腰至臀长	15	15.6	16.2	16.8	17.4	0.6
衣长	50	52	54	56	58	2
袖长	48	50	52	54	56	2
袖口围	20.5	21	21.5	22	22.5	0.5
上裆长	21.6	22.4	23.2	24	24.8	0.8
腿内侧长	58	61	65	68	71	3或4
西裤裤口围	37	38	39	40	41	1
牛仔裤裤口围	33	34	35	36	37	1

一、童装衣身原型纸样放码

童装衣身原型前片和后片的胸围宽度相等，腰节长加 1~1.25cm 放松量，袖窿深加 1cm 放松量，胸围加 8~10cm 放松量，背宽加 0.5cm 放松量。因孩子的腹部凸出在前中线加长 1.5cm，但随着年龄的增长会减少至 1cm，后肩线有 0.3cm 的缩容量以配合人体肩部形状。

1. 童装衣身原型的放缩值

依据表 9–8 所示的童装原型各部位放码数值计算公式，童装衣身原型纸样放码各部位放码量分配如图 9–2 所示。

表 9–8　童装原型各部位放码数值计算公式

单位：cm

部位	放码档差值	放缩值计算公式	部位	放码档差值	放缩值计算公式
胸围	3.0	胸围档差值 /4	袖窿深	0.6	袖窿深档差值
后背宽	1.2	后背宽档差值 /2	肩线宽	0.5	肩宽档差值
领围	1.0	领围档差值 /6	袖长	2.0	袖长档差值
腰节长	1.2	腰节长档差值	手腕围	0.6	手腕围档差值
衣长	2.0	衣长档差值			

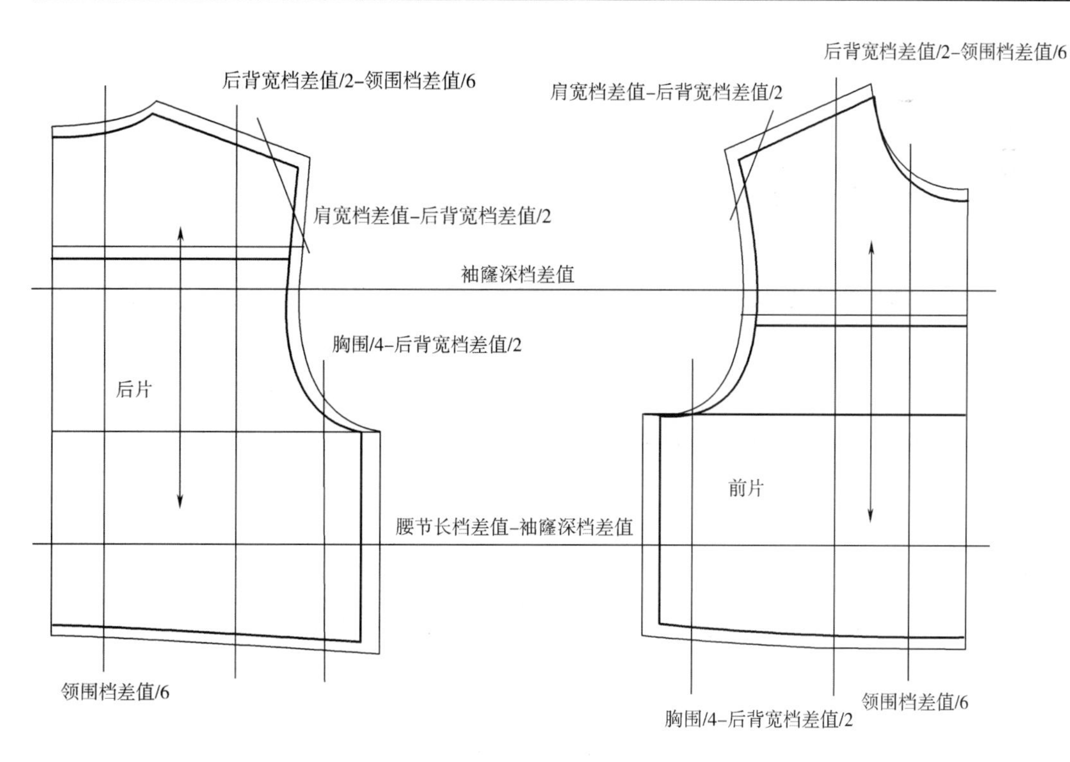

图 9–2

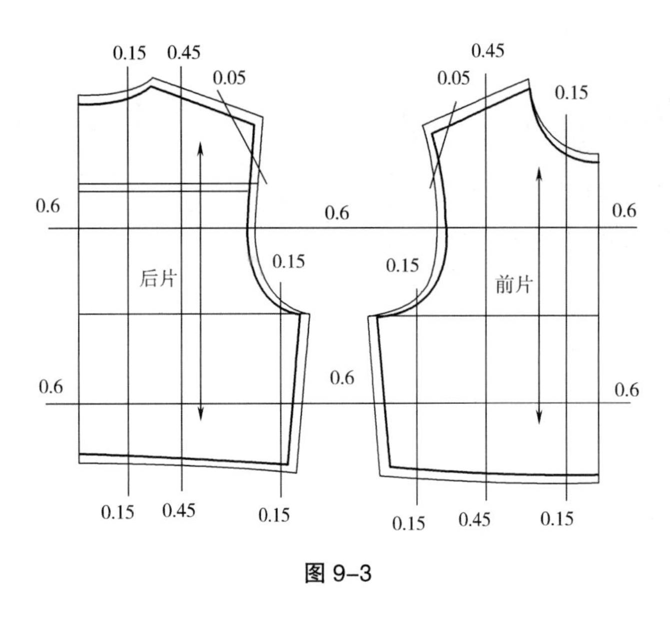

图 9-3

2. 童装衣身原型各部位放缩值分配

依据图 9-2 的计算公式在纸样的各部位平行展开，各部位展开的线条连接成为大一码的纸样。如图 9-3 所示，纵向切割以衣身中心线和胸围线的交点为放码基准点，依次在后片纸样上领窝线处纵向剪开至腰围线后平行展开领围档差值 /6=0.16cm，取值 0.15cm，即后领宽增加 0.15cm 纵向剪开肩线至腰围线后平行展开 0.45cm，斜线剪开肩线 0.05cm，肩线长度增加 0.5cm；纵向剪开袖窿弧线至腰围线后平行展开 0.15cm，后片胸围宽度共增加 0.75cm；水平横向切割 0.6cm，袖窿深度增加 0.6cm。前片与后片的操作方法相同。

3. 童装衣身原型各放码点的放码量

图 9-4 所示为童装衣身原型各放码点的放码量，其中放码图为放大和缩小各两个码，放码量为放大一个码的数值。

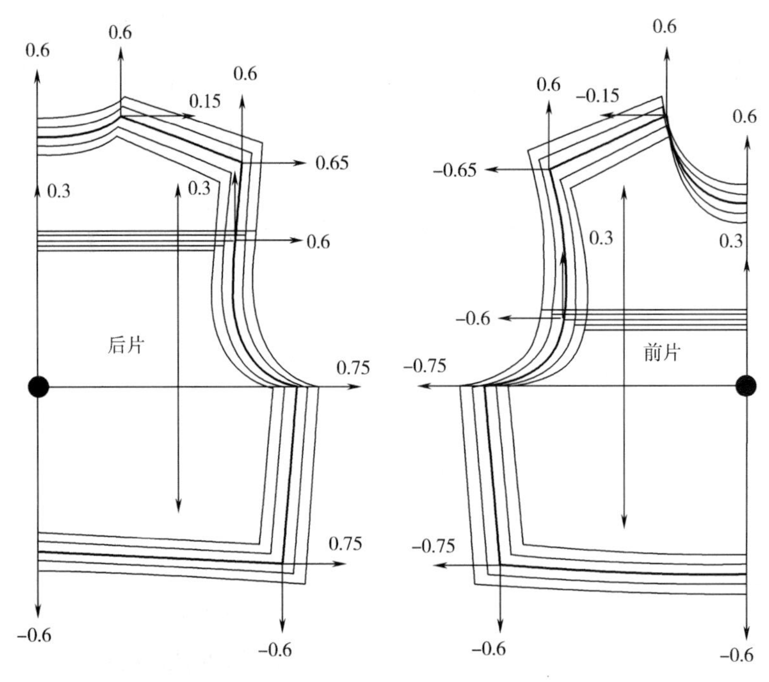

图 9-4

二、童装外套衣身原型纸样放码

1. 童装外套衣身原型纸样制图要求

童装外套在围度上要求宽松，故外套衣身原型纸样比衣身原型纸样在围度及长度上增加了放松量。男孩外套原型衣身纸样的腰节长加 2.25cm 放松量，胸围加 20cm 放松量，背宽加 4cm 放松量，袖窿深加 3cm 放松量。因孩子的胸部凸出在前中线加长 1cm，后肩线有 0.5cm 的缩容量以配合人体肩部形状。衣长在臀围线下 8~10cm，也可以随着潮流的变化而改变其长度。

2. 童装外套衣身原型各部位放码值分配

依据表 9–8 所示的童装衣身各部位放码数值计算公式，童装外套衣身原型要求：腰节长档差值增加到 1.4cm，袖窿深档差值增加到 0.8cm，童装衣身原型宽度和长度放码量的分配计算公式如图 9–5 所示。

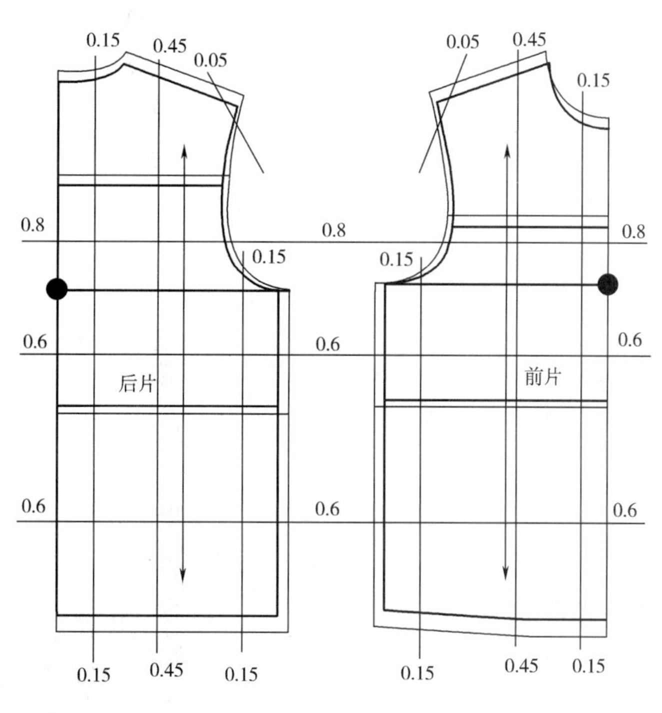

图 9–5

在纸样上将各部位平行展开，各部位展开的线条连接成为放大一码的纸样。如图 9–5 所示，纵向切割以衣身中心线和胸围线的交点为放码基准点，在后片纸样上依次将领窝线处纵向切开至腰围线后平行展开领围档差值 /6=0.16cm，取值 0.15 即后领宽增加 0.15cm；纵向切开肩线至腰围线后平行展开 0.45cm，斜线切开肩线 0.05cm，肩线长度增加 0.5cm；纵向切开袖窿弧线至腰围线后平行展开 0.15cm，后片胸围宽度共增加 0.75cm。

在后片纸样上依次横向切割，由后中线水平横向切开至袖窿围线处后平行展开袖窿深档差值 =0.8cm，即袖窿深增加 0.8cm；水平横向切开至侧缝线处后平行展开腰节长档差值 – 袖窿深档差值 =0.6cm，即腰节长共加长 1.4cm；水平横向切开至侧缝线处后平行展开衣长档差值 – 腰节长档差值 =0.6cm，衣长共加长 2cm。前片与后片的操作方法相同。

3. 童装外套衣身原型各放码点数值分配

依据上述各部位的分配量可计算出纸样上各放码点的放码量，如图 9–6 所示，其中放码图放大和缩小各两个码，放码量为放大一个码的数值。

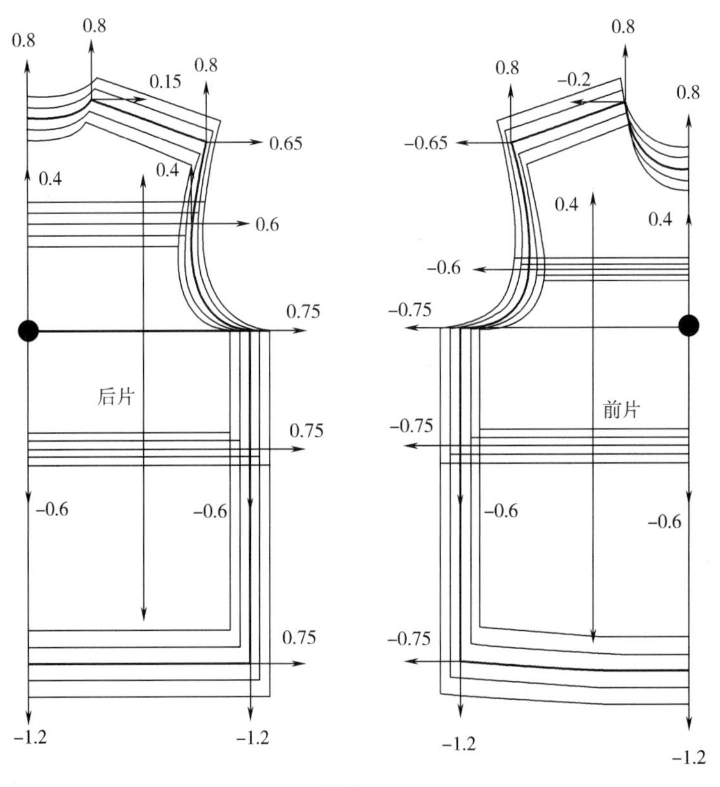

图 9–6

三、童装袖子原型纸样放码

1. 童装袖子原型各部位放码值分配

童装袖子原型纸样通常为一片袖，其袖山线放缩量要与衣身袖窿弧线放缩量相吻合。依据表 9–8 所示的童装各部位放码数值计算公式，参照成人装的袖子放码方法，图 9–7 所示为放大一个码的童装袖子原型纸样放码计算公式。在袖片纸样上纵向切割依次为：沿袖山弧线纵向切割展开胸围档差值 /4– 后背宽档差值 /2=0.15cm，至袖口围线展开手腕围档差值 /2=0.3cm，使上臂围增加 0.3cm、袖口围增加 0.6cm。在袖片纸样上横向切割依次为：袖山弧线水平横向切开后平行展开 8/10 袖窿深档差值 =0.64cm，约等于 0.6cm（此处袖窿深档差值为 0.8cm），即袖山深线增加 0.6cm；在手肘线上方内袖长水平横向切开后平行展开袖长档差值 /2- 袖窿深档差值 /2=0.7cm；在手肘线下方内袖长水平横向切开后平行展开袖长档差值 /2- 袖窿深档差值 /2=0.7cm。

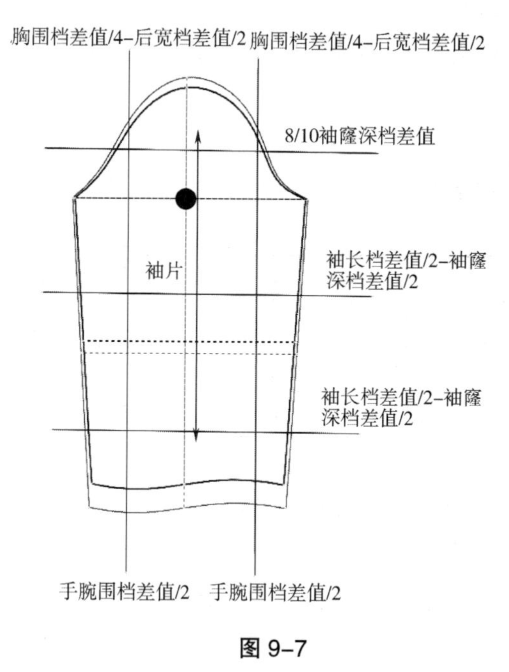

图 9–7

2. 童装袖子原型各放码点放缩值

依据上述各部位的分配量，可计算出童装袖子原型纸样上各放码点的放码量，如图 9–8 所示，其中放码图放大和缩小各两个码，放码量为放大一个码的数值。

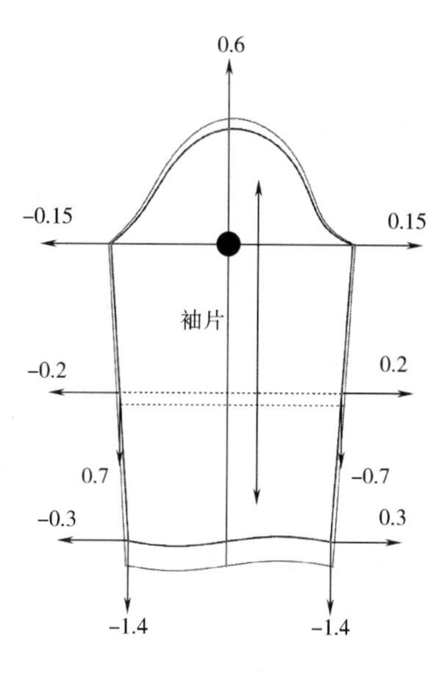

图 9–8

四、童装裙子原型放码

1. 童装裙子原型各部位放码值

普通童装裙子原型纸样为“A”字斜裙，裙子原型各部位放码数值计算公式如表 9–9 所示。

表 9–9 裙子原型各部位放码数值计算公式

单位：cm

部位	放码档差值	放缩值计算公式	部位	放码档差值	放缩值计算公式
腰 围	1.0	腰围档差值 /4	腰至臀长	0.6	腰至臀长档差值
臀 围	3.0	臀围档差值 /4	腰至膝长	2.0	腰至膝长档差值
下摆围	6.0	下摆围档差值 /4			

如图 9–9 所示为童装裙子原型纸样放码公式法分配，以裙子中心线和臀围线的交点为放码基准点，在裙片纸样上依次沿腰围线纵向切开至裙下摆围线，展开腰围档差值 /4=0.25cm，作为裙子腰围宽度放大一个码的计算值；沿臀围线纵向切开至裙下摆围线展开臀围档差值 /4– 腰围档差值 /4=0.5cm，作为裙子臀围宽度放大一个码的计算值；沿下摆围线纵向

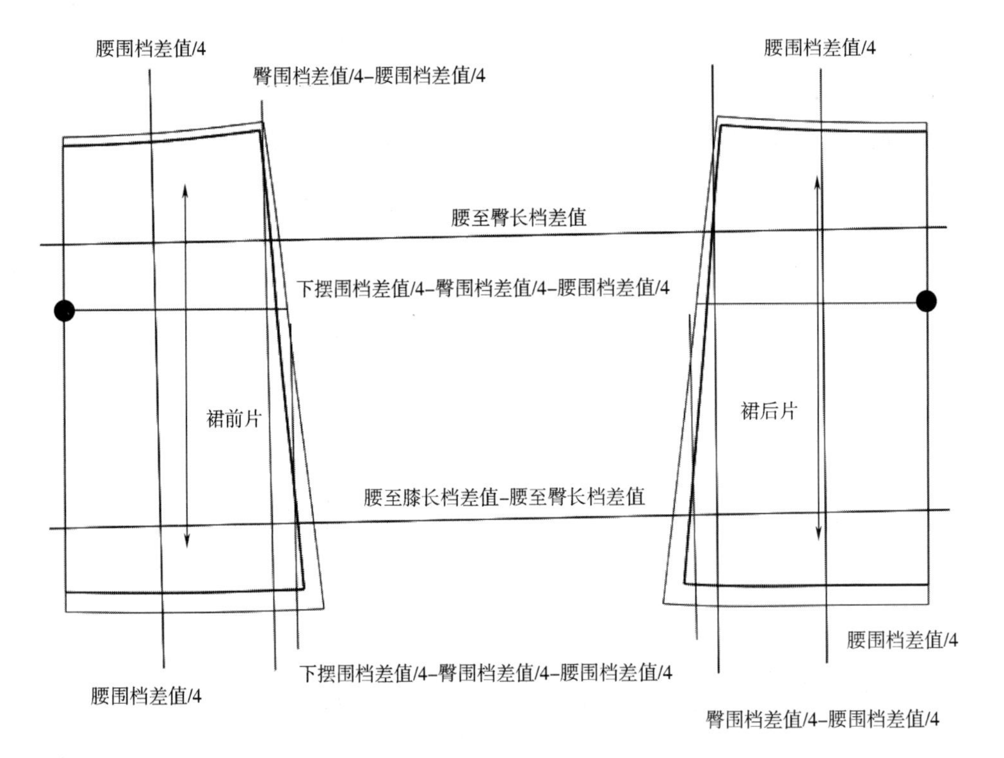

图 9–9

切开展开下摆围档差值 /4– 臀围档差值 /4– 腰围档差值 /4=0.75cm，作为裙子下摆围宽度放大一个码的计算值。在裙片纸样上依次沿臀围线上方横向切开由中心线至侧缝线，展开腰至臀长档差值 =0.6cm；沿臀围线下方横向切开由中心线至侧缝线，展开腰至膝长档差值 – 腰至臀长档差值 =1.4cm，作为裙子腰至臀长和裙长等长度放大一个码的计算值。

2. 童装裙子原型各放码点放缩值

童装裙子原型纸样各放码点分配数值及放码图如图 9–10 所示。图中所示数据为各放码点放大一个码的放量分配数值。

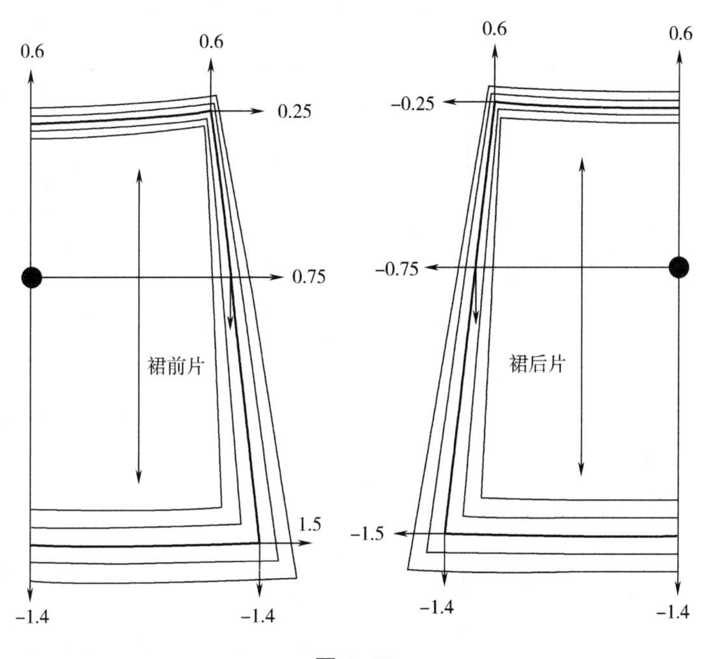

图 9–10

五、童装裤子原型纸样放码

1. 童装裤子原型各部位放码值

依据表 9–10 裤子原型各部位放码数值计算公式，童装裤子原型纸样各个部位的围度放码分配计算公式如图 9–11 所示，作为裤子各围度放大一个码的计算公式，首先在前裤片纸样上的裤中线左处沿腰围线纵向剪开至裤脚口围线，依次在腰围线、臀围线、大腿围线处分别张开腰围档差值 /8，在脚口围线处张开裤脚口围档差值 /4；然后在前裤片纸样上的裤中线右处沿腰围线纵向剪开至裤脚围线，依次在腰围线张开腰围档差值 /8，在臀围线、大腿围线处张开臀围档差值 /4– 腰围档差值 /8，在裤脚围线处张开裤脚口围档差值 /4；在裤子的横档线处张开臀围档差值 ×0.05；得出前片的各部位放码值分别为：腰围放码值为腰围档差值 /4=0.25cm，臀围放码值为臀围档差值 /4=0.75cm，大腿围放码值为 0.9cm，裤脚围档差值 /2=0.5cm。后裤片的操作方法与前裤片相同。

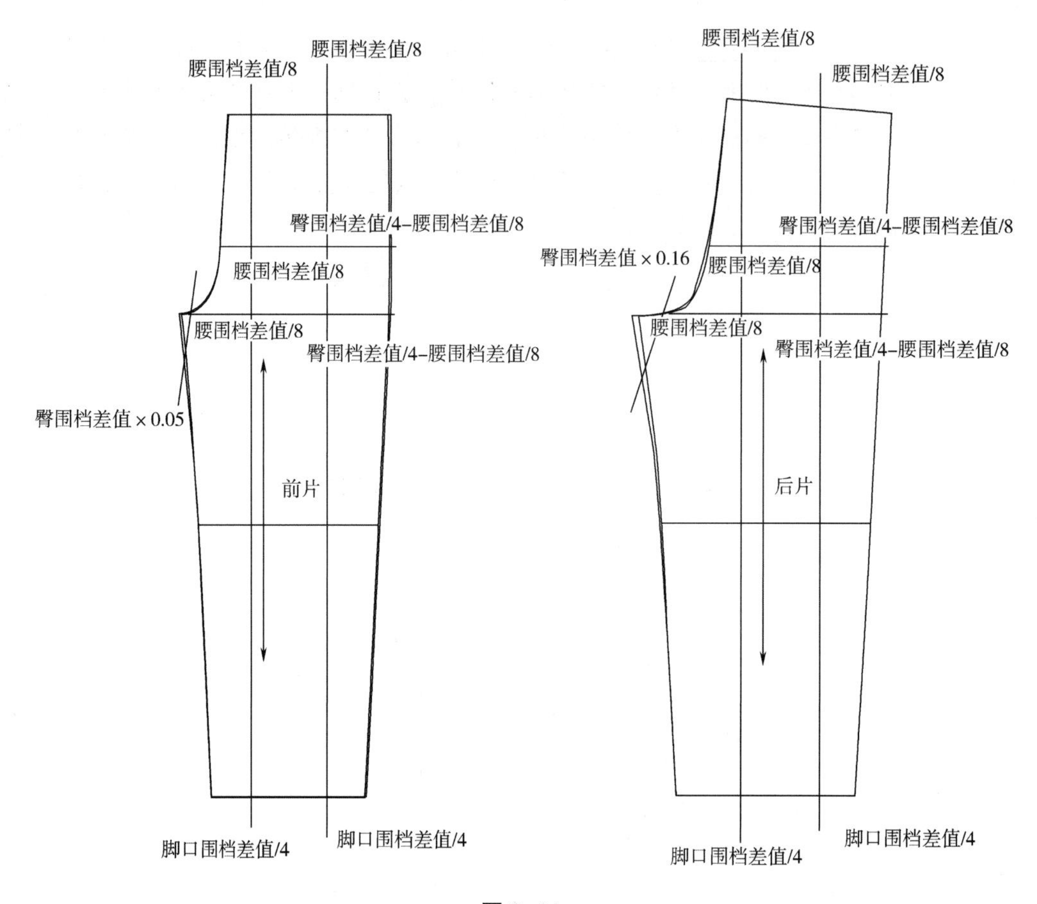

图 9-11

表 9-10　裤子原型各部位放码数值计算公式

单位：cm

部位	放码档差值	放缩值计算公式	部位	放码档差值	放缩值计算公式
腰 围	1.0	腰围档差值 /8	腰至臀长	0.8	腰至臀长档差值
臀 围	3.0	臀围档差值 /8	腿内侧长	3.0	腿内侧长档差值
上裆长	0.8	上裆长档差值	裤脚口围	1.0	裤脚口围档差值 /2

如图 9-12 所示为童装裤子原型纸样各个部位的长度放码分配计算公式，在裤片纸样上依次沿臀围线上方横向切开由前中线至侧缝线，展开腰至臀长档差值 2/3；沿臀围线下方横向切开由前中线至侧缝线，展开腰至臀长档差值 /3；沿膝围线上方横向切开由内侧缝线至侧缝线，展开腿内侧长档差值 /2，沿膝围线下方横向切开由内侧缝线至侧缝线，展开腿内侧长档差值 /2，作为上裆长、裤长等长度放大一个码的计算公式。分别得出前片 /2 的各长度放码值为：腰至臀长放码值为 0.6cm，眼内侧长放码值为 3cm。

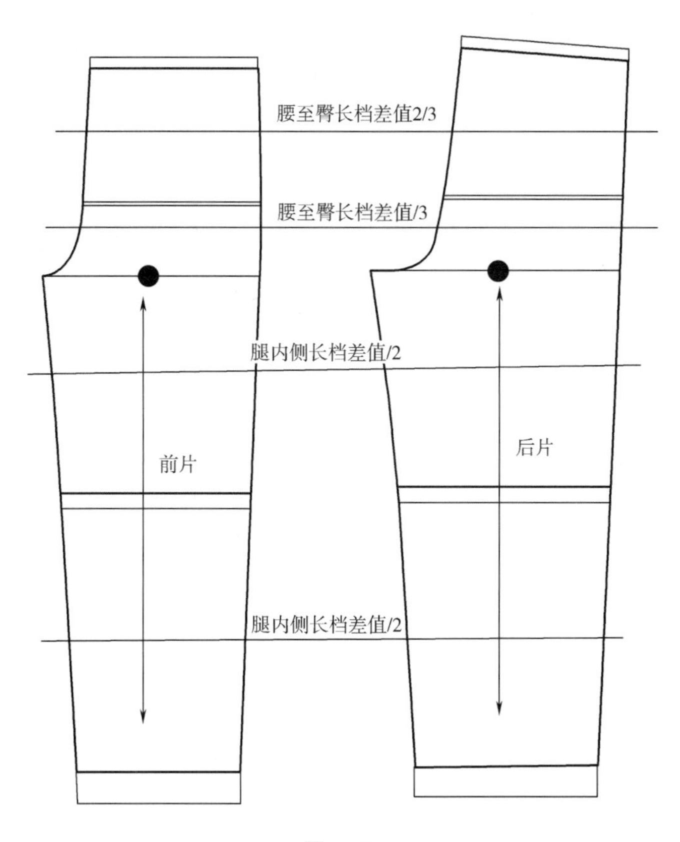

图 9–12

2. 童装裤子原型各放码点放缩值

童装裤子原型纸样各放码点分配数值及放码图如图 9–13 所示。图中所示数据为各放码点放大一个码的放量分配数值。

（1）前片纸样以前中线和裆深线的交点为放码基准点，按照纸样上的放码点依次为：前中腰点水平横向为 – 腰围档差值 /8=0.125cm，纵向为上裆长档差值 =0.8cm；裤中线腰点水平横向为 0，纵向为上裆长档差值 =0.8cm；侧腰点水平横向为腰围档差值 /8=0.125cm，纵向为上裆长档差值 =0.8cm；侧臀点水平横向为臀围档差值 /8=0.375cm，纵向为上裆长档差值 /3=0.26cm；裆围侧点水平横向为臀围档差值 /8=0.375cm，纵向为 0；膝围侧点水平横向为裤脚口围 /4=0.25cm，纵向为 – 腿内侧长档差值 /2=–1.5cm；脚口围侧点水平横向为脚口围档差值 /4=0.25cm，纵向为 – 腿内侧长档差值 =–3cm；脚围内侧点水平横向为 – 脚口围档差值 /4=–0.25cm，竖方向为 – 腿内侧长档差值 =–3cm；膝围内侧点水平横向为 – 裤脚口围档差值 /4=–0.25cm，纵向为 – 腿内侧长档差值 /2=–1.5cm；裆围裤衩点水平横向为 – 臀围档差值 /8=–0.375cm，纵向为 0；前中臀点水平横向为 – 臀围档差值 /8=–0.375cm，纵向为上裆长档差值 /3=0.26cm。

（2）后片纸样以后中线和裆围线的交点为放码基准点，按照纸样上的放码点依次参照前片的方法操作。

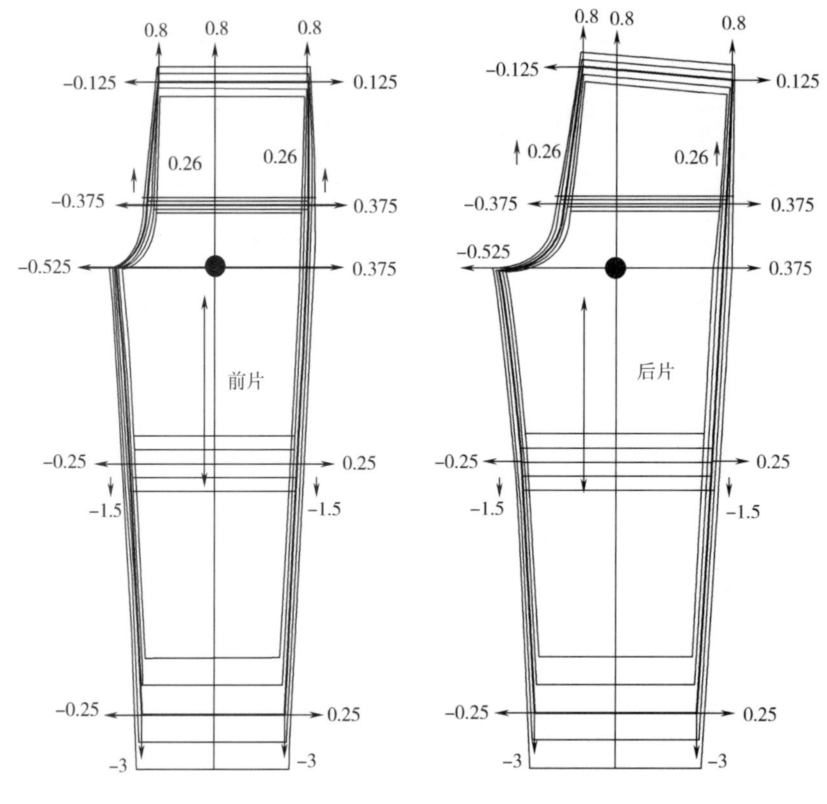

图 9-13

第三节 童装款式整体纸样制板与放码

一、童装衬衫款式

如图 9-14 所示，童装衬衫的款式特点为：有腰带小翻领衬衫，前中为明门襟开口形式，前片有胸挡并附有花边，圆形底边，袖口装袖头并附加扣襻的七分袖。

二、童装衬衫结构

依据表 9-7 所示的儿童尺寸规格绘制童装衬衫结构图，如图 9-15 所示。

图 9-14

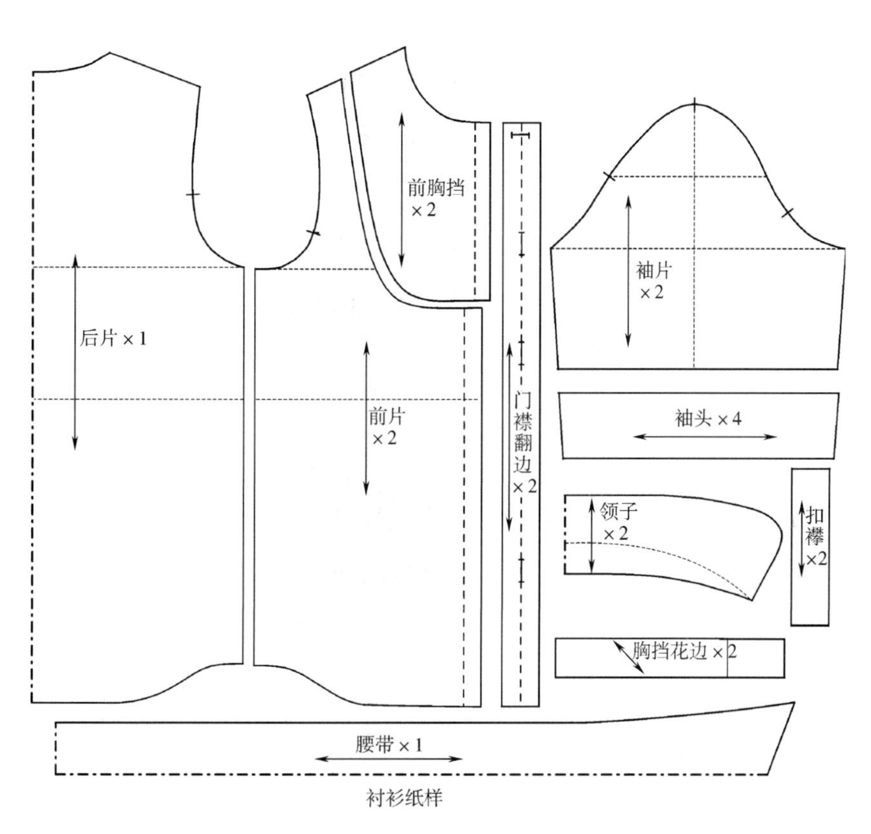

衬衫纸样

图 9-15

三、童装衬衫放码

1. 童装衬衫各部位放码值

依据表 9-8 所示的童装原型各部位放码数值计算公式，得出如图 9-16 所示的童装衬衫纸样各部位的分配放码量，其中宽度放码量为纸样上纵向切开平行展开放大一个码或平行重叠缩小一个码的公式计算值，其操作步骤如下。

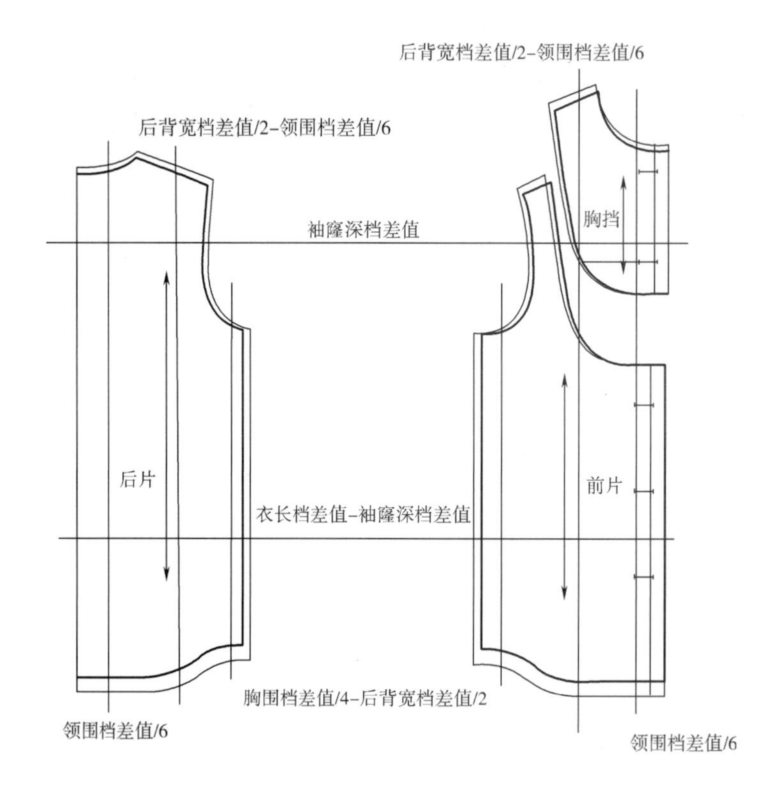

后背宽档差值/2-领围档差值/6
后背宽档差值/2-领围档差值/6
胸挡
袖窿深档差值
后片
前片
衣长档差值-袖窿深档差值
胸围档差值/4-后背宽档差值/2
领围档差值/6
领围档差值/6

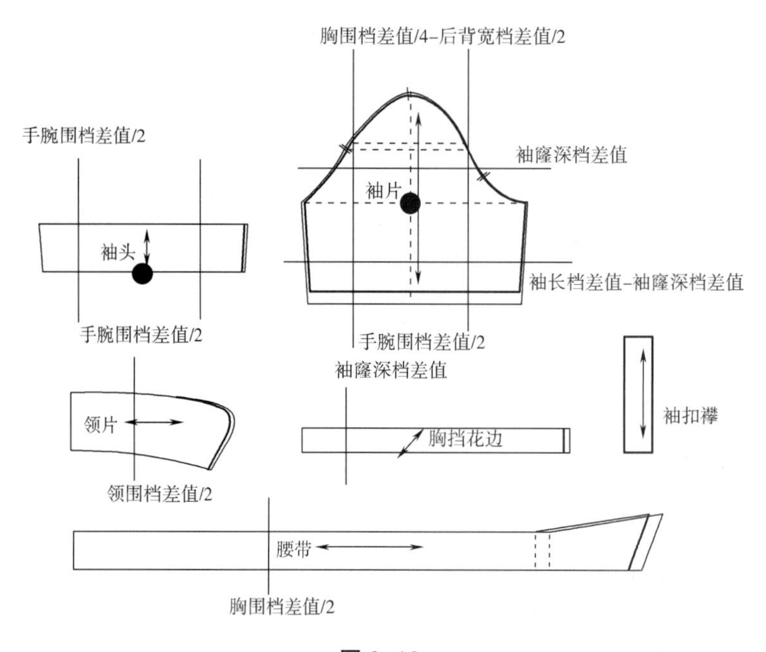

胸围档差值/4-后背宽档差值/2
手腕围档差值/2
袖窿深档差值
袖片
袖头
袖长档差值-袖窿深档差值
手腕围档差值/2
手腕围档差值/2
袖窿深档差值
领片
胸挡花边
袖扣襻
领围档差值/2
腰带
胸围档差值/2

图 9-16

（1）后片：以衣身后中心线和胸围线的交点为放码基准点，在后片纸样上依次将领窝线纵向切开至腰围线后平行展开或平行重叠领围档差值 /6=0.16, 取值 0.15cm，即后领围增加或缩小 0.15cm；纵向切开肩线至下摆围线平行展开或平行重叠后背宽档差值 /2–领围档差值 /5=0.45cm，即后背宽度共增加或缩小 0.6cm；纵向切开袖窿弧线至下摆围线后平行展开或平行重叠胸围档差值 /4– 后背宽档差值 /2=0.15cm，即后片胸围宽度共增加或缩小 0.75cm。在后片纸样上依次横向切割，将后中线水平横向切开至袖窿围线处后平行展开或平行重叠袖窿深档差值 =0.6cm，即袖窿深增加或缩小 0.6cm；在腰围线下方水平横向切开至侧缝线处后平行展开或平行重叠衣长档差值 – 袖窿深档差值 =1.4cm，即衣长共加长或缩短 2cm。

（2）前片：以衣身前中心线和胸围线的交点为放码基准点，其操作方法和后片相同。在围度方向的前领围宽度增加或缩小 0.15cm，后背宽度增加或缩小 1.2cm，前片胸围宽度增加或缩小 0.75cm；在长度方向的袖窿深增加或缩短 0.6cm，衣长加长或缩短 2cm。

（3）前胸挡：纵向切开领窝线至胸挡切割线后平行展开或平行重叠领围档差值 /6=0.16cm，取值 0.15cm，即前领围增加或缩小 0.15cm；纵向切开肩线至胸挡切割线后平行展开或平行重叠后背宽档差值 /2– 领围档差值 /5=0.45cm，使肩线宽共增加或缩小 0.6cm；在长度方向的袖窿深增加或缩短 0.6cm。

（4）袖片：在袖片纸样上依次纵向切割，沿袖山弧线纵向切展或平行重叠胸围档差值 /4– 后背宽档差值 /2=0.15cm，至袖口围线展开或平行重叠手腕围档差值 /2=0.3cm，使上臂围共增加或缩小 0.3cm、袖口围共增加或缩小 0.6cm。在袖片纸样上依次横向切割，袖山弧线水平横向切开后平行展开或平行重叠袖窿深档差值 =0.6cm，即袖山深线增加或缩短 0.6cm；在手肘线上方内袖长水平横向切开后平行展开或平行重叠袖长档差值 – 袖窿深档差值 =0.9cm（此处袖长档差值为 1.5cm）。

（5）袖扣襻：宽度和长度的放缩量都不变。

（6）袖头：宽度上不需放大和缩小。长度的放缩量为 0.6cm，在纸样上横向部位切开平行展开或平行重叠手腕围档差值。

（7）领片：宽度上不需放大和缩小。长度的放缩量为 0.5cm，在纸样上横向部位切开平行展开或平行重叠领围档差值 /2。

（8）腰带：宽度上不需放大和缩小。长度的放缩量为 1.5cm，在纸样上横向部位切开平行展开或平行重叠胸围档差值 /2。

（9）胸挡花边：宽度上不需放大和缩小。长度的放缩量为 0.6cm，在纸样上横向部位切开平行展开或平行重叠袖窿深档差值。

2. 童装衬衫纸样各放码点分配数值

童装衬衫纸样各放码点分配数值及放码图如图 9–17 所示。图中所示数据为各放码点放大一个码的放量分配数值。

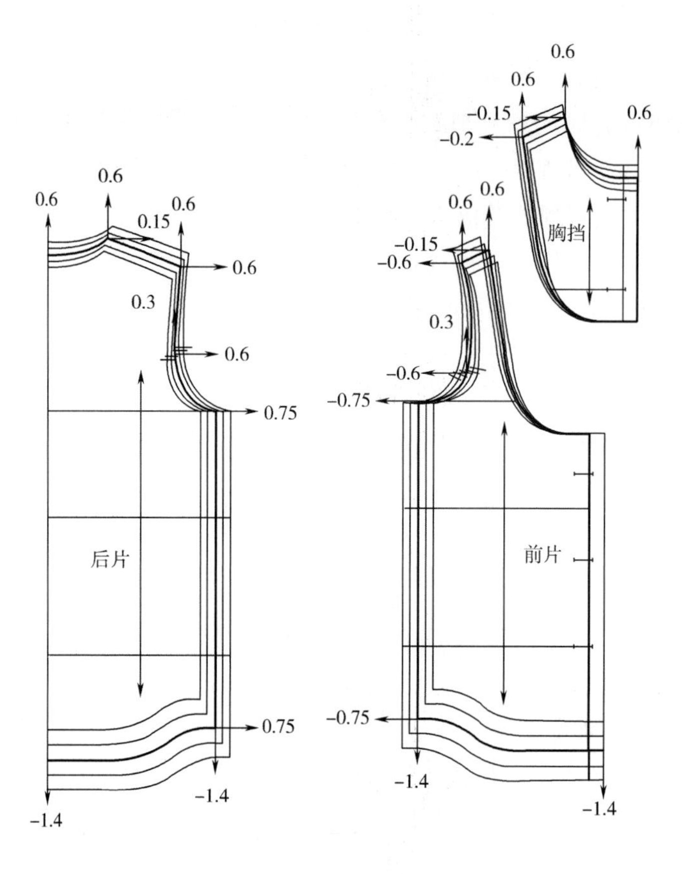
0.6
0.6
-0.15
0.6
-0.2
胸挡
0.6
0.6
0.6
0.15
0.6
-0.15
-0.6
0.6
0.3
0.3
0.6
-0.6
0.75
-0.75
后片
前片
0.75
-0.75
-1.4
-1.4
-1.4
-1.4

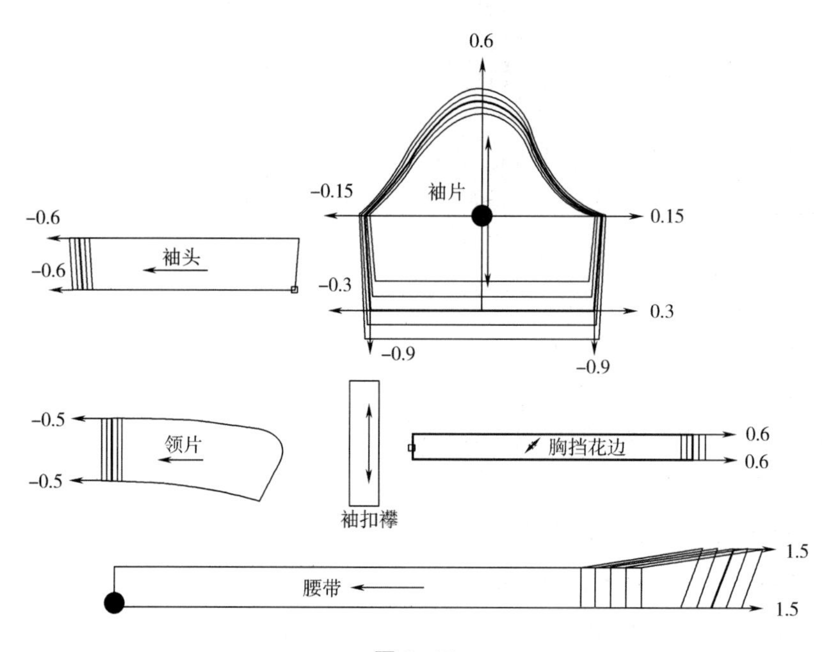
0.6
-0.15
袖片
-0.6
0.15
袖头
-0.6
-0.3
0.3
-0.9
-0.9
-0.5
领片
0.6
胸挡花边
0.6
-0.5
袖扣襻
1.5
腰带
1.5

图 9-17

☞ 本章总结

本章分别介绍了儿童服装的纸样制图及放码，通过分析儿童服装衣身、袖片的基本纸样和外套、裙子、裤子等基本纸样的结构特征及放码原理，说明了儿童服装的纸样各部件与整体的放码分配数值，阐述了儿童服装整体纸样放码的方法和操作技巧。

☞ 思考题

1. 请说明儿童的体型特征。
2. 请列出儿童衣身基本纸样制图尺寸及其档差值。
3. 用图说明儿童无省衣身原型宽度的放码量。
4. 列出儿童外套衣身基本纸样制图尺寸及其档差值。
5. 儿童袖子原型放码时采用哪些放缩计算公式？
6. 儿童裙子原型放码时采用哪些放缩计算公式？
7. 请列出裤子原型的成品规格及其档差值。

☞ 练习题

1. 依据表 9–8 放缩值计算公式进行童装衣身原型纸样的放大和缩小各两个码。
2. 依据表 9–8 放缩值计算公式进行外套衣身原型纸样的放大和缩小各两个码。
3. 依据表 9–9 放缩值计算公式进行无腰省裙子原型纸样的放大和缩小各两个码。
4. 依据表 9–10 放缩值计算公式进行儿童宽松裤子原型纸样的放大和缩小各两个码。

服装 CAD 放码与排料技术应用

教学内容： 服装 CAD 放码系统概述
服装 CAD 样板设计与放码系统操作应用实例
服装 CAD 排料系统

教学时间： 6 课时

教学目的： 通过本章的学习，使学生了解计算机辅助服装纸样放码与排料操作系统的基本原理，理解计算机辅助服装纸样放码与排料的基本操作方式，熟悉使用富怡服装 CAD 系统的操作工具，掌握服装 CAD 放码系统和排料系统的具体操作方法及应用，为今后从事服装款式纸样放码操作和创新奠定技能基础。

教学要求： 1. 明确计算机辅助服装纸样放码与排料的概念。
2. 了解服装 CAD 系统软件的组成。
3. 理解服装 CAD 放码的优缺点。
4. 了解服装 CAD 放码系统操作的内容。
5. 熟悉服装 CAD 系统的操作工具与应用。
6. 掌握在服装 CAD 系统中输入或生成纸样的方法。
7. 掌握服装 CAD 放码系统和排料系统的各种操作方法。
8. 掌握在服装 CAD 系统中编辑、存储与输出纸样的方法。
9. 掌握富怡服装 CAD 系统的具体放码操作和排料操作技巧与应用。

课前准备： 富怡服装 CAD 系统软件、存储于服装 CAD 系统内的服装纸样样板。

第十章 服装CAD放码与排料技术应用

服装CAD（Computer Aided Design）技术，即计算机辅助服装设计技术，是按照服装设计的基本要求，利用计算机的软、硬件技术对服装新产品、服装工艺过程，进行输入、设计及输出等操作的一项专门技术，是综合利用计算机图形学、数据库、网络通信等计算机及其他领域知识于一体的高新技术。服装CAD系统软件主要由服装样板设计与放码系统软件、服装排料系统软件、服装设计系统软件组成。而服装CAD硬件系统则由中央处理器、主存储装置的主机和显示器、键盘、数码照相机、扫描仪、打印机、数字化仪、绘图仪等外部设备组成。

本章采用广东省职业技能鉴定指导中心选择的计算机辅助设计（服装类）的考试软件——富怡（Richpeace）服装CAD软件系统[1]进行具体的实践操作。

第一节 服装CAD放码系统概述

服装CAD放码（Computer Aided Design-Grading System），又称为计算机辅助服装纸样放码，它是通过计算机强大的计算功能提升服装纸样放码的科学性、生产效率和产品质量的常用工具，也是现代服装生产企业应用最广泛的服装CAD软件。

服装CAD放码系统操作，包括标准生产纸样图的输入、检查、编辑、放码专业处理和全号型生产纸样图的输出等。在服装CAD放码系统中，通过文件操作打开标准生产纸样图，再输入放码的要求和限制，即可由系统生成所需要的全号型生产纸样图。

一、纸样图的输入

通常形成于服装CAD系统中的放码母板有两种方法：一种是将手工制板完成的母板

[1] 深圳市富怡时代科技有限公司.福怡服装CAD工艺系统用户手册，2008.

纸样用数字化仪板和定位鼠标输入到计算机中；另一种是通过服装 CAD 软件直接在计算机上绘制服装母板纸样。

1. 用数字化仪板输入纸样

在服装 CAD 系统中，大型数字化仪是一种用途非常广泛的图形输入工具，可以与系统连接而将手工制板完成的纸样图形输入到计算机内。如图 10-1 所示，数字化仪（数化板、读图板）是由电磁感应板、鼠标（或电子笔）和相应的电子电路组成，它是利用电磁感应原理，在面板下面沿经向（x）和纬向（y）分布多条平行印刷线，每条印刷线约间隔 200μm，如此就将面板划分成很多小的方块，每一小方块对应一个像素。当鼠标在面板上移动时，印刷线就会产生感应电流，将鼠标十字叉线中心处的像素位置信息输入计算机内。

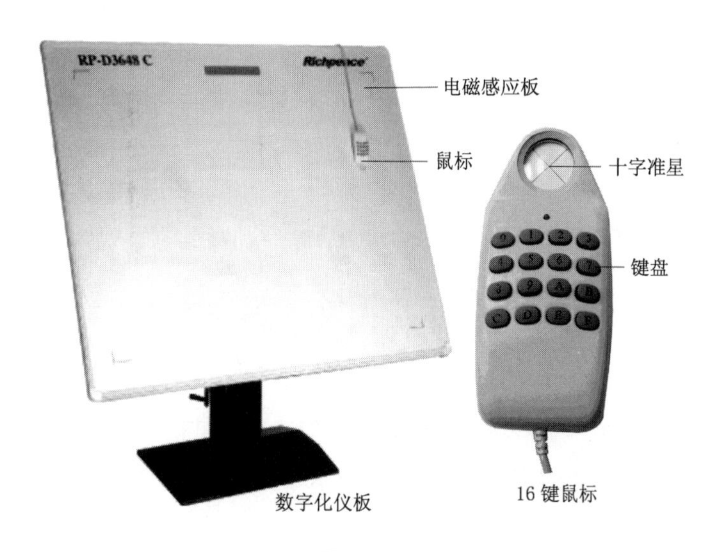

图 10-1

在操作上，首先将要放码的纸样按统一方向贴在数字化仪板上，进入计算机衣片输入功能操作，再打开数字化仪，通过数字化仪的鼠标移动把手工绘制的母板图形数据信息输入计算机内，常用的是 16 键鼠标，它由 0 ~ 9 十个数字键和 A ~ F 六个字母组成，各有操作功能。当使用鼠标输入纸样信息时，要按顺时针或逆时针方向依次输入，鼠标的十字准星要对准需要输入的点。纸样信息输入包括直线输入、曲线输入、定位点（剪口点）输入、布纹线输入、内部线输入、扣位、打孔位等标记输入。

2. 直接在计算机上绘制存储纸样

应用服装 CAD 样板设计与放码系统软件的各项功能，可以在计算机内建立、存储纸样和客户要求的资料，操作者可以选择不同的纸样制图方法，可以自由输入制图尺寸或输入纸样制图公式而由系统自动计算，在屏幕上操作完成纸样图形的绘制，并将纸样图形存储于计算机内，再进行后期的放码及排料操作。

二、纸样的检查与后处理

1. 纸样的检查

在计算机系统内输入或绘制完成纸样图形后，为确保标准生产纸样（母样）或全号型放码后纸样的精确性，可以应用CAD系统中相应的各项检查功能进行服装号型尺寸检查、纸样之间缝合部位线条尺寸的测量与形状拼合检查、纸样之间缝合定位点位置的对合检查等。对检查出的问题，可以应用系统相应的功能工具进行纸样的修正。

2. 纸样的后处理

为便于后期的放码与排料操作，应用系统相应的后处理功能包括进行纸样的旋转、各段曲线弧长的测量与调整、将半片对称生成全片、加贴边、进行缩水量处理和加放缝份等操作。

三、服装CAD放码方式

服装CAD放码拥有多种放码方式，如点放码、线放码、公式放码、规则放码、量体放码等，操作者可以根据习惯选用。

1. 点放码

在计算机中对每一个纸样的放码点输入经向和纬向的放码分配数值（放码量），即x坐标和y坐标的变化值，当输入全部放码点数值时，这些新产生的点就构成了放缩纸样图的关键点，再经过线条连接最终完成纸样图的放大与缩小，生成新号型的纸样。

2. 线放码

在计算机中输入纸样各部位的放码切割线和放码分配数值，完成纸样的放缩。

3. 公式放码

通常在纸样制图过程中，会采用一定的服装基本尺寸计算公式来获得纸样上的关键点，所以在放码操作时，可以用纸样制图的基本公式来表示其坐标值。采用计算公式放码时，只需重新输入服装的基本尺寸，由系统重新计算纸样的各关键点坐标值，再将各关键点连线从而生成新号型纸样。由于该方法的放码精确度是由纸样关键点的坐标值与服装基本尺寸的计算公式而决定，对于款式复杂且变化大的服装，不容易求得纸样各关键点的计算公式，所以该方法的使用受到一定限制。

4. 规则放码

利用存储于计算机内的大量已有放码规则的点放码数据，通过复制（拷贝）到需要相同放码量的纸样点上，完成新纸样点的放码操作，以解决在服装生产中经常遇到的重复操作相同放码量的问题。该方法在操作时，可以采用单独纸样上点与点之间相同放码规则的复制，也可以采用整体纸样片相同放码规则的复制。可单点、多点或整件复制放码量，而且放码后的样板可任意分割。

5. 量体放码

该方法是利用计算机的存储功能，在计算机内建立和存储人体尺寸表，在放码时，将人体各部位尺寸匹配到相应纸样的各部位线条上来进行放码操作。

四、纸样图的编辑、存储与输出

1. 纸样图的编辑

当纸样在计算机内生成后，可以应用系统的相应功能建立纸样资料，填写编辑款式名、订单号、布纹方向等生产工艺表单和设置纸样在排料系统中的排料限定，如图 10–2、图 10–3 所示。

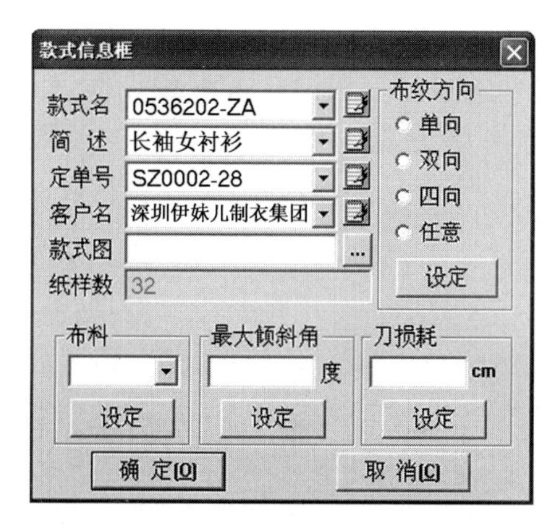

图 10–2

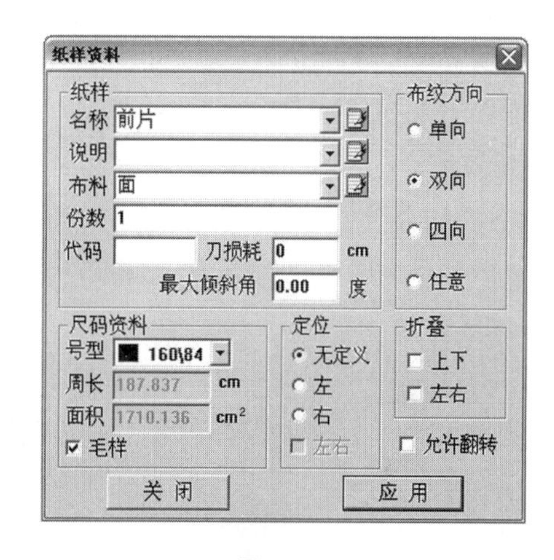

图 10–3

2. 纸样图的存储

应用系统的保存功能，每完成一款服装纸样图形后，选择合适的路径，存储文件。

3. 纸样图的输出

服装 CAD 系统可以与打印机、绘图仪等输出设备连接，在计算机内存储的纸样或放码完成后的全号型纸样都可以输出，缩小比例的纸样小图可以通过打印机输出，而 1 ∶ 1 的纸样大图可以通过大幅面的绘图仪输出。在计算机内已放码的号型纸样也可以直接传给排料系统，待进行排料后输出或进入全自动计算机裁床进行布料裁剪。常用的大幅面绘图仪有高速笔式喷墨结合机、单喷头或双喷头喷墨绘图仪、笔式绘图仪、平板切割机和全自动电脑裁床，如图 10–4 所示。在纸样输出前，可以应用系统功能进行打印预览界面、打印机设置、绘图参数设置等。

高速笔式喷墨结合机

单喷头喷墨绘图仪

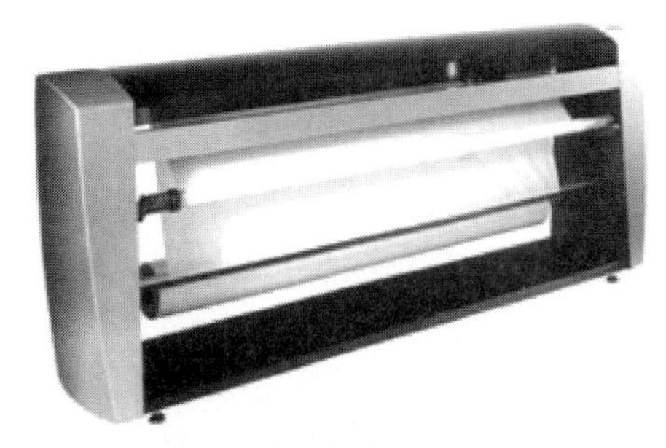

双喷头喷墨绘图仪

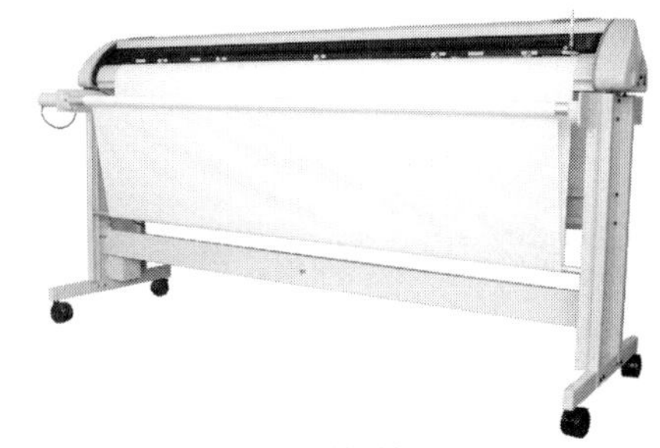

笔式绘图仪

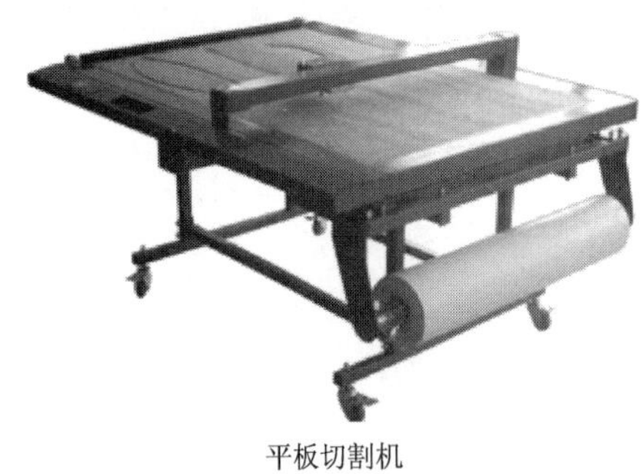

平板切割机

全自动电脑裁床

图 10-4

第二节 服装 CAD 样板设计与放码系统操作应用实例

富怡服装 CAD 系统提供了丰富的操作工具，本节只选择了其中的一些工具进行具体操作。

一、样板设计与放码系统界面

用鼠标双击打开【Rp-PDS 学习版】图标，进入富怡服装 CAD 样板设计与放码系统。如图 10–5 所示，在“界面选择”对话框内，选择一种制图方法，单击【确定】按钮即进入相应界面。如选择自由设计，相应界面如图 10–6 所示；如选择公式法设计，则相应界面如图 10–7 所示。

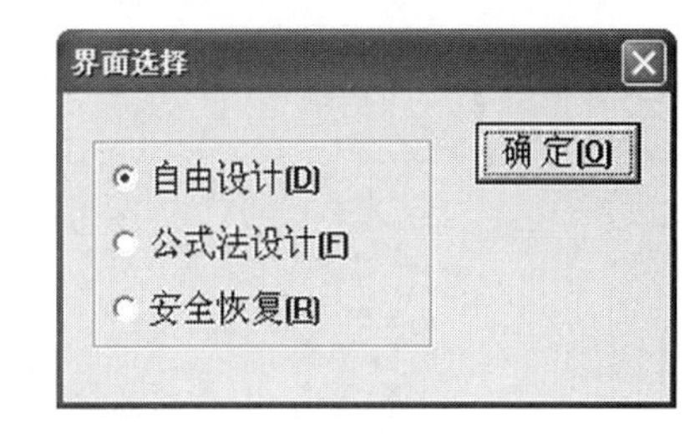

图 10–5

（1）菜单栏：放置菜单命令，包括文档、编辑、纸样、号型、显示、选项和帮助等七项。用鼠标单击其中之一，会出现一个下拉菜单，且会出现各种命令。如果菜单命令为灰色，则表示该命令在目前状态下不能执行。菜单命令后面的字母代表该命令的键盘快捷键，按下该快捷键可以迅速执行命令，以提高工作效率。

（2）快捷工具栏：放置常用命令的快捷图标，为快速完成样板设计与放码工作提供了极大的方便。

（3）纸样列表框：放置当前款式中的纸样裁片，可以在此选取纸样图片进行操作。

（4）传统设计工具栏：放置用于绘制纸样裁剪图的基本工具，可以设计纸样断缝等分割线，还可以旋转、对称和部分复制纸样等。

（5）专业设计工具栏：放置用于“自由设计”方式时绘制纸样裁剪图所要用到的工具。

（6）纸样工具栏：放置对纸样进行细部加工的工具，如为纸样加上省、剪口、定位标记、缝份及调整布纹方向等。

（7）放码工具栏：放置放码所要用到的一些工具，还可以对全部或部分号型进行调整修改。

（8）编辑工具栏：用于对生成的纸样进行修改、编辑、调整，可以改变纸样、布纹的方向等。

（9）工作区：如同一张带有坐标的无限大的纸，在此绘制纸样裁剪图。分左工作区和右工作区，左工作区的边缘通常显示有标尺，右工作区可以用来对纸样进行修改与放码，排列要打印的纸样裁片，可以对纸样进行移动和旋转等操作，并可显示绘图纸边界。

（10）状态栏：显示当前选择的工具名称，还有对一些工具操作步骤的提示。

“公式法设计”界面比“自由设计”界面少了一个专业设计工具栏，在“公式法设计”界面操作的纸样可以通过输入规格表号型进行自动放码。

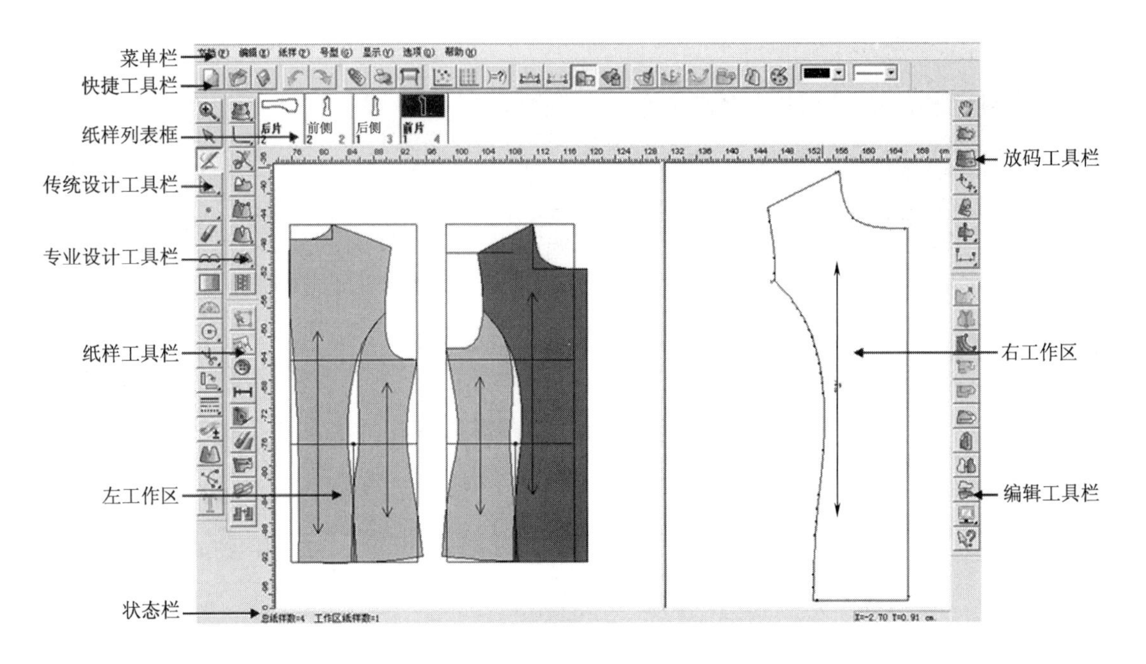

图 10-6

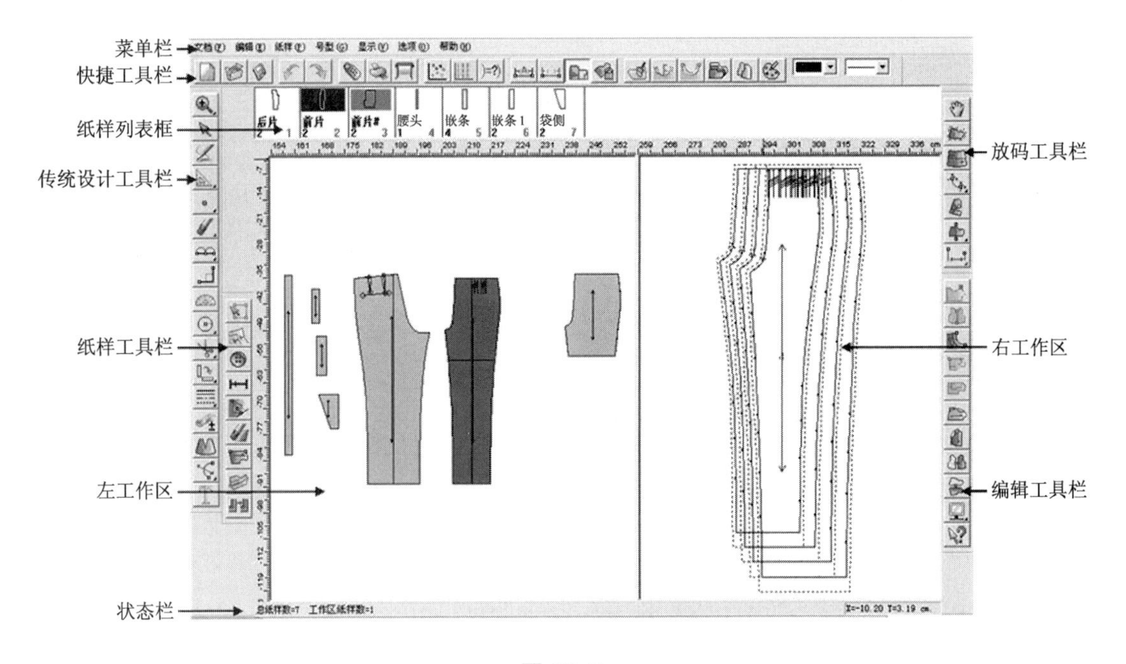

图 10-7

二、建立纸样库和号型规格表

首先在计算机内建立一个专用文件夹，如在D目录盘下新建名为“服装CAD操作实例”的文件夹，再在富怡样板设计与放码系统中建立资料库。

1. 建立纸样库

建立纸样库的具体操作步骤如下：

（1）双击【Rp-PDS】图标，在图 10-5 的“界面选择”对话框内，选择一种制图方法，如选择“自由设计”，单击【确定】按钮。

（2）单击界面左上角快捷栏中的【保存】图标，弹出“保存为”对话框。打开“服装 CAD 操作实例”文件夹，如图 10-8 所示，在“文件名”栏目中输入完整的文件名，如输入“直裙”，单击【保存】按钮。下次应用时只需打开该文件即可。

图 10-8

2. 建立号型规格表

建立号型规格表的具体操作步骤如下：

（1）单击菜单【号型】—【号型编辑】，弹出“设置号型规格表”对话框，如图 10-9 所示，单击第一列的第二行空格，输入“腰围”，在“基码”下一空格中输入“64”；单击第三行空格，输入“臀围”，并在右边空格中输入“94”；同样，单击第四行空格，输入“裙长”，再输入“58”。单击【存储】按钮。

（2）弹出“另存为”对话框，如图 10-10 所示，在文件名内输入“直裙尺寸”，单击【保存】按钮。然后单击“设置号型规格表”对话框中的【确定】按钮。

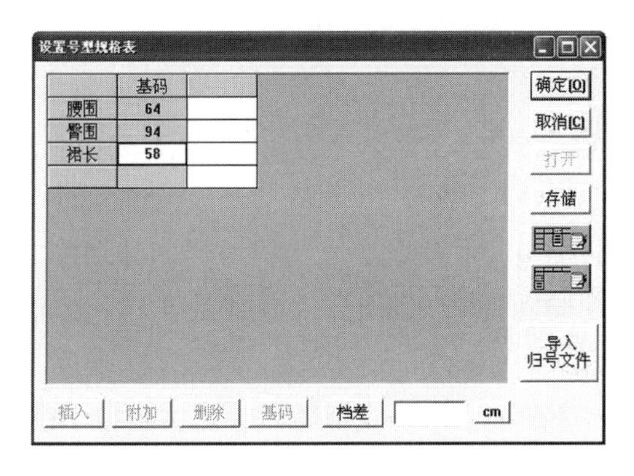

图 10-9

图 10-10

三、建立纸样图库

1. 用数字化仪板和鼠标输入纸样

用数字化仪板和鼠标输入纸样的具体操作步骤如下：

（1）用胶带把纸样按从小到大的顺序，以某一边为基准，整齐地贴在数字化仪板上，纸样可以按实际操作习惯的方向放置。

（2）单击菜单【号型】—【号型编辑】，根据纸样的号型以及编辑号型的规格表，单击【确定】按钮。

（3）单击【鼠标】工具图标，也可按快捷键【F11】，弹出“读纸样”对话框，如图 10–11 所示。

（4）选择对话框中【读边线】图标（系统默认该图为选中状态），就可以开始用鼠标输入纸样了，但鼠标的十字准星必须对准纸样上的输入点，按顺时针方向依次输入纸样的各点。

（5）输入直线放码点，如图 10–12 所示，点 1 为直线与曲线的交点，可定义为直线放码点，按 1 键输入；同理，点 5、点 6、点 11、点 12 也为直线放码点，分别按 1 键输入。

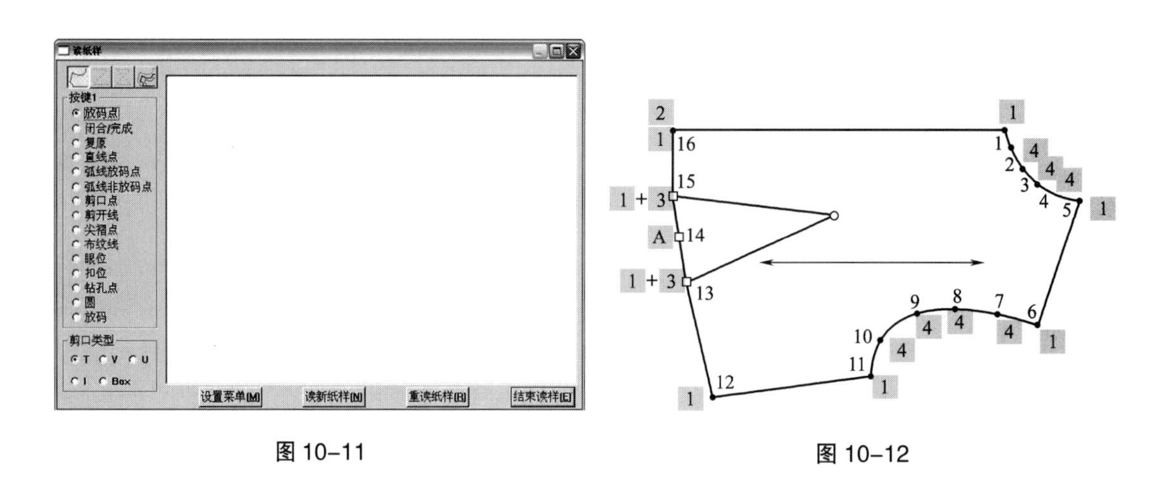

图 10–11　　　　图 10–12

（6）输入弧线非放码点，点 2、点 3、点 4、点 7、点 8、点 9、点 10 是弧线非放码点，分别按 4 键输入。

（7）输入定位点，点 13、点 15 是省端点，需有定位标志，若省需放码则分别按 1 键 +3 键（3 键为剪口点）输入，若不放码则分别按 A 键 +3 键输入；点 14 是省宽中点，按 A 键输入。

（8）输入最后一个放码点，点 16 是最后一个放码点，按 1 键输入，之后再按 2 键闭合纸样边线。这一步必不可少，否则，将在“结束读样”后丢失所输入的数据。

（9）系统自动弹到开口辅助线 上，就可以输入省道、钻孔等，但根据点的属性按下对应键后，每完成一条线，需要按一次 2 键，依次输入完成各条辅助线。

（10）输入布纹线，如图 10-13 所示，点 17 与点 18 是布纹线的起始点，分别按 D 键输入。

（11）输入内部省线，点 19 是省的端点，点 20 是省的尖点，分别按 5 键输入，系统会自动完成该省线的输入。

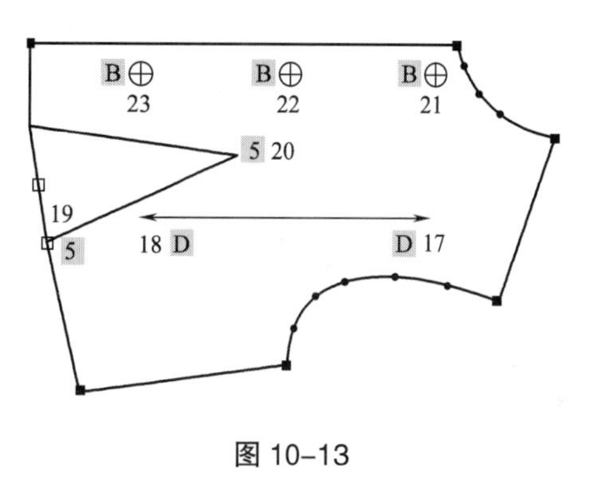

图 10-13

（12）输入扣位，点 21、点 22、点 23 是纽扣的中心位置点，分别按 B 键输入，系统会出现扣位的标志。

（13）单击对话框中【读新纸样】，则已输入的上一个纸样会在纸样列表框内，“读纸样”对话框空出，可以输入新的纸样。

（14）输入全部纸样后，单击【结束读样】关闭窗口，结束纸样的输入。

如果在输入过程中有操作失误，则可按 C 键取消上一步操作，并可多次撤销不满意的操作。输入的纸样要进行保存。

附：富怡服装 CAD 数字化仪的 16 键鼠标各键的预置功能：

1 键：直线 / 放码点	0 键：圆
4 键：弧线 / 非放码点	5 键：尖褶
7 键：弧线 / 放码点	6 键：打孔
A 键：直线 / 非放码点	8 键：剪开线
2 键：闭合 / 完成	9 键：眼位
C 键：撤销	B 键：扣位
D 键：布纹线	E 键：放码
3 键：剪口点	F 键：辅助键

2. 直接在系统中生成纸样

以绘制直裙的后裙片纸样为例，具体操作步骤如下：

（1）双击【Rp-PDS】图标，在图 10-5 的“界面选择”对话框内，选择“自由设计”，单击【确定】按钮。

（2）单击菜单【号型】—【号型编辑】，弹出“设置号型规格表”对话框，如图 10-9、图 10-10 所示，输入号型规格表资料，单击【确定】按钮。

（3）单击【矩形】工具图标，在屏幕上框选点击，弹出“矩形”对话框，如图 10-14 所示，输入裙长“58”、后片宽“24”（取 1/4 臀围 +0.5cm，即 94/4+0.5cm=24cm），单击【确认】按钮。

（4）单击【相交等距线】工具图标，单击上平线，再分别单击后中线和侧缝线两条竖线，拖动鼠标到需要画平行线的适当位置单击，弹出“距离”对话框，如图 10-15

所示，输入距离“18”（腰至臀高尺寸），单击【确定】按钮。

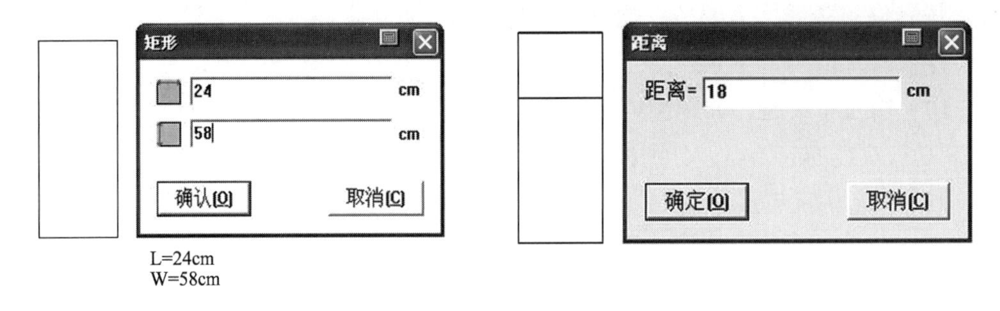

图 10–14　　　　图 10–15

（5）单击【智能笔】工具图标，将光标放在侧缝线的上端点，该点变为红色，单击该点，再向上拖动鼠标到适当位置单击，弹出“长度”对话框，如图 10–16 所示，输入长度“0.7”，单击【确定】按钮。继续单击侧缝线的起翘点，向左拖动鼠标到适当位置单击，弹出“长度”对话框，如图 10–17 所示，输入长度“8”，单击【确定】按钮。

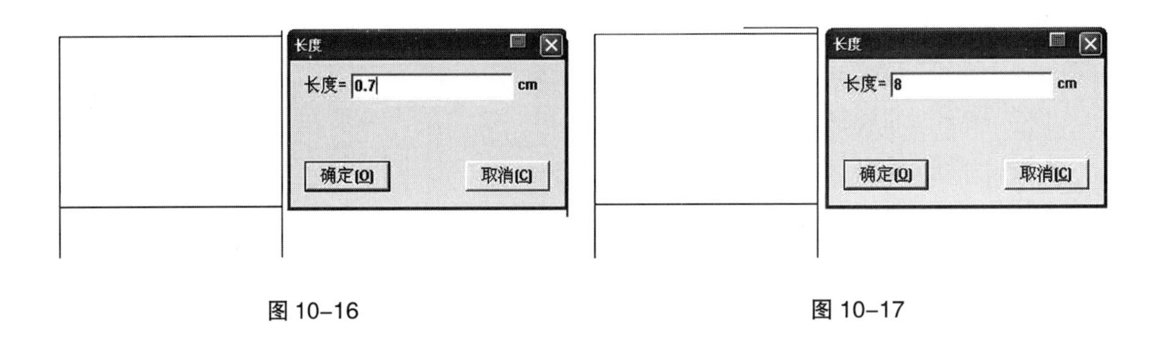

图 10–16　　　　图 10–17

（6）单击【圆规】工具图标，光标靠近后中线，当后中线的上端点变为红色时单击该点，弹出“点的位置”对话框，如图 10–18 所示，输入长度“0.7”，单击【确认】按钮。继续拖动鼠标到起翘横线上单击，弹出“长度”对话框，单击对话框右上角的【计算器】图标，弹出“计算器”对话框，如图 10–19 所示，双击“腰围”，输入“腰围 /4+4”，单击“计算器”对话框的图标，再单击“长度”对话框的【确定】按钮。

（7）单击【智能笔】工具图标，将光标放在侧腰点上单击，向下拖动鼠标，单击右键，再单击弧线上任意一点，拖动鼠标到臀侧点单击，再单击右键，如图 10–20 所示。

（8）单击右键，选择快捷菜单中的“调整工具”命令，单击后腰围弧线，弧线变为红色，单击弧线上任意一点，拖动鼠标调整弧线，完成后在空白处单击结束操作，如图 10–21 所示。

（9）单击【等分规】工具图标，单击后腰围弧线，将后腰围弧线二等分，如图 10–22 所示。

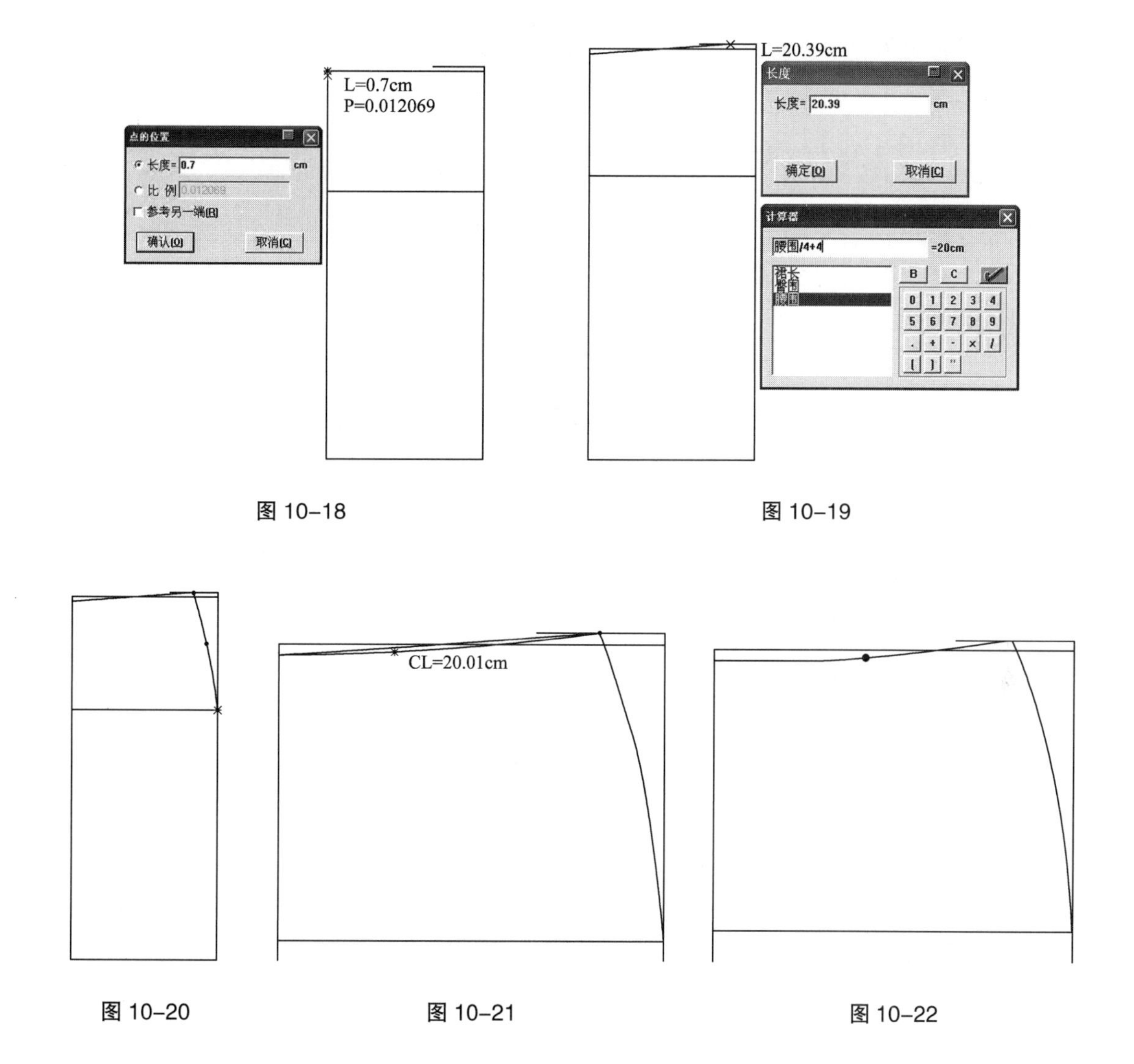

图 10–18　图 10–19

图 10–20　图 10–21　图 10–22

（10）单击【三角板】工具图标，分别单击腰围线两端点，再单击腰围线中点，拖动鼠标指针呈垂直线后再单击，弹出“长度”对话框，如图 10–23 所示，输入长度“11”，单击【确定】按钮。

（11）单击【收省】工具图标，单击腰围线，再单击省中线，在空白处单击，弹出“省宽”对话框，如图 10–24 所示，输入省宽“3.5”，单击【确定】按钮。调整红色边线后单击右键结束操作，如图 10–25 所示。

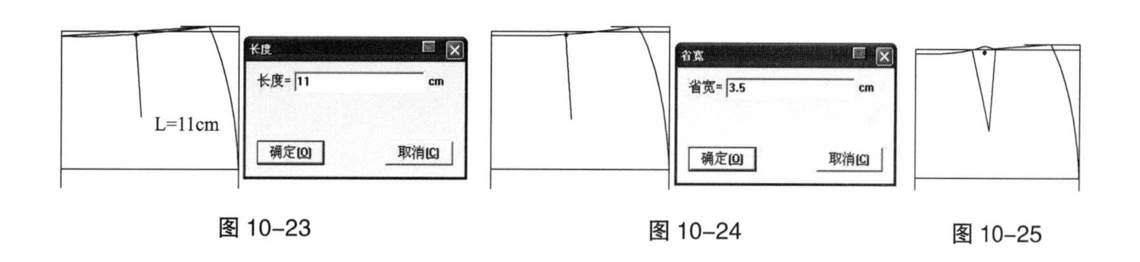

图 10–23　图 10–24　图 10–25

（12）单击【剪断线】工具图标，在后腰中点剪断后中线，在臀侧点剪断侧缝线。单击【橡皮擦】工具图标，将多余的线和点擦掉，如图 10–26 所示。

（13）单击【剪刀】工具图标，顺时针依次单击后腰中点、省端点、省中点、省端点、腰侧点、腰至臀弧线上任意一点、臀侧点、裙摆侧点、裙摆中点和后腰中点，闭合整个裁片，如图 10–27 所示。

（14）单击【布纹线和两点平行】工具图标，单击后裙片，系统自动生成布纹线，如图 10–28 所示。

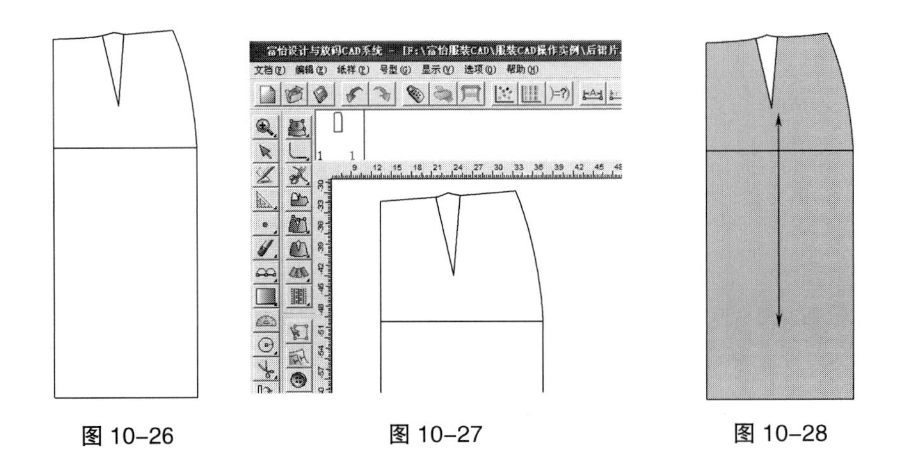

图 10–26　　图 10–27　　图 10–28

（15）单击【加缝份】工具图标，单击后裙片边线上任意一点，弹出“加缝份”对话框，输入缝份量 1cm，如图 10–29 所示，单击【确定】按钮。单击并按住裙摆侧点，拖动鼠标到裙摆中点放开，弹出“加缝份”对话框，输入裙摆缝份量“4”，如图 10–30 所示，单击【确定】按钮，生成纸样，如图 10–31 所示。

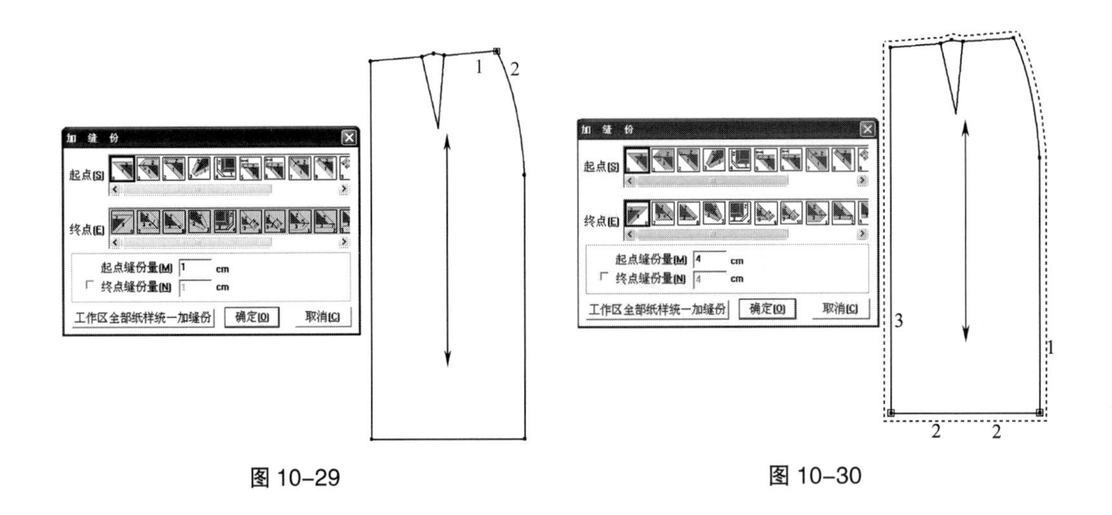

图 10–29　　图 10–30

（16）单击菜单【纸样】—【纸样资料】，弹出“纸样资料”对话框，如图 10–32 所示，输入纸样名称等资料，单击【应用】按钮。

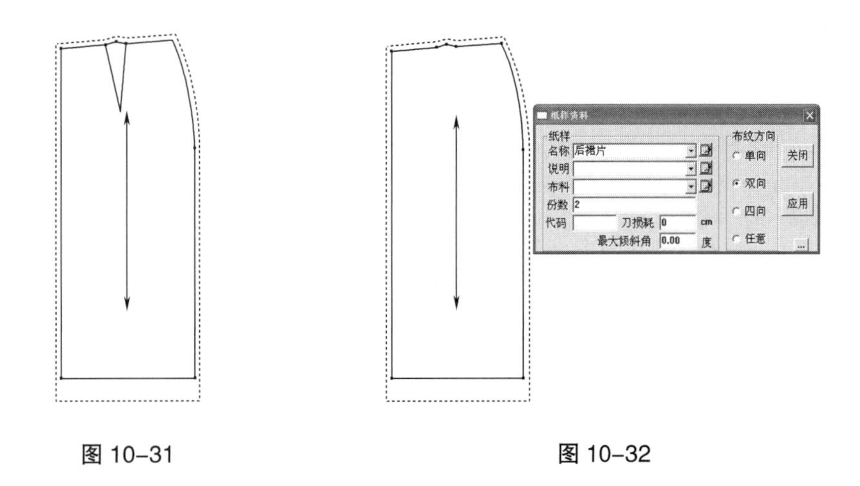

图 10–31　　　　　　　　　　图 10–32

（17）单击【保存】工具图标，将生成的后裙片纸样图存储在“服装 CAD 操作实例”文件夹中。

四、纸样放码

1. 点放码

单击【点放码】工具图标，弹出“点放码表”，选择【选择与修改】工具图标，单击纸样上某一放码点，在“点放码表”的“dX”“dY”栏中输入该点的放码量，再单击【X 相等】【Y 相等】或【XY 相等】等放码图标按钮，系统即可自动完成该点的放码。以短裤的前片纸样为例，点放码具体操作步骤如下：

（1）单击【打开】工具图标，弹出对话框，找到“服装 CAD 操作实例”文件，双击“短裤”文件名，打开纸样文件，如图 10–33 所示。

（2）单击菜单【号型】—【号型编辑】，弹出“设置号型规格表”对话框，如图 10–34 所示，在第一列表格内依次输入短裤号型的各部位名称，在第二列表格内输入基码

图 10–33

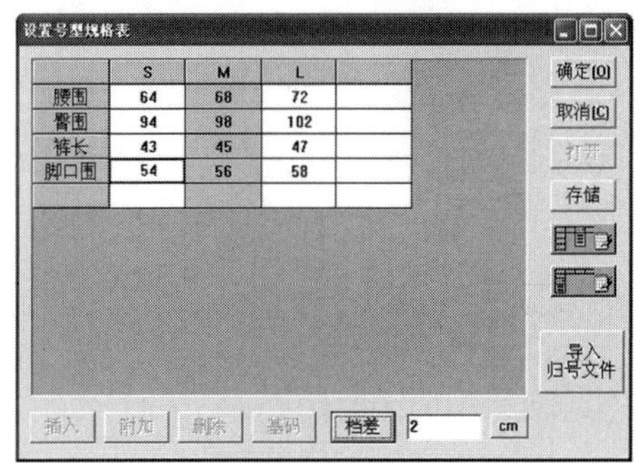

图 10–34

的尺寸，再依次单击右边空格，系统会自动添加和基码一样尺寸的第三列、第四列，在第一行设置S码、M码和L码，选择M码为基码，单击部位在S码的部位尺寸，再在对话框右下角【档差】旁边的格内输入档差值，单击【档差】，系统会自动给M码和L码加上档差，单击【确定】按钮。

（3）单击【颜色设置】工具图标，弹出“设置颜色”对话框，如图10–35所示，单击【号型】，单击S码，再选择右边的颜色，同样分别单击M码和L码，分别给该号型加上颜色，单击【确定】按钮。

（4）单击快速栏中的【点放码】工具图标，弹出“点放码表”对话框，如图10–36所示，单击选择“前片”，单击【选择与修改】工具图标，框选前腰侧点，在“点放码表”中，输入S码的“dX”量“–0.6”“dY”量“–1.0”，单击【XY相等】工具图标，系统即可自动将框选的前腰侧点放码，如图10–37所示。

（5）用工具图标框选臀侧点，在“点放码表”中输入S码的“dX”量“–0.6”，单击【X相等】工具图标，系统即可自动将臀侧点放码，如图10–38所示。

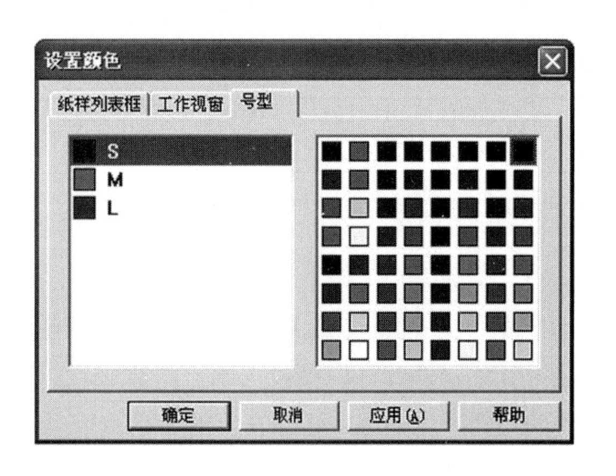

图10–35

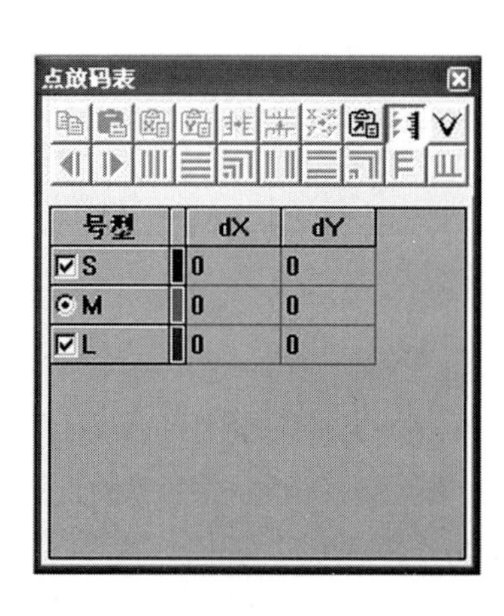

图10–36

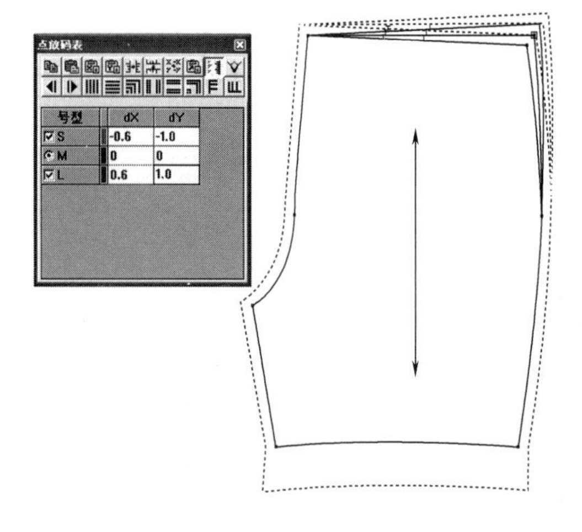

图10–37

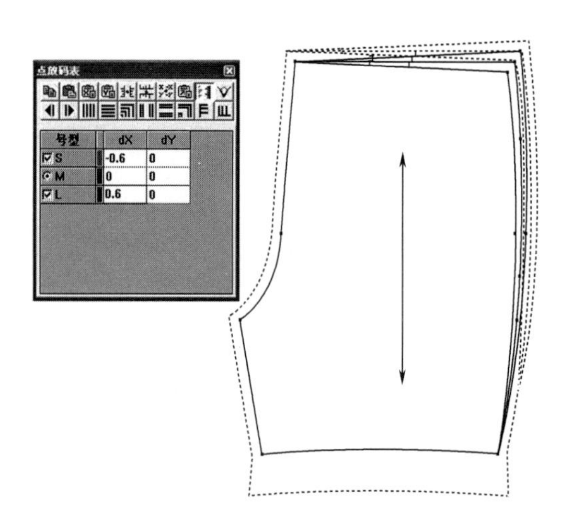

图10–38

（6）用工具图标框选脚口外侧点，在“点放码表”中输入S码的“dX”量“-0.5”、“dY”量“1.0”，单击【XY相等】工具图标，系统即可自动将脚口外侧点放码，如图10–39所示。

（7）用工具图标框选脚口内侧点，在“点放码表”中输入S码的“dX”量“0.5”“dY”量“1.0”，单击【XY相等】工具图标，系统即可自动将脚口内侧点放码，如图10–40所示。

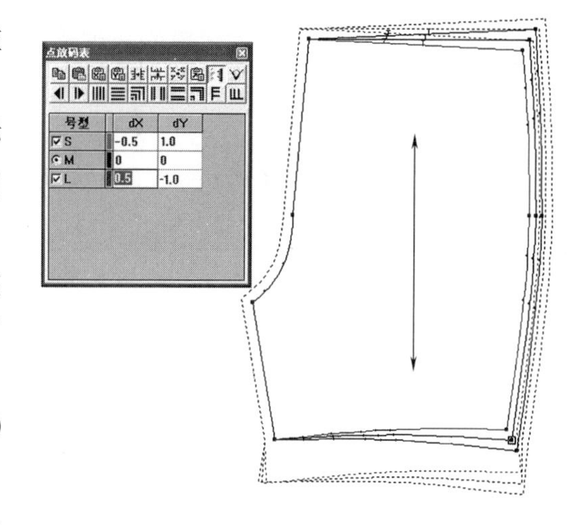

图 10–39

（8）用工具图标框选裆底点，在“点放码表”中输入S码的“dX”量“0.6”，单击【X相等】工具图标，系统即可自动将裆底点放码，如图10–41所示。

（9）用工具图标框选臀围线与前裆线的交点，在“点放码表”中输入S码的“dX”量“0.4”，单击【X相等】工具图标，系统即可自动将此交点放码，如图10–42所示。

（10）用工具图标框选腰中点，在“点放码表”中输入S码的“dX”量“0.4”“dY”量“-1.0”，单击【XY相等】工具图标，系统即可自动将腰中点放码，如图10–43所示。完成前片放码，存储文档。

2. 线放码

通过选择【输入垂直放码线】、【输入水平放码线】或【输入任意放码线】工具，在要放码的纸样上输入放码线，再选择【线放码表】和【输入放码量】工具，在输入完放码线和放码量之后，选择【线放码】工具图标，纸样即被系统自动放码。以普通女衬衫的前片纸样为例，线放码具体操作步骤如下：

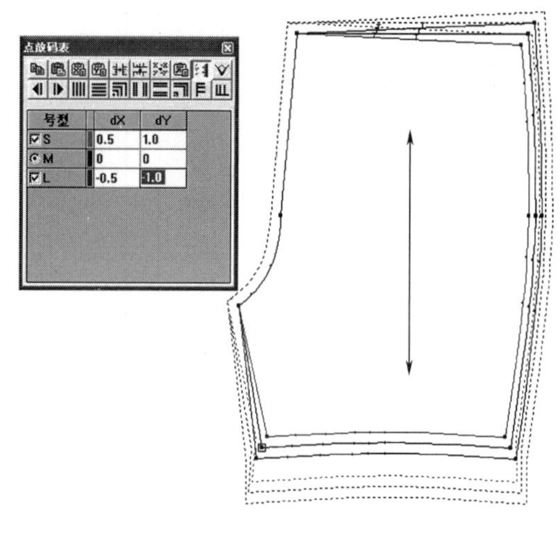

图 10–40

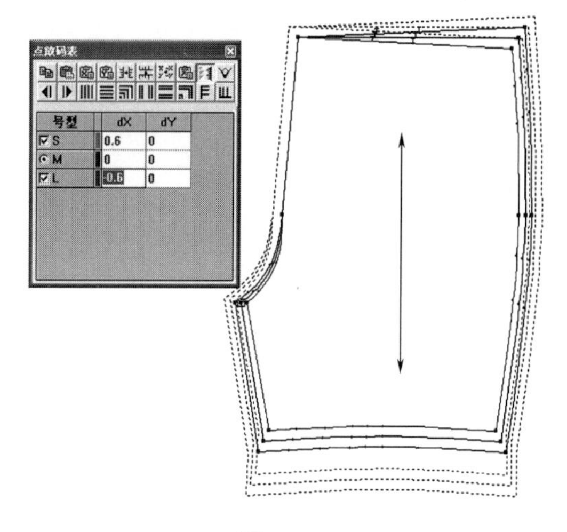

图 10–41

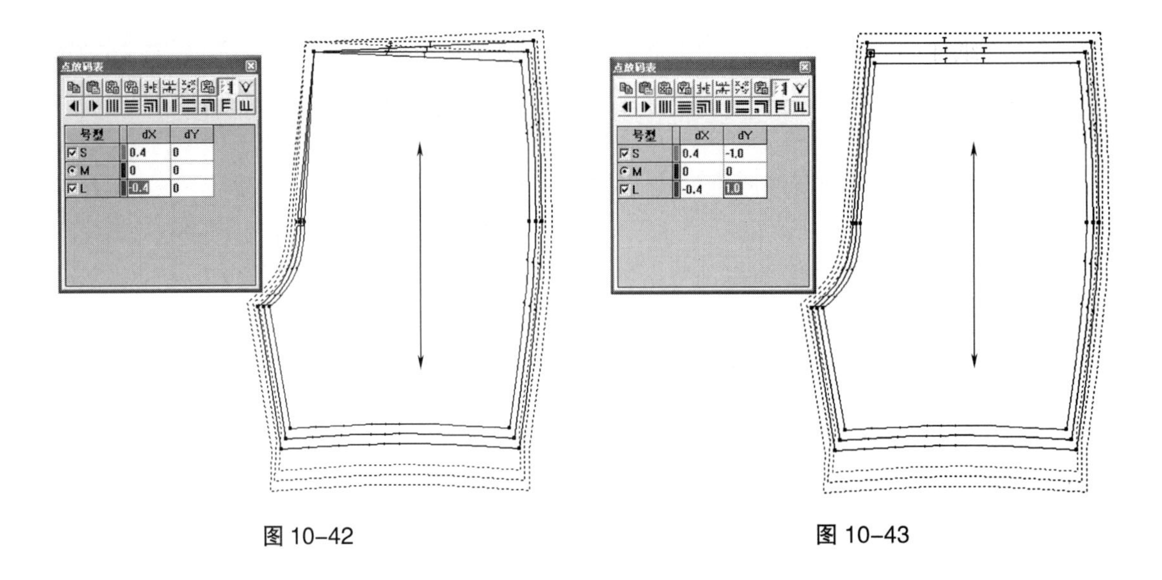

图 10-42　　　　图 10-43

（1）单击【打开】工具图标，弹出对话框，找到“服装 CAD 操作实例”文件，双击“女衬衫前片”文件名，打开纸样文件。

（2）单击菜单【号型】—【号型编辑】，设置号型规格表。

（3）单击【输入垂直放码线】工具图标，分别单击 *A*、*B* 两点，在领窝处输入垂直放码线，单击鼠标右键，在弹出的菜单中选择【结束】，如图 10-44 所示。

（4）单击【输入任意放码线】工具图标，分别单击 *C*、*D* 两点，在肩线之下输入斜向放码线，单击鼠标右键，在弹出的菜单中选择【结束】，如图 10-45 所示。

（5）单击【输入水平放码线】工具图标，分别单击 *E*、*F* 两点，在袖窿底线之上输入水平放码线，单击鼠标右键，在弹出的菜单中选择【结束】，如图 10-46 所示。

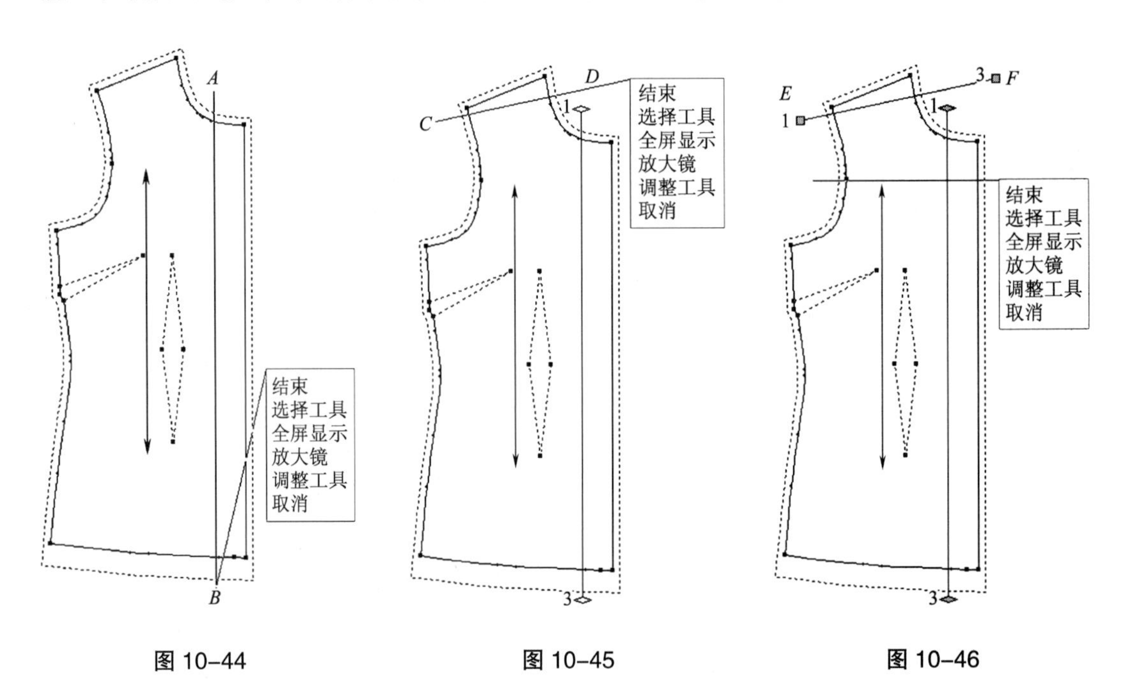

图 10-44　　　　图 10-45　　　　图 10-46

（6）同样，继续选择【输入垂直放码线】或【输入水平放码线】工具，分别在肩部和袖窿处输入垂直放码线，在腰围线之上和之下输入水平放码线，在每输入一条放码线之后都要单击鼠标右键，在弹出的菜单中选择【结束】，如图 10–47 所示。

（7）单击【输入基准点】工具图标，单击前中线与袖窿底线的交点为基准点，如图 10–48 所示。

（8）单击【线放码表】工具图标，弹出“线放码表”对话框，如图 10–49 所示。

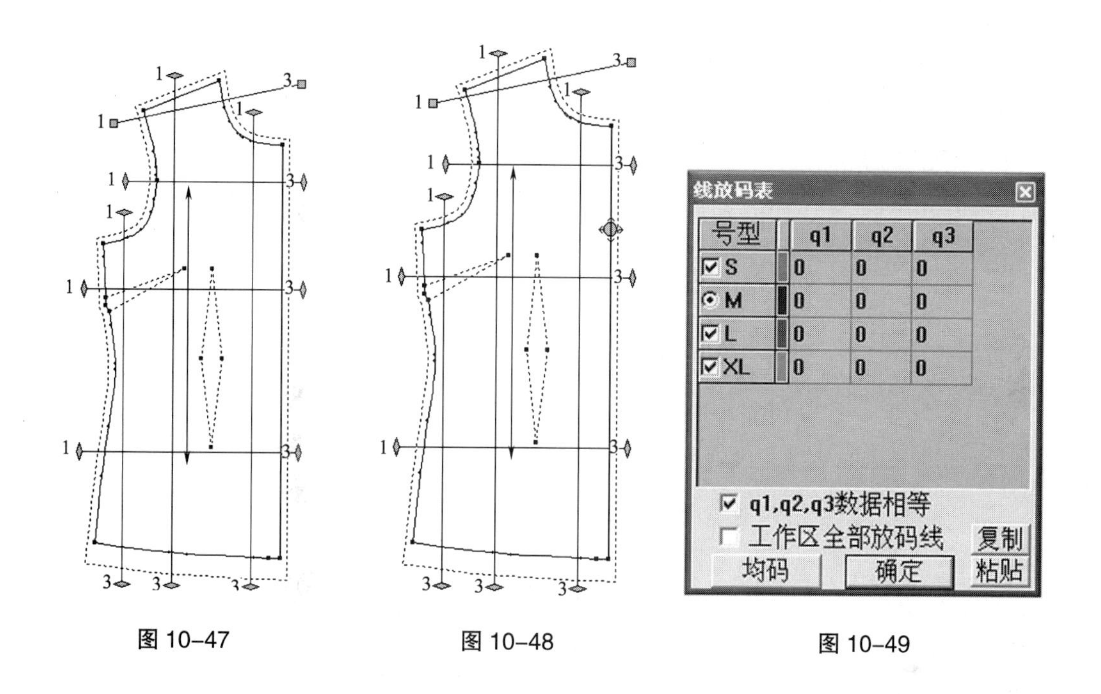

图 10–47　　图 10–48　　图 10–49

（9）单击【输入放码量】工具图标，单击 *A* 点或 *B* 点选中该垂直放码线，如图 10–50 所示，输入 S 码放码量，勾选【q1，q2，q3 数据相等】，再单击【均码】。

（10）同样，继续选择【输入放码量】工具图标，分别单击各放码线的一端点和输入放码量，勾选【q1，q2，q3 数据相等】，再单击【均码】。完成输入各条放码线的放码量。

（11）单击【线放码】工具图标，纸样即被系统自动放码，如图 10–51 所示。

3. 规则放码

通过系统中各项工具功能进行纸样上点与点之间的放码复制、纸样上某一条线段的放码复制、整片纸样的放码复制，分别以袖片或衣片纸样为例，规则放码的具体操作步骤如下：

（1）纸样上点与点之间的放码复制：打开“服装 CAD 操作实例”文件夹内的“短袖片”纸样文件；单击【点放码】工具图标，弹出“点放码表”；选择【选择与修改】工具图标，单击已放码的左袖口点，如图 10–52 所示；再单击“点放码表”中的【复制放码量】工具图标，单击右袖口点，单击【粘贴】命令，单击“点放码表”中的【X 取反】

工具图标，系统就会自动对该点进行放码，如图 10-53 所示。

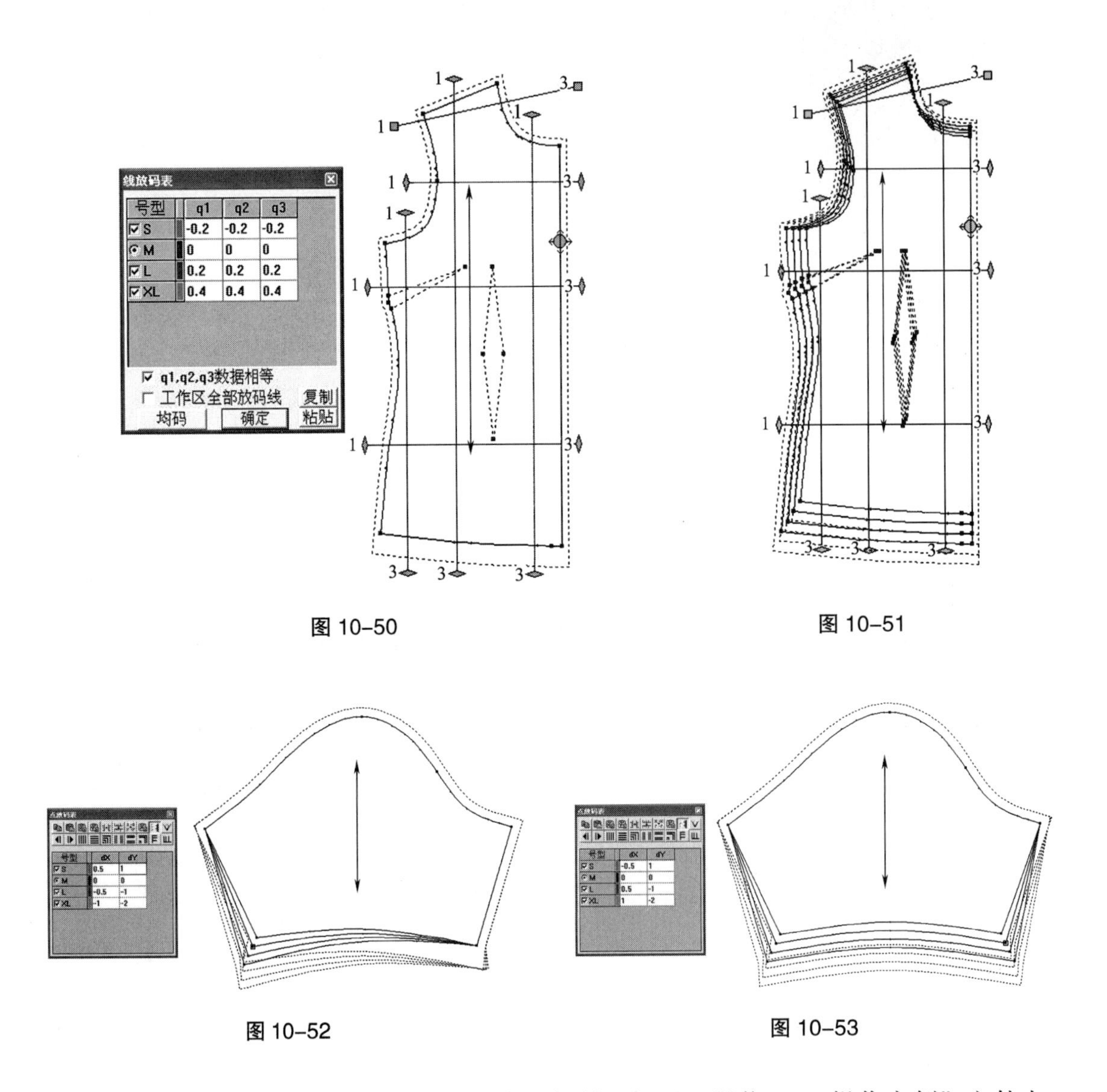

图 10-50

图 10-51

图 10-52

图 10-53

（2）纸样相同放码量线段之间的放码复制：打开“服装 CAD 操作实例”文件夹内的“西服袖”纸样文件；单击【拷贝点放码量】工具图标，单击大袖纸样的袖口线点 A，按顺时针拖选至袖口线点 *B*，松开鼠标，点 *A* 出现一个亮点，如图 10-54 所示；同方向拖选要粘贴放码量的小袖纸样的袖口线对应点，系统自动为小袖相对应的袖口线段加上相同的放码量，如图 10-55 所示。再单击大袖纸样的袖口线点 *B*，按逆时针拖选至袖口线点 *A*，点 *B* 出现一个亮点，如图 10-56 所示；同方向拖选小袖纸样的袖口线对应点，系统自动为小袖相对应的内、外袖缝线段加上相同的放码量，如图 10-57 所示。

（3）整片纸样的放码复制：打开“服装 CAD 操作实例”文件夹内的“女装前后衣片”纸样文件；选择【选择与修改】工具图标，顺时针点选已放码的前片衣摆缝线段；单

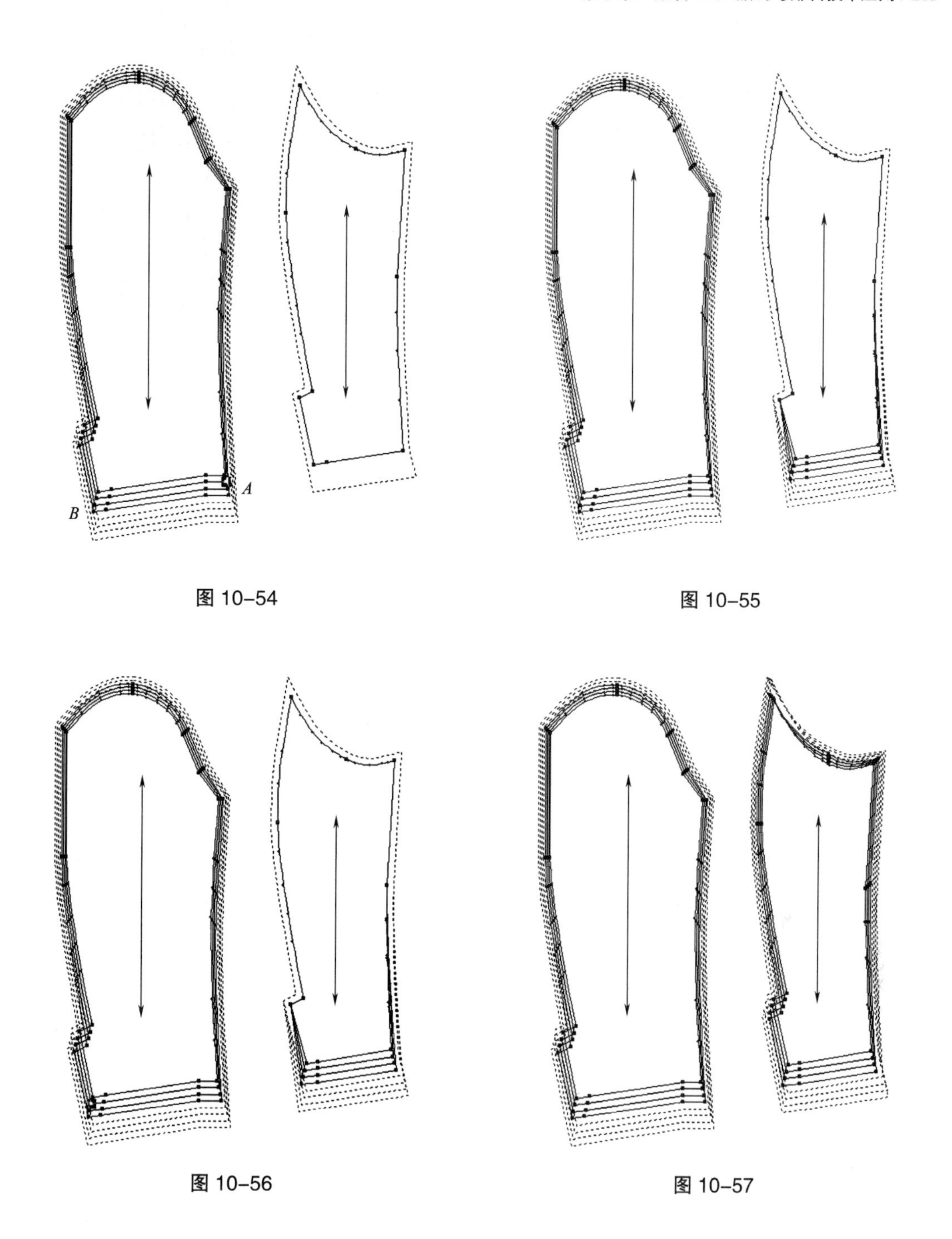

图 10–54

图 10–55

图 10–56

图 10–57

击快速栏的【规则放码】工具图标，弹出“规则放码表”对话框，如图 10–58 所示，选择“规则放码表”中的【新建】命令，再选择【添加规则项】工具图标，弹出“添加规则项”对话框，输入规则名“上衣”，点选“数据来源”为“当前选择点”，如图 10–59 所示，再单击【添加】，【关闭】；选择要进行放码的后片纸样，用【选择与修改】工具图标，点选相对应的衣摆缝线段；在“规则放码表”对话框中，点击“规则名”旁边的三角按钮，弹出下拉列表，选择“上衣”，如图 10–60 所示；点击工具图标，系统即可将前片的放码量，复制到后片上，如图 10–61 所示，即完成前、后整片纸样的放码复制。

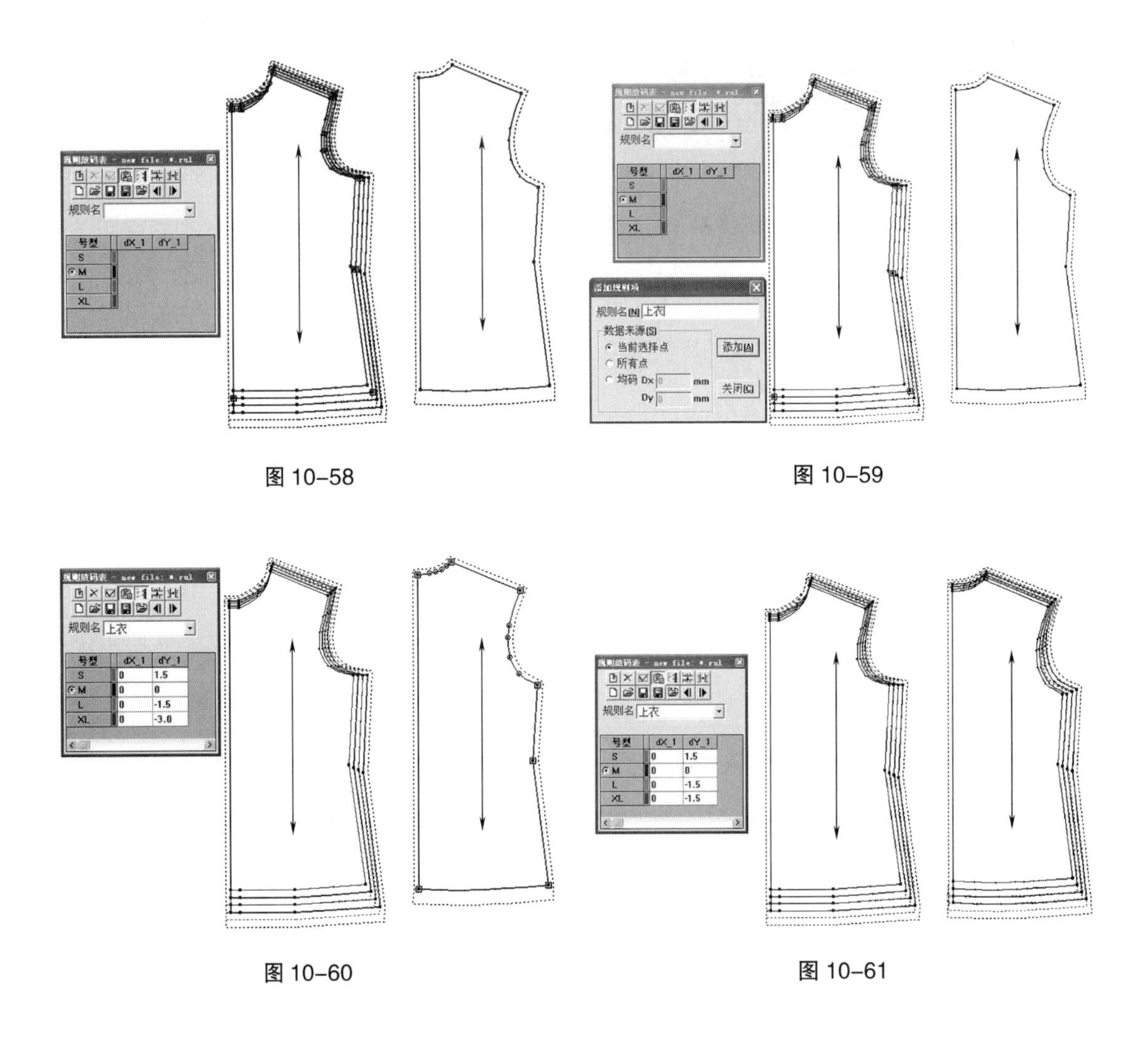

图 10-58

图 10-59

图 10-60

图 10-61

4. 量体放码

通过预存于系统内的标准号型库和指定尺寸输入工具，选择【量体放码】工具图标进行纸样放码。以短裤的后片纸样为例，量体放码具体操作步骤如下：

（1）打开“服装 CAD 操作实例”文件夹内的“短裤”纸样文件，选取后裤片纸样。

（2）单击菜单【号型】—【预览标准号型库】，弹出“标准号型尺寸库”对话框，如图 10-62 所示，单击“号型系列”右边的三角符号，选择“女裤（美国）”，系统自动弹出尺寸表，单击【采用】按钮；弹出“富怡设计放码 CAD 系统”对话框，单击【是】按钮，如图 10-63 所示。

（3）单击菜单【号型】—【号型编辑】，在“设置号型规格表”对话框中插入或删除号型，选择基码号型；单击【颜色设置】工具图标，在对话框中选择号型颜色。

（4）单击【输入垂直指定尺寸】工具图标，分别单击后裤片侧缝线的上端点和下端点，拖动鼠标，待鼠标指针到合适位置再单击，弹出“指定尺寸”对话框，双击“人体尺寸表”中的“LEG LENGTH”，单击【确定】按钮，如图 10-64 所示。

（5）单击【量体放码】工具图标，纸样自动放码，如图 10-65 所示。

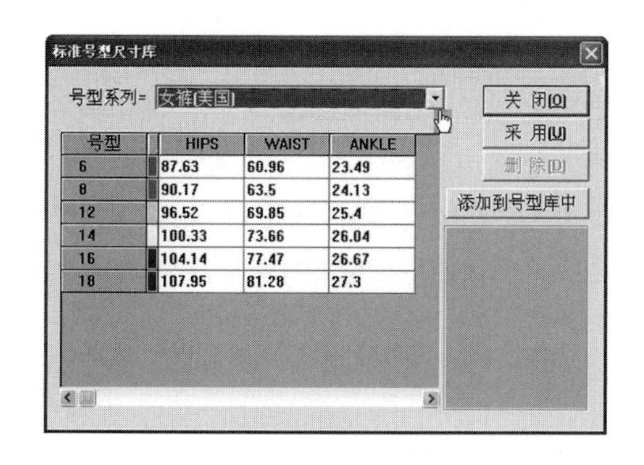

号型	HIPS	WAIST	ANKLE
6	87.63	60.96	23.49
8	90.17	63.5	24.13
12	96.52	69.85	25.4
14	100.33	73.66	26.04
16	104.14	77.47	26.67
18	107.95	81.28	27.3

图 10-62

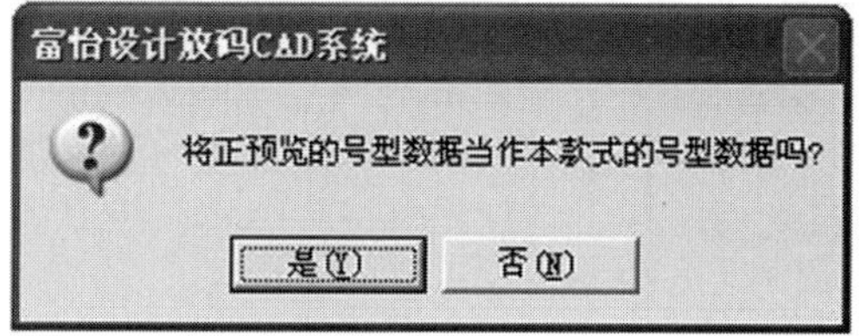

图 10-63

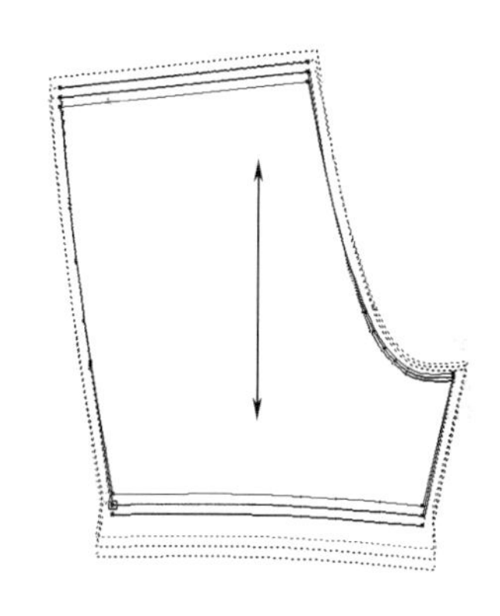

图 10-64

图 10-65

（6）单击【输入水平指定尺寸】工具图标，分别单击后裤片腰围线的左端点和右端点，拖动鼠标再单击，在弹出的“指定尺寸”对话框中，双击“人体尺寸表”中的“WAIST”，在“尺寸”栏的 WAIST 后输入“/4”，如图 10-66 所示，单击【确定】按钮。

（7）单击【量体放码】工具图标，纸样自动放码，如图 10-67 所示。

按照此方法继续操作从而完成后裤片放码。

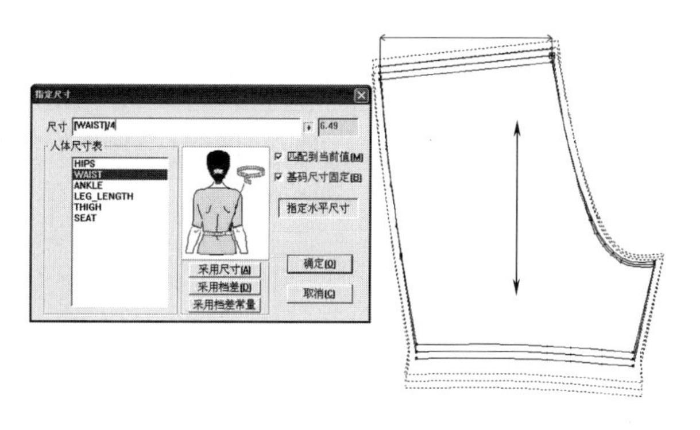

图 10-66

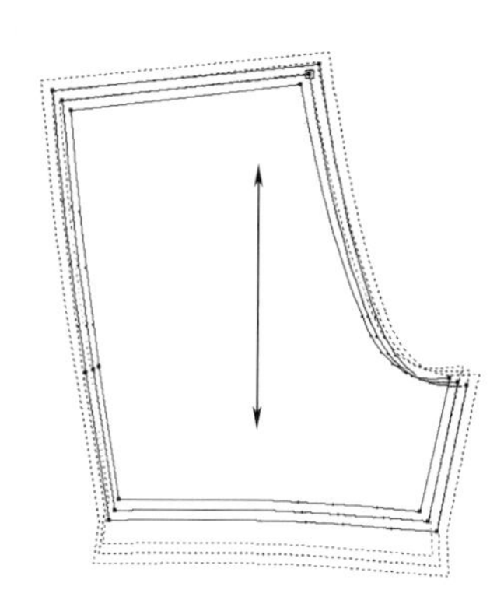

图 10-67

5. 其他放码

在富怡服装 CAD 样板设计与放码系统中，针对公式法打板的款式，可以单击【自动放码效果】工具图标，进行系统自动放码方式；也可以在纸样的领窝、袖窿等弧线处单击【定型放码】工具图标，进行定型放码；或者在纸样的领窝处单击【等幅高放码】工具图标，进行放码两点之间弧线的等高方式放码。在此不详细叙述。

第三节　服装 CAD 排料系统

排料（排板、排唛架），指在一定布幅宽度（布封）的布料上依照裁剪方案、规格合理摆放所有要裁剪的纸样，达到以最小的面积或最短的长度将所有纸样画在排料纸（唛架）或面料上。排料有人工排料和计算机排料两种形式，而人工排料速度慢、精确度较差。服装 CAD 排料系统是为服装生产企业提供的专用排料软件，其具有全自动、手动、人机交互等功能，排料操作快速准确，可自动计算用料、面料利用率、纸样总数、放置数等，也可提供自动、手动分床，并提供对条对格功能、针织滚筒布的排料功能。系统可与绘图仪等输出设备连接，进行排料图 1∶1 纸样的输出或小样的打印，也可以将排料进入全自动电脑裁床直接进行布料裁剪。

一、计算机排料方法

通常计算机排料的方法有自动排料、人机交互式排料和手动排料三种。

1. 自动排料

自动排料是系统自动移动纸样而进行的排料。由于计算机运算速度快，所以每次自动排料时间很短，操作者可以让系统多排几次，并从中选出较好的排料结果。但自动排料的面料利用率不如人机交互式排料的面料利用率高。

2. 人机交互式排料

人机交互式排料是在计算机的显示器上，首先应用系统进行自动排料，之后在自动排料结果图上，操作者通过键盘或鼠标来调整排料的纸样，确定纸样最佳摆放位置后，排料系统会自动计算其摆放位置，及时报告已排纸样数、待排纸样数、用料长度和面料利用率等信息，从而进一步提高面料的利用率。

3. 手动排料

手动排料是在计算机的显示器上，操作者通过键盘或鼠标提取要排料的纸样，逐片选取纸样并移动至排料纸中适当的位置从而完成排料的一种方法。在排料时，首先在排料纸上摆放最大块或最长的纸样，之后在排料的剩余空间中摆放适当的小纸样。手动排料比自动排料速度慢，但可以提高面料的利用率。

无论是何种排料方式，所提取的排料纸样必须是已经放码和加缝份的生产纸样，是全号型纸样。纸样的摆放是依据布纹方向和布料的种类要求而确定的，如对条对格、单方向摆放或可以翻转的双方向摆放等，都需要注意纸样的排列方向。计算机排料完成后，可以在排料纸的一端写上生产制单号、款式号、唛架长度、唛架宽度、全号型尺码、全号型件数、拉布方法和面料利用率等有关数据。

二、富怡服装 CAD 排料系统操作应用实例

1. 排料系统界面

富怡服装 CAD 排料系统界面如图 10-68 所示。

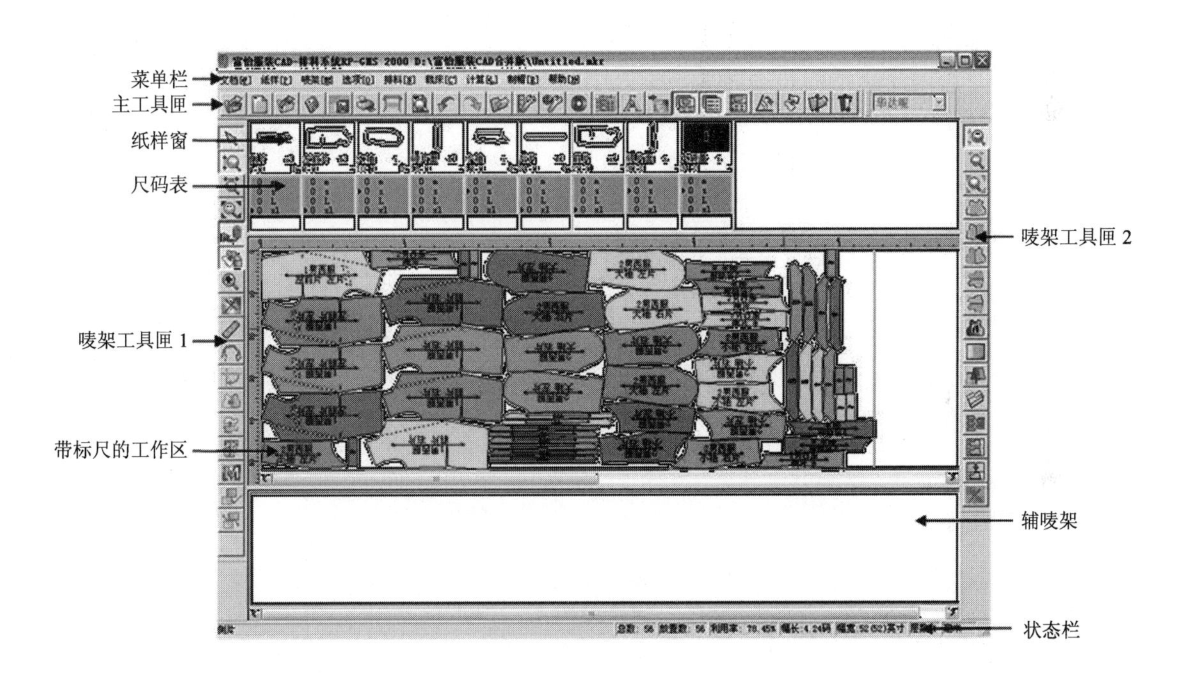

图 10-68

（1）菜单栏：存放着所有的菜单命令。

（2）主工具匣：存放着常用的命令，方便快速完成排料工作。

（3）纸样窗：存放着所有需要排料的纸样文件，每一个单独的纸样放置在一小格的纸样框中，纸样框的大小可以通过拉动左右边界来调整其宽度，还可通过在纸样框上单击鼠标右键，在弹出的对话框内改变数值，调整其宽度和高度。

（4）尺码表：每一个小纸样框对应着一个尺码表，尺码表中存放着该纸样对应的所有尺码号型和每个号型相对应的纸样数。

（5）唛架工具匣 1、唛架工具匣 2：存放着控制唛架上纸样的工具图标，这些图标命令可以完成纸样的移动、旋转、翻转、放大、缩小、测量等操作。

（6）带标尺的工作区：放置唛架，在唛架上，可以按自己的需要来任意排列纸样，以取得最省面料的排料方式。

（7）辅唛架：将纸样按码数分开排列在辅唛架上，可以按自己的需要将纸样再调入主唛架工作区排料。

（8）状态栏：位于系统界面的最底部，显示本床唛架的一些重要信息，内容如下：

①显示当前工具在工作区内的坐标位置，并显示该工具在使用过程中以及操作完成后的结果。

②显示全号型纸样的衣片总数。

③显示放置在唛架上的衣片总数。

④显示当前唛架上的面料利用率。

⑤显示当前唛架的总长度和所使用布料的长度。

⑥显示当前唛架的总体宽度。

⑦显示当前唛架上面料折叠排放的层数。

⑧显示当前“线性度量”单位，如毫米或厘米。可以在唛架菜单度量单位中的“线性”下修改单位。

2. 自动排料

以女西服款式纸样排料为例，富怡服装 CAD 排料系统自动排料的具体操作步骤如下：

（1）用鼠标双击打开【Rp-GSM 学习版】图标，进入富怡服装 CAD 排料系统。

（2）单击【新建】工具图标，弹出“唛架设定”对话框，如图 10-69 所示，根据实际布幅宽，修改唛架宽度为 1440mm 及长度 6000mm，唛架边界 5mm，单击【确定】按钮。

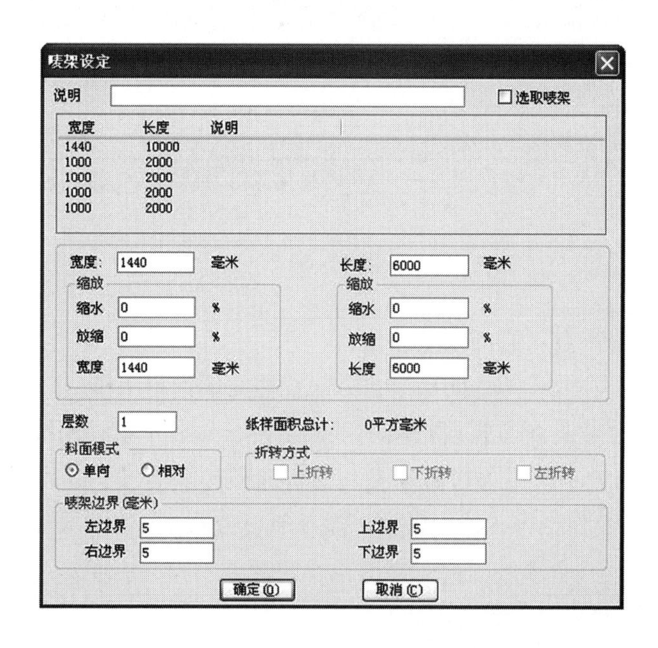

图 10-69

（3）弹出“选取款式”对话框，如图 10–70 所示，单击【载入】按钮。

（4）弹出“选取款式文档”对话框，选取“服装 CAD 操作实例”文件夹内的“女西服”文件，如图 10–71 所示，单击【打开】按钮。

（5）弹出“纸样制单”对话框，根据实际需要输入纸样资料，进行资料补充或数据修改，如图 10–72 所示，输入各码的套数，单击【确定】按钮，回到“选取款式”对话框。

图 10–70

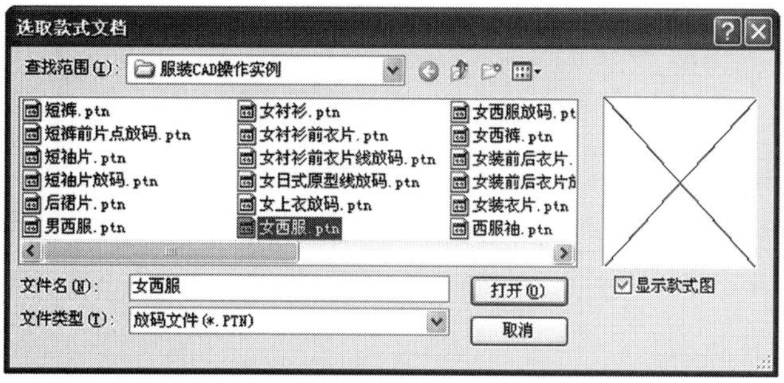

图 10–71

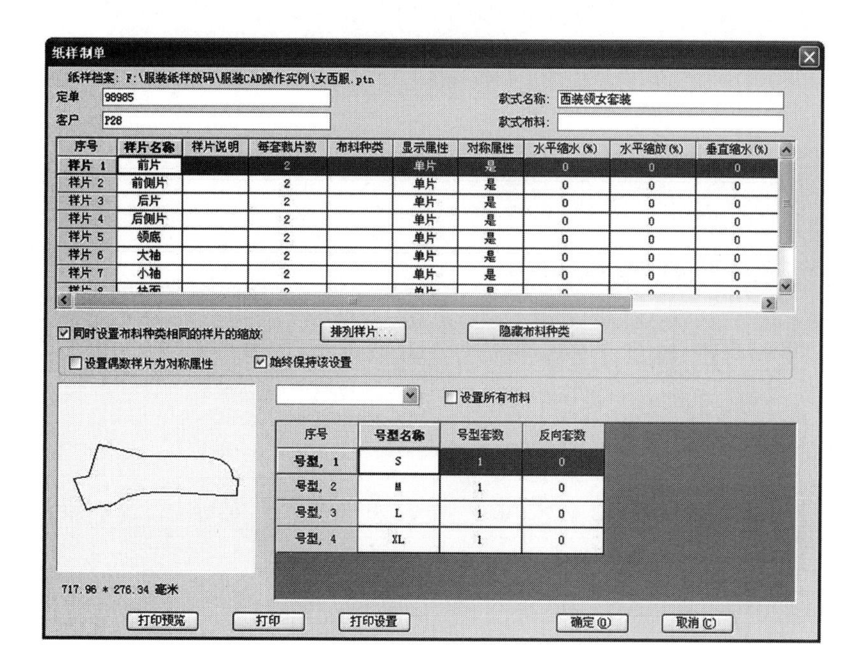

图 10–72

（6）单击“选取款式”对话框中的【确定】按钮，即可看到纸样列表框内显示的纸样，号型列表框内显示的各号型套数，如图 10–73 所示。

（7）单击菜单栏中的【排料】—【开始自动排料】命令，系统会自动排料，并在状态栏里显示排料的相关信息，弹出“排料结果”对话框，如图 10–74 所示，拉动水平滚动条，查看排料结果，单击【确定】按钮。

（8）单击【保存】工具图标，弹出“另存唛架文档为”对话框，选择“服装 CAD 操作实例”文件夹，输入“女西服”文件名，如图 10–75 所示，单击【保存】按钮。

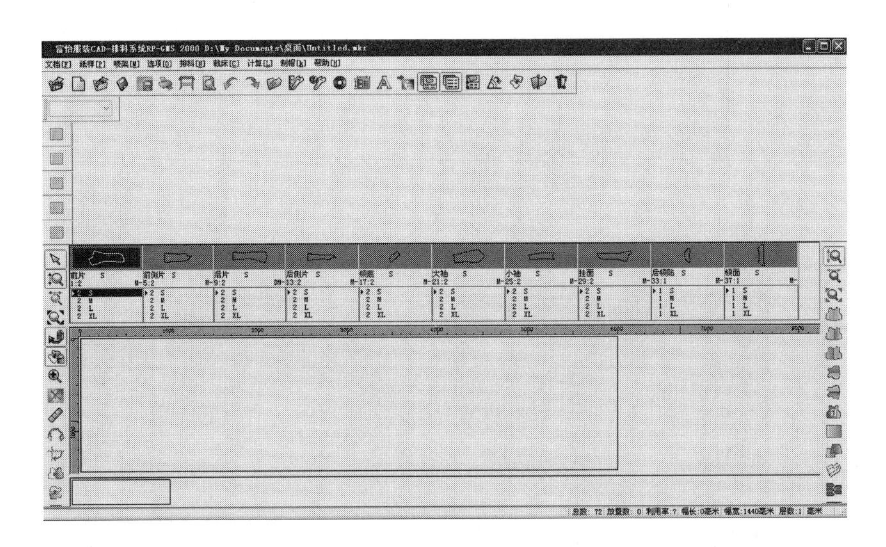

图 10–73

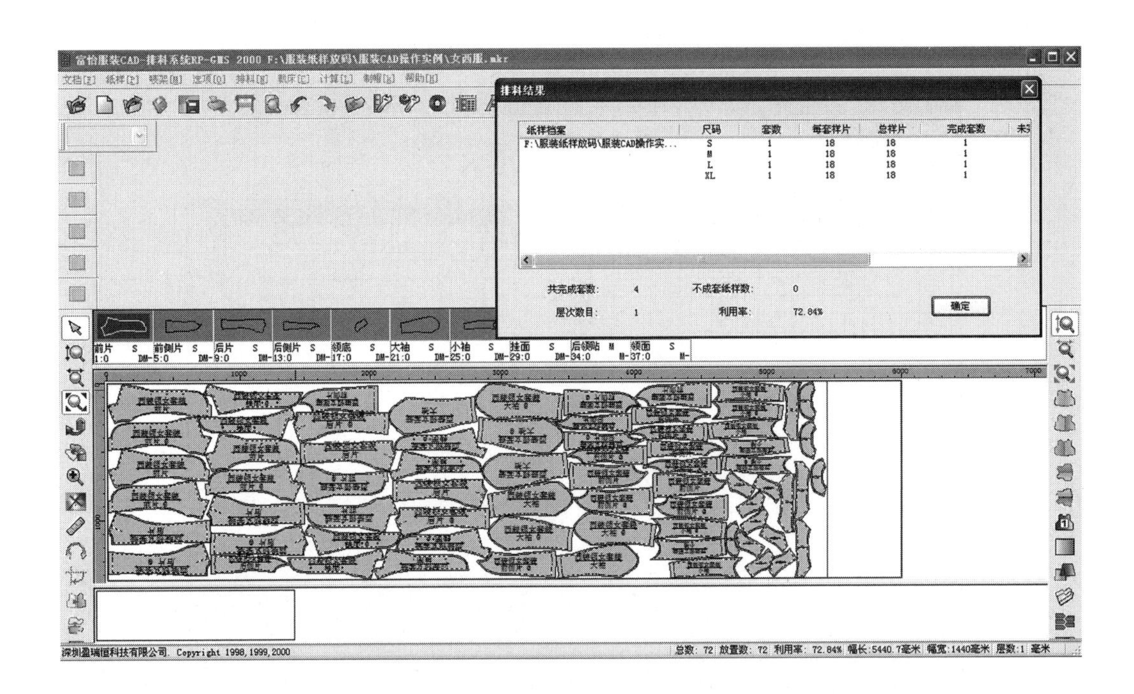

图 10–74

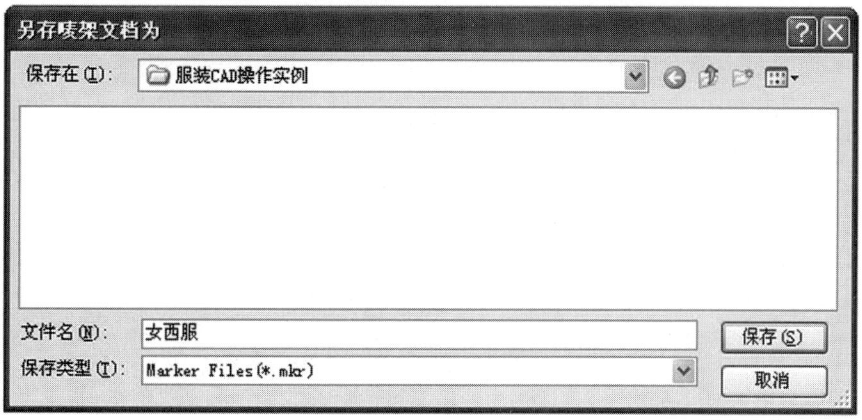

另存唛架文档为

保存在(I)：服装CAD操作实例

文件名(N)：女西服

保存类型(T)：Marker Files(*.mkr)

保存(S)

取消

图 10–75

3. 人机交互式排料

继续以上述女西服款式纸样排料为例。人机交互式排料的具体操作步骤如下：

（1）单击【打开】工具图标，打开“服装 CAD 操作实例”文件夹内的“女西服 .mkr”纸样文件。

（2）单击【样片选择】工具图标，左键单击并按住后领窝片，向右拖动一领底片到空白位置，该领底片呈选中的斜线填充状态，如图 10–76 所示。用鼠标右键单击该领底片可以将其翻转。

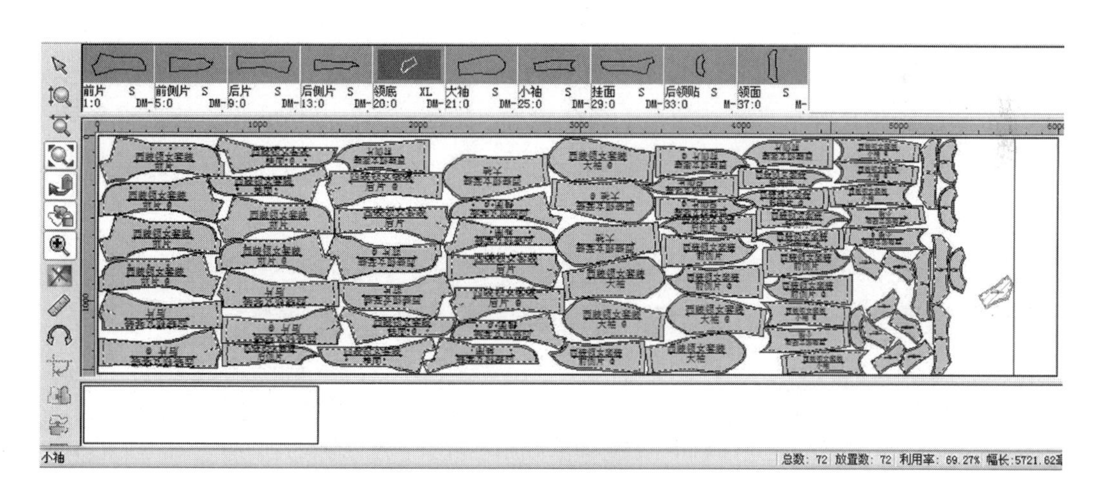

图 10–76

（3）单击【放大显示】工具图标，框选要改动的纸样，再单击，图像放大，如图 10–77 所示。可以根据实际情况选用鼠标右键拖动或者采用数字小键盘上 8、2、6、4 进行纸样微调移动，也可以使用（自定义工具栏），进行纸样的移动操作，调整好纸样位置后在空白处单击，则纸样颜色呈填充状态，表示纸样已经排好。如果纸样呈未填充颜色的状态，则表示纸样有重叠部分，需重新排料。

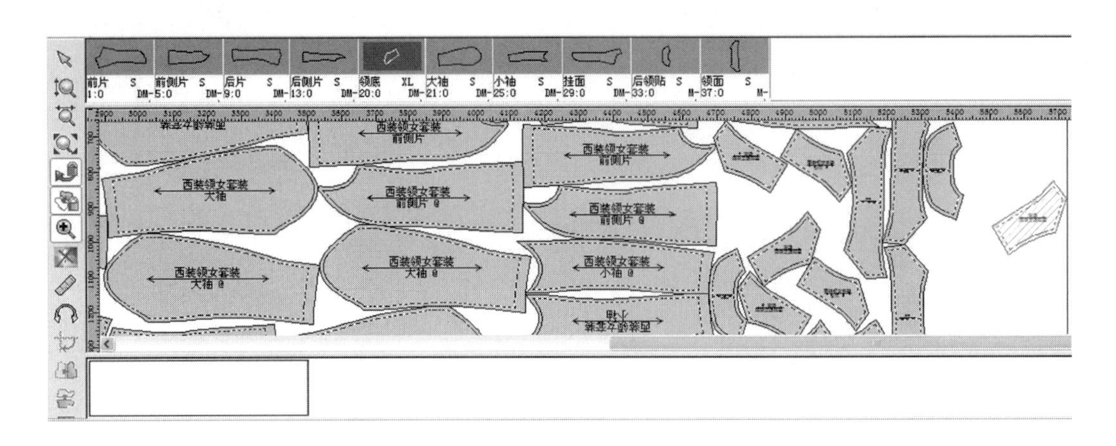

图 10–77

（4）再单击【整张唛架】工具图标，显示整张排料图（唛架），继续调整排料纸样至满意为止。

（5）单击【保存】工具图标，进行操作文档的保存。

4. 手动排料

以女西裤款式纸样排料为例。手动排料具体操作步骤如下：

（1）与上述自动排料调入纸样的操作方式相同，打开“服装 CAD 操作实例”文件夹内的“女西裤”纸样文件。

（2）拖动纸样窗的滚动条，显示要排料的纸样及号型，单击选中一个号型的后裤片纸样，并拖动纸样放置在排料纸的左上角位置上。按照此方法继续操作，逐片将各号型裤片纸样排放在排料纸的合适位置上，如图 10–78 所示。每排放一片纸样，尺码列表框的纸样数就减少一个。

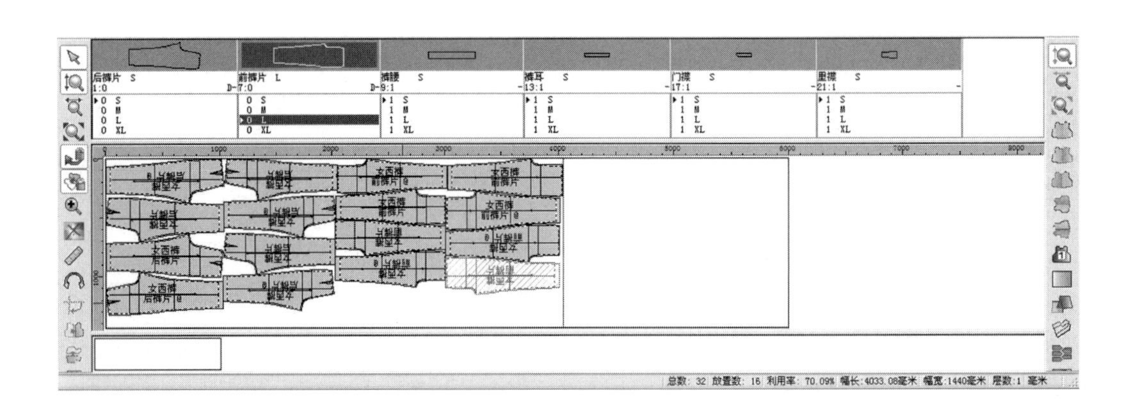

图 10–78

（3）当用鼠标拖动纸样到排料纸上时，纸样会滑动甚至碰到其他纸样，可以单击纸样或用数字键 8、2、4、6 键或（自定义工具栏）分别单击调整纸样的摆放位置。

（4）尺码列表框的纸样都显示为 0 时，表明纸样已经排放完毕，即进行排料（唛架）保存。

5. 对格对条排料

以女衬衫款式纸样排料为例。对格对条排料具体操作步骤如下：

（1）与上述自动排料调入纸样的操作方式相同，打开“服装 CAD 操作实例”文件夹内的“女衬衫”纸样文件。

（2）单击【选项】，勾选【对格对条】和【显示条格】，屏幕显示如图 10-79 所示。

（3）在纸样框中单击需要对位的前衣片，再单击【唛架】—【定义对条对格】，弹出“对格对条”对话框，如图 10-80 所示。

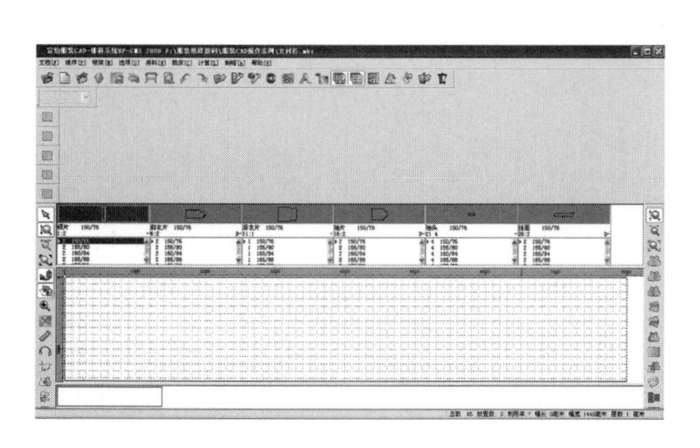

图 10-79

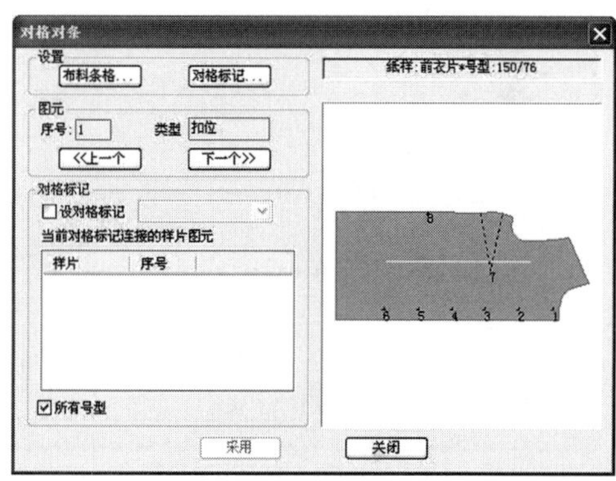

图 10-80

（4）单击“对格对条”对话框中的【布料条格】，弹出“条格设定”对话框，如图 10-81 所示，根据面料情况进行条格参数设定，然后单击【确定】按钮，回到“对格对条”对话框。

（5）单击“对格对条”对话框中的【对格标记】，弹出“对格标记”对话框，如图 10-82 所示。单击【增加】，弹出“增加对格标记”对话框，如图 10-83 所示，在“名称”框内设置一个名称，如“腰侧点”，单击【确定】按钮，回到“对格标记”对话框。如果还需更多的标记，则继续单击【增加】，否则单击【关闭】按钮。

（6）在“对格对条”对话框中单击【图元】—【序号】，如果该纸样的内部图元比较多，单击【上一个】或【下一个】，直至选中序号数字、对格对条的标记剪口与前衣片图相对应。

（7）勾选“对格对条”对话框中的【对格标记】，单击其文本框旁的三角按钮，在下拉列表里选择对格标记名称，如“腰侧点”，单击【采用】按钮，如图 10-84 所示。

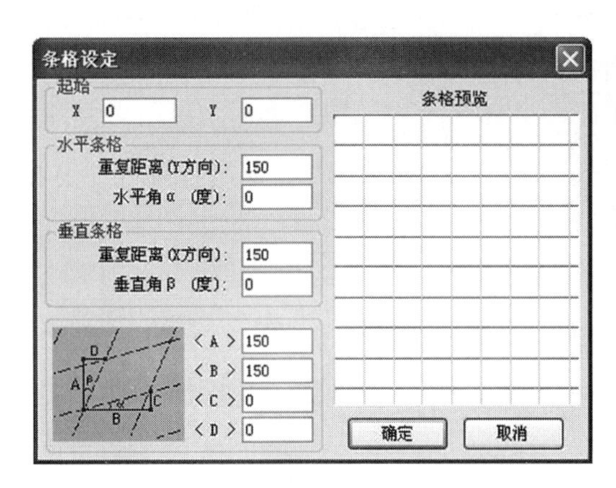

图 10-81

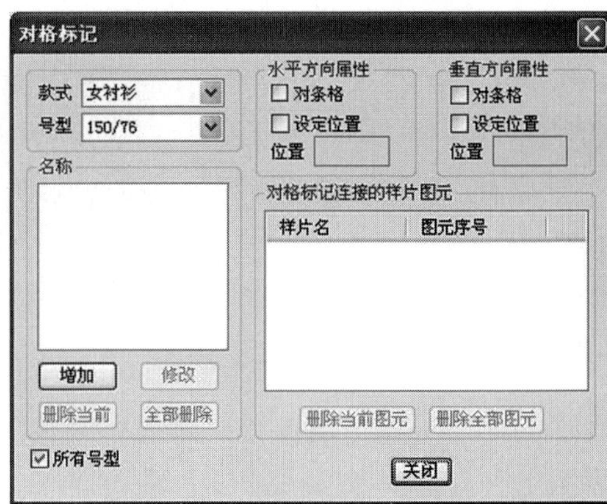

图 10-82

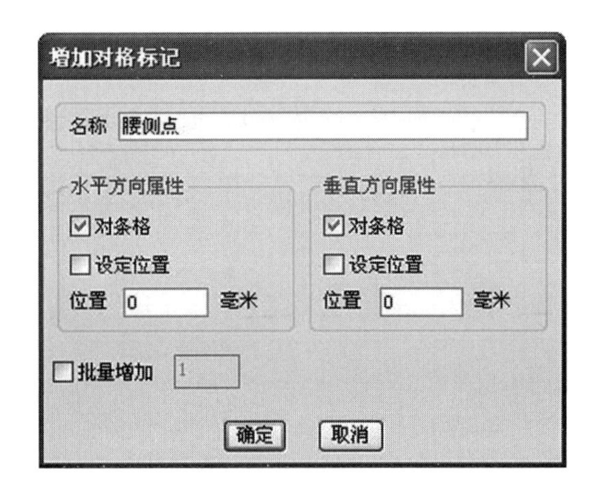

图 10-83

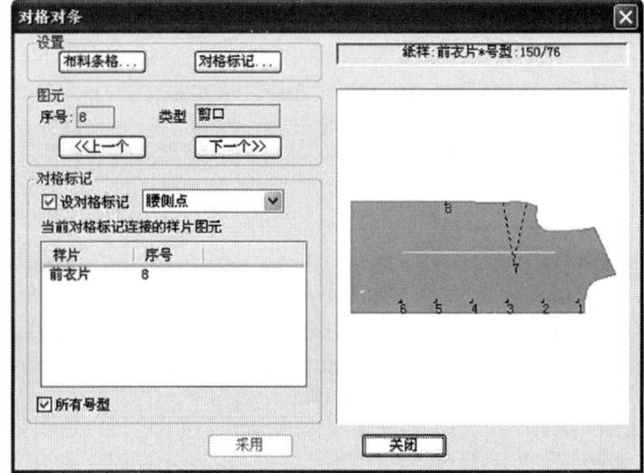

图 10-84

（8）采用同样方法选中将要与前衣片对格对条的后衣片，在“对格对条”对话框中选择对格标记名称“腰侧点”，单击【采用】按钮，如图 10–85 所示。

（9）单击并拖动纸样窗中要对格对条的前衣片，进入排料纸（唛架）后释放鼠标，调整至合适位置，如图 10–86 所示。

（10）单击并拖动纸样框中的后衣片，进入排料纸（唛架）后释放鼠标，调整至合适位置，系统自动将前、后衣片对格对条排料，如图 10–87 所示。

（11）按照上述方法操作其他纸样片，完成对格对条排料，如图 10–88 所示。

6. 排料图打印

服装纸样排料后，可以按照实际需要输出排料图。材料图打印的具体操作步骤如下：

（1）打印预览：单击【打印预览】工具图标，弹出“打印预览”界面，如果满意，单击【打印】按钮，进行排料图打印。

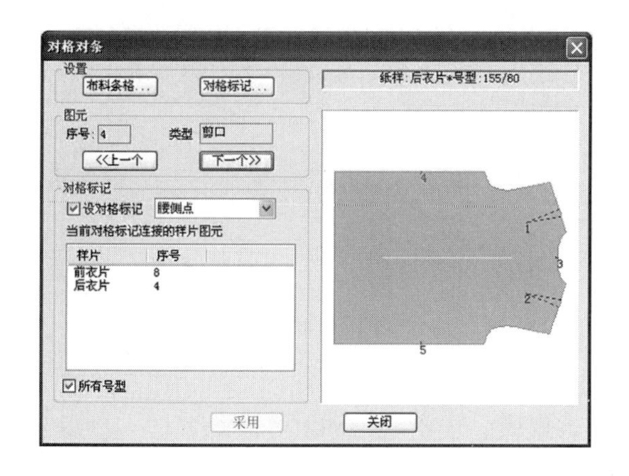

图 10–85

图 10–86

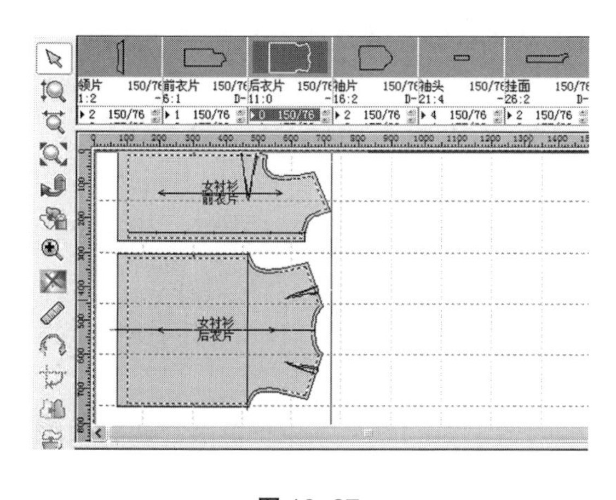

图 10–87

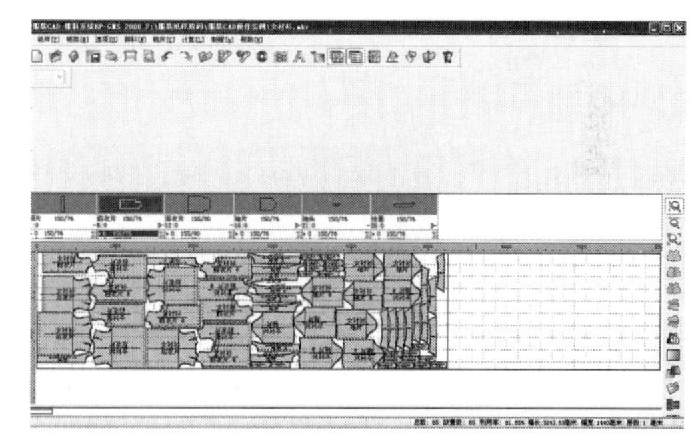

图 10–88

（2）按排料小样打印：单击【打印唛架】工具图标，弹出“打印”对话框，选择打印选项后单击【确定】按钮。

（3）按 1 : 1 的实际尺寸打印排料图：单击【绘图唛架】工具图标，弹出“绘图”对话框，单击【设置】，弹出“绘图仪”对话框，在对话框中对当前绘图仪、纸张、预留边缘及绘图仪端口进行设定，选定选项后单击【确定】按钮，进行排料图输出。

本章总结

本章分别介绍了服装 CAD 的概念和服装 CAD 系统软件的组成，以及服装 CAD 放码系统操作所包括的内容；阐述了用数字化仪板输入纸样和直接在计算机上绘制生成纸样的方法，服装 CAD 纸样的检查与后处理，点放码、线放码、公式放码、规则放码、量体放码等多种服装 CAD 放码方式；介绍了在服装 CAD 系统中纸样图的编辑、存储与输出方法，计算机排料的概念和自动排料、人机交互式排料与手动排料三种服装 CAD 排料方法；并通过富怡服装 CAD 系统软件分别进行了各种方式的计算机辅助服装纸样放码与排料的具体实践操作与应用。

☞ 思考题

1. 服装 CAD 系统软件主要有哪些部件组成?
2. 服装 CAD 放码系统操作包括哪些内容?
3. 在服装 CAD 系统中建立纸样有什么方法?
4. 服装 CAD 放码有哪几种方式?
5. 什么是服装 CAD 的点放码、线放码、公式放码、规则放码和量体放码?
6. 如何在服装 CAD 系统中编辑、存储与输出纸样?
7. 说明排料的定义。计算机排料有哪三种方法?
8. 比较计算机自动排料、人机交互式排料和手动排料的优缺点。

☞ 练习题

1. 采用数字化仪板输入一款女式上衣纸样，并进行编辑、存储与放码操作。

2. 采用富怡服装 CAD 系统绘制生成一款裙子纸样，并进行放码和排料操作。

3. 采用富怡服装 CAD 系统分别进行一款女式衬衫、西服的纸样放码和排料操作，并输出排料结果。

4. 自选一款男式休闲裤款式，用富怡服装 CAD 系统进行纸样制作，再进行放码和排料操作。

服装 CAD 系统操作与应用

服装 CAD 放码系统操作实例

教学内容： 女装衬衫款式 CAD 放码操作
品牌连衣裙款式 CAD 放码操作
下装款式 CAD 放码操作
调整型文胸款式 CAD 放码操作

教学时间： 6 课时

教学目的： 通过本章的学习，使学生了解计算机辅助服装纸样打板及放码操作系统的基本原理，计算机辅助服装纸样放码的基本方法，以及女装衬衫、连衣裙、半截裙、弹力喇叭牛仔裤、调整型文胸的结构特征，理解女装衬衫、连衣裙、半截裙、弹力喇叭牛仔裤、调整型文胸等整体纸样的制作、放码值分配、放码步骤，掌握女装整体纸样放码的操作技巧与应用。

教学要求： 1. 了解计算机辅助服装纸样制作和放码的基本方法。
2. 理解女装衬衫、品牌连衣裙、半截裙、 弹力喇叭牛仔裤、调整型文胸的结构特征。
3. 理解女装衬衫、品牌连衣裙、半截裙、弹力喇叭牛仔裤、调整型文胸等整体纸样的制作、放码值分配、放码步骤。
4. 掌握女装衬衫、品牌连衣裙、半截裙、弹力喇叭牛仔裤、调整型文胸整体纸样放码的操作技巧与应用。

课前准备： 女装衬衫、品牌连衣裙、半截裙、弹力喇叭牛仔裤、调整型文胸等基本纸样及整体纸样样板，放码尺、剪刀、白纸、计算机、布易 ET 软件等工具。

第十一章 服装CAD放码系统操作实例

在服装CAD放码系统操作中最常使用的方法有点放码、公式放码和切割线放码。点放码是指放码时引用尺码表里部位的总档差按公式计算好后为单位直接输入数据。公式放码是指点放码时引用尺码表里部位的总档差为单位进行放码，不是直接输入数据。切割线放码是利用横向切割线和纵向切割线，在纸样上各部位输入数据或公式。如胸围部位档差是4cm，需要放1cm时，点放码用直接输入1，公式放码用“胸围/4”来表示，而不是直接输入1。这种公式放码比较适合外来电子样板、手工读图样板。下面以布易ET软件为例操作成衣款式从打板到放码的整个过程。

第一节 女装衬衫款式CAD放码操作

一、七分袖女衬衫纸样制图

1. 七分袖女衬衫款式

图11-1为女衬衫款式图，是一款合体的正统服装。其放松量为10~14cm，采用半胸明贴边开襟，衣身前后稍微有收腰，下摆有开衩，前身有斜省和育克，后身为锥形省，七分袖，袖头有开衩。

2. 七分袖女衬衫成品规格

表11-1所示为女衬衫成品规格，其中胸围已在净尺寸上加放松量10cm。

3. 七分袖女衬衫结构制图

以号型160/84A的尺寸为基础利用布易ET2007软件进行制板（此步骤省略）。制图方法参考图11-2所示。

图 11–1

表 11–1　女衬衫成品规格

单位：cm

号型	150/76A	155/80A	160/84A	165/88A	170/92A	档差值
胸围	84	88	92	96	100	4.0
腰围	74	78	82	86	90	4.0
下摆围	89	93	97	101	105	4.0
肩宽	39	40	41	42	43	1.0
后背宽	35	36	37	38	39	1.0
前胸宽	34	35	36	37	38	1.0
衣长	56	58	60	62	64	2.0
腰节长	38	39	40	41	42	1.0
袖窿深	22	22.5	23	23.5	24	0.5
领围	36	37	38	39	40	1.0
袖长	40	41.5	43	44.5	46	1.5
袖口围	21	22	23	24	25	1.0
袖头	7.5	7.5	7.5	7.5	7.5	0
袖衩长	11	11	11	11	11	0
袖衩条宽	1	1	1	1	1	0
前贴边高	33	33	33	33	33	0
前贴边宽	2	2	2	2	2	0
下摆衩高	8.5	8.5	8.5	8.5	8.5	0

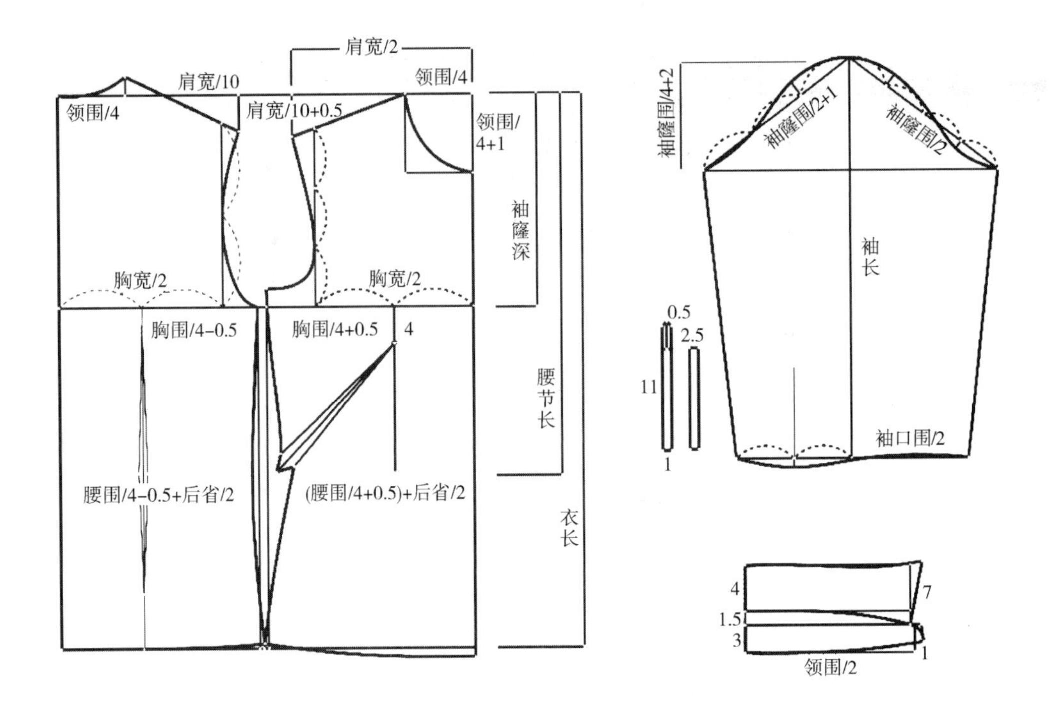

图 11-2

二、七分袖女衬衫 CAD 制板

1. 七分袖女衬衫后片生产纸样制作

双击图标按钮进入 ET2007 工作界面，打开七分袖女衬衫文件，即为图 11-2 所示的结构图。

（1）点击菜单栏中的【平移】，将后片沿外围轮廓线复制。

（2）点击设置栏中的【要素属性定义】，在对话框选择“对称线”后点击后中线变为对称虚线。如图 11-3 所示。

2. 七分袖女衬衫前片生产纸样制作

（1）点击菜单栏中的【平移】，将前片沿外围轮廓线复制。

（2）选择【智能工具】，在智能点空格输入 1cm，长度输入 33cm，平行前中线确定为前半胸筒位置，如图 11-4 所示。点击菜单栏中的【平移】，将前胸筒沿外围轮廓线复制后点击【镜像】，然后选择【智能工具】画出前半胸筒下面的尖角装饰形状，如图 11-5 所示。

（3）选择【智能工具】，在智能点空格输入 3.5cm，在领窝线上靠肩颈点处点击至袖窿围线上靠肩点处点击，同时在智能点空格输入 6cm，确定前育克分割线。

（4）点击设置栏中的【要素属性定义】，在对话框选择“对称线”后点击前中线变为对称虚线，如图 11-5 所示。

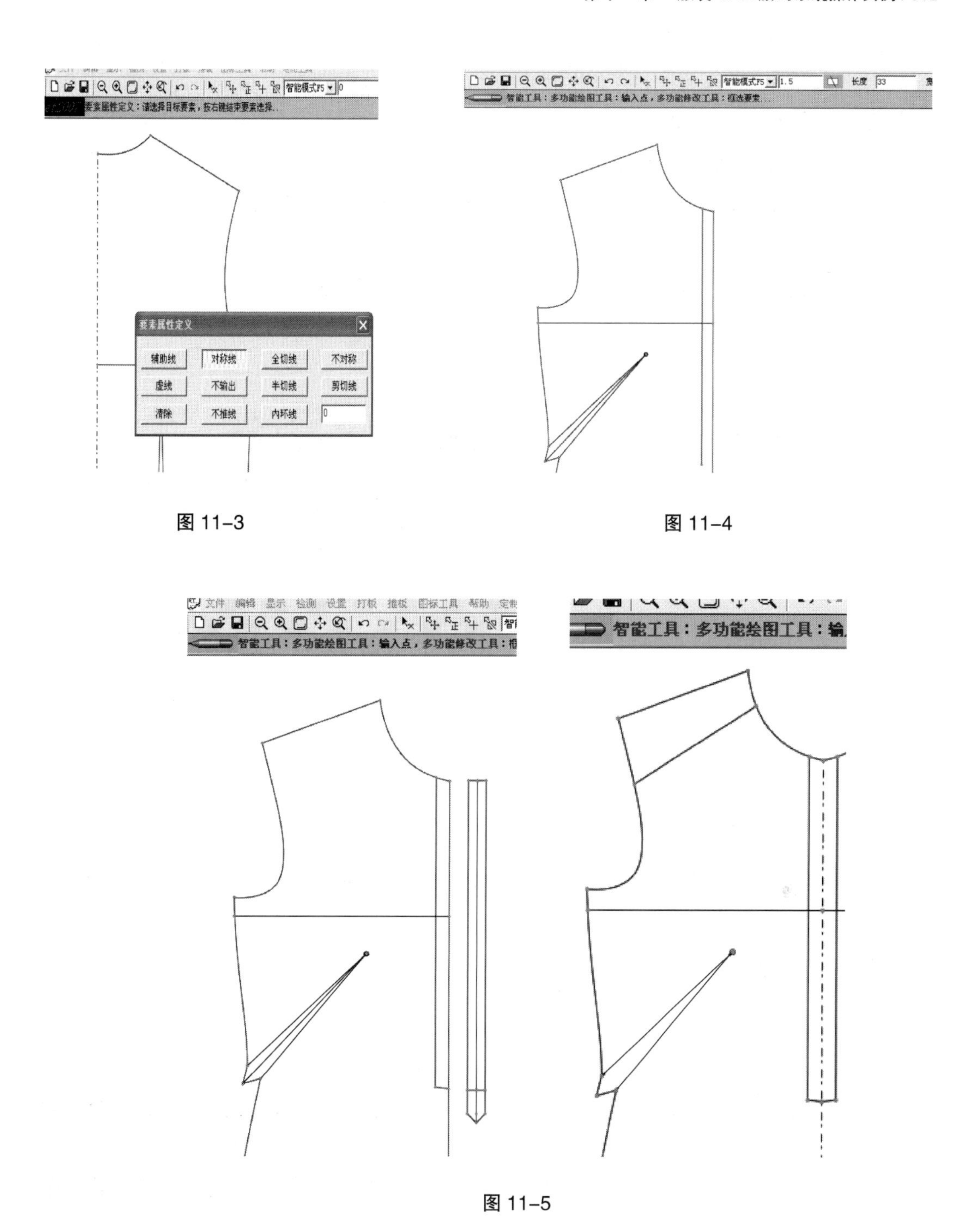

图 11-3

图 11-4

图 11-5

3. 七分袖女衬衫袖片生产纸样制作

（1）点击菜单栏中的【平移】，将袖片沿外围轮廓线复制。

（2）选择【智能工具】，在智能点空格输入 6cm（先减去袖头高 7.5cm，再加上松量 1.5cm），宽度输入 26cm，连接新的袖内缝线，然后点击【镜像】，画出袖身另一边对称线条，在新的袖口围线靠后袖处（即袖口围 /4）重新确定袖衩位置，如图 11-6 所示。

（3）选择【智能工具】，在长度空格输入 26cm+2cm（搭门）=28cm，宽度输入 7.5cm 确定袖头，画出六方形结构。

4. 七分袖女衬衫领片生产纸样制作

（1）点击菜单栏中的【平移】，将翻领片（上级领）和底领片（下级领）沿外围轮廓线复制。

（2）点击设置栏中的【要素属性定义】，在对话框选择“对称线”后点击后中线变为对称点划线虚线，如图 11-7 所示。

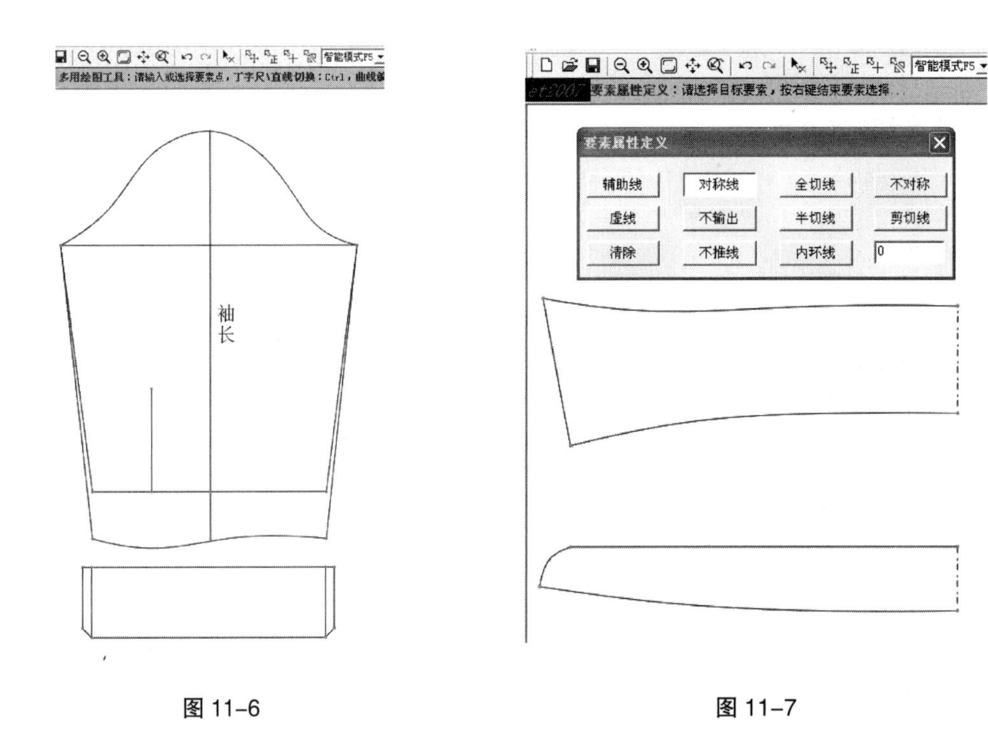

图 11-6　　　　图 11-7

5. 七分袖女衬衫全部纸样的放缝

（1）点击纸样常用打板工具栏中的【自动加缝边】，框选所有裁片按右键后自动增加缝份。

（2）点击纸样常用打板工具栏中的【修改缝边宽度】，同时在缝边宽 1 的空格处输入缝份量 3cm，分别先点选前片及后片底边线，后按右键。

6. 七分袖女衬衫纸样完成图

如图 11-8 所示，点击纸样常用打板工具栏中的【裁片属性定义】，在纱线上点击后拉下并在对话框输入样板号（款式名称）、裁片名称（后片等）、裁片数（后片为 1 片）等资料后，按确认，每块裁片重复同样操作。如图 11-9 所示为全部裁片完成生产纸样图。

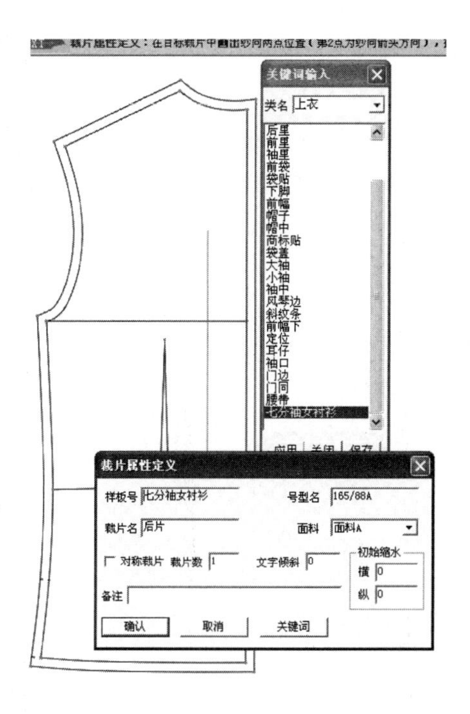
关键词输入
类名 上衣
后里
前里
袖里
前袋
袋贴
下脚
前幅
帽子
帽中
商标贴
袋盖
大袖
小袖
袖中
风琴边
斜纹条
前幅下
定位
耳仔
袖口
门边
门间
腰带
七分袖女衬衫
裁片属性定义
样板号 七分袖女衬衫
号型名 165/88A
裁片名 后片
面料 面料A
对称裁片
裁片数 1
文字倾斜 0
初始缩水
横 0
纵 0
备注
确认
取消
关键词

图 11-8

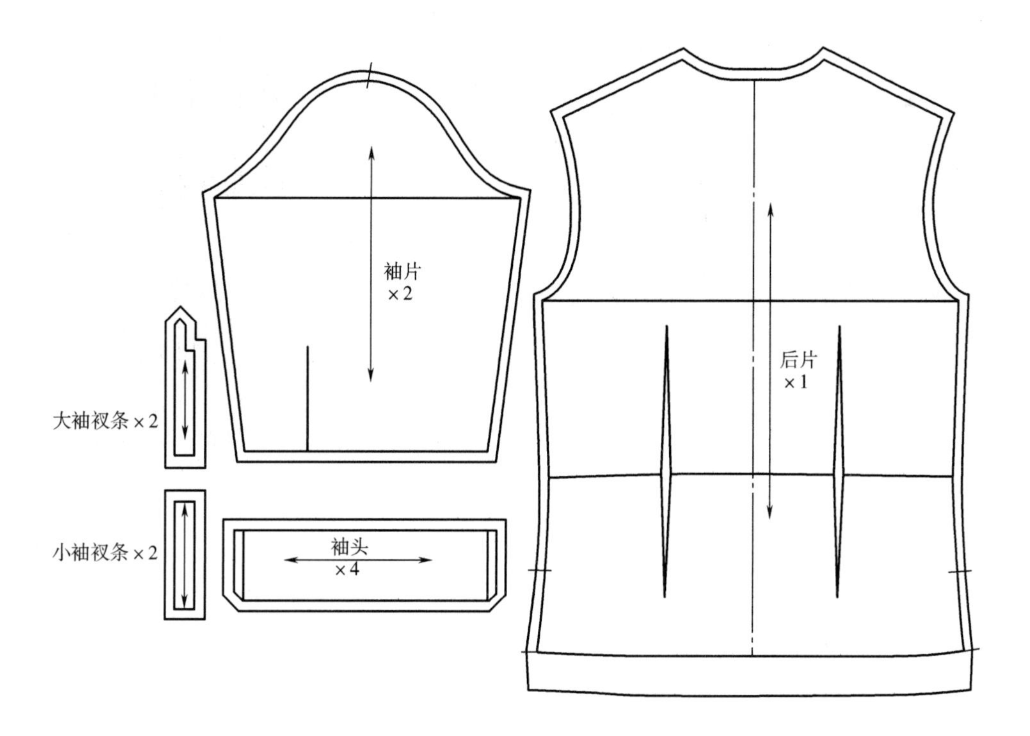
袖片
×2
后片
×1
大袖衩条×2
小袖衩条×2
袖头
×4

图 11-9

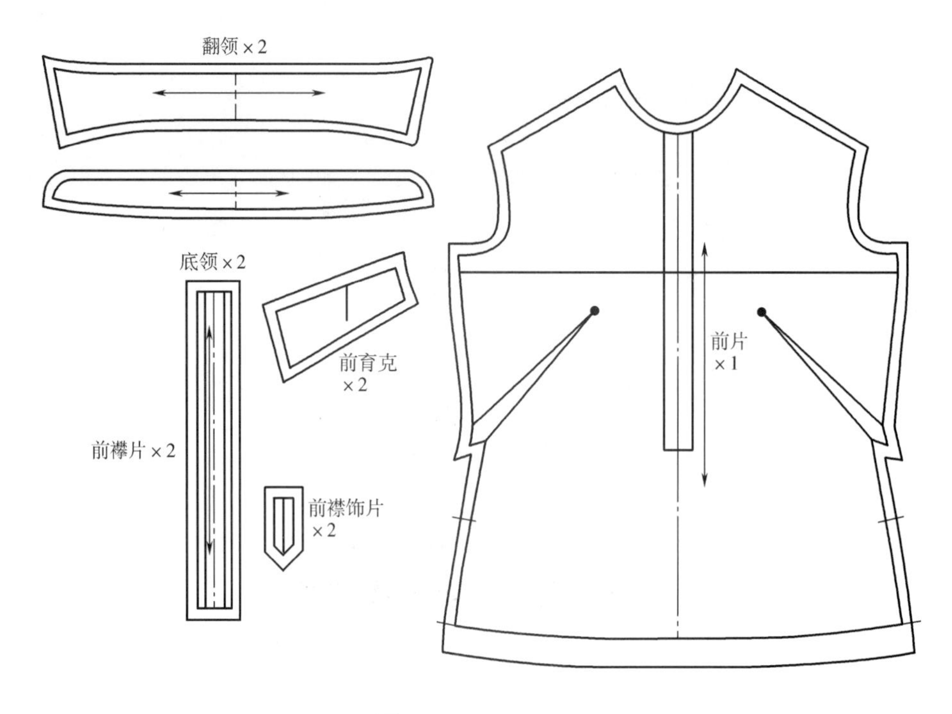

图 11–9

三、七分袖女衬衫纸样放码

1. 七分袖女衬衫放码号型及档差表建立

（1）选择【设置】菜单中的【号型名称设置】命令，弹出【号型名称设定】对话框，单击空格输入号型参数，然后再点击不同码数的颜色代表，在对话框选择相应颜色，点击【确定】，完成以后单击【确认】。如图 11–10 所示。

（2）选择【设置】菜单中的【尺码表设置】命令，弹出【当前文件尺寸表】对话框，单击空格输入档差参数，然后再点击全局档差，完成以后单击【确认】。如图 11–11 所示。

（3）点击状态栏中的【打】进入推板状态，再点击【显示层】为【推板设置】，分别点击每个号型。如图 11–12 所示。

2. 七分袖女衬衫后片放码

（1）将胸围线和后中线交点确定为中心展开点，然后单击【点放码】，左键框选后背颈点，显示对话框为【放码规则】，可点选公式或数字，水平方向输入 0，竖直方向点选袖窿深，如图 11–13 所示。

（2）左键框选后片肩颈点，显示对话框为【放码规则】，水平方向输入 – 领围 /6，竖直方向点选袖窿深，如图 11–14 所示。

（3）左键框选后片肩点，显示对话框为【放码规则】，水平方向输入 – 肩宽 /2，竖直方向点选袖窿深，如图 11–15 所示。

（4）左键框选后片腋下点，显示对话框为【放码规则】，水平方向输入 – 胸围 /4，竖直方向输入 0，如图 11–16 所示。

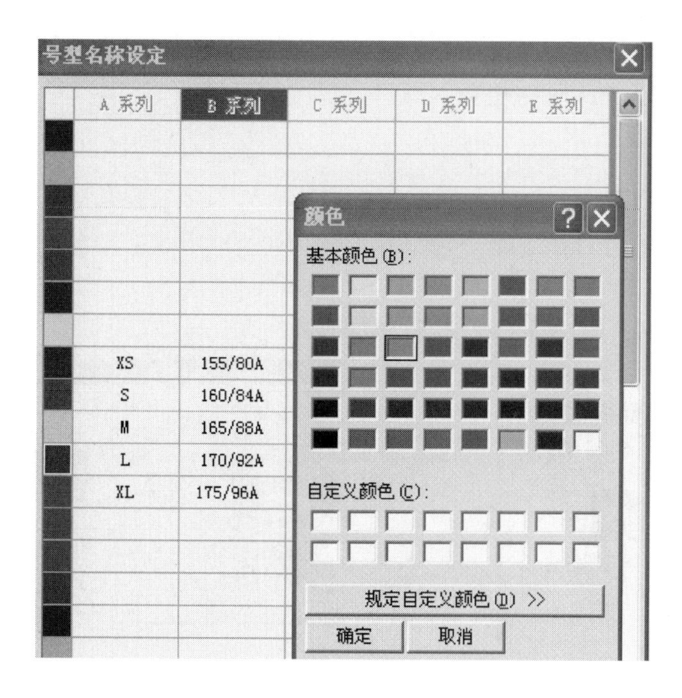

图 11-10

尺寸\号型	155/80A	160/84A	165/88A(标)	170/92A	175/96A	实际尺寸
后衣长(自肩领点)	-4.000	-2.000	0.000	2.000	4.000	56.000
胸围	-8.000	-4.000	0.000	4.000	8.000	92.000
腰围	-8.000	-4.000	0.000	4.000	8.000	84.000
腰围位置(自肩领点)	-2.000	-1.000	0.000	1.000	2.000	38.500
衫下摆围	-8.000	-4.000	0.000	4.000	8.000	94.000
肩宽	-2.000	-1.000	0.000	1.000	2.000	41.000
袖窿深(自肩点直度)	-1.000	-0.500	0.000	0.500	1.000	23.000
前胸宽(腋下中点度)	-2.000	-1.000	0.000	1.000	2.000	36.000
后背宽(腋下中点度)	-2.000	-1.000	0.000	1.000	2.000	37.000
领围	-2.000	-1.000	0.000	1.000	2.000	38.000
袖长	-3.000	-1.500	0.000	1.500	3.000	43.000
袖口围	-2.000	-1.000	0.000	1.000	2.000	26.000
袖臂	-2.000	-1.000	0.000	1.000	2.000	32.000
袖衩长	0.000	0.000	0.000	0.000	0.000	11.000

打开尺寸表　插入尺寸　关键词　全局档差　追加　缩水　0　☑ 显示MS尺寸　确认

保存尺寸表　删除尺寸　清空尺寸表　局部档差　修改　打印　☐ 实际尺寸　et2007　取消

图 11-11

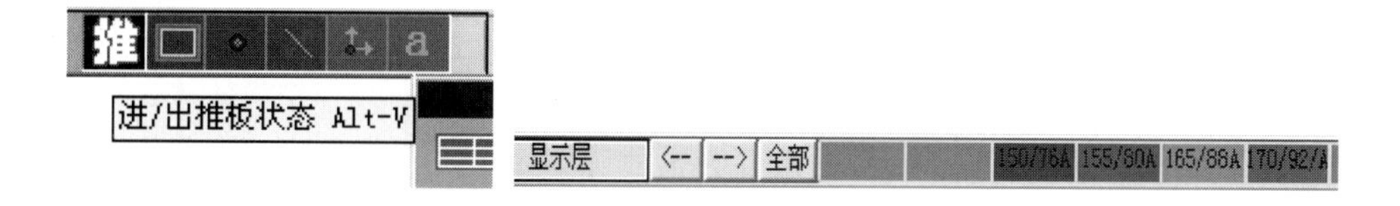

图 11-12

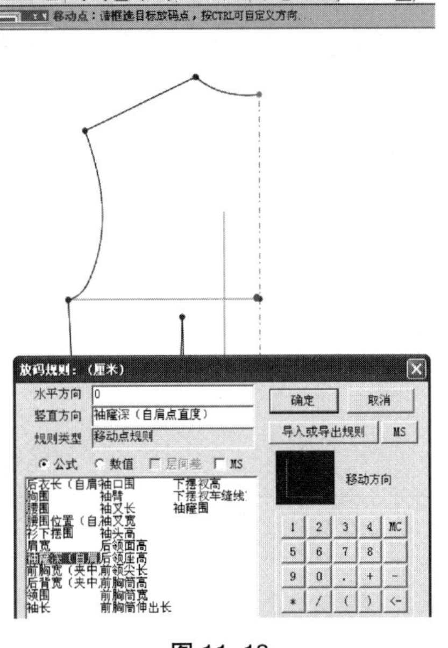

图 11-13

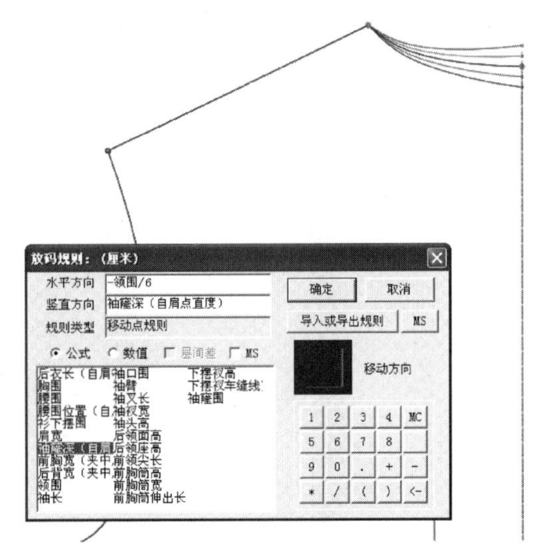

图 11-14

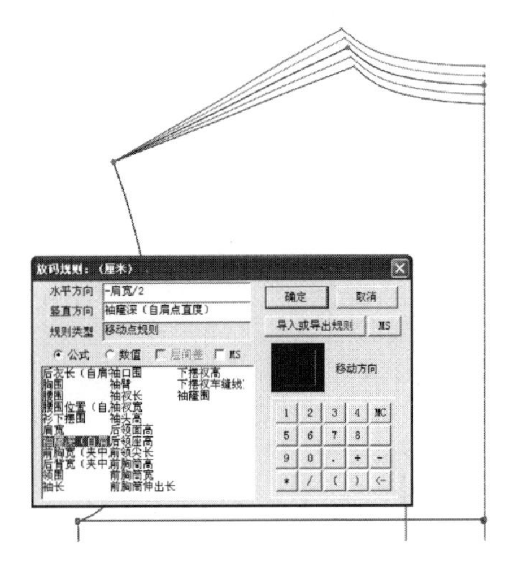

图 11-15

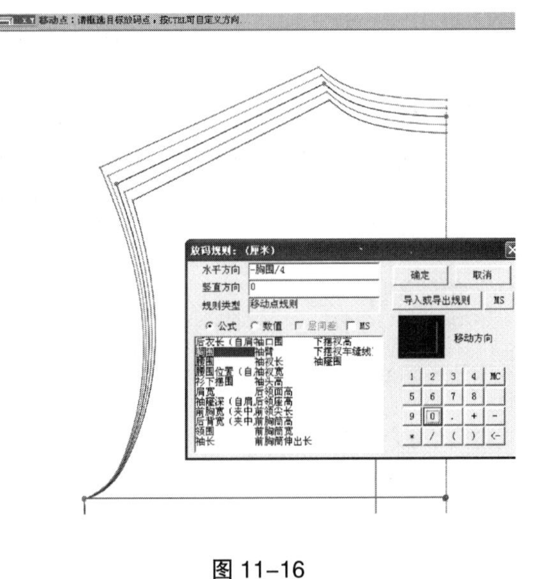

图 11-16

（5）左键框选后片侧腰点，显示对话框为【放码规则】，水平方向输入 – 腰围 /4，竖直方向输入 –（腰节长 – 袖窿深）。

（6）左键框选后片侧下摆点，显示对话框为【放码规则】，水平方向输入 – 衫下摆围 /4，竖直方向输入 –（后衣长 – 袖窿深），如图 11–17 所示。

（7）左键框选后中下摆点，显示对话框为【放码规则】，水平方向输入 0，竖直方向输入 –（后衣长 – 袖窿深），如图 11–18 所示。

（8）左键框选后片腰省点，显示对话框为【放码规则】，水平方向输入 –0.2cm，竖

直方向输入 -（腰节长 - 袖窿深），如图 11-19 所示。

（9）左键框选后中腰线点，显示对话框为【放码规则】，水平方向输入 0，竖直方向输入 -（腰节长 - 袖窿深），如图 11-20 所示。

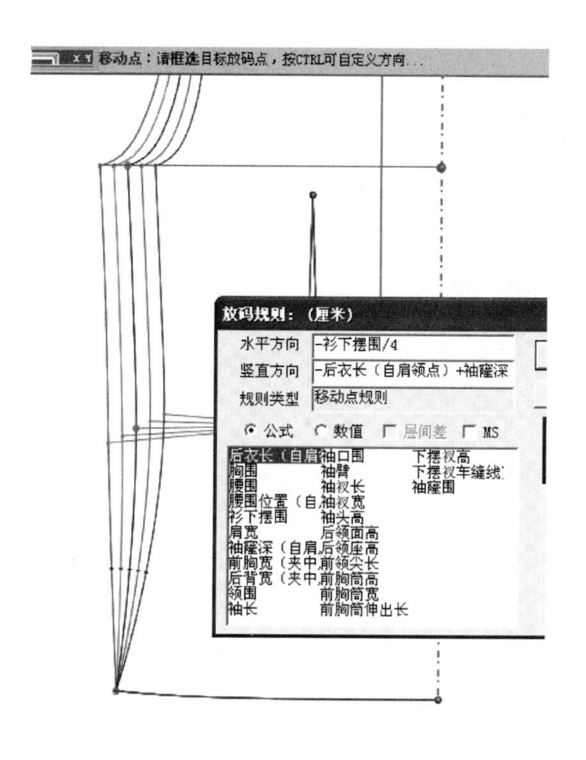

图 11-17

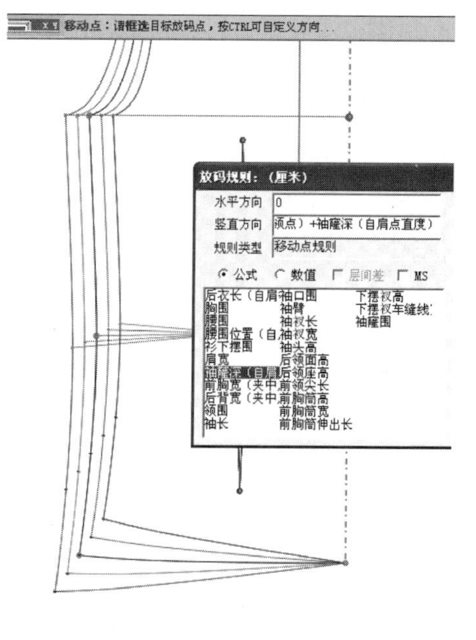

图 11-18

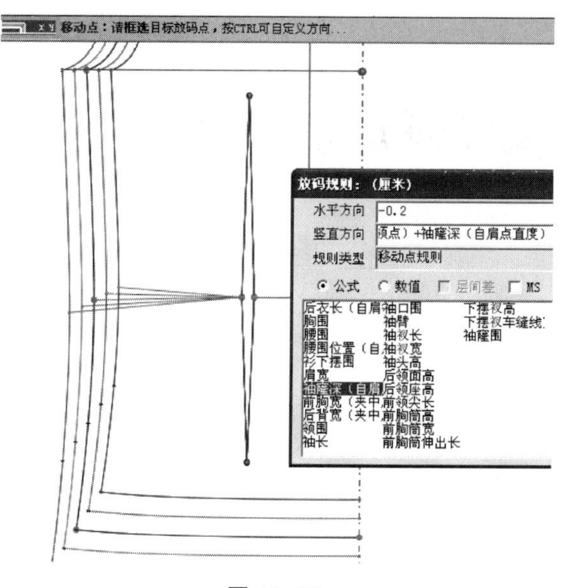

图 11-19

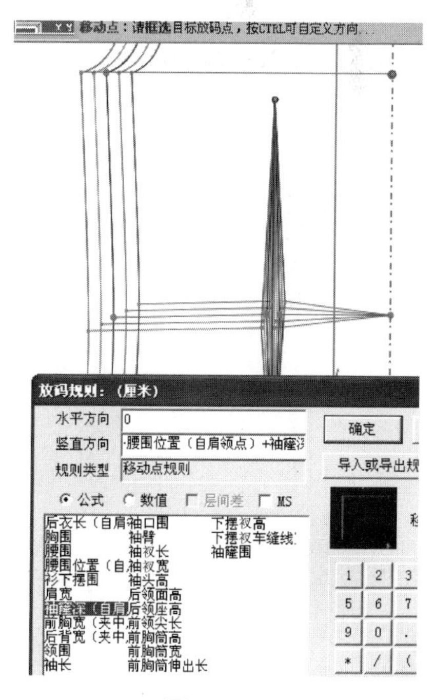

图 11-20

（10）左键框选后片腰省下点，显示对话框为【放码规则】，水平方向输入 -0.2cm，竖直方向输入 -（腰节长 - 袖窿深），如图 11-21 所示。

（11）左键框选后片腰省点，显示对话框为【放码规则】，水平方向输入 -0.2cm，竖直方向输入 0，如图 11-22 所示。

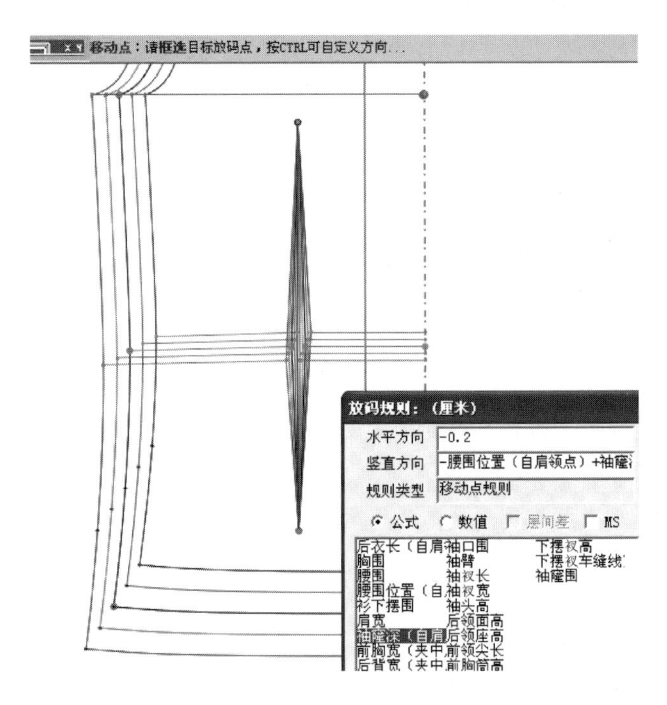

图 11-21

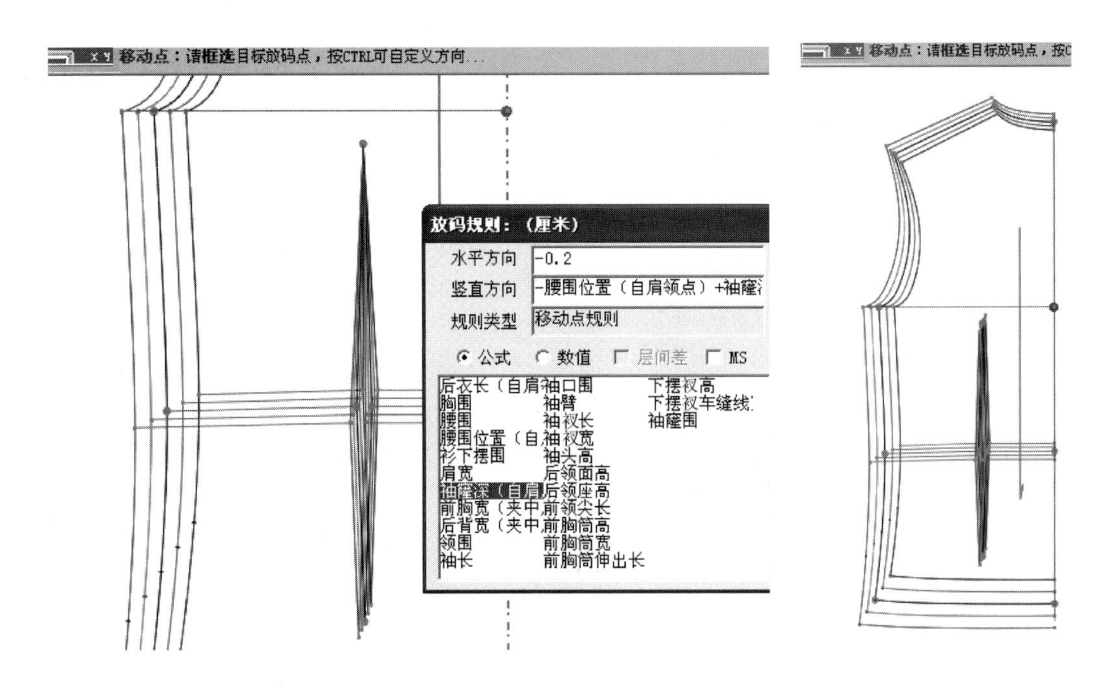

图 11-22

3. 七分袖女衬衫前片放码

与后片相同，首先确定中心展开点为前中线和袖窿深线的交点。

（1）选择放码工具中的【点规则拷贝】，出现对话框选择“完全相同”，框选后片的后背颈点，再框选前颈窝点，如图 11–23 所示。

（2）同样分别依次框选后片的颈侧点、肩点、腋下点、侧腰点、侧下摆点、后中下摆点，再分别依次框选前片的颈侧点、肩点、腋下点、侧腰点、侧下摆点、前中下摆点，如图 11–24 所示。

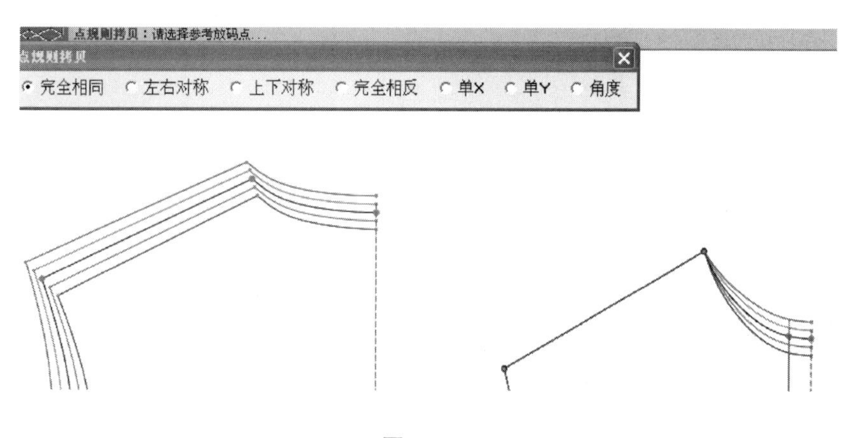

图 11–23

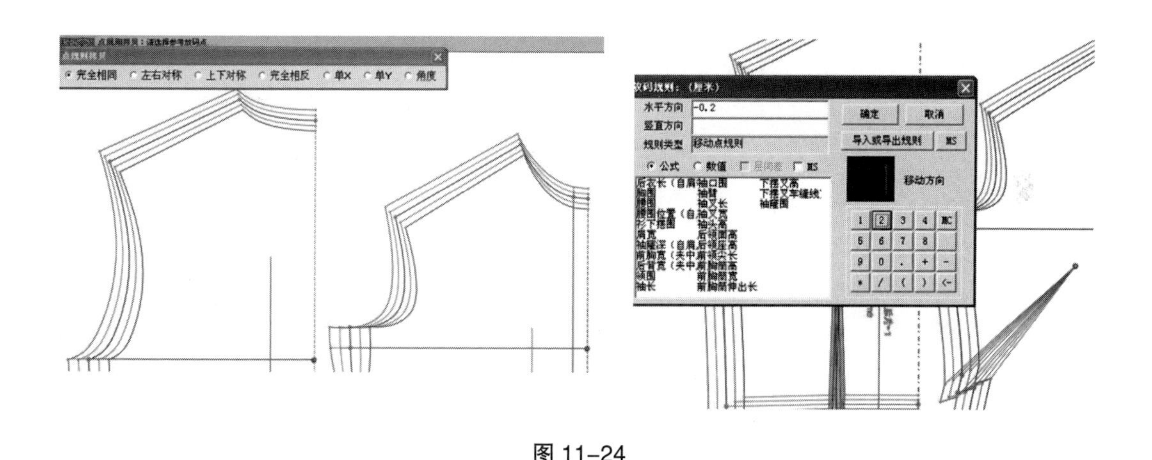

图 11–24

（3）选择放码工具中的【点放码】出现对话框，框选胸省尖点，在放码规则中的水平方向输入 -0.2cm，竖直方向输入 0，如图 11–25 所示。

4. 七分袖女衬衫前育克放码

选择放码工具中的【分割拷贝】，框选前片的领窝点为参考点，再框选育克的颈侧点。同理按顺序依次将前片的袖窿点对应育克的肩点，前片的领窝点对应育克的领窝点，前片的袖窿点对应育克的袖窿点，如图 11–26 所示。

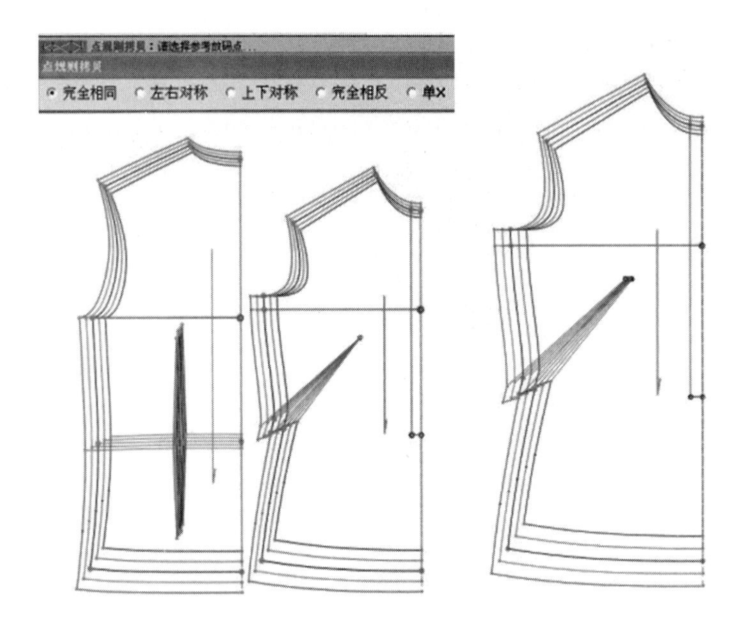

图 11-25

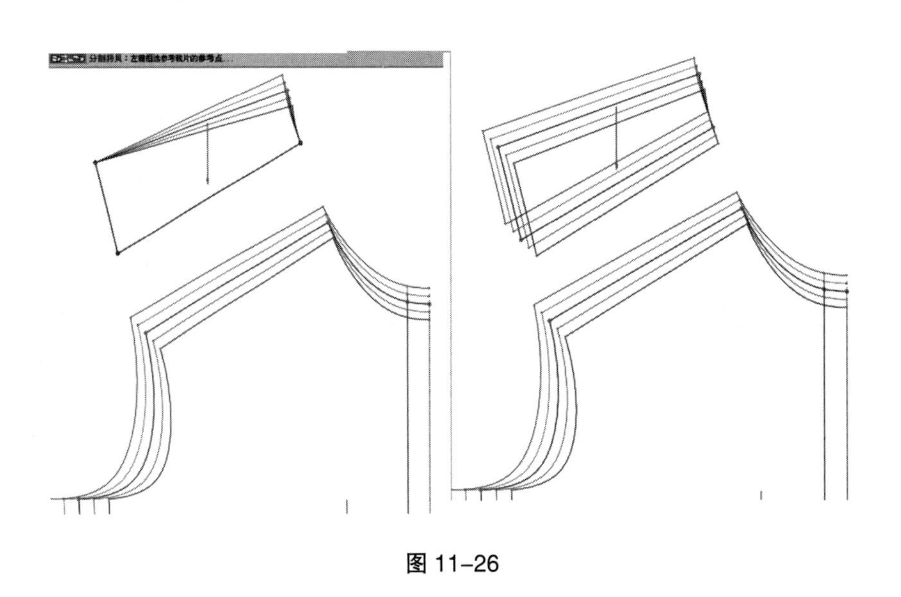

图 11-26

5. 七分袖女衬衫袖头放码

（1）确定中心展开点为袖头上口线和袖头高左边线的交点。

（2）然后单击【点放码】，左键框选右边的边线放码点，显示对话框为【放码规则】，水平方向输入袖口围，竖直方向输入 0，如图 11-27 所示。

6. 七分袖女衬衫袖子放码

（1）确定中心展开点为袖中线和袖山深线的交点，如图 11-28 所示。

（2）单击【点放码】，左键框选袖山顶点，显示对话框为【放码规则】，可点选公

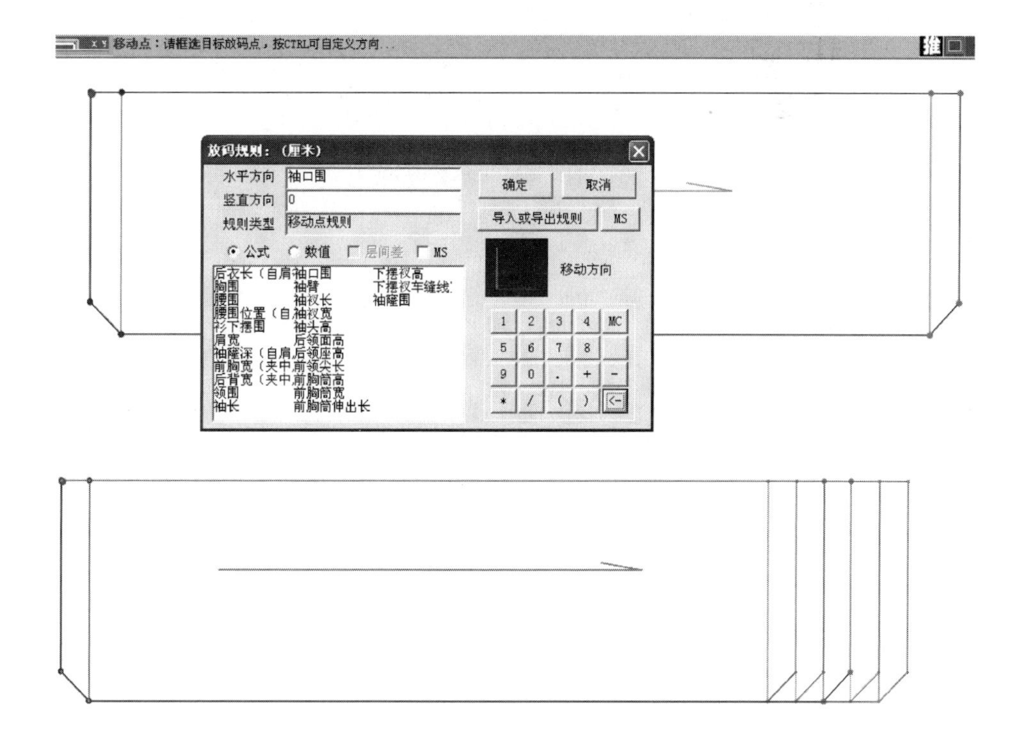
移动点：请框选目标放码点，按CTRL可自定义方向...
放码规则：（厘米）
水平方向
袖口围
竖直方向
0
规则类型
移动点规则
确定
取消
导入或导出规则
MS
公式
数值
层间差
MS
移动方向
后衣长（自肩
胸围
腰围
腰围位置（自
衫下摆围
肩宽
袖窿深（自肩
前胸宽（夹中
后背宽（夹中
领围
袖长
袖口围
袖臂
袖衩长
袖衩宽
袖头高
后领面高
后领座高
前领尖长
前胸筒高
前胸筒宽
前胸筒伸出长
下摆衩高
下摆衩车缝线
袖窿围
MC

图 11-27

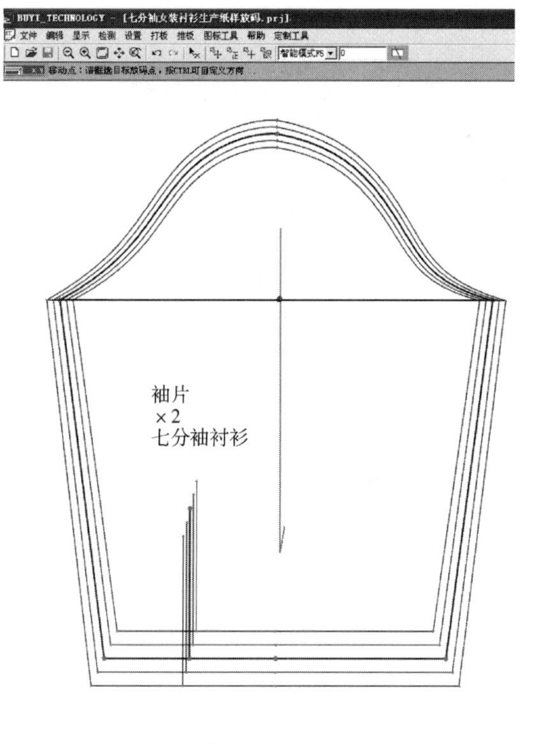
BUYI_TECHNOLOGY - [七分袖女装衬衫生产纸样放码.prj]
文件 编辑 显示 检测 设置 打板 推板 图标工具 帮助 定制工具
智能模式F5
移动点：请框选目标放码点，按CTRL可自定义方向
袖片
×2
七分袖衬衫

图 11-28

式或数字，水平方向输入 0，竖直方向点选袖窿深。

（3）从袖中线左侧起分别依次用左键框选袖臂线点、袖口围线点、袖衩线下点、袖中线下点至袖中线右侧的袖口围线点、袖臂线点。在对话框中分别输入水平方向和竖直方向的量。规则表的数值如表 11–2 所示。

表 11–2　袖子规则数值

单位：cm

放码点	水平方向	竖直方向
袖山顶点	0	+ 袖窿深
袖臂线左点	– 胸围 /4+ 肩宽 /2	0
袖口围线左点	– 袖口围 /2	– 袖长 + 袖窿深（自肩点直度）
袖衩线下点	– 袖口围 /4	– 袖长 + 袖窿深（自肩点直度）
袖衩线上点	– 袖口围 /4	– 袖长 + 袖窿深（自肩点直度）
袖中线下点	0	– 袖长 + 袖窿深（自肩点直度）
袖口围线右点	–(– 袖口围 /2)	– 袖长 + 袖窿深（自肩点直度）
袖臂线右点	胸围 /4– 肩宽 /2	0

7. 七分袖女衬衫领子放码

（1）分别确定中心展开点为翻领中线和领下口线的交点，底领中线和领下口线的交点，如图 11–29 所示。

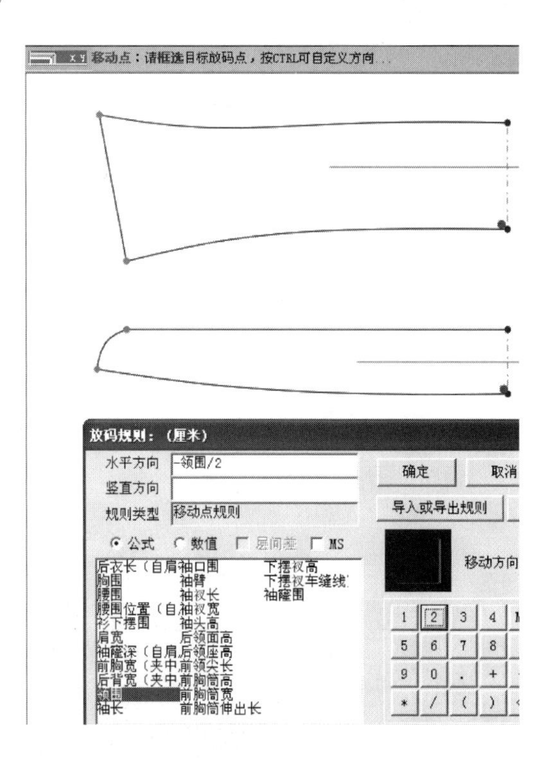

图 11–29

（2）单击【点放码】，左键框选翻领的前领尖放码点，显示对话框为【放码规则】，水平方向输入 – 领围 /2，竖直方向输入 0，如图 11–29、图 11–30 所示。其他三个点操作方法一样。

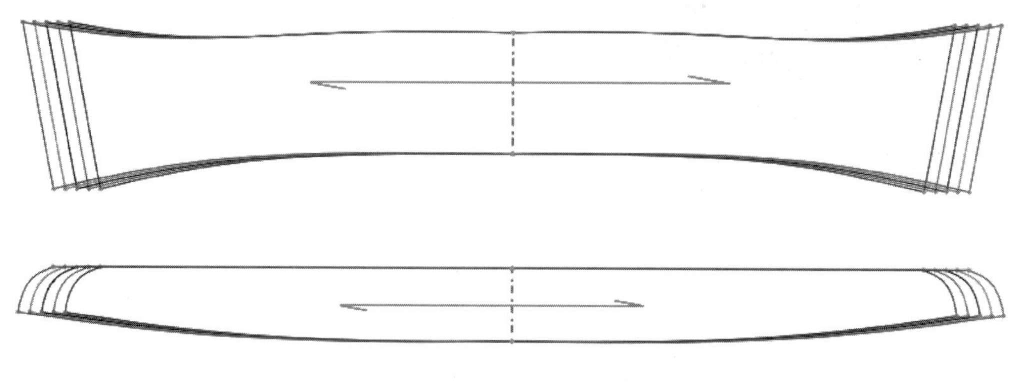

图 11–30

8. 其他裁片放码

前半胸筒、前半胸筒下部装饰、大袖衩条、小袖衩条等裁片一般不需要放大和缩小，按尺寸规格表均不需要。

第二节　品牌连衣裙款式 CAD 放码操作

一、品牌连衣裙纸样制图

1. 品牌连衣裙款式

图 11–31 所示为品牌香奈儿（CHANEL）高级成衣秀春夏款式图。这是一款背心式合体连衣裙，胸围放松量为 6~10cm，采用黑、白色薄纱，低腰，大 V 字领配以金属亮片及羽毛刺绣，假斜开襟配上仿 desrues 纽扣，裙子和上身均采用斜分割线，分割线下有装饰和蝴蝶结。

2. 品牌连衣裙成品规格

表 11–3 所示为品牌连衣裙的成品规格。

3. 品牌连衣裙结构制图

（1）复制英式原型：通常时装可以利用原型法制图，较快捷、方便。其步骤为先复制出英式原型，包含上衣前片、后片，裙子前片、后片，其制图方法可参考《服装纸样设计》（刘东著，2 版，中国纺织出版社，2008 年）。

图 11-31

表 11-3　品牌连衣裙成品规格

单位：cm

尺码	8	10	12	14	16	档差值
胸围	84	88	92	96	100	4
腰围	72	76	80	84	98	4
臀围	87	91	95	99	103	4
下摆围	89	93	97	101	105	4
后背宽	30	31	32	33	34	1
裙长	91	94	97	100	103	3
腰节长	38	39	40	41	42	1
袖窿深	22	22.5	23	23.5	24	0.5

（2）品牌连衣裙结构制图步骤：如图 11-32 所示。

①将上衣前片和裙子前片按照中线对齐，上衣的腰围结构线和裙子的腰围结构线重合，并将前胸省关闭移至袖窿弧线处，前中线为对称线形式。后片的操作方法与前片相同，将肩省关闭移至袖窿弧线处。

②将肩线分为三等分，前片前中线处下降 16.5cm，确定前领窝线呈 V 字型状，后片下降 4.5cm，确定后领窝线呈船形。

③肩线宽为 2cm，按照胸围尺寸确定新的腋下点并画新的袖窿弧线。依据胸围、腰围的比例尺寸画新的侧缝线。

④确定前片与后片的款式分割线、前片假斜开襟的分割线以及前片斜向装饰片，如图 11-32 所示。

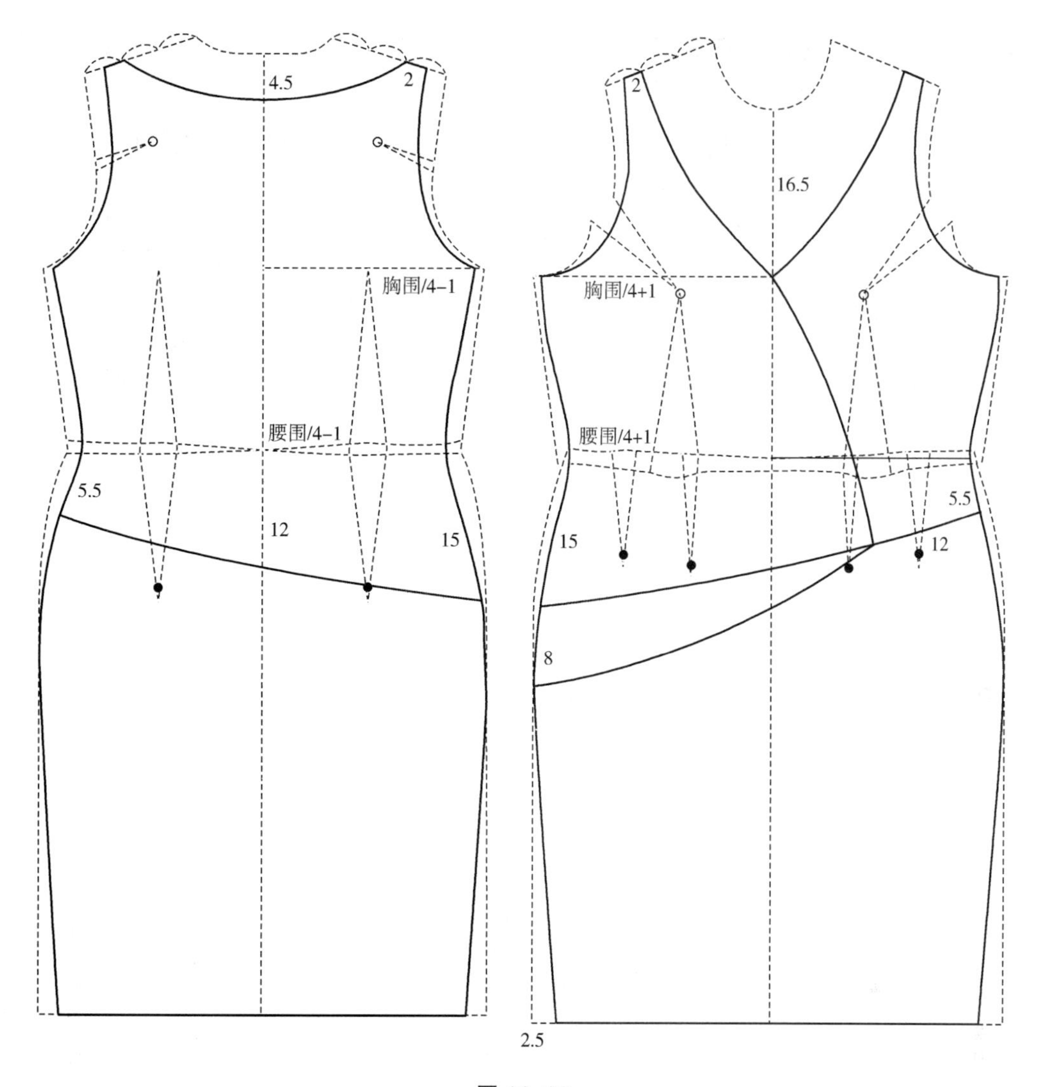

图 11−32

4. 品牌连衣裙生产纸样

（1）前衣片：按照斜门襟分割线分别复制上衣左前片和右前片，裁剪数量分别为一片，所有边缘线增加 1cm 缝份。

（2）裙前片：按照斜分割线分别复制裙子前片，并沿其一省中线垂直剪开后各展开 2cm 褶皱量，裁剪数量分别为一片，除底边边缘增加 4cm 缝份外，其余边缘线均增加 1cm 缝份。

（3）后衣片：按照斜分割线复制上衣后片，裁剪数量为一片，所有边缘线增加 1cm 缝份。

（4）裙后片：按照斜分割线分别复制裙子后片，并沿省中线垂直剪开后各展开 4cm 褶皱量，裁剪数量为一片，除底边边缘增加 4cm 缝份外，其余边缘线均增加 1cm 缝份。

（5）前装饰片：复制分割线下的前装饰片，裁剪数量为一片，所有边缘线均增加

1cm 缝份。

（6）蝴蝶结饰带：绘画方形结构，其中一端宽为 8cm，另一端宽为 4cm, 长约为 80cm。裁剪数量为一片，垂直水平线为对称线，所有边缘线均增加 1cm 缝份，如图 11-33 所示。

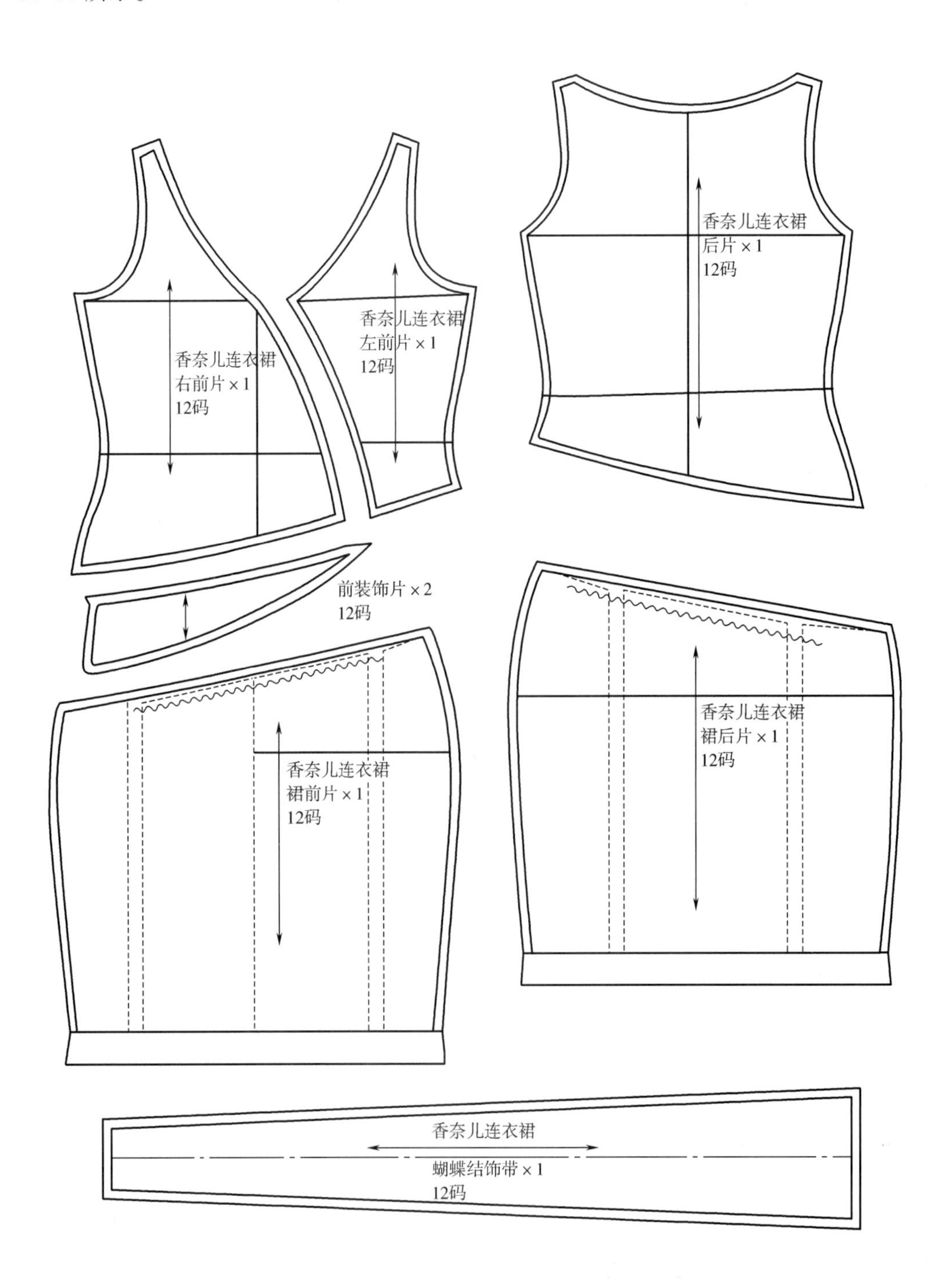

图 11-33

二、品牌连衣裙纸样放码

1. 放码号型及档差表设置

（1）选择【设置】菜单中的【号型名称设置】命令，弹出【号型名称设定】对话框，单击空格，输入号型参数 8、10、12、14、16，其中 12 码为中间码。然后点击不同码数的颜色代表，在对话框中选择相应颜色，点击【确定】，完成以后单击【确认】，如图 11–34 所示。

（2）选择【设置】菜单中的【尺码表设置】命令，弹出【当前文件尺寸表】对话框，单击空格输入档差参数，然后再点击全局档差，完成以后单击【确认】，如图 11–35 所示。

（3）点击状态栏中的【打】，进入推板状态，再点击【显示层】为【推板设置】，分别点击每个号型。

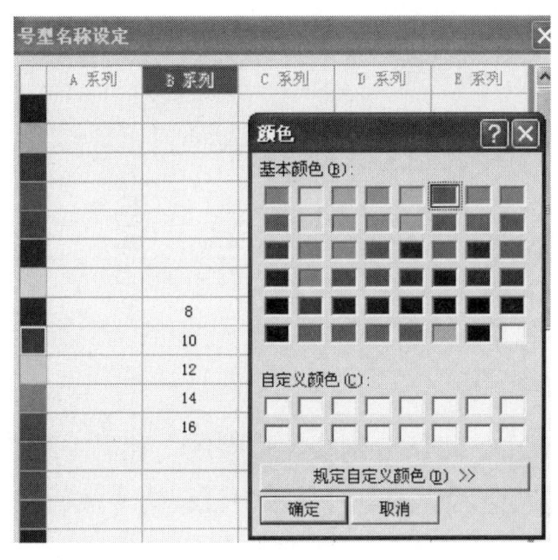

图 11–34

当前文件尺寸表

尺寸\号型	8	10	12(标)	14	16	实际尺寸
胸围	-8.000	-4.000	0.000	4.000	8.000	92.000
腰围	-8.000	-4.000	0.000	4.000	8.000	80.000
臀围	-8.000	-4.000	0.000	4.000	8.000	95.000
下摆围	-8.000	-4.000	0.000	4.000	8.000	96.000
后背宽	-2.000	-1.000	0.000	1.000	2.000	32.000
裙长	-6.000	-3.000	0.000	3.000	6.000	97.000
腰节长	-2.000	-1.000	0.000	1.000	2.000	40.000
袖窿深	-1.000	-0.500	0.000	0.500	1.000	23.000

图 11–35

2. 衣身后片放码

（1）选择【设置］菜单中的【规则表设置】命令，弹出【放码规则表】对话框，刷新组名，输入连衣裙，单击空格分别输入规格名称，然后再单击输入 X 轴放码分配量和 Y 轴放码量，完成以后单击【保存规则】，按【确认】，如图 11–36 所示。

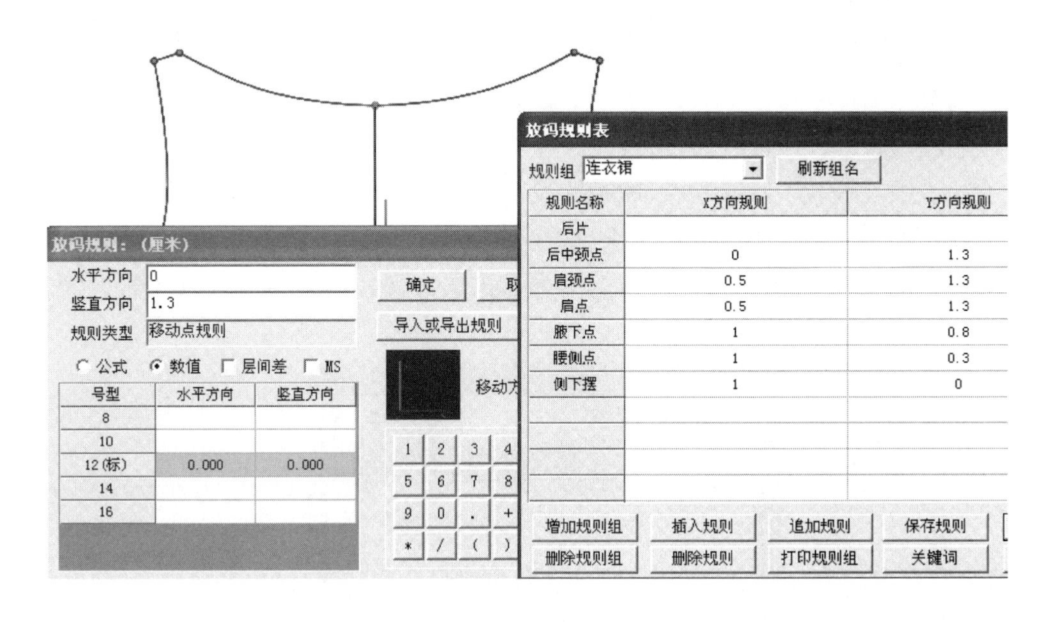

图 11–36

（2）点击【展开中心点】，将斜分割线（低腰线）和后中线交点确定为中心展开点，然后单击【点放码】，左键框选后背颈点，显示对话框为【放码规则】，可点选【数字】后点击【导入或导出规则】，显示【放码规则表】对话框，点击后中颈点后，在放码规则上水平方向显示“0”，竖直方向显示“1.3”，分别按【确认】。

（3）单击【点放码】，左键框选后颈点，显示对话框为【放码规则】，然后点击【导入或导出规则】，显示对话框，点击后颈点，在放码规则上水平方向显示“0.5”，竖直方向显示“1.3”，分别按【确认】，如图 11–37 所示。

（4）其他的每个放码点都重复（3）步骤至后中下摆点。

（5）选择放码工具中的【点规则拷贝】，出现对话框选择“左右对称”，分别依次框选右侧颈肩点，再框选左侧颈肩点；框选右侧肩点，再框选左侧肩点；框选右腋下点，再框选左腋下点；框选右侧腰点，再框选左侧腰点；框选右下摆点，再框选左下摆点，按右键。后片放码图如图 11–38 所示。

3. 裙后片放码

（1）点击【展开中心点】，将裙身斜分割线（低腰线）和后中线交点确定为中心展开点。与衣身同在一中心点，如图 11–39 所示。

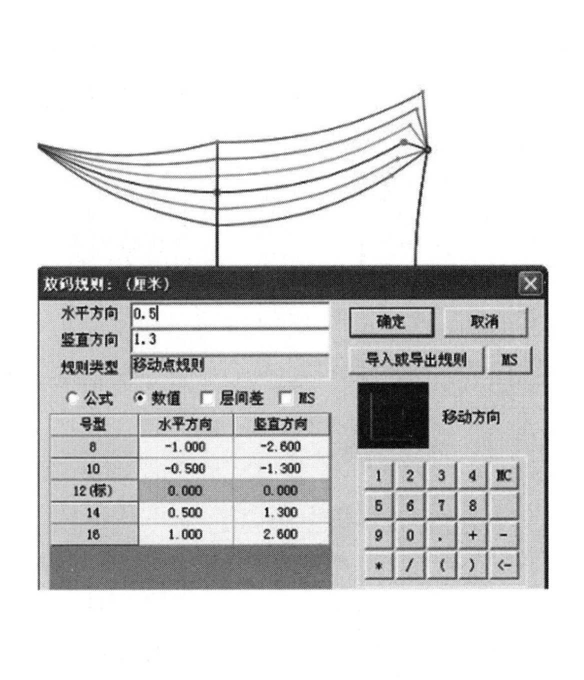

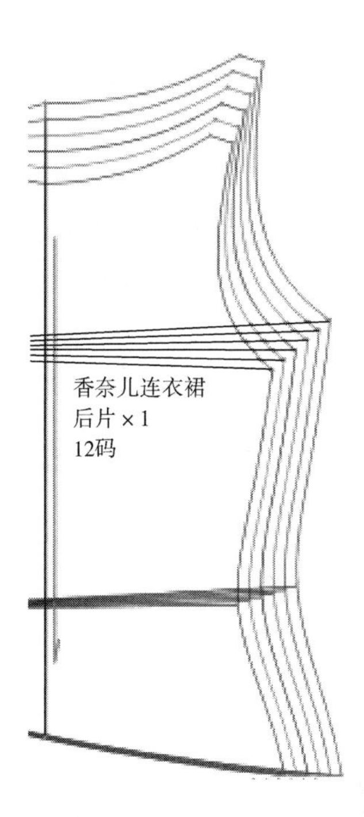

图 11-37

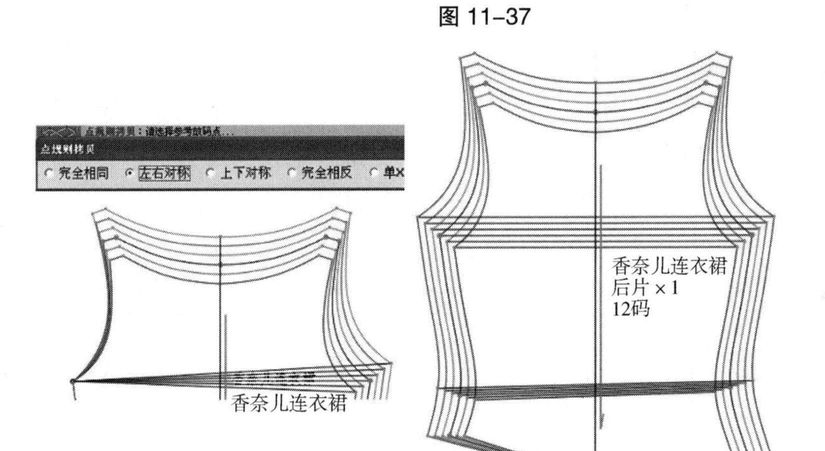

图 11-38

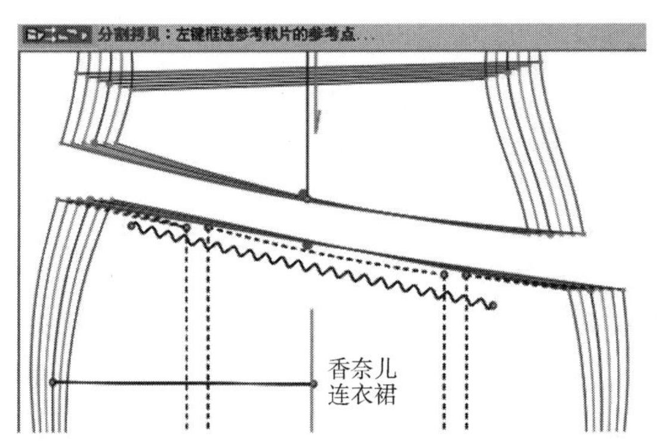

规则组 连衣裙　刷新组名

规则名称	X方向规则	Y方向规则
裙身		
切割线侧点	1	0
臀侧点	1	-0.2
裙摆侧点	1	-1.7

图 11-39

（2）点击【分割拷贝】，分别依次框选衣身右侧下摆点，再框选裙身右侧分割点；框选衣身左侧下摆点，再框选裙身左侧分割点。

（3）点击【点放码】，左键框选裙身的右侧臀点，显示对话框为【放码规则】，然后点击【导入或导出规则】，显示对话框【放码规则表】，点击裙身的侧臀点，在放码规则上水平方向显示出“1”，竖直方向显示“-0.2”，点击【确认】，如图 11-40 所示。

（4）左键框选裙身的右侧下摆点，显示对话框为【放码规则】，然后点击【导入或导出规则】，显示对话框【放码规则表】，点击裙身的下摆侧点，在放码规则上水平方向显示“1”，竖直方向显示“-1.7”，点击【确认】，如图 11-40 所示。

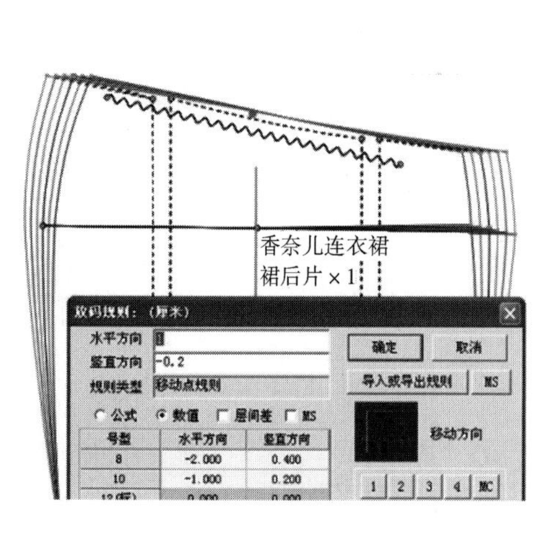

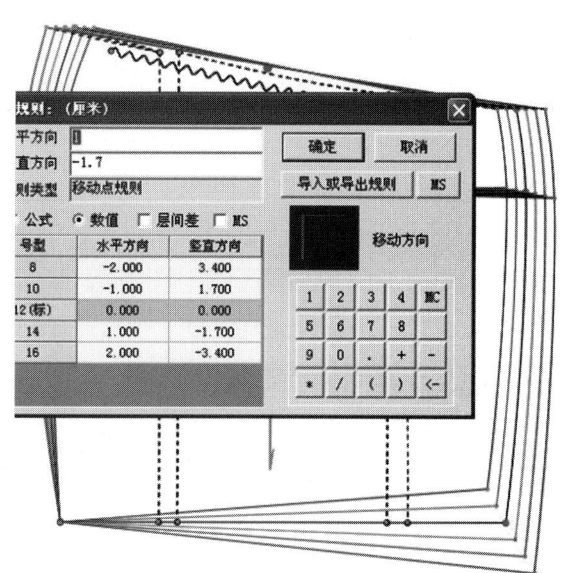

图 11-40

（5）选择放码工具中的【点规则拷贝】，出现对话框选择“左右对称”，分别依次框选右侧臀点，再框选左侧臀点；框选右侧下摆点，再框选左侧下摆点；按右键。

（6）选择放码工具中的【点规则拷贝】，出现对话框，选择“单 Y”，框选右侧臀点再框选臀围线后中点，按右键。

4. 上衣前片放码

（1）点击【展开中心点】，将上衣左、右前片的斜分割线（低腰线）和左、右裁片分割线交点确定为中心展开点。

（2）单击【点放码】，左键框选前领窝最低点，显示对话框为【放码规则】，可点选【数字】后点击【导入或导出规则】，显示对话框【放码规则表】，点击前领窝最低点后，在放码规则上水平方向显示“0”，竖直方向显示“0.8”，分别按【确认】，如图 11-41 所示。

（3）左键框选肩颈点，操作方法与步骤（2）相同，在放码规则上水平方向显示“0.5”，竖直方向显示“1.3”，分别按【确认】。

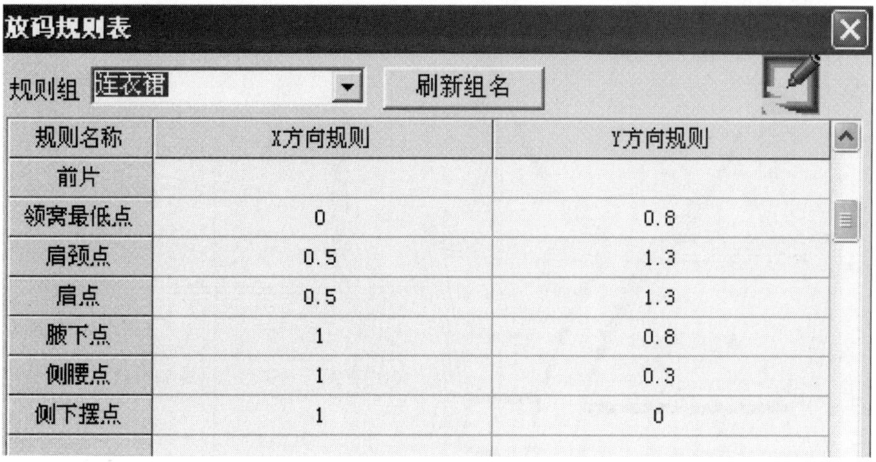

放码规则表

规则组 连衣裙　刷新组名

规则名称	X方向规则	Y方向规则
前片		
领窝最低点	0	0.8
肩颈点	0.5	1.3
肩点	0.5	1.3
腋下点	1	0.8
侧腰点	1	0.3
侧下摆点	1	0

图 11–41

（4）其他每个放码点（肩点、腋下点、侧腰点、侧下摆点）都重复步骤（3）至侧下摆点。

（5）选择放码工具中的【点规则拷贝】出现对话框选择“单 Y ”，框选侧腰点，再框选腰围线前中点，按右键，完成左前片放码。

（6）选择放码工具中的【点规则拷贝】，出现对话框选择“完全相同”，先框选左前领窝最低点，再框选右前领窝最低点，按右键；然后框选左前中腰点，再框选右前中腰点，按右键；其他点依次为肩颈点、肩点、腋下点、侧腰点、侧下摆点，其操作方法相同，但出现对话框要选择“左右对称”。

5. 前装饰片放码

（1）点击【展开中心点】，将前装饰片的斜分割线（低腰线）和下摆线交点确定为中心展开点。

（2）选择放码工具中的【点规则拷贝】，出现对话框选择“单 X ”，先框选右前下摆点，再框选前装饰片的上侧点，按右键；框选右前下摆点再框选前装饰片的下侧点，按右键。

6. 裙前片放码

裙前片放码步骤请参照裙后片的放码方法。如果生产纸样图上需要有中线则可选择放码工具中的【方向交点】，框选底边线的前中点再框选底边线，即可使每个码的前中线和底边线相交在一起。

如图 11–42 所示为品牌连衣裙纸样放码图（装饰带不需要作任何方向的放码）。

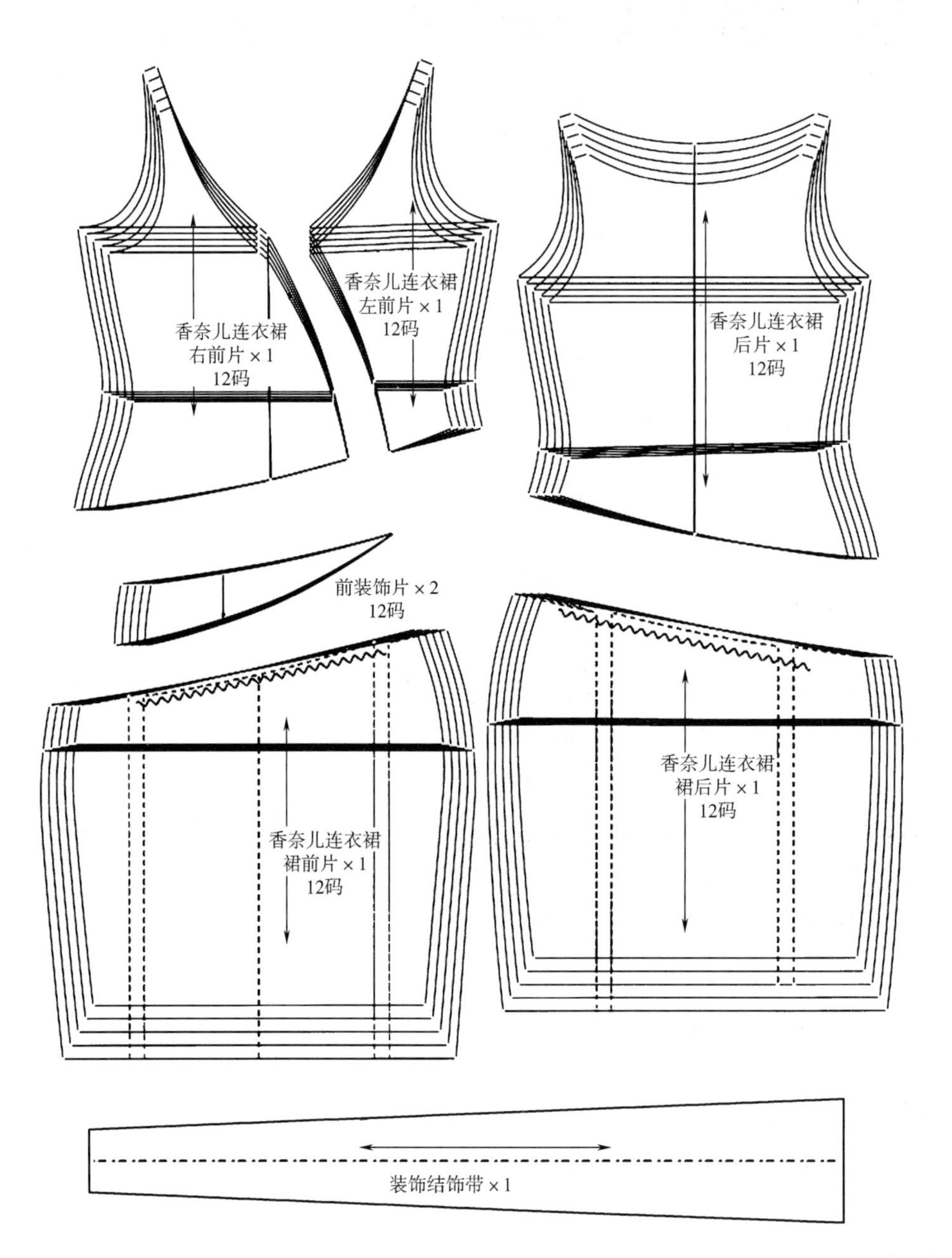
香奈儿连衣裙
右前片 × 1
12码
香奈儿连衣裙
左前片 × 1
12码
香奈儿连衣裙
后片 × 1
12码
前装饰片 × 2
12码
香奈儿连衣裙
裙后片 × 1
12码
香奈儿连衣裙
裙前片 × 1
12码
装饰结饰带 × 1

图 11–42

第三节　下装款式 CAD 放码操作

一、工字褶半截裙制板与放码

1. 半截裙款式结构特点

图 11-43 所示为半截裙款式图，款式的结构特点为直腰头，裙子的整体效果为直筒状，为方便行走，下摆加宽并在后中下摆开衩，前片、后片腰部各设两个省道，前中有一上半部分缉死的工字褶裥，两侧配有袋盖装饰。

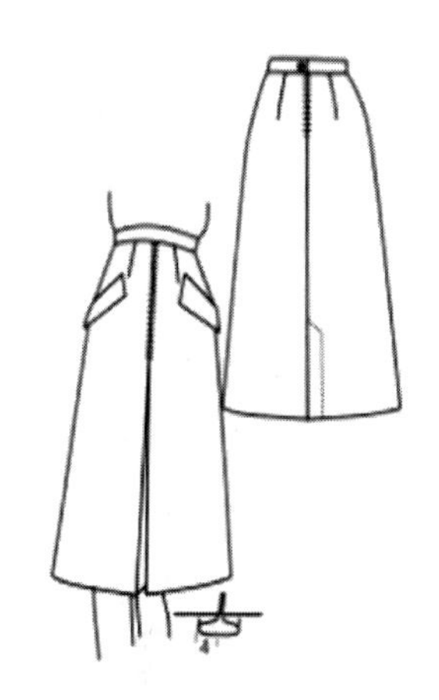

图 11-43

2. 半截裙款式生产纸样制图的尺寸规格（表 11-4）

表 11-4　半截裙成品规格

单位：cm

号型	XS	S	M	L	XL	档差值
腰围	60	64	68	72	76	4
臀围	88	92	96	100	104	4
下摆围	98	102	106	110	114	4
裙长（连腰头高 3）	51	53	55	57	59	2
腰长	20	21	22	23	24	1
褶裥宽	4	4	4	4	4	0

3. 半截裙款式基本纸样制图步骤

半截裙款式基本纸样制图步骤以 S 码为例，制图要点及公式如下：

（1）臀围线：腰长 – 腰头高 =18cm。

（2）下摆围线：裙长 – 腰头高 =50cm。

（3）后片腰宽：腰围 /4+1cm+ 省量（常用为 2cm）=19cm，臀宽为：臀围 /4+1cm=24cm。

（4）前片腰宽：腰围 /4–1cm+ 省量（常用为 2cm）=17cm，臀宽为：臀围 /4–1cm=22cm。

（5）后开衩：宽 4cm，高 15cm。

（6）前片褶裥量：4cm × 2=8cm。

（7）腰头宽：腰围 + 搭门（2.5cm）=66.5cm。

4. 半截裙款式生产纸样制图步骤

半截裙款式的生产纸样制图步骤如图 11-44 所示，含前裙片、后裙片、腰头、袋盖等，在上述基本纸样基础上，除底边边缘增加 4cm 缝份外，其余边缘均增加 1cm 缝份。

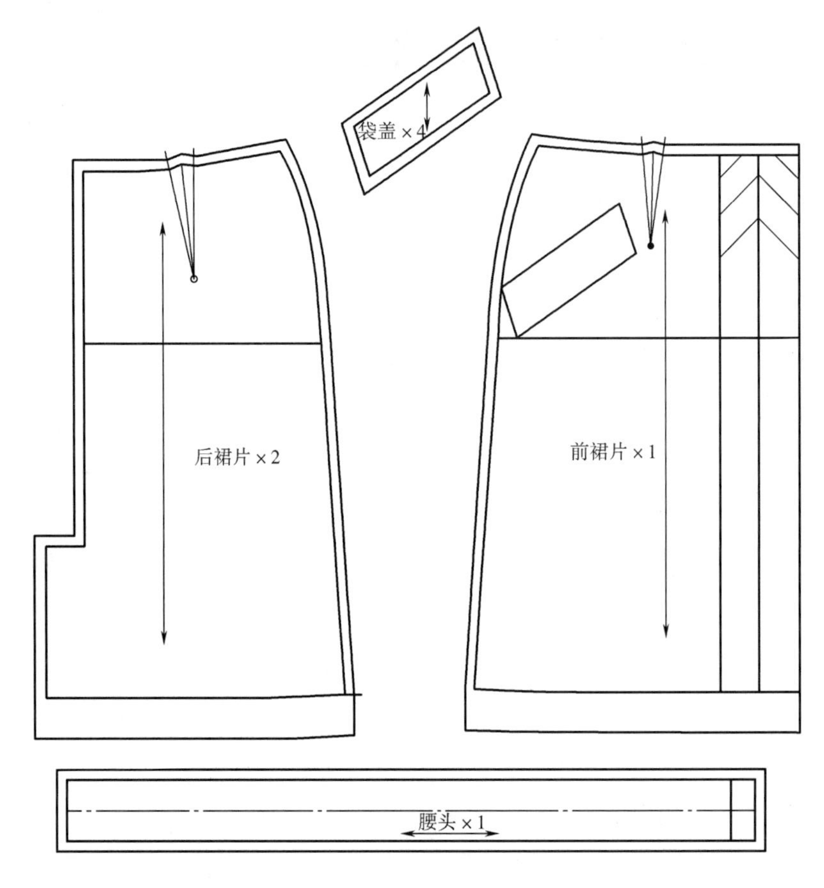

图 11-44

5. 半截裙款式生产纸样放码步骤

（1）点击状态栏中的【打】进入推板状态，再点击【显示层】为【推板设置】，分别点击每个号型。

（2）选择【设置】菜单中的【号型名称设置】命令，弹出【号型名称设定】对话框，单击空格输入号型，如参数 XS（紫红）、S（蓝色）、M（红色）、L（绿色）、XL（浅蓝）。然后再点击不同码数的颜色代表，在对话框中选择相应颜色，点击【确定】，完成以后单击【确认】。

（3）选择【设置】菜单中的【尺码表设置】命令，弹出【当前文件尺寸表】对话框，单击空格输入档差参数，然后再点击全局档差，完成以后单击【确认】。依据尺寸表上的档差表在尺寸及号型上输入，臀高 0.5cm，腰围 4cm，臀围 4cm，裙长 2cm，腰头高为 0，褶裥宽为 0，如图 11-45 所示。

（4）单击功能菜单中的【竖向切割线】命令，按图 11-46 所示纵向切割线先后点击

尺寸\号型	XS	S	M(标)	L	XL	实际尺寸
腰围	-8.000	-4.000	0.000	4.000	8.000	68.000
臀围	-8.000	-4.000	0.000	4.000	8.000	94.000
裙长（含腰头）	-4.000	-2.000	0.000	2.000	4.000	56.000
腰头宽	0.000	0.000	0.000	0.000	0.000	3.000
褶裥宽	0.000	0.000	0.000	0.000	0.000	4.000
臀高	-1.000	-0.500	0.000	0.500	1.000	18.000

打开尺寸表　插入尺寸　关键词　全局档差　追加　缩水　0　☑ 显示MS尺寸　确认
保存尺寸表　删除尺寸　清空尺寸表　局部档差　修改　打印　☐ 实际尺寸　取消

图 11-45

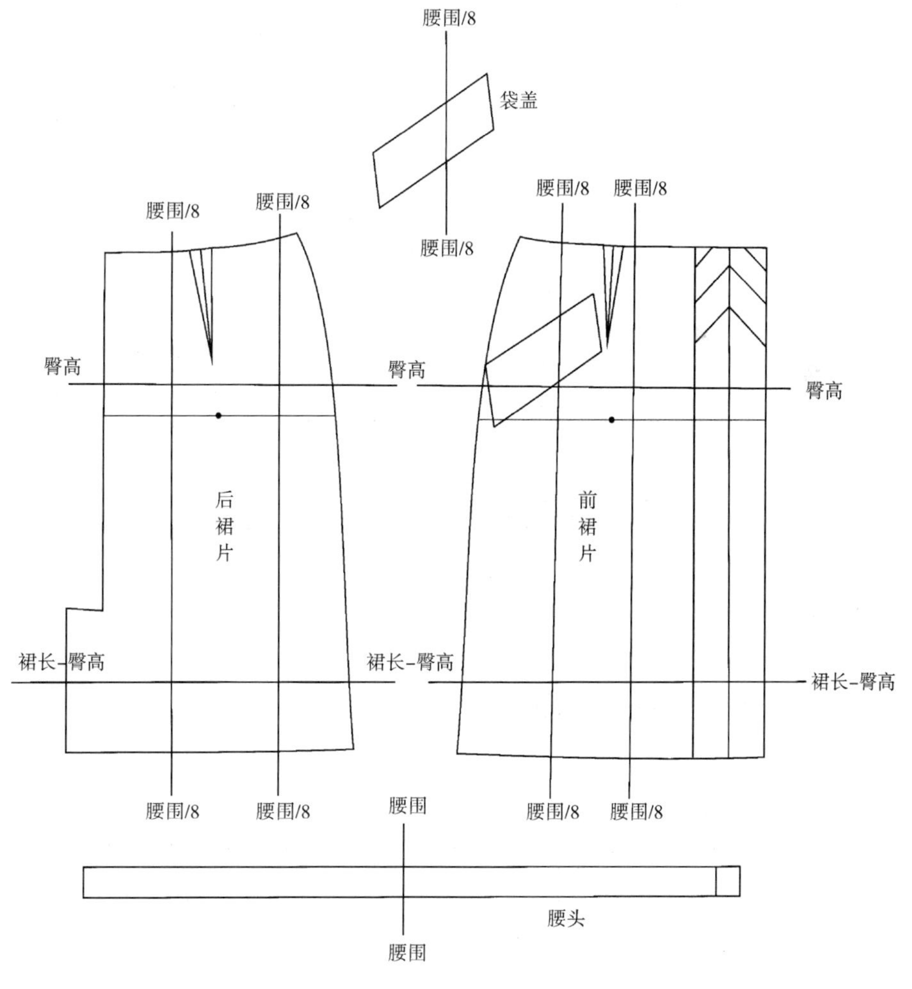

图 11-46

后裙片、前裙片的腰线上端及袋盖、腰头裁片的上端，在相应的后裙片、前裙片部位的下摆处及袋盖、腰头裁片的下端结束；然后单击功能菜单中的【横向切割线】命令，按横向切割线先后点出后裙片、前裙片、袋盖及腰头裁片。

（5）单击功能菜单中的【输入切开量】命令，先点出纵向切割线，后点右键，弹出【放码规则】对话框，在切开量 1 和切开量 2 输入，如图 11–46 所示（用公式表示）。

（6）点击【展开中心点】，将臀围线和省尖点的垂线交点确定为中心展开点。点击【展开】，如图 11–47 所示。

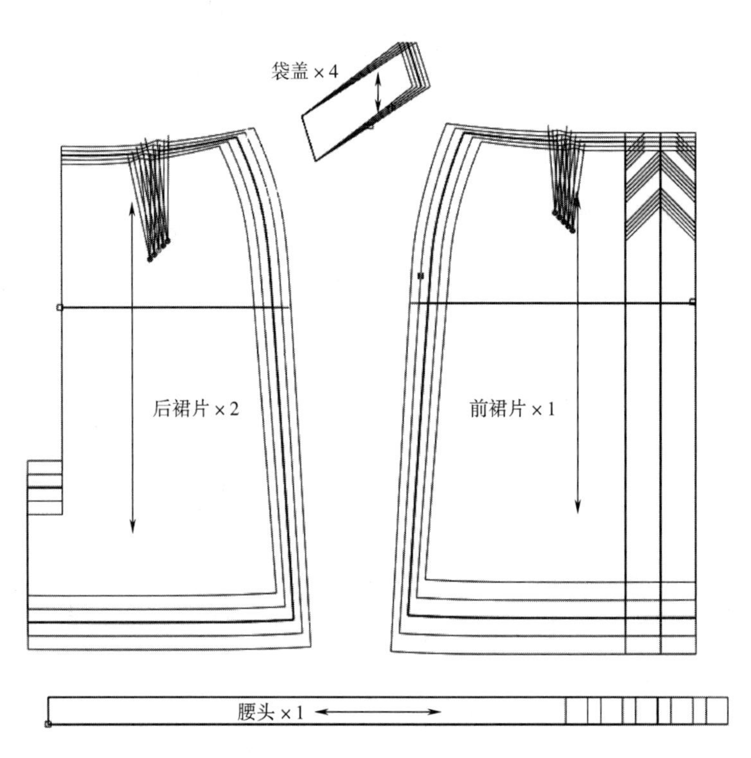

图 11–47

二、弹力喇叭牛仔裤制板与放码

1. 弹力喇叭牛仔裤款式结构特点

图 11–48 所示为弹力喇叭牛仔裤的款式图。其款式结构特点为直腰头，整体效果为微小喇叭状，为方便行走和活动，面料采用有弹力的灯芯绒布，裤脚口加宽，前片腰部设两个弯袋并增设表袋，后片有育克（机头），育克下有明贴袋。

2. 弹力喇叭牛仔裤款式生产纸样制图尺寸规格（表 11-5）

表 11-5　弹力喇叭牛仔裤成品规格

单位：cm

部位 / 号型	XS	S	M	L	XL	档差值
腰围	66	70	74	78	82	4.0
臀围	82	86	90	94	98	4.0
上裆	21	22	23	24	25	1.0
大腿围	40	44	48	52	56	4.0
裤长（连腰头高 4）	87	89.5	92	94.5	97	2.5
膝围	32	33	34	35	36	1.0
脚口围	38	39	40	41	42	1.0

3. 弹力喇叭牛仔裤款式基本纸样制图步骤

如图 11-49 所示，以 M 码为例，制图要点及公式如下：

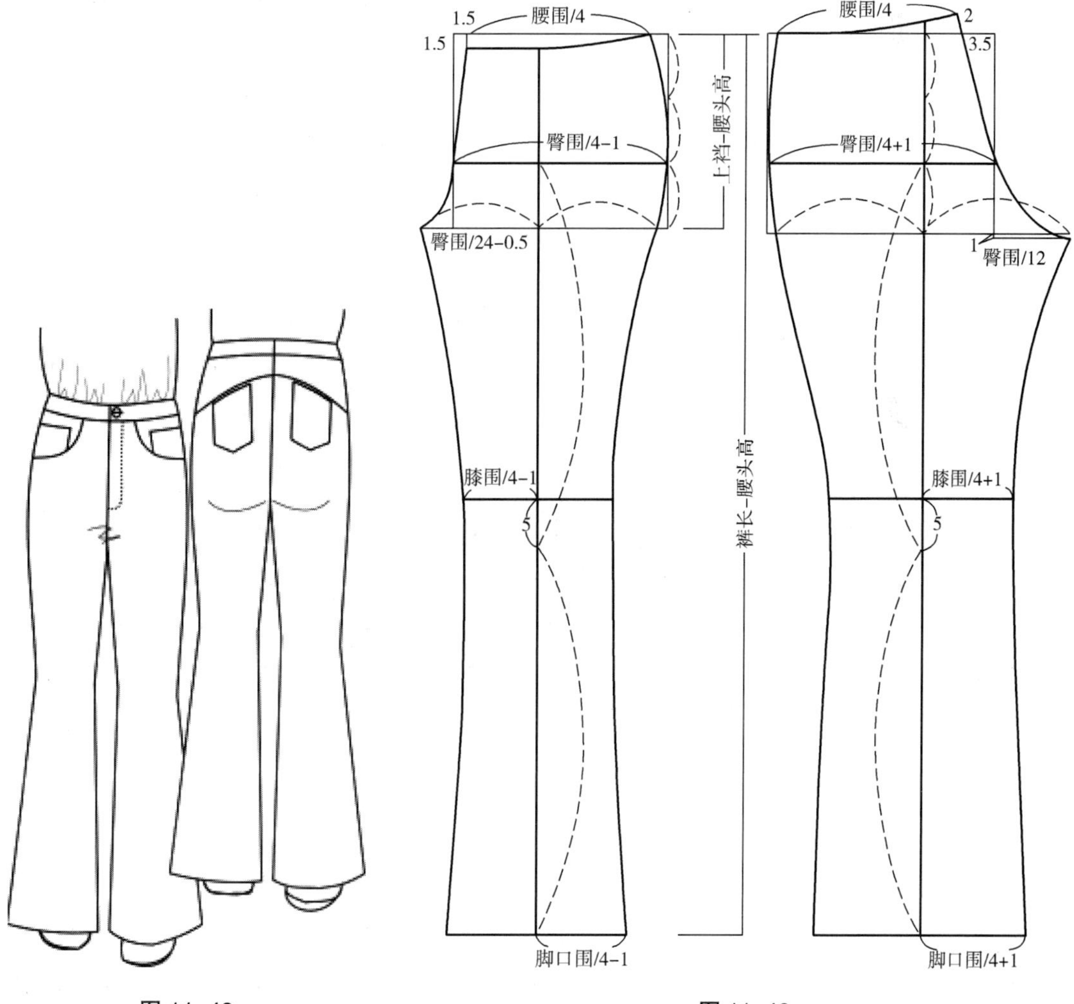

图 11-48　　图 11-49

（1）裆深线：上裆 – 腰头高 =19cm。

（2）脚口线：裤长 – 腰头高 =88cm。

（3）臀围线：腰围线至裆深线的 1/3=6.3cm。

（4）膝围线：臀围线至脚口线中点向上 5cm 处。

（5）后裤片：腰宽为腰围 /4=18.5cm，臀宽为臀围 /4+1cm=23.5cm，横裆宽为臀围 /12=7.5cm，膝宽为 2（膝围 /4+1cm）=19cm，脚口宽为 2（脚口围 /4+1cm）=22cm。

（6）前裤片：腰宽为腰围 /4=18.5cm，臀宽为臀围 /4–1cm=21.5cm，横裆宽为臀围 /24–0.5cm，膝宽为 2（膝围 /4–1cm）=15cm，脚口宽为 2（脚口围 /4–1cm）=18cm。

（7）腰头宽：腰围 + 搭门（3cm）=77cm。

4. 弹力喇叭牛仔裤款式生产纸样制图步骤

弹力喇叭牛仔裤款式的生产纸样，包括前裤片、前袋布、前表袋、门襟（纽牌）、里襟（纽子）、后裤片、后育克、腰头、后贴袋等。

（1）前裤片：

①前片草图：在图 11–50 所示的基本纸样基础上，确定前弯袋口线：在腰围线上取 10cm，侧缝线上取 7.5cm，画弧线为前弯袋口线。确定表袋口线：在侧缝线 2cm 处画腰围线的平行线，取 7cm 为表袋口线，并作垂直表袋口线至前弯袋口线。确定袋布底线：在侧缝线上距前弯袋口线 6cm 处、距裆深线 3cm 处、距前中线 5cm 处，分别画弧线连接为袋布底线。

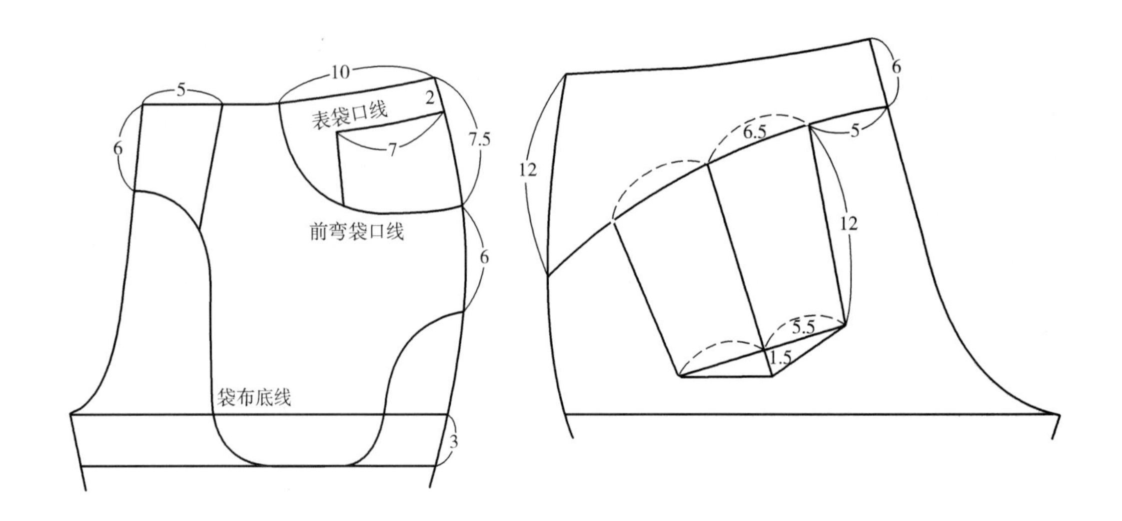

图 11–50

②前片生产纸样：如图 11–51 所示，具体步骤如下：

a. 前片：复制前片及前弯袋口线，在侧缝处沿袋口线加出 0.6cm 袋口余量，重新修顺侧缝线至裆深线，除脚口线增加 4cm 缝份外，其余边缘均增加 1cm 缝份，裁剪数量为 2 片。

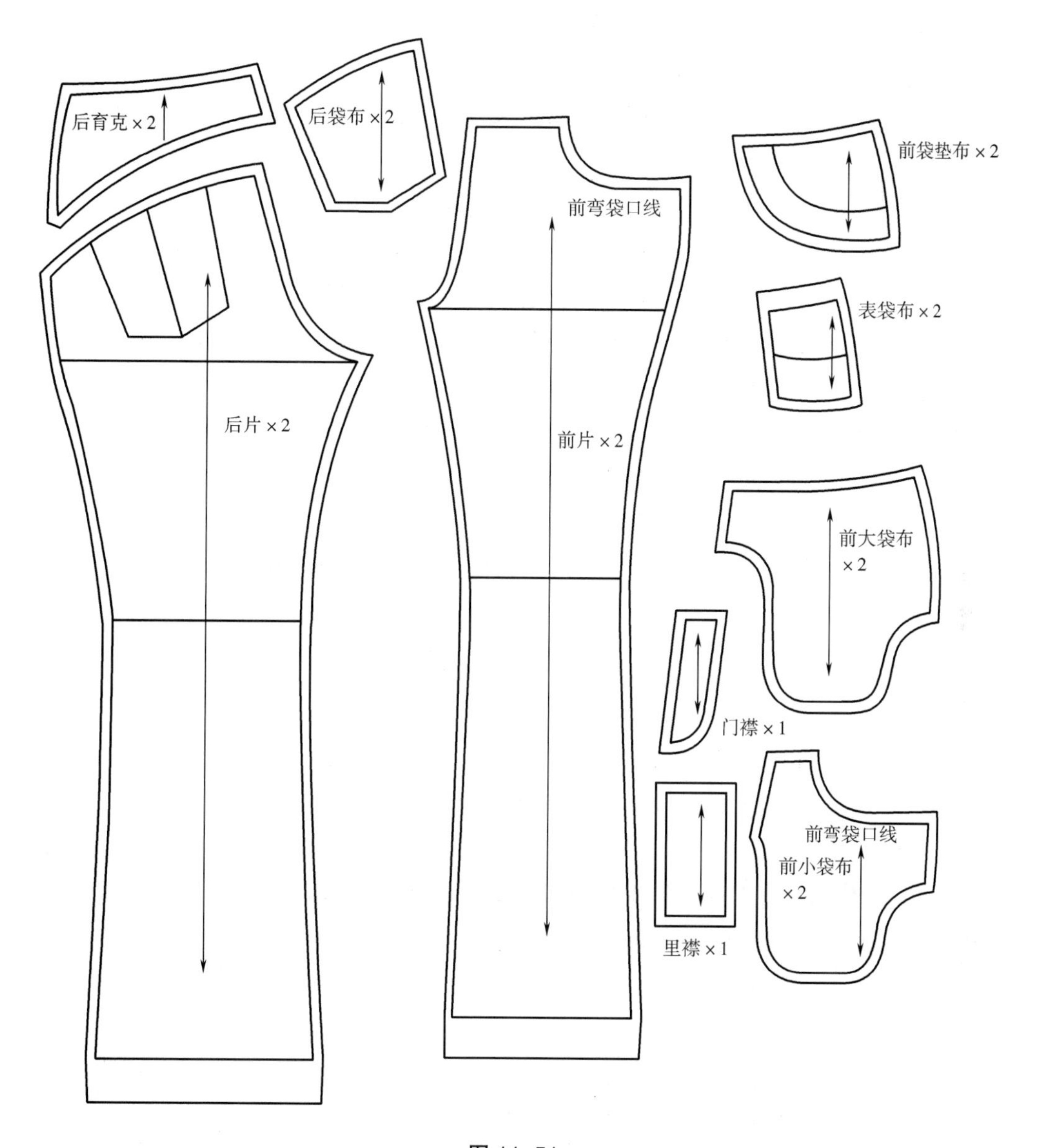

图 11–51

b. 前袋垫布：复制前弯袋口线、腰围线及侧缝线，平行袋口线加出 3cm 余量，各边缘均增加 1cm 缝份，裁剪数量为 2 片，在袋口线上作对位标记。

c. 表袋布：复制表袋口线、侧缝线及前弯袋口线，平行袋口线加出 3cm 余量，除袋口线增加 2cm 缝份外，其余各边缘均增加 1cm 缝份，裁剪数量为 2 片。

d. 前大袋布：复制前中线、腰围线、侧缝线及袋布底线，各边缘均增加 1cm 缝份，裁剪数量为 2 片。

e. 前小袋布：复制距前中线 5cm 的线（减去门襟尺寸）、腰围线、前弯袋口线、侧缝线及袋布底线，在侧缝线处沿袋口线加出 0.6cm 袋口余量，重新修顺侧缝线，各边缘均增加 1cm 缝份，裁剪数量为 2 片。

f. 门襟：复制前中线及腰围线，在腰围线上取 3cm 平行前中线至 12cm 处，各边缘均增加 1cm 缝份，裁剪数量为 1 片。

g. 里襟：取长度为 13cm、宽度为 6cm 的长方形结构，各边缘均增加 1cm 缝份，裁剪数量为 1 片。

（2）后裤片：

①后裤片草图：如图 11–50 所示，确定后裤片分割后育克及后贴袋的各部位尺寸。确定后育克线：在后中线上取 6cm、侧缝线上取 12cm 画出弧线为后片与育克的分割线。确定后贴袋：在分割线上距后中线 5cm 处取一点，再在分割线上取 6.5cm 为贴袋中点，经过此中点作分割线的垂直线，长度为 13cm，画出贴袋形状。

②后裤片生产纸样：如图 11–51 所示，具体步骤如下：

a. 后片：复制后片及后育克分割线，在袋口线上作对位标记。除脚口线增加 4cm 缝份外，其余各边缘均增加 1cm 缝份，裁剪数量为 2 片。

b. 后育克：复制后育克分割线、腰围线及侧缝线，各边缘均增加 1cm 缝份，裁剪数量为 2 片。

c. 后袋布：复制后袋口线，除袋口线增加 2cm 缝份外，其余各边缘均增加 1cm 缝份，裁剪数量为 2 片。

5. 弹力喇叭牛仔裤款式生产纸样放码步骤

（1）点击状态栏中的【打】进入推板状态，再点击【显示层】为【推板设置】，分别点击每个号型。

（2）选择【设置】菜单中的【号型名称设置】命令，弹出【号型名称设定】对话框，单击空格输入号型，如参数 XS（紫红）、S（蓝色）、M（红色）、L（绿色）、XL（浅蓝）。然后点击不同码数的颜色代表，在对话框选择相应颜色，点击【确定】，完成以后单击【确认】。

（3）选择【设置】菜单中的【尺码表设置】命令，弹出【当前文件尺寸表】对话框，单击空格输入档差参数，然后再点击全局档差，完成以后单击【确认】。以 S 码为例，依据尺寸表上的档差值在尺寸及号型上输入，上裆 1cm，腰围 4cm，臀围 4cm，大腿围 4cm，裤长 2.5cm，膝围 1cm，脚口围 1cm，如图 11–52 所示裤子档差表。

（4）裤子前片放码：

①选择【设置】菜单中的【规则表设置】命令，弹出【放码规则表】对话框，刷新组名，输入牛仔裤，单击空格分别输入规格名称，然后再单击输入 X 轴放码分配量和 Y 轴放码分配量，完成以后单击【保存规则】，按【确认】。如表 11–6 所示为前片各放码点规则表。

尺寸\号型	XS	S	M(标)	L	XL	实际尺寸
腰围	-8.000	-4.000	0.000	4.000	8.000	82.000
臀围	-8.000	-4.000	0.000	4.000	8.000	98.000
上裆	-2.000	-1.000	0.000	1.000	2.000	25.000
大腿围	-8.000	-4.000	0.000	4.000	8.000	56.000
裤长（连腰头高	-5.000	-2.500	0.000	2.500	5.000	97.000
膝围	-2.000	-1.000	0.000	1.000	2.000	36.000
脚口围	-2.000	-1.000	0.000	1.000	2.000	42.000

打开尺寸表　插入尺寸　关键词　全局档差　追加　缩水　0　显示MS尺寸　确认
保存尺寸表　删除尺寸　清空尺寸表　局部档差　修改　打印　实际尺寸　et2007　取消

图 11-52

表 11-6　前片各放码点规则表

单位：cm

放码点	X 方向规则	Y 方向规则
（1）前片		
前中腰点	– 腰围档差 /4 × 0.45	上裆档差
前中臀点	– 臀围档差 /4 × 0.45	上裆档差 /3
前中裆底	– 臀围档差 /4 × 0.55	0
膝围内侧点	– 膝围档差 /4	–（裤长档差 – 上裆档差）/2
脚口围内侧点	– 脚口围档差 /4	– 裤长档差 + 上裆档差
脚口围外侧点	脚口围档差 /4	– 裤长档差 + 上裆档差
膝围外侧点	膝围档差 /4	–（裤长档差 – 上裆档差）/2
裆围外侧点	臀围档差 /4 × 0.55	0
臀围外侧点	臀围档差 /4 × 0.55	上裆档差 /3
前弯袋侧点	腰围档差 /4 × 0.55	上裆档差
前弯袋腰点	0	上裆档差
（2）袋垫布		
前弯袋腰点	0	上裆档差
前弯袋侧点	臀围档差 /4 × 0.55	上裆档差
前腰点	腰围档差 /4 × 0.55	上裆档差

②单击【点放码】，左键框选前中腰点，显示对话框【放码规则】，然后点击【导入或导出规则】，显示对话框点击前中腰点后，在【放码规则】上的水平方向显示出 – 腰围档差 /4 × 0.45，竖直方向显示立裆档差，数据分别为 0.45cm 和 1cm，分别按【确认】。依次框选右侧颈肩点，再框选左侧颈肩点；框选右侧肩点，再框选左侧肩点；框选右腋下点，再框选左腋下点；框选右侧腰点，再框选左侧腰点；框选右下摆点，再框选左下摆点；按右键。如图 11-53 所示为导入规则法。

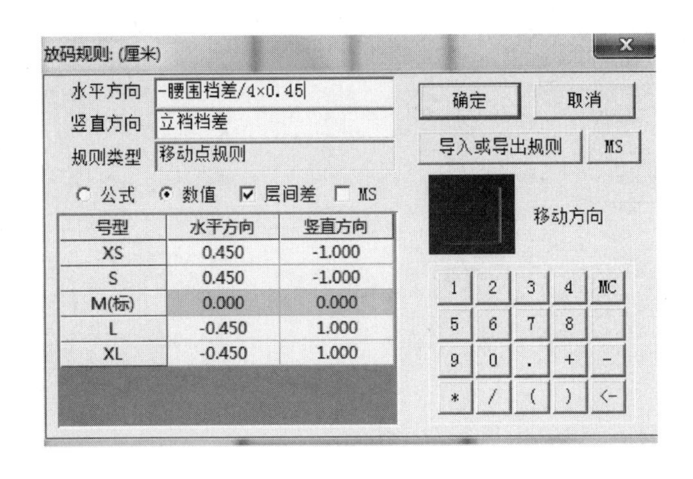

图 11–53

依照表 11–6 所示的公式计算值，如图 11–54 所示为裤子前片及各部件放大一个码的数据分配。

（5）裤子后片放码：

①选择【设置】菜单中的【规则表设置】命令，弹出【放码规则表】对话框，在牛仔裤的规格组别中，依据表 11–7 所示的裤子后片放码点规则表，单击输入 X 轴放码分配量和 Y 轴放码分配量，完成以后单击【保存规则】，按【确认】。

表 11–7　后裤片各放码点规则表

单位：cm

放码点	X 方向规则	Y 方向规则
（1）后片		
后中腰点	腰围档差 /4 × 0.35	上裆档差
后中臀点	臀围档差 /4 × 0.35	上裆档差 /3
后中裆底	臀围档差 /4 × 0.65	0
膝围内侧点	膝围档差 /4	–（裤长档差 – 上裆档差）/2
脚口围内侧点	脚口围档差 /4	–（裤长档差 – 上裆档差）
脚口围外侧点	– 脚口围档差 /4	–（裤长档差 – 上裆档差）
膝围外侧点	– 膝围档差 /4	–（裤长档差 – 上裆档差）/2
裆围外侧点	– 臀围档差 /4 × 0.65	上裆档差 /3
臀围外侧点	– 臀围档差 /4 × 0.65	0
（2）后育克		
臀围外侧点	– 臀围档差 /4 × 0.65	0
腰围外侧点	– 腰围档差 /4 × 0.65	0
后中腰点	腰围档差 /4 × 0.35	0
后中腰下点	臀围档差 /4 × 0.35	0

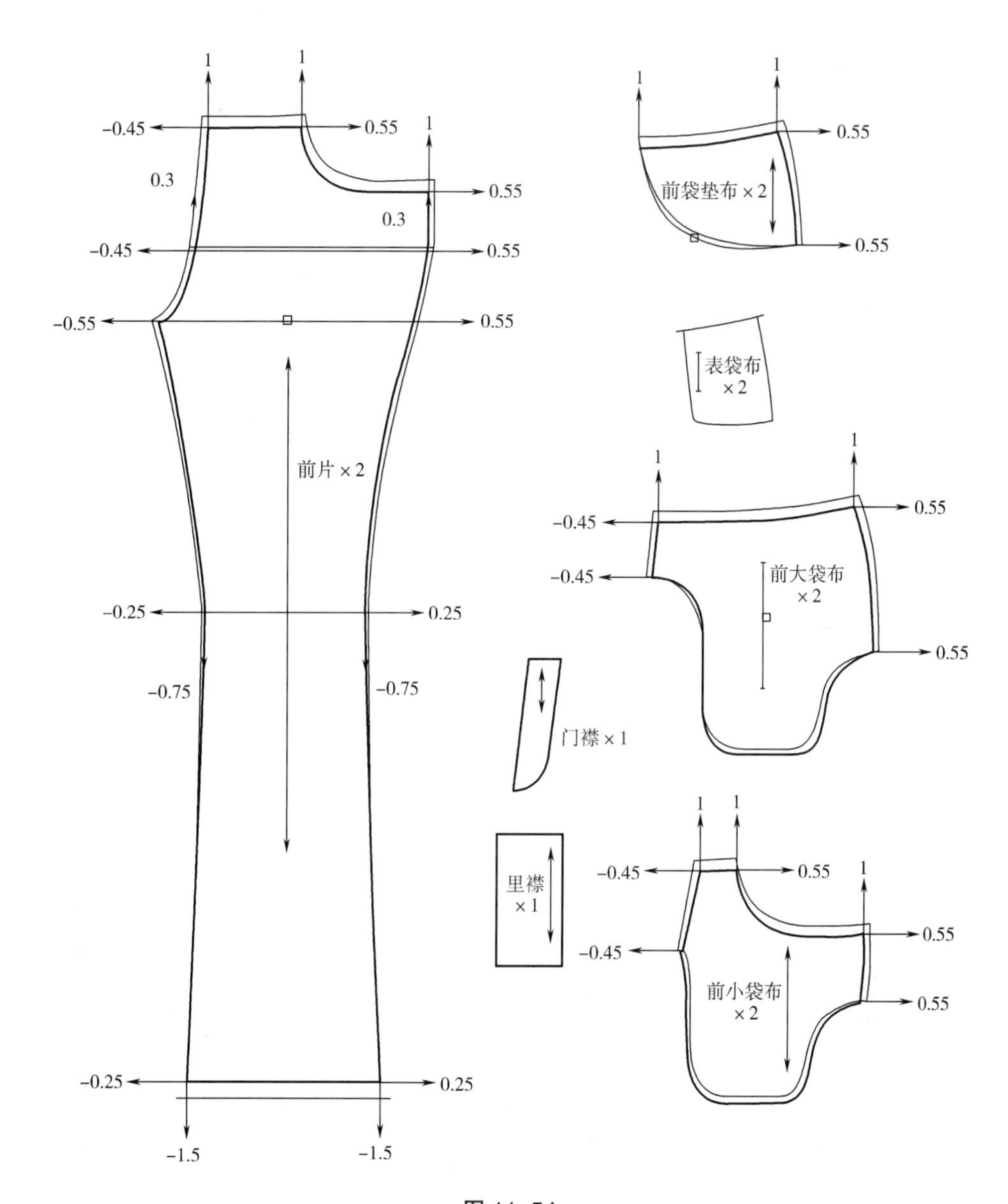

图 11–54

②依照表 11–7 所示的公式计算值，如图 11–55 所示为裤子后片及各部件放大一个码的数据分配。其放码操作步骤请参照裤子前片的放码方法，其中生产纸样图上需要有中线的放码则可选择放码工具中的【方向交点】，框选脚口的前中点再框选脚口线每个码的后中线和脚口线即可相交在一起。

（6）弹力喇叭牛仔裤放码图：

①点击左下角的【显示层】进入【推板设置】，分别点击每个号型。

②点击【展开】，如图 11–56 所示为裤子前片、后片及各部件放大和缩小各两个码的放码图。

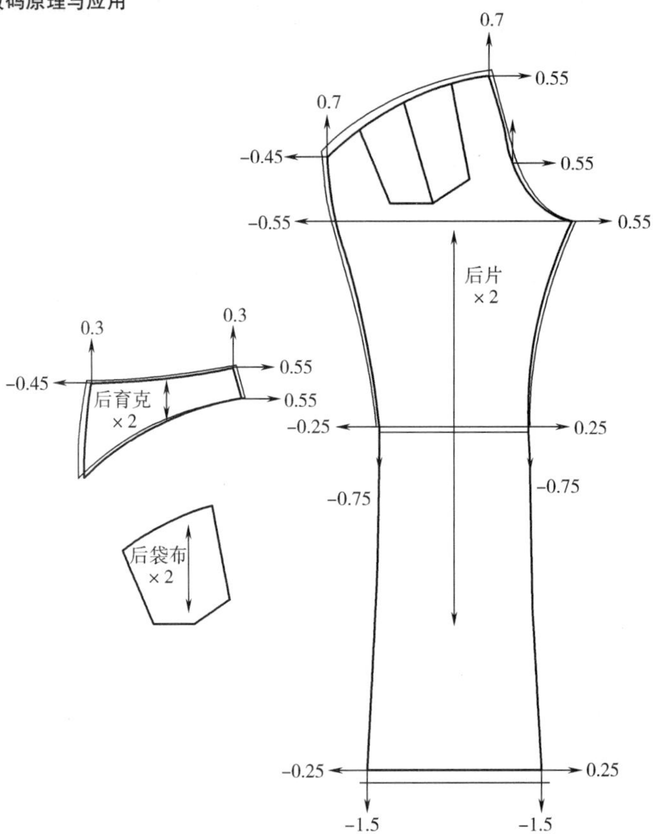
0.7
0.55
0.7
-0.45
0.55
-0.55
0.55
后片
×2
0.3
0.3
-0.45
0.55
后育克
×2
0.55
-0.25
0.25
-0.75
-0.75
后袋布
×2
-0.25
0.25
-1.5
-1.5

图 11-55

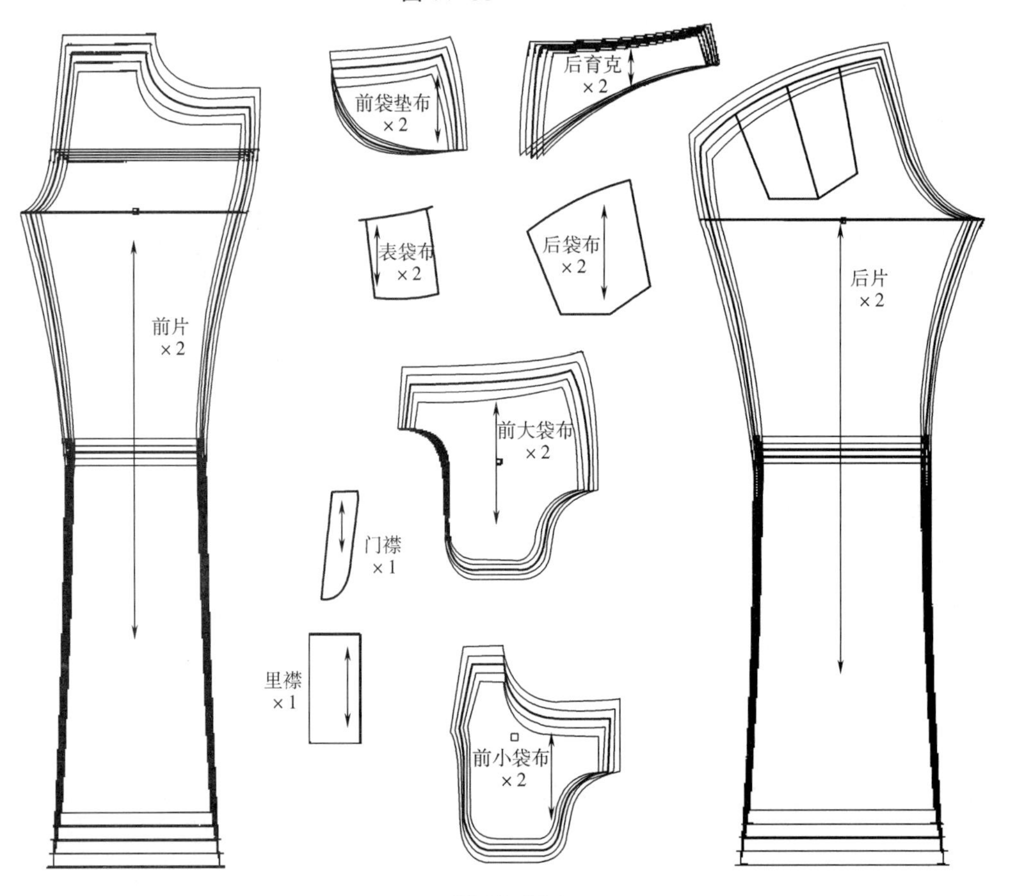
前袋垫布
×2
后育克
×2
前片
×2
表袋布
×2
后袋布
×2
后片
×2
前大袋布
×2
门襟
×1
里襟
×1
前小袋布
×2

图 11-56

第四节　调整型文胸款式 CAD 放码操作

一、调整型文胸款式

如图 11–57 所示为调整型文胸的正视图和后视图。其款式结构特点为 3 D 效果的聚拢文胸，罩杯为承托力较强的上、下杯或 T 字杯；加宽下扒位 5.5cm，使乳房脂肪不会分段溢出；加高鸡心位 11.5cm，收胃腩防止肌肉下垂；加长 14.5cm 的侧比与肩带所形成的角度接近于 90°，并加鱼骨压条便于收侧乳，更有锁脂聚胸功效；肩带的加厚和加宽至 1.8cm，使承托力加强，舒适且防滑落；背部肩带和后比形成 U 字型结构，有利于收侧乳及消除背部赘肉；三排四扣设计平整美背、加强覆盖，穿着时松紧度调整到最佳位置。

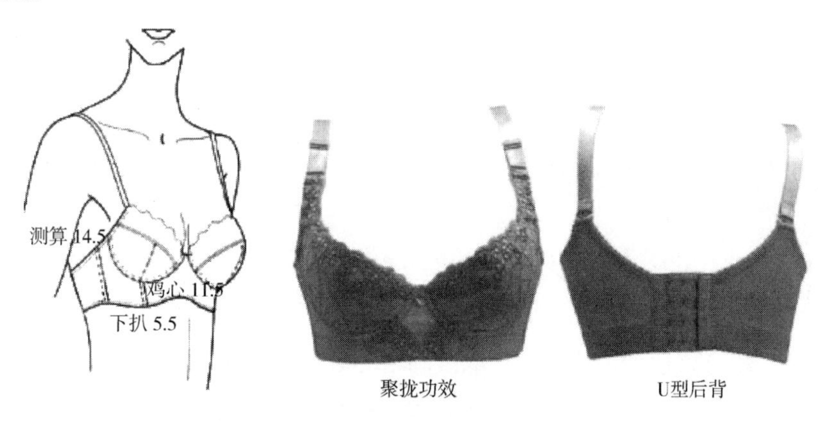

图 11–57

二、调整型文胸绘图尺寸

表 11–8 所示为调整型文胸成品规格。

表 11–8　调整型文胸成品规格

单位：cm

部位	70B	75B	80B	85B	档差值
下围	55	59	63	67	4.0
杯宽	19	20	21	22	1.0

续表

部位	70B	75B	80B	85B	档差值
上杯边	18.5	19.5	20.5	21.5	1.0
肩夹	7	7.5	8	8.5	0.5
杯高	12.7	13.5	14.3	14.3	0.9
捆碗长	20.5	21.8	23.1	24.4	1.3
鸡心高	10.7	11.5	12.3	13.1	0.8
鸡心顶宽	2	2	2	2	0
侧比高	13.5	14.5	15.5	16.5	1.0
钢圈内径	11.5	12	12.5	13	0.5
背扣宽	7	7	7	7	0

三、调整型文胸结构制图

如图 11–58 所示为调整型文胸罩杯、后比、侧比结构制图公式及罩杯变化（以 75B 为例）。其结构制图需要注意：杯骨弧线曲度较大，上杯纱向为横纹较好，钢圈位纸样形状一定按钢圈形状出样并比钢圈大于开口 0.75cm。

四、调整型文胸生产纸样

如图 11–59 所示为调整型文胸生产纸样。其制图步骤如下：

（1）上杯：经过胸点上 1cm 处作一平行上边线，为上、下杯分割线，此分割线稍微向外弯曲即可，裁剪数量为 2 片，各边缘线均增加 0.6cm 缝份。

（2）下杯 1：按照斜分割线复制前下杯片，并重新确定省尖点，修顺左、右杯曲线，上、下杯曲线稍弯出 0.6cm，裁剪数量为 2 片，各边缘线均增加 0.6cm 缝份。

（3）下杯 2：按照斜分割线复制前下杯片，并重新确定省尖点，修顺左、右杯曲线，上、下杯曲线稍弯出 0.6cm，裁剪数量为 2 片，除下扒边缘增加 1.2cm 缝份外，其余边缘线均增加 0.6cm。

（4）鸡心：复制下扒的前中心片，中心线为对折线，裁剪数量为 1 片，除下扒边缘增加 1.2cm 缝份外，其余边缘线均增加 0.6cm 缝份。

（5）侧比：复制下扒的侧片，裁剪数量为 2 片，除肩夹边缘增加 1.2cm 缝份外，其余边缘线均增加 0.6cm 缝份。

（6）后比：复制下扒的后片，裁剪数量为 2 片，除肩夹、下扒边缘增加 1.2cm 缝份外，其余边缘线均增加 0.6cm 缝份。

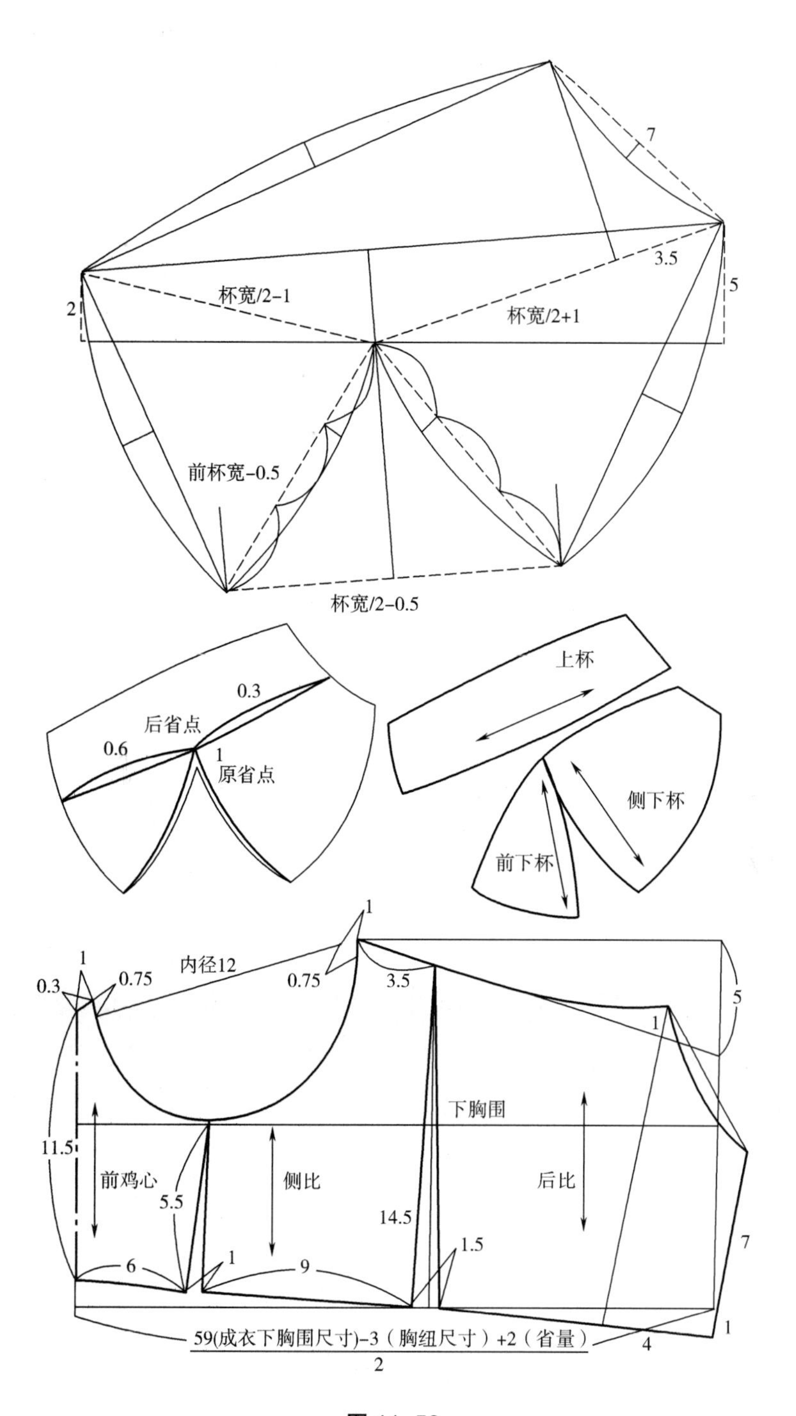
7
3.5
5
2
杯宽/2-1
杯宽/2+1
前杯宽-0.5
杯宽/2-0.5
0.3
后省点
0.6
1
原省点
上杯
侧下杯
前下杯
1
内径12
1
0.3
0.75
0.75
3.5
5
1
下胸围
11.5
前鸡心
5.5
侧比
14.5
后比
1.5
7
6
1
9
1
59(成衣下胸围尺寸)-3（胸纽尺寸）+2（省量）
2
4

图 11-58

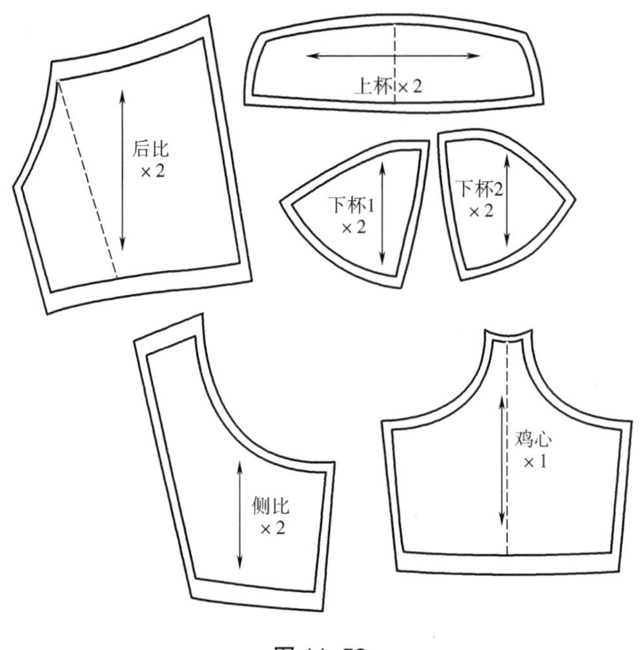

图 11-59

五、调整型文胸纸样放码

1. 调整型文胸放码号型和档差表设置

（1）选择【设置】菜单中的【号型名称设置】命令，弹出【号型名称设定】对话框，单击空格输入号型参数 70B、75B、80B、85B，其中以 75B 为中间码。然后点击不同码数的颜色代表，在对话框选择相应颜色，点击【确定】，完成以后单击【确认】，如图 11-60 所示。

号型名称设定

A 系列	B 系列	C 系列
	70B	
	75B	
	80B	
	85B	

当前文件尺寸表

尺寸\号型	70B	75B(标)	80B	85B	实际尺寸
下围	-4.000	0.000	4.000	8.000	59.000
杯宽	-1.000	0.000	1.000	2.000	20.000
上杯边	-1.000	0.000	1.000	2.000	19.500
肩夹	-0.500	0.000	0.500	1.000	7.500
杯高	-0.900	0.000	0.900	1.800	13.500
捆碗长	-1.300	0.000	1.300	2.600	21.800
鸡心顶宽	0.000	0.000	0.000	0.000	2.000
鸡心高	-0.800	0.000	0.800	1.600	11.500
侧比高	-1.000	0.000	1.000	2.000	14.500
钢圈内径	-0.500	0.000	0.500	1.000	12.000

图 11-60

（2）选择【设置】菜单中的【尺码表设置】命令，弹出【当前文件尺寸表】对话框，单击空格输入档差参数，然后再点击全局档差，完成以后单击【确认】。

（3）点击状态栏中的【打】进入推板状态，再点击【显示层】为【推板设置】，分别点击每个号型。

2. 鸡心纸样放码

（1）选择【设置】菜单中的【规则表设置】命令，弹出【放码规则表】对话框，刷新组名，输入文胸，单击空格分别输入规格名称，然后单击输入 *X* 轴放码分配量和 Y 轴放码分配量，完成以后单击【保存规则】，按【确认】，如图 11–61 所示。

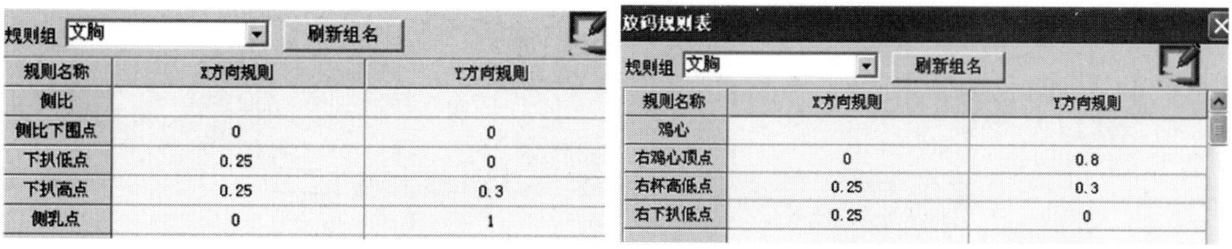

规则组 文胸　刷新组名

规则名称	X方向规则	Y方向规则
侧比		
侧比下围点	0	0
下扒低点	0.25	0
下扒高点	0.25	0.3
侧乳点	0	1

放码规则表

规则组 文胸　刷新组名

规则名称	X方向规则	Y方向规则
鸡心		
右鸡心顶点	0	0.8
右杯高低点	0.25	0.3
右下扒低点	0.25	0

图 11–61

（2）点击【展开中心点】，将中心线和下扒底线交点确定为中心展开点，单击【点放码】，左键框选下扒低点，显示对话框为放码规则，可点选【数字】后点击【导入或导出规则】，显示【放码规则表】对话框，点击下扒低点后，在【放码规则表】水平方向显示 0.25，竖直方向显示 0，按【确认】，如图 11–61 所示。

（3）操作同（2），完成下扒高点和鸡心顶点的放码。

（4）选择放码工具中的【点规则拷贝】，出现对话框，选择“左右对称”，依次分别框选左、右下扒低点，下扒高点，鸡心顶点，按右键。

3. 侧比纸样放码

（1）点击【展开中心点】，将侧缝线和下扒底线交点确定为中心展开点，即单击侧比下围点，然后单击【点放码】，左键框选下扒低点，显示对话框【放码规则表】，可点选【数字】后点击【导入或导出规则】，显示【放码规则表】对话框，点击后下扒低点后，在【放码规则表】上水平方向显示“0.25”，竖直方向显示“0”，按【确认】。如图 11–61 所示。

（2）同理操作一样，完成下扒高点和侧乳点的放码。

（3）单击【方向移动点】，左键框选侧比上围点，点击侧比线，再在侧比线延长上点击，出现放码规则在要素方向距离输入侧比高 1.0，按【确认】，如图 11–62 所示。

4. 后比纸样放码

（1）点击【展开中心点】，将侧缝线和下扒底线交点确定为中心展开点，即单击后

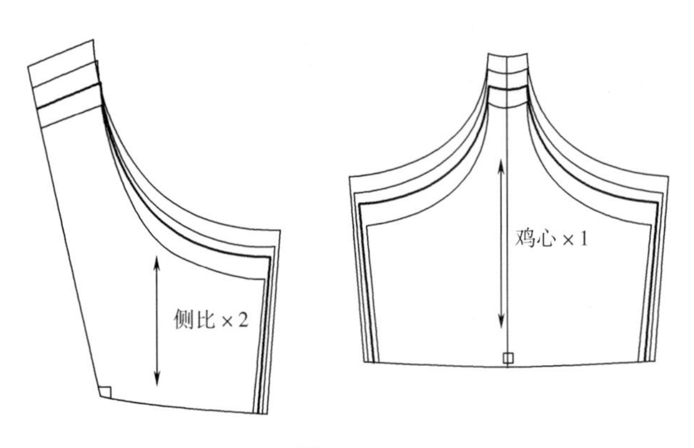

图 11-62

比侧下围点，单击【方向移动点】，左键框选后比上围点，点击侧比线，再在侧比线延长线上点击，出现【放码规则表】在要素方向输入侧比高 1.0，按【确认】，如图 11-63 所示。

放码规则表

规则组 文胸 刷新组名

规则名称	X方向规则	Y方向规则
后比		
侧下围点	0	0
侧上围点	0	1
后上围点	-1.5	0
后中上点	-1.5	0
后中下扒点	-1.5	0

图 11-63

（2）单击【点放码】，左键框选后上围点，显示对话框【放码规则】，可点选【数字】后点击【导入或导出规则】，显示【放码规则表】对话框，点击后上围点，在放码规则上水平方向显示 -1.5，竖直方向显示 0，按【确认】。

（3）同理，完成后中线上围点和后中线下围点的放码。

5. 上杯纸样放码

（1）点击【展开中心点】，将乳点确定为中心展开点，即单击上、下杯分割线中点，单击【方向移动点】，左键框选上杯中线下点，点击罩杯分割线，再在分割线延长线上点击，出现放码规则在要素方向输入杯宽 /2，按【确认】，如图 11-64 所示。

（2）单击【点放码】，左键框选上杯鸡心高点，显示对话框【放码规则】，可点选【公式】后点击，在【放码规则】上水平方向输入杯宽 /2，竖直方向显示 0.4，按【确认】。

（3）单击【距离平行点规则】放码工具，左键框选侧上围点，点选参考要素上边线，显示对话框【放码规则】，在【放码规则】上水平方向输入 – 杯宽 /2，竖直方向显示 0，按【确认】。

（4）单击【方向移动点】，左键框选上杯侧乳下点，点击罩杯分割线，再在分割线延长线上点击，出现放码规则在要素方向输入 – 杯宽 /2，按【确认】。

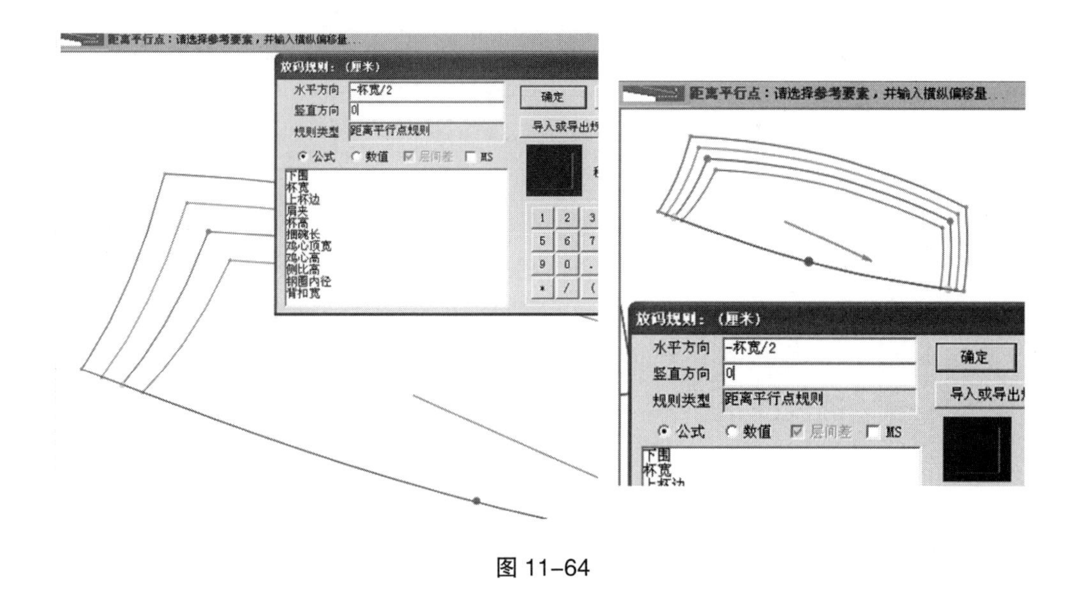

图 11–64

6. 下杯 1、下杯 2 纸样放码

后比、下杯 1、下杯 2 纸样放码完成图，如图 11–65 所示。

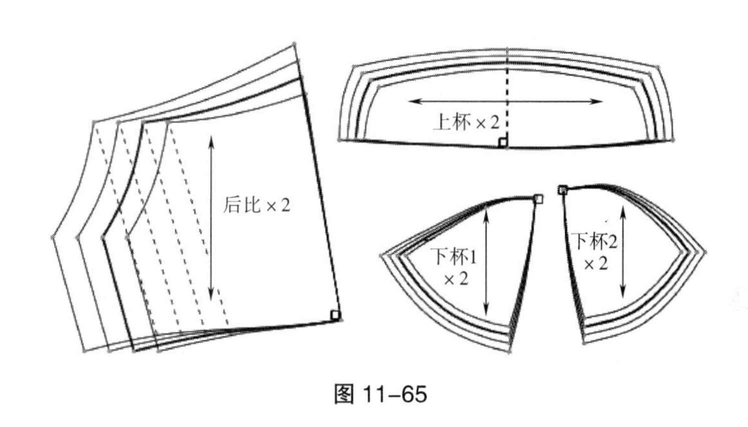

图 11–65

（1）点击【展开中心点】，将乳点确定为中心展开点，即单击下杯分割线中点，单击【方向移动点】，左键框选下杯中线下点，点击罩杯分割线，再在分割线延长上点击，出现放码规则在要素方向输入杯宽 /2，按【确认】。

（2）单击【点放码】，左键框选下杯下扒位高点，显示对话框【放码规则】，可点选【公式】后点击，在放码规则上水平方向输入杯宽 /2，竖直方向显示 –0.5，按【确认】。下杯 1 纸样放码完成图如图 11–65 所示。

7. 下杯 2 纸样放码

（1）点击【展开中心点】，将乳点确定为中心展开点，即单击侧下杯分割线中点，单击【方向移动点】，左键框选下杯侧上点，点击罩杯分割线，再在分割线延长上点击，出现放码规则在要素方向输入杯宽 /2，按【确认】。

（2）单击【点放码】，左键框选侧下杯下扒位高点，显示对话框【放码规则】，可点选【公式】后点击，在放码规则上水平方向输入 – 杯宽 /2，竖直方向显示 0，按【确认】。左键框选侧下杯下扒位高点，显示对话框【放码规则】，可点选【数字】后点击，在放码规则上水平方向输入 –0.25，竖直方向显示 –0.5，按【确认】。

本章总结

本章分别介绍了服装 CAD 打板与放码，通过分析女衬衫、品牌连衣裙、女式牛仔裤、半截裙、调整型文胸等款式的生产纸样及放码步骤，说明各类服装纸样部件与整体的放码分配数值，阐述利用服装 CAD 软件操作各类服装制板及整体纸样放码的方法和操作技巧。

思考题

1. 请在 ET 软件上设置女衬衫制图尺寸及其档差值。
2. 请在 ET 软件上设置连衣裙制图尺寸及其档差值。
3. 请在 ET 软件上设置女裤档差值及规则表。
4. 请在 ET 软件上设置半截裙制图尺寸及其档差值。
5. 请在 ET 软件上设置女裤制图尺寸及其档差值。
6. 请利用 CAD 软件操作调整型文胸样板。

练习题

1. 利用 CAD ET 软件，依据表 11–1 女衬衫成品规格进行纸样的制板和放码各 5 个码。
2. 利用 CAD ET 软件，依据表 11–3 品牌连衣裙成品规格进行纸样的制板和放码各 5 个码。
3. 利用 CAD ET 软件，依据表 11–4 半截裙成品规格进行纸样的制板和放码各 5 个码。
4. 利用 CAD ET 软件，依据表 11–8 调整型文胸成品规格进行纸样的制板和放码各 5 个码。

参考文献

［1］中国标准出版社第一编辑室．服装工业常用标准汇编［M］．北京：中国标准出版社，2014.

［2］李晓久，单毓馥．服装纸样放缩［M］．北京：中国纺织出版社，2006.

［3］李正，王巧，周鹤．服装工业制板［M］.2 版．上海：东华大学出版社，2015.

［4］潘波，赵欲晓．服装工业制板［M］.2 版．北京：中国纺织出版社，2010.

［5］中泽愈．人体与服装［M］．袁观洛，译 .2 版．北京：中国纺织出版社，2000.

［6］马仲岭，等．女装 CAD 制板案例精选［M］．北京：人民邮电出版社，2006.

［7］深圳富怡时代科技有限公司．富怡服装 CAD 工艺系统用户手册［M］．深圳：富怡时代科技有限公司，2008.

［8］刘东，等．服装纸样设计［M］.3 版．北京：中国纺织出版社，2014.

［9］印建荣，常建亮．内衣纸样设计原理与技巧［M］．上海：上海科学技术出版社，2004.

［10］刘东，等．服装纸样设计［M］.2 版．北京：中国纺织出版社，2008.